Java 中文文本信息处理——从海量到精准

罗　刚　张子宪　崔智杰　编　著

清华大学出版社
北　京

内 容 简 介

本书以让零基础的读者通过自学完成一个中文分词系统为目标，从 Java 基础语法开始讲解，然后介绍文本处理相关的数据结构和算法，最后介绍如何实现文本切分和词性标注。

本书是介绍业界热门的以 Java 开发中文分词技术的唯一书籍。本书选取相关领域的经典内容，深入理解和挖掘，也综合了实践性强的创新想法，适合对软件开发感兴趣的青少年或者大学生阅读和学习。

图书在版编目(CIP)数据

Java 中文文本信息处理——从海量到精准/罗刚，张子宪，崔智杰编著. —北京：清华大学出版社，2017
ISBN 978-7-302-46936-0

Ⅰ. ①J…　Ⅱ. ①罗…　②张…　③崔…　Ⅲ. ①JAVA 语言—程序设计　Ⅳ. ①TP312.8

中国版本图书馆 CIP 数据核字(2017)第 073994 号

责任编辑：杨作梅　宋延清
装帧设计：杨玉兰
责任校对：张　瑜
责任印制：李红英
出版发行：清华大学出版社
网　　址：http://www.tup.com.cn, http://www.wqbook.com
地　　址：北京清华大学学研大厦 A 座　　邮　　编：100084
社 总 机：010-62770175　　邮　　购：010-62786544
投稿与读者服务：010-62776969, c-service@tup.tsinghua.edu.cn
质量反馈：010-62772015, zhiliang@tup.tsinghua.edu.cn
印 装 者：清华大学印刷厂
经　　销：全国新华书店
开　　本：185mm×260mm　　印　张：25.5　　字　数：619 千字
版　　次：2017 年 5 月第 1 版　　印　次：2017 年 5 月第 1 次印刷
印　　数：1～3000
定　　价：56.00 元

产品编号：073068-01

前　言

“前门到了，请在后门下车。”把“前门”标注成地名就容易理解这句话了。从种地到买菜、买房、养生保健以及投资理财等，都可以用到中文分词等文本信息挖掘技术。

各行业都在构建越来越复杂的软件系统，很多系统都会用到文本处理技术。但是即使在计算机专业，也有很多人对文本信息处理相关技术不太了解。其实，学习相关技术的门槛并不高。而本书就是为了普及相关开发而做的一次新的尝试，其中也结合了作者自己的研究成果，希望为推动相关应用的发展做出贡献。

本书借助计算机语言 Java 实现中文文本信息处理，试图通过恰当的数据结构和算法来应对一些常见的文本处理任务。相关代码可以从清华大学出版社的网站下载。

本书的第 1 章到第 3 章介绍了相关的 Java 开发基础。第 4 章介绍处理文本所用到的有限状态机基本概念和具体实现。第 5 章介绍相关的基础数据结构。第 6 章到第 9 章介绍中文分词原理与实现。

书中的很多内容来源于作者的开发和教学实践。作者的实践经验还体现在相关的其他书中，如《自己动手写搜索引擎》、《自然语言处理原理与技术实现》、《自己动手写网络爬虫》、《使用 C#开发搜索引擎》、《解密搜索引擎技术实战》等。相对于作者编写的其他书籍，本书更加注意零基础入门。

学习是个循序渐进的过程。可以在读者群中共同学习。群体往往比单个人有更多的智慧产出。为了构建出更好的技术群体，请加读者 QQ 群(453406621)交流。希望快速入门的读者也可以参加相关培训。这本书最开始是为一位从苏州专门来北京现场学习的学员入门中文分词而编写。感谢他为编写本书提供的帮助。

也希望通过本书能结识更多的同行。有您真诚的建议，我们会发展得更好。例如，通过与同行的交流，让我们的数量、日期等量化信息的提取工具更加成熟。当前，语义分析等文本处理技术仍然需要更深入的发展，来更好地支持各行业的智能软件开发。

本书由罗刚、张子宪、崔智杰编著，参与本书编写的还有石天盈、张继红、童晓军，在此一并表示感谢。感谢开源软件和我们的家人、关心我们的老师和朋友、创业伙伴，以及选择猎兔自然语言处理软件的客户多年来的支持。

编　者

目　录

第1章 Java软件开发

很多系统都可以看成是智能系统。例如，聊天软件，可以帮助人远程协作。人本身是有智能的，所以整体上也可以看成是一个远程协作的智能系统。

高铁系统出问题了，修改代码就可以。但是，在某些事件中，执法出了问题，需要细化相关法律条款吗？可以把法律看成是用人来执行的代码。

小李以前做过销售，想转行做软件开发。后来，他遇到了本书的作者。

把重复性的劳动变成创建一个可以在计算机上执行并完成指定任务的程序，这样一个创造性的过程，叫作程序设计。例如，早期的信息收集工作是由人工完成的，现在可以写一个爬虫程序，从互联网自动获取信息。

现代社会中，软件已经相当普及。例如，现在的电网都是由计算机控制的，通过相关软件发出指令，来调节电压、相位等关键参数。在美国，每三名工程师中就有一名软件工程师。即使不专职从事软件开发工作，会写代码也是一种有竞争优势的技能。管理人员会越来越多地了解技术，而技术人员也会越来越多地参与管理决策。

转行就是让生活从一个平衡状态过渡到另外一个平衡状态。也许人们已经习惯了不会软件开发的生活。完成从不会到会的过程，往往需要几个月的时间。小李在学习开发之前，已经辞掉了他原来的工作，为了尽快学会，他把周末的时间也用上了。

很多时候，我们以往的经历对于学习技术并无太大的帮助。例如，这本书就是试图通过一般生活常识来帮助学习新的知识。经常地，学习中用到的例子对我们的实际开发并没有帮助，而这本书则试图让例子更实用。

写程序俗称“敲代码”。虽然有的程序员自嘲为打字员，但并不需要特别学会盲打，代码是通过键盘敲进去的。只要坚持每天用电脑 1 小时以上，自然就能熟悉键盘了。

小李的高考成绩并不好，所以他没有条件上好的大学。有些声称“提供教育而非培训”的大学，其实是对学生的一种伤害，他们往往没有看到当今这个领域的真实情况。学院派通常认为“对于学生来说，他们有很多的机会去学习那些陈旧的编程方法，他们可以在日后的工作实践中按需学习那些知识”。与此同时，招聘经理们却痛恨这种现状，因为要想把一个从不错的大学里走出来的应届毕业生培养成一个完全能工作的软件开发人员，平均所需的时间是一年半。所以，许多公司不喜欢要刚毕业的学生。

如果想成为一名职业开发人员，就需要拿到 Offer 并安全度过试用期。而很多时候，通过面试不是问题，但顺利通过试用期往往更重要。不要让自己有这样的遗憾：曾经有一份好的 Offer 摆在我面前，但是我没有珍惜，等到失去的时候才后悔莫及。小李找罗老师做他的后盾，罗老师能帮他解决学习中遇到的一些技术难题。

有两个和尚住在隔壁(所谓隔壁，就是隔壁那座山)——他们分别住在相邻的两座山上的庙里。这两座山之间有一条小溪，于是这两个和尚每天都会在同一时间下山，去溪边挑水，久而久之，他们变成了好朋友。

就这样，时间在每天挑水中不知不觉已经过了五年。突然有一天，左边这座山的和尚没有下山挑水，右边那座山的和尚心想“他大概睡过头了。”便不以为然。

哪知道第二天，左边这座山的和尚还是没有下山挑水，第三天也一样。过了一个星期还是一样。直到过了一个月，右边那座山的和尚终于受不了，他心想“我的朋友可能生病了，我要过去拜访他，看看能帮上什么忙。”

于是，他便爬上了左边这座山，去探望他的老朋友。

等他到了左边这座山的庙，看到他的老友之后，大吃一惊，因为他的老友正在庙前打太极拳，一点也不像一个月没喝水的人。他很好奇地问：“你已经一个月没有下山挑水了，难道你可以不用喝水吗？”左边这座山的和尚说：“来来来，我带你去看。”于是他带着右边那座山的和尚走到庙的后院，指着一口井说：“这五年来，我每天做完功课后都会抽空挖这口井，即使有时很忙，能挖多少就算多少。如今终于让我挖出井水了，我就不用再下山挑水了，我可以有更多时间练我喜欢的太极拳。”

我们在公司领的薪水再多，那都是挑水。而把握下班后的时间挖一口属于自己的井，对我们来说更重要。岁月不饶人，当我们年龄大了，体力拼不过年轻人了，还是能喝到自己挖出来的井水，而且喝得很悠闲。

所以，一定要有自己的特长或者技术核心，挖一口属于自己的井，培养自己独特而坚实的实力。所谓“白天求生存，晚上求发展”，“昨天的努力就是今大的收获，今天的努力就是未来的希望”。多年前不分伯仲的同窗好友，如今的境遇可能大不相同。挖井的过程则告诉我们，知识需要日积月累，最终才能达到一个很高的高度。

西蒙教授曾提出了这样一个见解：“对于一个有一定基础的人来说，他只要真正肯下功夫，在6个月内就可以掌握任何一门学问。”

Java只需要花3个月就可以学会，到6个月后，就可以掌握它。

人生苦短，朝如青丝暮成雪。不能人没了，知识却还没用上。所以这里选择更先进的语言，有垃圾回收后，就不用为释放内存费心思，节省时间。

有很多人从开发Java后受益。例如美国的Cutting，以前是一个C++程序员，他在1999年写下第一个Java项目，即名字叫作Lucene的全文检索项目。在后来的10多年里，Lucene越来越流行，成为开源组织Apache基金会的项目，并在维基百科网站等项目中得到了广泛使用。Cutting后来开发MapReduce的Java版本Hadoop也同样成功。Cutting因此进入了Apache基金董事会，并在2010年成为董事会主席。

古代才女的标准是精通琴、棋、书、画，但现在，精通这些往往只能作为业余爱好。会Java的美女对IT男有很大的吸引力，而且能独立谋生。

Andy Rubin在2002年把Danger公司以5亿美元卖给微软后，Sidekick手机后来退出市场。而使用Java标准版本开发应用的Android却取得了巨大的成功。Android底层使用Linux操作系统内核，但是，手机应用运行在一个叫作Dalvik的Java虚拟机上。

Java是一门投入小、见效快、收益大的编程语言。学习基础Java只是5天的课程。众多的Java开源工具包能让你避免重复发明轮子。“开源软件哪里找？code.google.com和

apache.org 以及 sourceforge.net。”其中，apache.org 像是一个品牌店，包含一些知名的项目，例如，实现搜索功能的 Lucene 或者实现下载网页的 HTTPClient。而 code.google.com 和 sourceforge.net 则包含一些开发人员自己建立的小项目。就好像一个集市，容纳了各种琳琅满目的小玩意。

相对于很多数据库编程语言的昙花一现、专业 Web 开发语言的不冷不热，Java 的持续流行与 Oracle 和 IBM 等公司的支持分不开。Java 也是云计算的首选开发语言。

如果觉得 Java 程序运行速度慢，还可以把 Java 代码当成伪代码。

1.1　背　　景

开始一段长途旅行前，首先做好身体上的准备，然后看一下路线图。

1.1.1　好身体是一切成功的保证

一个人有多种可能的死法，其中一种是饿死，还有一种是累死。软件开发人员更有可能累死，而不是饿死。就好像买房子至少要准备足够的首付款，开发软件也要做好身体上的准备。

软件开发是个脑力活，需要保证大脑思考所需要的氧气和营养物质。所以可以在工作间摆放陶粒防蚊的水培绿色植物，可以常吃健脑食品，例如花生、菠菜、鸡蛋等。注意力集中时间太久了会感觉累。代码或者同类文字写多了，需要转移注意力。要锻炼好身体，例如常跑步和跳跃，有条件的，可以游泳或打乒乓球、羽毛球等。经常进行杠铃这样的力量练习，有助于提升克服困难的能力。如果在企业从事软件开发工作，更要注意及时休息和调节自己。就好像吃饭不要偏食，一个人要有多个社交圈子。

脑子越用越活，但是，用脑过多会头疼，这时候需要睡个好觉。除了注意休息，喝茶也能缓解头疼。除了专业开发工作，还需要业余兴趣来平衡大脑。简历模板上的“业余爱好”这项并不是多余的。

显示屏幕发出的蓝光会影响睡眠质量，为了能够不影响睡眠，可以佩戴防蓝光眼镜。下午 5 点或者 6 点以后关机，保证睡眠充足，不再用电脑。每天上午在绿树成荫的地方进行力量练习或者负重行走，这有助于改善晚上的睡眠。晚餐可以经常吃小米、藕、虾皮、鸡蛋等，喝决明子、玉兰花、薰衣草、绞股蓝等花草茶。

虽然抽烟也能提神，但为此而损害健康就不值得了。不要多喝酒。李白斗酒诗百篇，但没听说过“酒后能多写程序”。冷酒伤胃，热酒伤肝，所以最好别喝。

硬盘用一段时间后需要重新整理碎片，所以人也是白天工作后，晚上需要睡觉，让大脑整理工作和学习的经历。不同的时间，睡眠效果不一样。晚上 11 点和 12 点以及 1 点这三个小时都一直在睡眠状态时，能达到最佳睡眠。这段时间叫作核心睡眠区间。睡眠时间长度因人而异，往往在 7 到 9 个小时之间。喝绞股蓝茶有助于获得良好的睡眠。

长时间对着屏幕，容易“眼涨”。多看绿色植物或者闭目养神就能缓解。可以使用眼霜来消除加班后的黑眼圈。如果总是盯着显示器，就容易导致眼疲劳。可以做新式眼保健操，也就是眼球运动。

据说长期面对电脑受到的电磁辐射容易让人掉头发，所以，可以把机箱加上防辐射罩，或者准备一个防辐射帽。连续坐在电脑面前的时间最好控制在两小时以内。

要想办法保持健康状态。虽然据说感冒能预防癌症，但与疾病做斗争的时候，就没法专心思考问题了。即使吃不到特供食品，最好也要避开地沟油或毒韭菜。要学会自己做饭，这是保证“食品安全”的一个办法。

很多软件开发是在大城市中完成的，城市的空气污染容易导致咳嗽。轻唱可以预防和治疗咳嗽。游泳也可以治疗咳嗽。

把食物做熟的过程是能量的积分。就是说，即使鸡蛋的加热温度只有60多度，但是，这样的温度如果能保持几个小时，鸡蛋也能熟。同理，人活得更长就能做更多的事情(而每日一次的饭后半粒二甲双胍据说有可能更长寿)。

1.1.2　路线图

我们的目的是开发出专业的中文文本信息处理程序。首先从结构化程序设计入手，然后开始面向对象程序设计。将介绍编程所需要的数据结构与算法，以及处理文本的方法等。

在电影《源代码》中，主人公一开始并不明白为什么镜子中的形象并不是他自己，但这并不妨碍他在布置好的场景中做一些简单的事情。很多时候，不可能一次性地把见到的东西完全看明白，有时候，会再次回到以前的代码，每次多明白一点点。到最后，对常用的东西，基本上就都明白了。

小李喜欢通过用他的笔记本电脑看教学视频来学习Java。但是，笔记本的屏幕太小了，视频中的代码看不清楚。他外接了一个显示器，用这个外接的显示器看教学视频，他自己笔记本上的显示器则用来练习。

1.1.3　Java

首先看一下开发Java所使用的台式机。打开台式机的机箱，最引人注目的是主板，主板上有CPU和内存条。硬盘架上有硬盘。内存就像大脑的短期记忆，而硬盘就像大脑的长期记忆。机器没有启动的时候，程序位于硬盘中。当程序开始运行的时候，程序位于内存中。而CPU则是进行计算的逻辑处理单元。

因为可以根据地址直接读写任意位置的数据，所以内存又叫作随机访问存储器。早期的程序往往要考虑如何在很有限的内存中运行。而今天，对内存的使用则更多地关注缓存。

CPU执行机器语言　也就是一套指令集。例如，我们日常使用的CPU一般都是运行x86指令集。计算机上的可执行程序体现为机器代码。

在超市买牙签时，至少要买一盒，不会按根卖的。而CPU往往按字节来取数据。一个字节是8位。为什么一个字节是8位而不是64位？设计成这样并不是为了图吉利，而是因为早期计算机的数据总线宽度是8位。

汇编语言用助记符来表示每一条机器语言。汇编语言源代码要翻译成机器代码才能执行。但汇编语言编写的程序只能在特定的机器上运行。

另外，程序一般运行在操作系统中，例如Windows操作系统。操作系统中运行的一个

应用程序叫作一个进程。可以同时启动多个进程，其中，每个进程都有自己独立的内存空间。在 Windows 操作系统中，可以用任务管理器看到所有在运行的进程。

高级语言则是一种可以在各种计算机上通用的程序设计语言。例如 C++和 Java，因为主要是在美国开发的，所以都很像英语。但是，Java 比 C++更加贴近自然语言。美国大学的教授比中国大学的教授更紧跟潮流，所以往往教他们更容易学习的 Java 语言，而不是 C++。

由专门的程序把源代码翻译成机器代码。翻译成机器语言的过程叫作编译，所以，这个翻译程序叫作编译器。C++在源代码级别兼容各种平台。

但是，C++编译出的可执行代码无法跨平台。因为即使是运行在 x86 指令集上的 Linux，它与 Windows 上的可执行代码尽管都是 x86 机器码，但操作系统不一样，可执行代码的框架就不一样。具体来说，Windows 下可执行文件是 PE 格式，而 Linux 则是 ELF 格式。

为了实现跨平台，需要定义一套统一的程序格式。为了兼容各种 CPU，还需要定义一套统一的虚拟指令集，让程序运行在统一的内存框架下。这就是虚拟机技术。Java 程序运行在专门为它定义的虚拟机上。这个虚拟机叫作 Java Virtual Machine(JVM)。

很多其他语言也采用了虚拟机技术来实现，例如 C#采用的虚拟机是公共语言运行库，Perl 采用的虚拟机是 Parrot，PowerBuilder 采用的虚拟机是 PBVM。在 FlashPalyer 中，也有个 AVM2 虚拟机。

Java 编译器把源代码编译成字节码。在生活中，有些词需要避讳。编译器也有留做自己专用的保留字，或者叫作关键字(Keyword)。例如，public 就是一个关键字。

程序源代码是文本文件，早期的文本文件采用 ASCII 编码。英文有 26 个字母，算上大小写、数字、特殊字符，加上回车、空格等，共有 128 个字符。用 7 个 1 或 0 的组合，就可以把这些字符全部显示出来。最后加上一位识别码。所以在电脑上，ASCII 编码的一个字符占用一个字节，也就是 8 位。ASCII 编码对每个英文字符都进行编号，例如规定 a 字符编号为 97，b 字符编号为 98 等。大写字母和小写字母有不同的编号。

术语： ASCII(American Standard Code for Information Interchange)　美国资讯交换标准码的简称。ASCII 主要用于显示现代英语和其他西欧语言。使用指定的 7 位或 8 位二进制数组合来表示 128 或 256 种可能的字符。其中 48~57 为 0 到 9 十个阿拉伯数字，65~90 为 26 个大写英文字母，97~122 为 26 个小写英文字母。其余为一些标点符号、运算符号、控制字符等。因为早期程序主要面向讲英语的用户，主要由讲英语的程序员开发，所以 ASCII 很流行。

如果要支持中文，ASCII 编码要扩展成专门的中文编码 GBK。英文字母最高位编码是 0，而汉字最高位编码是 1。Java 中的源代码还可以采用通用字符集 Unicode 编码。

术语： Unicode Translation Format(UTF)　即 Unicode 转换格式。Unicode 表示一种唯一的、统一的和通用的编码。

JVM 本身并没有定义 Java 程序设计语言。它只定义了包含 JVM 指令集的 class 文件的格式，以及一个符号表等。

根据 CPU 的寻址空间，可以分为 32 位和 64 位 CPU。JVM 为这两种 CPU 做了专门的版本，字长是 32 位和 64 位的 JVM。为了实现这样的跨平台运行想法，每种常用的 CPU 和

操作系统组合都有相应的 JVM 实现，如图 1-1 所示。

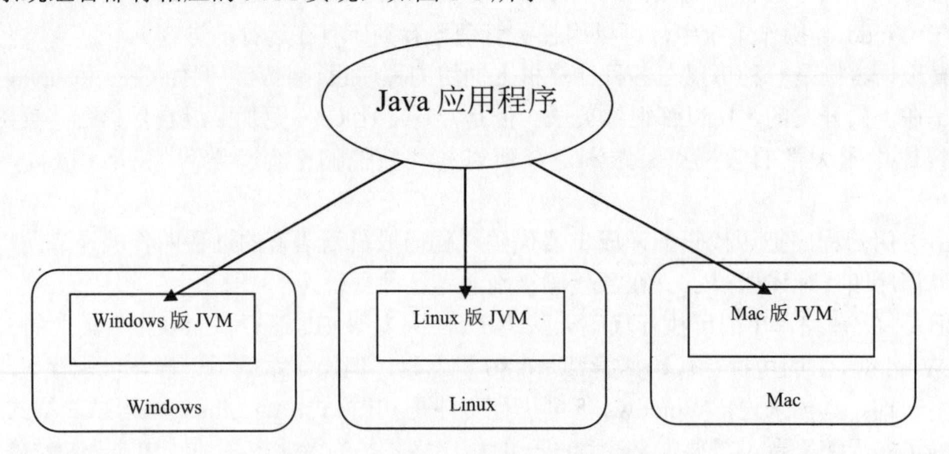

图 1-1　运行于 JVM 的 Java 应用程序

可以在 Windows 平台编译一个 Java 程序，并且在 Linux 平台运行它，因为 Windows 和 Linux 都支持 JVM 实现。Linux 平台下的指令集可能与 Java 编译器生成的字节码不一样。一个 JVM 可以一次性地解释字节码，或者把字节码编译成它所运行的本地代码，这种优化技术叫作 JIT(Just-In-Time)。Java 字节码程序可以运行在任何有字节码解释器的程序上，如图 1-2 所示。

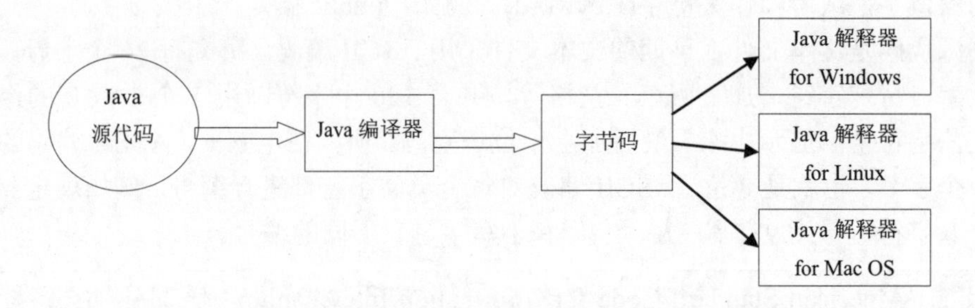

图 1-2　一次编译，到处运行的 Java 应用程序

JVM 定义了一套通用的虚拟指令集，叫作 JVM 指令集。JVM 是基于栈结构的计算机。JVM 指令集中的相关操作数在栈顶运算。例如，如果解释器要执行整数加法，就是从栈顶弹出两个整数进行加法运算，最后将结果压入栈顶。

术语：operand——操作数。

Java 源代码可以被编译成字节码的一种中间状态，然后由已提供的虚拟机来执行这些字节码。Java 程序需要一个运行环境来执行代码。Java 运行环境(JRE)是一个 JVM 的实现。图 1-3 是 Java 中的概念图。

使用 javap 查看 Java 编译器生成的字节码，通过比较字节码和源代码，可以了解编译器内部的工作机制。

Java 需要支持移动计算，所以 Java 的 class 文件设计得很紧凑，大部分指令只占一个字节。class 是动态扩展和执行的，不必等到所有 class 下载完毕才开始执行。

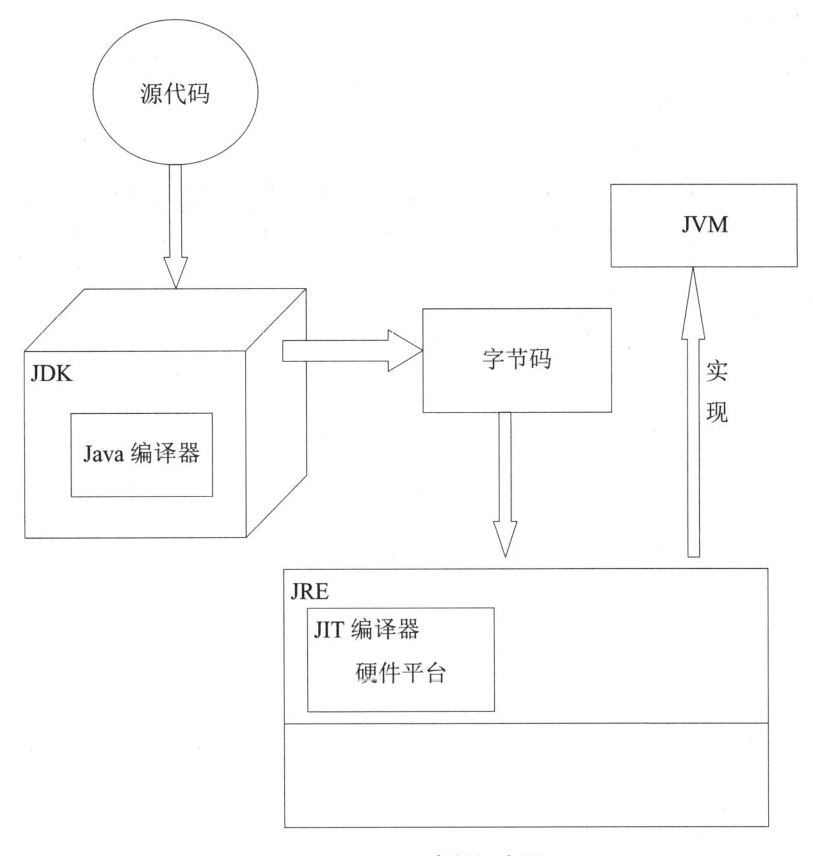

图 1-3　Java 中的概念图

因为计算机中往往有很多程序同时在运行，例如，可以同时启动多个 JRE，所以由操作系统来调度程序的执行。

1.2　软 件 工 具

据说，尼安德特人灭亡的部分原因，是他们不会使用针来缝衣服。我们为了提高学习和工作效率，需要学会使用一些有用的软件工具。

1.2.1　搜索引擎

有问题的话，首先可以到 Google 上搜索，搜索引擎已经成为人类大脑的外部存储设备。习惯于使用搜索引擎的人们，会忘记自己能在网上找到的信息，而记住自己认为无法在网上找到的信息。

如果说开发软件就像种菜，不是每个人都会，则使用搜索引擎就像做菜，很简单，每个人都能轻松学会！最常规的做法是打开浏览器，输入网址。然后在搜索框中输入你要找的东西的描述，或者你要问的问题，然后按回车键或者单击提交按钮，即可等待搜索引擎返回结果了。如果第一页结果找不到想要的，可以翻到下一页，或者换个查询词再找。

关键是如何把你要找的东西，或者你要问的问题转换成一个或者多个查询词。例如，想知道搜索引擎的工作原理，可以输入组合查询词“搜索引擎 原理”、“搜索引擎 开发”或者“搜索引擎 技术实战”等。

有时候，需要方便地同时向多个搜索引擎提交同一个查询词。为此，可以使用英文版本的火狐浏览器(Firefox)，它提供一个搜索工具栏，可以通过下拉列表来选择执行搜索的引擎。另外，还可以在搜索引擎插件管理网址 http://mycroft.mozdev.org/中添加其他的搜索引擎到搜索工具栏。

专业的搜索引擎一般都会实现一个搜索语法，例如，找 Java 相关的 Word 文档，就可以这样查询“Java filetype:doc”。注意，filetype:和后面的关键词之间不要有空格。要找 Java 相关的 PPT 文件，可以在搜索框中输入“Java filetype:ppt”。

有时候，您如果知道某个站点中有自己需要找的东西，就可以把搜索范围限定在这个站点中，提高查询效率。使用的方式是，在查询内容的后面，加上“site:站点域名”。例如，要从 stackoverflow.com 查找 Java，就可以这样查询“Java site:stackoverflow.com”。应注意，“site:”后面跟站点域名，不要带“http://”，另外，site:和站点域名之间不要带空格。

1.2.2 Windows 命令行

假设有一个标准件工厂。在车间生产产品，在工地使用这些产品。

类似地，往往在集成开发环境中开发软件，又在操作系统中使用。如果是在 Windows 操作系统中运行开发的软件，则往往通过 Windows 命令行来运行。

在图形化用户界面出现之前，人们就是用命令行来操作计算机的。Windows 命令行是通过 Windows 系统目录下的 cmd.exe 执行的。执行这个程序最直接的方式是找到这个程序，然后双击。但 cmd.exe 并没有一个桌面快捷方式，所以这样还是太麻烦。

可以在“开始”菜单的“运行”窗口中直接输入程序名，按 Enter 键后运行这个程序。选择“开始”→“运行”，这样就会打开资源管理器中的运行程序窗口。或者使用快捷键——窗口键+R，来打开运行程序窗口。总之，输入程序名 cmd 后，单击“确定”按钮，就会出现一个黑色界面的命令提示窗口。因为能够能通过这个黑洞洞的窗口直接输入命令来控制计算机，所以也称为“控制台窗口”(Console)。

术语： Console(控制台) 遥控器上有控制面板。更复杂的设备往往有控制台，例如一台机床或者数控设备的控制箱(通常会被称为控制台)。顾名思义，控制台就是一个直接控制设备的“台面”，往往是一个上面有很多控制按钮的面板。在计算机中，可以把直接连接在电脑上的键盘和显示器叫作控制台。

通常用扩展名来表示文件的类别。例如，exe 表示可执行文件。Windows 系统中的文件名称由文件名和扩展名组成。文件名和扩展名之间由小数点分隔，例如 java.exe。

当我们建立或修改一个文件时，必须向 Windows 指明这个文件的位置。文件的位置由三部分组成：驱动器、文件所在路径和文件名。路径是由一系列路径名组成的，这些路径名之间用“\”分开。例如 C:\Program Files\Java\jdk1.7.0_03\bin\java.exe。

公园的地图上往往会标出游客的当前位置。Windows 命令行也有个当前目录的概念。例如使用 C:\Users\Administrator 作为当前路径。

可以用 cd 命令改变当前路径，例如改变到 C:\Program Files\Java\jdk1.7.0_03 路径：

```
C:\Users\Administrator>cd C:\Program Files\Java\jdk1.7.0_03
```

如果在当前路径下输入“cd d”，效果就是改变当前路径到 d 子目录。所以切换盘符不能使用 cd 命令，而是直接输入盘符的名称。例如想要切换到 D 盘，可以使用如下命令：

```
C:\Users\Administrator>D:
```

系统约定从指定的路径找可执行文件。这个路径通过 PATH 环境变量指定。环境变量是一个“变量名=变量值”的对应关系，每一个变量都有一个或者多个值与之对应。如果是多个值，则这些值之间用分号分开。

例如，PATH 环境变量可能对应“C:\Windows\system32;C:\Windows”这样的值，表示 Windows 会从 C:\Windows\system32 和 C:\Windows 这两个路径寻找可执行文件。

设置或者修改环境变量的具体操作步骤是：首先在 Windows 桌面右击“我的电脑”，从弹出的快捷菜单中选择“属性”命令，在弹出的“系统属性”对话框中单击“高级”选项卡标签，然后单击“环境变量”按钮，即可设置用户变量，或者系统变量。这时就可以通过“新建”或者“编辑”按钮，来设置环境变量 PATH 的值了。

如果使用的是 2008 年以后推出的 Windows 操作系统，可能找不到“我的电脑”这样的快捷图标。其实，打开桌面上“我的电脑”，就是运行资源管理器。而打开资源管理器的另外一种方法是：首先按住键盘上的窗口键不放，然后再按 E 键。

需要重新启动命令行工具才能让环境变量设置生效。为了检查环境变量是否设置正确，可以在命令行中显示指定的值。需要用到 echo 命令。例如：

```
C:\Users\Administrator>echo Hello
```

执行上面的命令，将在命令行输出 Hello。

如果要引用环境变量的值，可以用前后两个百分号把变量名包围起来：“%变量名%”。echo 命令可以用来显示一个环境变量中的值：

```
C:\Users\Administrator>echo %PATH%
```

1.2.3　机器翻译

很多软件方面的技术文档最开始是使用英文写的。虽然很多经典文档已经翻译成了中文，但是，如果译者水平不够，就会导致信息丢失。很多开源软件也是只有英文说明。能够阅读英文技术文档对学习软件开发会很有帮助。但学习外语又是一件很费时的事情。

机器翻译技术的发展，部分地解决了阅读英文的问题。英语基础不太好的读者可以在开始时使用在线机器翻译，来阅读英文技术文档，然后逐渐过渡到阅读英文原文。可以使用 Google 机器翻译(http://translate.google.cn)来查看英文网页。例如用 Google 机器翻译来查看最新的 Java 开发文档。

假如只要能把一个操作过程用自然语言描述出来，就能写出对应的程序，那该多好啊。Java 程序中的处理逻辑都是由英文字母和一些简单的符号来描述的。可以借助机器翻译中的概念来学习程序设计。写代码可以看成是把自然语言翻译成机器语言的过程。机器翻译中有个对齐的概念，类似于双向映射。例如，把“如果”和“if”对齐。

对齐是一个很多学科都使用的概念。例如DNA测序也会用到对齐。可以把不同人种的基因对齐，找出同样功能的基因。

1.2.4 Linux

虽然用Linux操作系统办公的不多见，但有很多Java程序运行在Linux操作系统中。

关于Linux，有这样的比喻：从前，有一个叫Linus的人发明了自助车，把它叫作Linux。后来有个叫Sun的家伙觉得这东西不错，但是开起来有点颠簸，一般人控制不了，于是在Linux牌自助车上装上了一个Java牌减震器，于是就变成了企业商用车，用了都说好。

再后来，又来了个叫Andy的哥们儿，觉得自助车上装个柴油机还是开不快。他干了两件事：一是把柴油机换成了Dalvik型汽油发动机，二是把自助车轮子加粗了，又装上了漂亮的车壳。他宣布，Android牌摩托诞生了。Andy给Google公司的老板Page发了一封邮件推销，Page觉得这摩托不错，就花5000万美元买下来了。Google后来在这辆摩托车上加了很多广告，每年靠移动广告赚10亿美元。Page觉得当初买得太划算了。

没想到这摩托一下子就特别火，很快地，大街上除了开农用车的果农，就都是开摩托的码农了。Linus跟Sun可不干了，说你这不是剽窃我的么。不过Google理直气壮：Sun你看，我发动机都换了，不是你家的了。而Linus呢，我把你底下的轮子都改了，不是原来的自助车轮了。

因为Windows图形界面简单，所以大部分时候都是在使用Windows，尝试使用新的操作系统往往很费劲儿。不能像邯郸学步，没学会Linux，却牺牲了Windows的方便易用。

如果有现成的Linux服务器可用，可以使用支持SSH协议的终端仿真程序SecureCRT连接到远程Linux服务器。因为可以保存登录秘密，所以比较方便。除了SecureCRT，还可以使用开源软件PuTTY(http://www.chiark.greenend.org.uk/~sgtatham/putty)，以及可以保存登录密码的PuTTY Connection Manager。

小袋鼠在袋鼠妈妈的袋子里长大。使用VMware，Linux可以运行在Windows系统下。VMware让Linux运行在虚拟机中，而且不会破坏原来的Windows操作系统。

首先要准备好VMware，当然，仍然需要Linux光盘文件。

就好像华山派有剑宗和气宗，Linux也有很多种版本，例如RedHat或者Ubuntu以及SUSE。这里选择CentOS(http://www.centos.org/)。

如果需要安装软件，可以下载RPM安装包，然后使用RPM安装。但操作系统对应的RPM安装包找起来往往比较麻烦。一个软件包可能依赖其他的软件包。为了安装一个软件，可能需要下载其他好几个它所依赖的软件包。

为了简化安装操作，可以使用黄狗升级管理器(Yellowdog Updater，Modified)，一般简称yum。yum会自动计算出程序之间的相互关联性，并且计算出完成软件包的安装需要哪些步骤。这样，在安装软件时，就不会再被那些关联性问题所困扰了。

yum软件包管理器自动从网络下载并安装软件。yum有点类似于360软件管家，但是，不会有商业倾向的推销软件。例如安装支持wget和rzsz命令的软件：

```
#yum install wget
#yum install lrzsz
```

可以同时安装几个软件包，例如同时安装MySQL服务器和客户端：

```
#yum install mysql-server mysql
```

可以使用 Nodepad++自带的插件 NppFTP 来编辑 Linux 下的文件。

1.2.5 源代码比较工具

如果两个图有 4 处不同，要找出两个图之间存在的所有差异会很费劲儿。同样道理，我们可能在不止一个地方改动了代码，形成不止一个版本。如果要合并两个版本的源代码，就要使用源代码比较工具。

WinMerge 是一个流行的源代码比较工具。可以比较两个目录中文件内容之间的差别，或者只比较两个文件之间的差别。可以根据内容之间的差异更新某个文件。

1.3 Java 基础

人们并不一定要自己买房子以后才有地方住。同理，并不一定要在本机安装开发环境以后，才能运行第一个 Java 程序。

有一些在线开发环境可运行 Java 程序，例如 http://www.javarepl.com。

在提示符处输入 1+1，按 Enter 键后，就会返回 2。但为了能够完成实际的应用，还是需要准备专门的开发环境。

1.3.1 准备开发环境

需要如下三个步骤准备 Java 开发环境。

1. 下载 JDK

Java 开发环境简称 JDK(Java Development Kit)。Java 不够流行的一个原因是，很多初学者在安装 JDK 这一步就被难住了。

JDK 包括了 Java 运行环境(Java Runtime Environment)、一堆 Java 工具和 Java 基础类库。可以从 Java 官方网站 http://www.oracle.com/technetwork/java/index.html 下载得到 JDK。注意不是 http://www.java.com 下的 Java 虚拟机。

下载 Java SE，也就是标准版本。Latest Release 也就是最新发布的安装程序。完整的 JDK 版本号中包括大版本号和小版本号。例如 1.7.0 的大版本号是 7，小版本号是 0。而 1.6.22 的大版本号是 6，小版本号是 22。小版本号高的 JDK 往往更稳定，例如 1.7.0 不如 1.6.22 稳定，所以推荐下载一个小版本号高的 JDK。因为可以在 Windows 或 Linux 等多种操作系统环境下开发 Java 程序，所以有多个操作系统的 JDK 版本可供选择。

因为 JDK 是有版权的，所以需要接受许可协议(Accept License Agreement)后才能下载。如果在 Windows 下开发，就选择 Windows x86。这样会下载类似 jdk-7u3-windows-i586.exe 这样的文件。下载完毕后，使用默认方式安装 JDK 即可。

并不是所有的计算机都需要 Java 开发环境，有些只是需要运行 Java 程序的环境。Java 运行环境叫作 Java Runtime Environment(JRE)。安装的 JDK 中已经包括了 JRE。如果只需要运行 Java 程序，可以只安装 JRE。

因为Oracle版本的JDK有版权限制，不能任意发布。如果下载或安装Oracle版本的JDK有困难，作者也爱莫能助。幸好，OpenSCG组织维护了一个OpenJDK 6的Windows安装版本。在本书的下载资源中可以找到这个版本。

2. 设置环境变量

JDK相关的文件都放在一个叫作JAVA_HOME的根目录下，例如：

```
C:\Program Files\Java\jdk1.7.0_03
```

这个目录名最后以一个数字类型的版本号结尾。例如03、10或者21等。

Java程序都运行在虚拟机上，虚拟机简称JVM。为什么要做个虚拟机，而不是直接运行在本机的操作系统上呢？因为Windows是收费的，而Linux可以免费使用。可以把Windows当作开发环境使用，可以把编译后的程序部署在Linux上。因为运行在指令集相同的虚拟机上，所以Java程序可以不经修改地在不同操作系统之间穿越。

因为一台机器可以安装多个JDK和JVM，为了避免混乱，可以新增环境变量JAVA_HOME，指定一个默认使用的JDK。

使用echo命令检查环境变量JAVA_HOME，在控制台窗口输入和查看：

```
echo %JAVA_HOME%
C:\Program Files\Java\jdk1.7.0_03
```

如果只需要使用集成开发环境，只配置JAVA_HOME这一个环境变量就可以了。为了检查JAVA_HOME已经正确设置，则在任何路径输入java命令都能显示虚拟机的版本号就可以了。例如：

```
java -version
java version "1.7.0_03"
Java(TM) SE Runtime Environment (build 1.7.0_03-b05)
Java HotSpot(TM) Client VM (build 22.1-b02, mixed mode, sharing)
```

如果还需要在控制台下执行，则需要访问编译程序javac.exe及执行java.exe。环境变量PATH指定了从哪里找java.exe这样的可执行文件。可以从多个路径查找可执行文件，这些路径以分号隔开。如果想在命令行运行Java程序，还可以修改已有的环境变量PATH，增加Java程序所在的路径。例如C:\Program Files\Java\jdk1.7.0_03\bin。

具体操作步骤是：首先在Windows桌面右击“我的电脑”，从弹出的快捷菜单中选择“属性”命令，在弹出的“系统属性”对话框中单击“高级”选项卡标签，然后单击“环境变量”按钮，即可设置用户变量，或者系统变量。在其值中添加上JDK安装目录下的bin目录路径。重新启动命令行。然后检查环境变量PATH：

```
echo %PATH%
```

3. 测试开发环境

看设置是否已经生效。为了检查PATH已经正确设置，在任何路径输入javac命令都能显示javac的用法就可以了。也可以用一个Java程序试验一下。比如运行下面两个命令：

```
javac Paper.java
java Paper
```

看控制台是否能显示计算结果(Paper.java 当然是事先编写好的一个简单的 Java 源程序文件)。在命令行中输入 javac Paper.java 的时候，会先在当前路径中查找此文件，如果没有的话，才会到 Path 环境变量中查找。

如果经常改动 JDK 安装目录的路径，则需要经常修改 Path 环境变量，但是，这样比较容易出错，所以可以使用一个新的环境变量值来防止错误。首先通过前述“我的电脑”→“属性”→“高级”→“环境变量”操作，新建一个环境变量，然后在其值中添加上 JDK 安装目录下的 bin 目录路径，然后在 Path 中添加上%变量名%，通过这样的方式来动态获取此变量中的值。

如果需要临时设置 Path 环境变量的值，可以先打开命令行，输入“set path=JDK 安装目录下的 bin 目录路径”。通过这样的方式，就可以临时设置 Path 环境变量的值了。因为命令行窗口如果关闭了的话，那么此设置会失效，所以是临时设置。

而如果想要在原有值的基础上添加新值的话，则可以输入“set path=JDK 安装目录的 bin 目录路径;%Path%”来完成。

编译和执行 Java 程序的基本过程如图 1-4 所示。

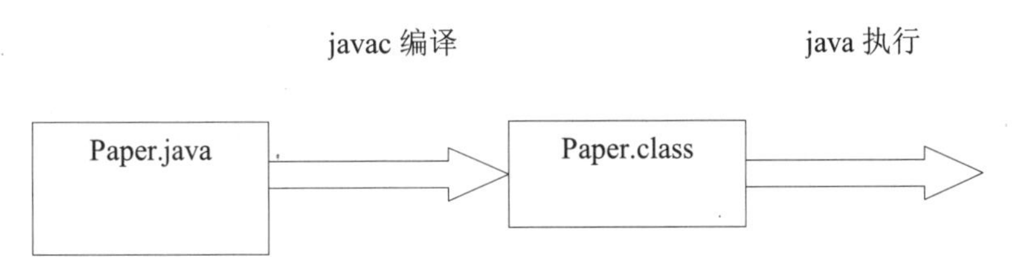

图 1-4　编译和执行 Java 程序

如果出现“Bad version number in .class file”的错误。可能是因为装了两个 Java 虚拟机的版本冲突了，如果用一个版本的 JDK 编译出 class 文件，再用另外一个版本的 JRE 执行这个 class 文件，就可能出现这样的错误。有时候可以修改环境变量，指向同一个版本，来解决这个问题。

1.3.2　Eclipse

就好像理发有推子等专门的理发用具，开发软件也有专门的集成开发环境。开发 Java 程序最流行的工具叫作 Eclipse(http://www.eclipse.org)。不要用挂了木马的软件，要用原版的。所以要从官方网站下载，或者使用别人从官方网站下载的。

Eclipse 也有很多版本，例如有用于开发 Java 企业应用的版本，或者开发 JavaScript 的版本。因为这里开发的是最简单的控制台应用程序，所以可以选择最简单的一个版本 Eclipse IDE for Java Developers。有些 Eclipse 新版本不够稳定，可以使用小版本号比较高的稳定版本，例如使用 3.6.2，而不用 3.7.0。有些版本的 JDK 与 Eclipse 的某些版本有冲突，如果无法启动 Eclipse，可以换个 JDK 的版本再试。Eclipse 每个版本都有专门的代号，表 1-1 是代号名称和版本对照表。

一般先安装 JDK，然后再运行 Eclipse。Eclipse Indigo 3.7.1 以上的版本支持 JDK 7。也可以只装 JRE 就行，用 Eclipse 的 Java 开发工具(Java Development Tools)就可以编译源代码了，不用 javac。

表 1-1　Eclipse 版本名称对照表

Eclipse 版本	代　号	中 文 名
3.1	IO	木卫一，伊奥
3.2	Callisto	木卫四，卡里斯托
3.3	Eruopa	木卫二，欧罗巴
3.4	Ganymede	木卫三，盖尼米德
3.5	Galileo	伽利略
3.6	Helios	太阳神
3.7	Indigo	靛青

Eclipse 是绿色软件，无须安装，解压后就可以直接使用。在 Windows 下，双击后就可以解压文件。如果需要专门的解压软件，推荐使用 7z(http://www.7-zip.org/)。然后直接运行 eclipse.exe 就可以。一般情况下，只要 JDK 已经正常安装好，就可以启动 eclipse.exe。

Eclipse 默认是英文界面，如果习惯用中文界面，可以安装 Babel 插件。

从 http://www.eclipse.org/babel/downloads.php 下载支持中文的语言包。可以下载 Babel 语言包压缩文件，然后解压 Babel 语言包到 Eclipse 安装文件夹。

第一次启动时，需要设置自己的工作路径。工作路径可以设定在一个硬盘剩余空间比较大的盘符下，例如 D:\workspace。

唱戏的时候，每出戏都有不同的舞台背景。而在 Eclipse 中，开发和调试程序的时候使用的窗口布局方式也不一样。Eclipse 平台采用透视图来管理窗口布局的方式。

达·芬奇从画蛋开始学画画。我们先从控制台程序开始学习写 Java 基础程序。在控制台输出一个值时，可以使用 System.out.println。

Eclipse 把软件按项目管理。每个 Java 项目位于一个单独的路径下。源代码位于 src 子路径中。这里的 src 是 source 的缩写。根据源代码编译出来的二进制文件*.class 位于 bin 子路径下。这里的 bin 是 binary 的缩写。

新建一个 Java 项目后，在这个项目的 src 路径下新建一个称为 Hello 的 Java 类：

```
public class Hello {
    public static void main(String args[]) {
        System.out.println("你好");
    }
}
```

单击工具栏上的“运行”按钮，将会执行这个类。在 Eclipse 的控制台界面输出“你好”这两个字。

在 Eclipse 3.7 中，输出的中文字体小得根本看不见。可以在 Eclipse 中通过 Preferences → General → Appearance → Colors and Fonts 操作，打开 basic 界面，双击 Text Font，然后把字体大小改大，比如从 10 号改成 12 号或者 14 号。

如果学生把题答错了，老师会在题目上打个红叉。同理，如果源代码有错误，Eclipse 也会在对应的行左边显示小红叉。单击左边的小红叉，Eclipse 会自动提示如何改错。例如，如果需要导入类的声明，会自动导入类，生成 import 语句。

如果学生的解答可能有问题，老师会在答案上画一个问号。同理，Eclipse 也会用黄色的感叹号提示可能有问题的代码行。

编程生涯成熟的部分标志，是百折不挠地坚持诚实做事，所以要力求理解编译器的警告信息，而不是对其置之不理。

如果要从外部导入一个项目，需要先删除同名的项目，并且确保硬盘上对应的位置没有这个目录，然后再导入项目文件。

混乱的环境容易滋生病菌。同理，混乱的源代码容易滋生错误。Eclipse 能够自动整理源代码的格式。这个功能在 Source 一级菜单下的 Format 选项中。

如果方法名起得不好，想换个名字，但很多地方都引用了这个方法，逐个重命名会太慢。改姓名要去派出所，对变量重命名要找重构。在上下文菜单中有重构→重命名命令。

术语： Refactor(重构)　即使是当初设计良好的程序，随着少量新功能的不断增加，它们也会逐渐失去设计良好的结构，最终将变成一大团乱麻。你写了一个能很好地完成特定任务的小程序，接着，用户要求增加程序的功能，程序会越来越复杂。尽管你努力地注意设计，但随着工作的增加，程序的复杂化，这种混乱情况仍然会发生。出现这种情况的一个原因，是当在一个程序上增加新功能时，你是在一个已存在的程序上面做工作，而通常这个程序原本没有这样的设计考虑。在这种情况下，你可以重新设计已存在的程序，以更好地支持改变，或者在增加功能时就地解决问题。虽然在理论上，重新设计会比较好一些，但因为对已存在程序的任何改写都会引入新的错误和问题，所以常常会导致额外的工作。应记住一个恒久的工程学格言：“如果它不会崩溃，就不要修改它。”然而，如果不重新设计程序，增加功能时将会比想象的要复杂得多。逐渐地，额外的复杂性将引起高昂的代价。因此要有一个平衡：重新设计会引起短痛，但可以带来长期的好处。由于进度压力，大部分人却更愿意将他们的痛苦推迟到将来。重构是一个描述如何减轻重新设计时的短期痛苦的技术术语。重构的时候，你不是改变程序的功能，而是改变它的内部结构，使得它更容易理解和修改。重构的改变通常是小步骤的。例如，重命名方法、将一个属性从一个类转移到另一个类，或者在超类中合并两个相似的方法。每一步都是很微小的，然而在许多这样的小步骤中，可以给程序带来很大的好处。

除了使用 Eclipse，还可以使用 NetBeans 这样的集成开发环境。NetBeans 的优点是插件基本都有了。如果用 Eclipse，安装插件比较麻烦，特别是网速慢的时候折磨人。

小李看着蝌蚪似的代码，感觉很难。其实，人只要会说话，就会写代码。比如说：如果天下雨了，就带伞。伪代码可以写成：

```
if(天下雨了) 带伞;
```

想去看电影吗？先拿一张白纸计算要花多少钱。假设买票要花 12 元，往返公交车费共 2 元，还有 4 元买一瓶矿泉水。用程序来计算：

```
System.out.println(12 + 2 + 4);
```

凭这样一行代码，就能计算并显示出结果。

所以，我们第一个计算花费的 Java 程序完整版本如下：

```
public class Paper {
    public static void main(String args[]) {
        System.out.println(12 + 2 + 4);
    }
}
```

这个程序到底做了些什么呢？首先，源代码定义了一个叫作 Paper 的类。然后程序从 main 方法开始执行。注意不要把方法名 main 及其定义写错了，否则就没有执行入口了。规则很重要，就好像在答题卡上划答案，要在指定区域内涂答题卡。

把要运行的代码写在大括号{...}限定的范围内。为了让代码行数少，使显示器上能够一屏多显示一些代码，往往把{写在一行的结束位置，而不是新起一行。

println 是一个方法，参数在小括号中。键盘上，小括号()对于像小孩这样手小的人不容易输入，可以左手按住左边的 Shift 键，右手按“(”或者“)”键。

看足球实况转播时需要有解说和评论。同理，源代码也需要有说明信息。可以用注释来说明。可以把注释写在一行的最后，叫作行注释。从“//”以后一直到这行结束为止，都是注释信息。例如下面的例子：

```
public class Paper {
    public static void main(String args[]) {
        //买票要花 12 元，往返公交车费共 2 元，还有 4 元买一瓶水
        System.out.println(12 + 2 + 4);
    }
}
```

如果注释跨越多行，还可以使用块注释/*...*/。此外还有文档注释/**...*/，可以使用 javadoc.exe 来产生 Java Doc 帮助文档，会把文档注释放在 Java Doc 帮助文档中，它是 Java 中特有的注释。例如：

```
/** 类的说明
    版权信息
    作者名称
    联系方式 */
public class Paper {
    public static void main(String args[]) {
        //买票要花 12 元，往返公交车费共 2 元，还有 4 元买一瓶水
        System.out.println(12 + 2 + 4);
    }
}
```

Eclipse 中有专门的快捷键，用来增加或者去掉块注释。增加块注释使用 Ctrl+Shift+/，去除块注释的快捷键是 Ctrl+Shift+\。

程序设计大师有着专家那样的专业知识，并能意识到编程只是 15%的时间与计算机交流，其余 85%是与人打交道。

大师所编写的代码与其说是给计算机看的，倒不如说是给人看的。真正的大师级程序员所编写的代码是十分清晰易懂的，而且他们注意建立有关的文档说明。他们也不想浪费精力去重建本来用一句注释就能说清楚的代码段的逻辑结构。

1.4　本 章 小 结

软件开发工作与一般工作的不同之处在于：很多人做着同样的工作，但没有两个人需要写同样的代码，除非是为了练习。也没有人需要在不同的时间写同样的代码。所以，软件开发工作的一个重要要求，是在保守的工程规则中运作，并不断地搞出创新。

写文章，每句话之间不能任意跳转，要有连贯性。写代码也一样，要有良好的逻辑和结构。否则，以后就没法读懂，不方便维护。不能维护的一个后果，是不得不把已经写过的代码重新再写一遍。

需要学会使用合适的工具，让开发更加顺利。需要了解 Java 的基本原理，这样才能深入地创新。

因为 JVM 是独立于编程语言的，所以除了 Java，还有 Scala 这样的高级语言使用 JVM。

第2章 结构化程序设计

有时知识还没学完，就已经过期了。所以要学会边学边用。我们不是要知道地球是圆的，才能生活在地球上。同理，不是必须把 Java 中所有的关键词都学会了，才能开始写第一个程序。结构化程序设计很基础，学会了以后，可以直接用它实现一些算法和功能。虽然 Java 是一种面向对象的计算机语言，但也可以用它来写结构化程序。在这里，将介绍 Java 中的结构化程序设计子集。我们争取实现边学边用、“现炒现卖”的效果。

小李没有基础，所以先从结构化程序设计开始学。结构化程序设计的方法，是把一个问题分成多个子模块，然后按模块分别实现。例如，要把一个文件夹下的文本文件分成不同的类别，可以按下面的子模块分别实现：

- 把文件从硬盘读入到内存。
- 根据分类特征词是否在一个文本文件中出现来对文本文件分类。
- 根据类别把文本文件放到不同的路径下。

2.1 基本数据类型

下面介绍几种基本的数据类型及其对应的运算符。

根据文本分类要用到文本类型。最基本的文本类型是用单引号包围的单个字符。例如：

```
System.out.println('H'); //输出 H
```

双引号中就是一个字符串类型。例如：

```
System.out.println("Hello"); //输出 Hello
```

计算机擅长做数学计算，例如做四则运算。早期的一些计算机甚至就是加法器。最常见的数值类型是整数类型 int。举例说，100 就是个整数型的字面值：

```
System.out.println(100); //输出 100
```

四则运算用到的四个二元算术运算符是 + (加)、- (减)、* (乘)、/ (除)。这里的乘法符号是星号。两个操作数 a 和 b 参与的运算如表 2-1 所示。

表 2-1 基本算术运算符

运算符	用法	描述
+	a + b	将 a 和 b 相加

续表

运算符	用法	描述
+	+a	如果 a 是 byte、short 或 char 类型的，则将它转换为 int
-	a - b	将 a 减去 b
-	-a	算术取反 a
*	a * b	将 a 和 b 相乘
/	a / b	将 a 除以 b
%	a % b	返回 a 除以 b 所得的余数(换句话说，这是取模运算符)
++	a++	使 a 增 1；在增 1 之前计算 a 的值
++	++a	使 a 增 1；在增 1 之后计算 a 的值
--	a--	使 a 减 1；在减 1 之前计算 a 的值
--	--a	使 a 减 1；在减 1 之后计算 a 的值

整数的加减运算代码：

```
System.out.println(5+2); //输出 7
System.out.println(5-2); //输出 3
```

一份盖饭 13 元，计算两份盖饭的总价：

```
System.out.println(13*2); //输出 26
```

桃子 2 斤 5 块钱，计算每斤多少钱：

```
System.out.println(5/2); //输出 2
```

为什么 5 除以 2 不等于 2.5 而等于 2 呢？因为参与运算的数都是整数，所以输出结果也返回整数。结果向下取整了。小数类型的运算往往使用 double 类型。例如：

```
System.out.println(5.0/2.0); //输出 2.5
```

三至五年的中长期贷款年利率是 6.90%。按照复利，亦即通常所说的“利滚利”方式计算还款总额。借 1 万元，5 年后，需要还 $10000\times(1+0.069)^5$ 元。用程序表示如下：

```
double total =
  10000*(1+6.9/100)*(1+6.9/100)*(1+6.9/100)*(1+6.9/100)*(1+6.9/100);
System.out.println("总还款数: " + total); //一共要还银行 13960 元
```

数学运算符除了加、减、乘、除，还有取余数。

例如，5 除以 2，余数是 1。可以这样写：

```
System.out.println(5%2); //5 除以 2 余 1，所以输出 1
```

术语：Primitive Data Types(基本数据类型)　包括整数和浮点数以及字符类型等。

2.2 变　量

一个变量相当于一个代词，用来指代一个数据结构。如代词“他”可以用来指任何一

个男性，而代词“她”可以用来指任何一个女性。电影中的演员出场时，往往先用字幕显示出名字。Java 中，所有的变量都必须先定义再使用。定义一个变量时，要指定这个变量的数据类型。例如，定义一个整型变量：

```
int index; //用来存索引位置
```

就好像人的名字一样，变量的名字也要起得有意义。这样才能让人不容易错误地使用。

变量名不能使用保留字，例如，变量名本身不能叫作 int。变量名中也不能包含空格或者分号等有特殊作用的符号。而且变量不可以以数字开头。

例如下面这样的变量不能通过编译：

```
int 6room; //6room 可以用作网站域名，但不能用作变量名
```

但是，可以使用美元符号作为变量名。例如：

```
int $; //Java 世界可以接收美元
```

虽然变量名可以是中文，例如：

```
int 计数器;
```

但是，为了与第三方开发工具兼容，变量名中最好不要包括中文，只用英文或者数字以及下划线。

可以用表达式的值给变量赋值：

```
<变量> = <表达式>;
```

例如，在定义了 index 变量以后，用下面的赋值语句给 index 赋值：

```
index = 10 + 1;
```

赋值语句本身可以作为一个常量用。例如：

```
System.out.println(index = 10 + 1);  //输出 11
```

变量要声明它是什么类型的。不能不定义就直接使用它。例如：

```
age = 80; //如果 age 没有在任何地方定义，这样使用就是错误的
```

虽然应该可以在运行时推断出它的类型，但是，有时候，如果程序不运行起来，就很难看出来变量的类型。

声明变量的同时，可以给它赋初始值：

```
int index = 1; //索引位置是 1
```

变量的声明格式为：

```
type identifier[=value][, identifier[=value]...];
```

为了让信息尽量局部化，不牵扯十年前陈芝麻、烂谷子的事情，要尽可能在定义变量的同时初始化该变量。

有时候，需要把一些随机的数比较均匀地分配到 n 个不同的格子里去。这时候，可以对 n 取余数。例如：

```
int n = 100;
```

```
int x = 3050;
System.out.println(x%n); //3050 除以 100 余 50，所以输出 50
```

可以同时声明多个相同类型的变量。例如：

```
int a, b, c; //除非这三个变量的作用类似，否则不建议这样
```

又举例说，狗窝是给狗住的地方，不是给一个正常人住的地方。Java 语言类似于文明社会使用的优雅语言，不能在不同类型的变量之间赋值。你可以把一只活鸭转换成一只烤鸭，但不能把一条蛇转换成一只乌龟。可以把一个变量强制转换成另外一个类型。例如：

```
int x = (int)(d + 1.6);
```

一个基本数据类型的变量不会有初始值。变量要先有值才能参与运算。

例如下面的代码：

```
int age;
age = age + 7; //不会通过编译
```

2.2.1 表达式执行顺序

先有鸡还是先有蛋？有时候，这是一个需要考虑的问题。一个复杂的表达式，采用不同的执行顺序，可能会导致不同的结果。

Java 语言规定了运算符的优先级与结合性。优先级是指同一表达式中多个运算符被执行的次序，在表达式求值时，先按运算符的优先级别由高到低的次序执行，例如，算术运算符中采用“先乘除后加减”。如果在一个运算对象两侧的优先级别相同，则按规定的“结合方向”处理，称为运算符的“结合性”。Java 规定了各种运算符的结合性，如算术运算符的结合方向为“自左至右”，即先左后右。但 Java 中也有一些运算符的结合性是“自右至左”的。

二元运算符左边的操作数要在右边的操作数的任何部分进行评估之前先进行充分的评估。如果左边的操作数包含给一个变量的赋值，而右边的操作数包含对这个变量的引用，然后引用产生的值，将反映赋值首先发生的事实。例如：

```
int i = 2;
int j = (i=3) * i;
System.out.println(j); //输出 9
```

这里将不允许它输出 6，而只能输出 9。

乘和除比加和减有更高的优先级。同一优先级的运算，从左向右依次进行。可以用小括号来改变计算的优先级。例如：

```
i = (10+5)/5;
```

加法比移位有更高的优先级：

```
int index = 1;
System.out.println(index<<1+1);    //输出：4
System.out.println((index<<1)+1);  //输出：3
```

往往测试后才发现，移位操作的优先级竟然不如加法。

乘法满足结合率。而减法则不是。例如(x*y)*z 等于 x*(y*z)。而(3-2)-1 不等于 3-(2-1)。

2.2.2 简化的运算符

如果参与运算的第一个操作数和接收返回值的变量是同一个，则可以使用简化写法。例如，可以把 x = x + y;简写成 x += y;。这里的+=是组合赋值运算符。类似的简化写法还有很多，完整的列表如表 2-2 所示。

表 2-2　组合赋值运算符

运 算 符	运算符类型	说　明
+=	算术或者字符串运算符	相加并赋值。x += y; 等价于 x = x + y;
-=	算术运算符	相减并赋值。x -= y; 等价于 x = x - y;
*=	算术运算符	相乘并赋值。x *= y; 等价于 x = x * y;
/=	算术运算符	相除并赋值。x /= y; 等价于 x = x / y;
%=	算术运算符	取余并赋值。x %= y; 等价于 x = x % y;
<<=	移位运算符	左移并赋值。x <<= y; 等价于 x = x << y;
>>=	移位运算符	右移并赋值。x <<= y; 等价于 x = x << y;
&&=	逻辑运算符	逻辑与并赋值。x &&= y; 等价于 x = x && y;
||=	逻辑运算符	逻辑或并赋值。x ||= y; 等价于 x = x || y;
|=	位运算符	位或并赋值。x |= y; 等价于 x = x | y;
&=	位运算符	位与并赋值。x &= y; 等价于 x = x & y;
^=	位运算符	位异或并赋值。x ^= y; 等价于 x = x ^ y;

电视遥控器上有个按钮用于频道号加 1，还有个按钮用于频道号减 1。类似地，JVM 指令集中有一个叫作 iinc 的指令，用于为指定的整型变量增加指定值。我们笑一下，有时候写作笑笑。如果只需要加 1，还可以更简单，使用++运算符。例如：

```
++index;    //相当于 index += 1;
```

++叫作自增运算符。先加，然后再参与后续运算，所以叫作前自增。此外，还有先参与后续运算，然后再加：

```
i++;      //后自增
```

如果指令集中的 iinc 指令将指定的整型变量增加-1，也就是减 1。对应地，如果只需要减 1，还有自减运算符：

```
i--;      //后自减
```

自增运算++比+有更高的优先级。另外，从左到右计算表达式。对于二元运算符来说，两个操作数都先算出来后，再算它的结果。所以：

```
int i = 2;
i = ++i + ++i + ++i;
System.out.println(i); //输出 12
```

这个长表达式的计算过程是：

```
i = (((++i) + (++i)) + (++i));
i = ((3 + (++i)) + (++i)); // i = 3; 第一个加号的第一个操作数
i = ((3 + 4) + (++i)); // i = 4; 第一个加号的第二个操作数
i = (7 + (++i)); // i = 4;
i = (7 + 5); // i = 5; 加号的第二个操作数
i = 12;
```

如果把其中的前自增改成后自增，则代码变成了：

```
int i = 2;
i = i++ + i++ + i++;
System.out.println(i); //输出 9
```

这个表达式的计算过程是：

```
i = (((i++) + (i++)) + (i++));
i = ((2 + (i++)) + (i++));  // i = 3; 第一个加号的第一个操作数
i = ((2 + 3) + (i++));  // i = 4; 第一个加号的第二个操作数
i = (5 + (i++));  // i = 4;
i = (5 + 4);  // i = 5; 加号的第二个操作数
i = 9;
```

假设有很多商品，要给每个商品一个编号。整型变量 No 记录已经编到的最大值。新来一个商品，则把新商品的编码设为 No，然后 No 再加 1。

这时候就可以使用自增运算符++：

```
int No = 1; //记录编号的最大值
No++;  //每次加 1
```

每增加一个元素，则指示器的值增加一个。如果每减少一个元素，则指示器的值也会减少一个，所以还有自减运算符--。

2.2.3 常量

有一种特殊的变量，从程序运行开始，值一直不变。一般把值不会改变的变量声明成 final 类型的，表示以后不会再修改它。例如，定义万有引力常量 G：

```
final double G = 9.8;
```

下面这样的代码则无法通过编译：

```
final double G = 9.8;
G = 10.0; //不能再次赋值给 final 修饰的变量，所以这行无法通过编译
```

对 final 修饰的变量，只能赋值一次。例如：

```
final String doubleQuote = quote + quote;
```

在其他地方，变量 doubleQuote 的值是只读的，是不能修改的。

如果你正在使用一个子程序调用中产生的数，假如这个数可预先算出，就把它放入常量，以避免调用子程序。同样的原则适用于乘法、除法、加法和其他操作。

2.3 控制结构

完成一件事情要有流程控制。例如，理发有三个步骤：洗头、剪发、吹干。这是顺序控制结构。一般把顺序执行的代码放在大括号{}中，叫作一个代码块。例如：

```
{
    double total =
      10000*(1+6.9/100)*(1+6.9/100)*(1+6.9/100)*(1+6.9/100)*(1+6.9/100);
    System.out.println("总还款数：" + total); //一共要还银行 13960 元
}
```

这两个大括号是上下对应的。在 Eclipse 中，选中一个大括号，会自动提示出另外一个配对大括号的位置。

剪发前，要看这个人是需要剪短发还是留长一点的。剪短就用推子，头发留长一些就用剪子。这是选择控制。在程序中，我们使用条件判断来实现选择控制。

2.3.1 语句

语句是 Java 解释器要执行的命令。语句默认是按顺序执行的，但也存在一些能够改变默认执行顺序的流程控制语句。

在日常语言中，一个有效的句子会以标点符号结尾。同理，一个有效的 Java 表达式语句以分号结尾。在表达式后面加上分号“;”，就是一个表达式语句。

表达式语句是最简单的语句，它们会被顺序地执行，完成相应的操作。经常使用的表达式语句有赋值语句和方法调用语句。例如：

```
a = 1;                          //赋值语句
x *= 2;                         //运算并赋值
i++;                            //后自增
--c;                            //前自减
System.out.println("语句");     //方法调用
```

商家为了提高销量，会把牙膏牙刷打包在一起卖。有些程序语句也需要在一起执行。包含在一对大括号{}中的任意语句序列叫作复合语句，前面也叫作代码块，也可以称为块语句。与其他语句用分号做结束符不同，复合语句右括号“}”的后面不需要使用分号。

可以把复合语句看成是匿名程序块，而方法则是有名字的程序块。

基本数据类型的作用域不超过它所在的复合语句。例如下面的代码不能通过编译：

```
{
    int index; //复合语句中定义的变量
} //index 变量的作用域到此为止了
System.out.println(index = 10 + 1); //不能接触到 index 变量了！
```

2.3.2 判断条件

招聘单位根据是否符合条件来招人。程序中根据布尔类型变量的值来决定是否执行某

段代码。

布尔类型变量只有两个取值：true 和 false。true 和 false 也叫作字面值。可以通过 System.out.println 把字面值的运算结果显示到控制台。

术语：boolean(布尔类型)　此类型用于判断条件的真和假。

布尔类型可以执行条件运算。条件运算符最常用的是与运算符&&、或运算符||、非运算符!。完整的列表如表 2-3 所示。

表 2-3　条件运算符

<table>
<tr><th>运 算 符</th><th>用　法</th><th>如果……返回 true</th></tr>
<tr><td>&&</td><td>a&&b</td><td>a 和 b 同时为 true。有条件地计算 b(如果 a 为 false，就不必计算 b 了)</td></tr>
<tr><td>||</td><td>a||b</td><td>a 或者 b 为 true。有条件地计算 b(如果 a 为 true，就不必计算 b 了)</td></tr>
<tr><td>!</td><td>!a</td><td>a 为 false</td></tr>
<tr><td>&</td><td>a&b</td><td>a 和 b 同时为 true。总是计算 b</td></tr>
<tr><td>|</td><td>a|b</td><td>a 或者 b 为 true。总是计算 b</td></tr>
<tr><td>^</td><td>a^b</td><td>a 与 b 不同(当 a 为 true 且 b 为 false，或者反之时为 true，但是不能同时为 true 或 false)</td></tr>
</table>

这里使用字面型操作数计算：

```
System.out.println(true && true); //与运算，输出 true
System.out.println(true || false); //或运算，输出 true
```

可以把复杂的布尔表达式打碎成一系列简单的表达式。如下是几个有用的等价式：

```
!(p || q)    =>  !p && !q
!(p && q)    =>  !p || !q
p || (q && r)   =>   (p || q) && (p || r)
p && (q || r)   =>   (p && q) || (p && r)
```

在计算所有的部分之前，JVM 可能已经知道一个布尔表达式的结果了。一旦结果已经知道后，它就会停止评估。就好像电阻电路：一旦遇到短路，其他的电阻就失去了意义。所以这叫作短路评价。例如，已经计算过的(true || false)，整个条件是真，因为第一个操作数是真，所以根本不会检查第二个操作数。

使用关系运算符和条件运算符来进行判断。关系运算符返回一个布尔值。关系运算符完整的列表如表 2-4 所示。

表 2-4　关系运算符

运 算 符	用　法	如果……返回 true
>	a > b	a 大于 b
>=	a >= b	a 大于或等于 b
<	a < b	a 小于 b
<=	a <= b	a 小于或等于 b
==	a == b	a 等于 b
!=	a != b	a 不等于 b

例如：

```
System.out.println(3>1); //输出 true
System.out.println(6==6.0); //输出 true
```

2.3.3　三元运算符

符号函数可以根据输入的数返回两个不同的值，正数返回 1，负数返回 0。抽象地说，就是根据测试条件返回不同的值。

如果用一个运算符来实现，则有三个操作数：输入条件；真值和假值。因为有三个操作数，所以叫作三元运算符。输入条件后面是个问号，真值和假值之间用冒号隔开。

例如，用三元运算符实现符号函数：

```
int hist = 100;
long t = (hist>=0)?1:0;
System.out.println(t); //输出 1
```

三元运算符的抽象形式是：

```
条件? 真值 : 假值
```

如果符合条件，则返回真值，否则返回假值。

三元运算符会自动扩展返回值，例如：

```
int x = 4;
System.out.println((x>4)? 99.0 : 9); //输出 9.0
```

三元运算符适合这样的简单赋值语句，但如果要根据比较结果执行大量代码，就不能用它，要用 if 语句。

2.3.4　条件判断

经常需要根据条件来判断是否去做某件事情。如果下雨，出门就要带伞。要判断的条件是一个布尔表达式，写在小括号中。要执行的语句写在大括号中。如下所示：

```
boolean rain = true;
if(rain) {
    System.out.println("要带伞");
}
```

如果条件为真，就是 true，注意不要错误地拼写成 ture。如果条件为假，就是 false。if 后面的表达式必须是布尔表达式，而不能是数字，例如，不能是 if(1) ...。

简单的 if 条件判断语句的语法是：

```
if(布尔表达式) {
    程序语句块; //如果布尔表达式为 true，则执行此句
}
```

如果程序语句块中只有一条语句，其外的大括号{}就可以省略不写；否则不能省略。

可以在循环判断语句中给变量赋值。

所以下面这段代码可以通过编译，但却是错误的：

```
double x = -32.2;
boolean isPositive = (x > 0);
if (isPositive = true)
   System.out.println(x + "是正数"); //输出-32.2 是正数
else
   System.out.println(x + "不是正数");
```

问题是，在应该写==操作符的地方，错误地使用了赋值操作符=。因为赋值语句可以当作表达式本身的计算结果值来使用，所以 if 判断一直都会成立。执行上面的代码，会输出“-32.2 是正数”，而这显然是错误的。

更好的写法是：

```
if (isPositive)
   System.out.println(x + "是正数");
else
   System.out.println(x + "不是正数");
```

但有时候往往不仅仅满足一个条件就行，有很多条件，都要满足才行。可以用&&连接多个要同时满足的条件。例如找 30 到 40 岁之间的人：

```
int age = 35;
if(age>=30 && age<=40) { //两个条件：年纪不小于 30 岁并且年纪不大于 40 岁
   System.out.println("人到中年");
}
```

又如，判断两个区域是否重叠：

```
if(start1<=end2 && start2<=end1)
```

当有很多条件，满足任意一个条件就可以时，可以用||连接多个条件。例如“不管你信不信，反正我是信了。”用代码实现如下：

```
if(you_believe_it==true || you_believe_it==false) {
   System.out.println("I believe it.");
}
```

还可以简写成下面的形式：

```
if(you_believe_it || !you_believe_it) {
   System.out.println("I believe it.")
}
```

具体执行的时候，只要第一个判断条件满足了，就不会再执行第二个判断条件。

有时需要在满足一个条件时做一件事情，不满足这个条件则做另外一件事情，这时可以使用 if-else。例如，如果年纪大于 18 岁，则允许去网吧，否则不允许。语句形式为：

```
int age = 10;
if(age>=18) { //判断是否为成年人
   System.out.println("允许去网吧");
} else {
   System.out.println("未成年人不允许去网吧");
}
```

if-else 的语法是：

```
if(布尔表达式) {
    程序语句块 1;  //如果布尔表达式成立，则执行此句
} else {
    程序语句块 2;  //如果布尔表达式不成立，则执行此句
}
```

希望往往就在拐角处。也许一次失败只是运气不好而已，所以经常要多试一个条件。如果应聘 A 公司成功，则去 A 公司工作。否则，如果应聘 B 公司成功，则去 B 公司工作。代码如下：

```
boolean okA = false; //应聘 A 公司失败
boolean okB = true; //应聘 B 公司成功
if(okA) { //如果满足条件 A
    System.out.println("去 A 公司工作");
} else if(okB) { //如果不满足条件 A，再试条件 B
    System.out.println("去 B 公司工作");
}
```

往往要根据多个条件判断的结果来执行不同的语句，这时最好写成 else if 的形式：

```
int a = 10;
int b = 20;
if (a == b)
    System.out.println("相等");
else if(a > b)
    System.out.println("大于");
else
    System.out.println("小于");
```

为了便于理解，可以用图形化的方式说明这个过程。用菱形框表示决策。四方框表示过程。则上述判断的流程如图 2-1 所示。

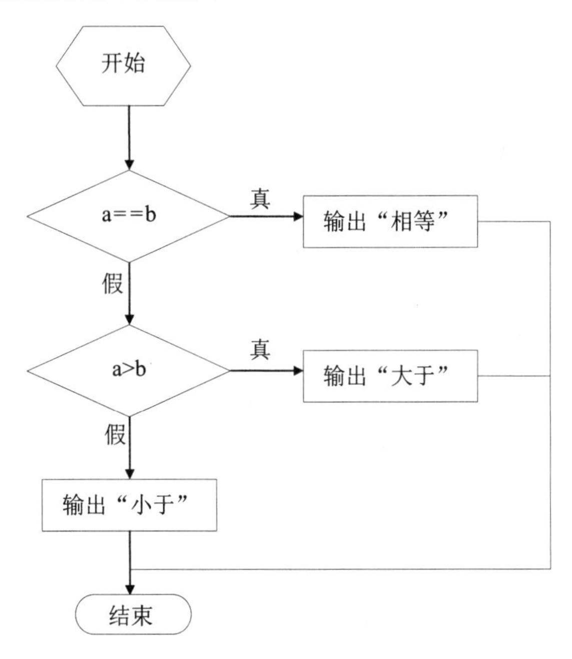

图 2-1　条件判断流程图

除了 else if 语句，还可以用 switch 语句实现多条件分支。例如，将用 0~6 数字表示的星期，转换为用中文表示的星期几：

```
int weekDay = 0; //数字表示的星期
switch (weekDay) {
    case 0:
        System.out.println("星期日");
        break;
    case 1:
        System.out.println("星期一");
        break;
    case 2:
        System.out.println("星期二");
        break;
    case 3:
        System.out.println("星期三");
        break;
    case 4:
        System.out.println("星期四");
        break;
    case 5:
        System.out.println("星期五");
        break;
    case 6:
        System.out.println("星期六");
        break;
    default:
        System.out.println("输入的值不是一个有效的星期");
}
```

这里的 default，意思是：如果没有符合的 case 分支就执行它。所以在 switch 语句中，最多只能有一个 default 子句。但也可以省略 default。例如，判断指定字符是否为空白字符，如果是空白字符，则返回 true，如果不是空白字符，就返回 false：

```
public static boolean isSpaceChar(char c) {
    switch (c) {
        case '\r':
        case '\t':
        case '\n':
        case '\0':
        case ' ':
            return true;
    }
    return false;
}
```

在某些情况下，假如若干 case 表达式都对应相同的流程分支，则可以省略一些 break 语句。例如：

```
int weekDay = 0; //数字表示的星期
switch (weekDay) {
    case 0:
        System.out.println("休息日");
        break;
    case 1:
```

```
    case 2:
    case 3:
    case 4:
    case 5:
        System.out.println("工作日");
        break;
    case 6:
        System.out.println("休息日");
        break;
    default:
        System.out.println("输入的值不是一个有效的星期");
}
```

switch 语句的基本语法是：

```
switch(expr) {
    case value1:
        statements;
        break;
    ...
    case valueN:
        statements;
        break;
    default:
        statements;
        break;
}
```

switch 语句的功能也可以用 if-else 语句来实现。

安排判断的先后次序，要使执行速度最快，逻辑值最可能为真的判断放在最前面执行，这种安排次序应该与正常情况相吻合，如果运行效率低，说明有例外现象。这个原则可以应用于 switch 语句和 if-else 语句。

在一些情况下，查表法可能比沿着复杂的逻辑判断链执行更快。可以考虑用查表法来代替复杂判断。

2.3.5　循环

使用复印机复印一个证件时，可以设定复制的份数。例如，复制 3 份拷贝。在 Java 中，也有几种方法可以实现多次重复执行一个代码块。

每一次执行循环代码块之前，根据循环条件决定是否继续执行循环代码块，当满足循环条件时，继续执行循环体中的代码。在循环条件之前写上关键词 while。while 就是“当”的意思。

例如，多次复制拷贝可以写成这样的程序：

```
int n = 3; //复制 3 份拷贝
int i = 1; //控制循环次数的循环变量
while (i <= n) { //测试继续执行的条件
    System.out.println("复制第" + i + "份..."); //复制一遍指定的东西
    i++; //循环计数器加 1
}
```

运行程序后，将在控制台输出结果：

```
复制第 1 份...
复制第 2 份...
复制第 3 份...
```

这里使用了一个整数变量 i 作为复印次数的计数器。

while 就是“当满足循环条件时，继续执行循环代码块”的意思，所以这样的循环叫作 while 循环。使用 while 循环可以实现重复执行一些语句。

很多 MP3 播放器都有个重复播放键，可以反复播放一首歌。对应下面这段代码：

```
while (true) {
    play(); //播放指定的歌曲
}
```

假如贷款年利率是 6.90%。借 1 万元，算 5 年后总还款数的程序如下：

```
double total = 10000; //本金
int n = 5;
int i = 0;  //控制循环次数的循环变量，通常在 while 循环之前先初始化循环变量
while (i < n) {
    total *= (1+6.9/100); //多一年的利息
    i++;
}
System.out.println("总还款数：" + total); //一共要还银行 13960 元
```

while 循环语句的语法格式为：

```
while (布尔条件表达式) {
    语句序列;
}
```

如果循环体中只有一条语句，其外的大括号{}就可省略不写；否则不能省略。布尔条件表达式是每次循环开始前进行判断的条件，当条件表达式的值为真时，执行循环；否则退出循环。while 循环的流程如图 2-2 所示。

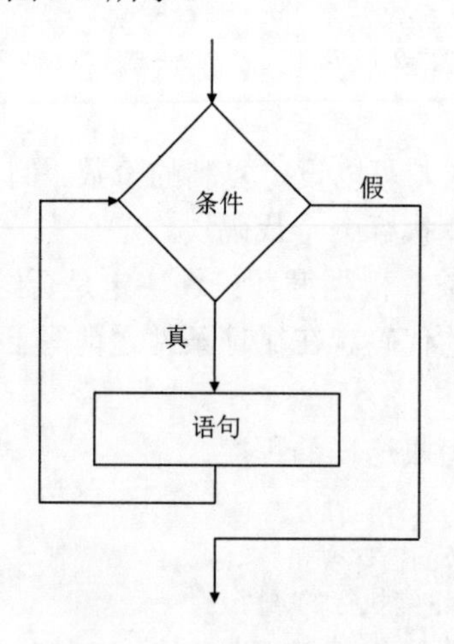

图 2-2　while 循环的流程

循环的条件是一个具有 boolean 值的条件表达式，也就是布尔条件表达式。可以在循环判断语句中给变量赋值。例如：

```
int i = 10;
int n = 21;
while((i=i+1) < n) { //给变量赋值
    System.out.println("中间值 i=" + i);
}
```

其中，i=i+1 里的“=”用来给变量 i 赋值，而不是相等判断==。这个循环将输出 11 到 20 之间的值。

作为循环体的语句序列可以是简单语句、复合语句和其他结构语句。

while 循环的执行过程是：首先计算条件表达式的值，如果为真，则执行后面的循环体，执行完后，再开始一个新的循环；如果为假，则终止循环，执行循环体后面的语句。

while 语句的循环体可以为空。例如：

```
int i=100, j=200;
while(++i < --j);
System.out.println("中间值 i=" + i);
```

可以在循环体中的任何位置放置 break 语句来强制终止 while 循环——随时跳出 while 循环。break 语句通常包含于 if 语句中。也可以在循环体中的任何位置放置 continue 语句，在整个循环体没有执行完就重新判断条件，以决定是否开始新的循环。continue 语句通常包含于 if 语句中。例如，计算出 1 到 100 之间的所有奇数之和：

```
int a = 1;
int sum = 0;  //存放求和的结果
while (true) {
    if (a%2 == 0) {
        a++;
        continue; //继续下次循环
    }
    sum += a;
    a++;
    if (a >= 100)
        break;  //退出循环
}
```

有的餐厅可以先吃了再付款，有的则是先付款再吃。类似地，do-while 语句属于那种先执行循环体中的语句，后判断循环条件的。do-while 循环的格式是：

```
do {
    statements
} while (expression);
```

注意，这里的 while 条件后有个分号。例如，使用 do-while 语句实现求 1+2+3+…100：

```
int sum = 0;
int k = 1;
do {
    sum = sum + k;
    k = k + 1;
} while (k <= 100);
```

```
System.out.println("从1加到100的值为" + sum); //输出5050
```

do-while 的用法如下：

```
[初始化部分]
do {
    循环体，包括迭代部分
} while(循环条件);
```

Java 里没有 do-until 循环，如果需要的话，只能用 do-while 代替。

上面的循环例子中有个每次加 1 的循环变量，可以用 for 循环简化写法。

for 循环的语法为：

```
for(初始化部分 init-stmt; 循环条件 condition; 迭代部分 next-stmt) {
    循环体 body;
}
```

for 语句中有三个子句：

- 在循环开始之前执行 init-stmt 语句，通常在这里初始化循环变量。
- 在每次循环之前，测试 condition 表达式。如果表达式是 false，就不会执行循环(与 while 循环一样)。
- 在 body 执行后，执行 next-stmt 语句。一般在这里增加循环变量的值。

for 循环的流程如图 2-3 所示。

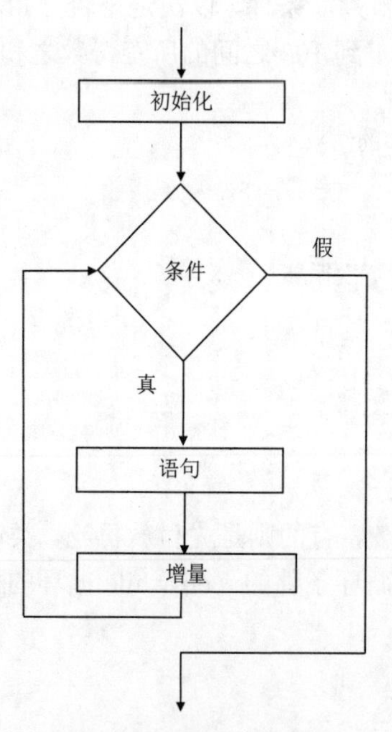

图 2-3　for 循环的流程

可以使用 for 循环方便地实现打印乘法表，例如 6 的乘法表：

```
int n=6;
for(int i=1; i<=9; i++) {
    System.out.print(i + "*" + n + "=" + (i*n) + " ");
}
```

输出：

```
1*6=6  2*6=12  3*6=18  4*6=24  5*6=30  6*6=36  7*6=42  8*6=48  9*6=54
```

while 循环和 for 循环都是很常用的循环。for 循环总是可以写成等价的 while 循环。

```
for (初始化语句; 循环条件; 迭代语句)
{
    循环体
}
```

```
初始化语句;
while (循环条件) {
    循环体
    迭代语句;
}
```

for 语句的初始化部分、循环条件和迭代部分都可以为空。例如，for 循环的一种特别的写法如下：

```
for(;;) {
    //代码
}
```

这可以当成一个永远为真的循环来使用，它等价于：

```
while(true) {
    //代码
}
```

如果 for 循环的循环体只有一条语句，就可以省略{}。例如：

```
for(int i=0; i<8; i++)
    System.out.println(i); //省略{}的写法
```

但我们仍然建议：不论一行还是多行，都加上{}。

作为一种编程惯例，for 语句一般用在循环次数事先可确定的情况下，而 while 和 do-while 语句则用在循环次数事先不确定的情况下。

所有的循环都必须提供循环终止的条件，以避免死循环。如果循环变量是一个整数，则尽量让这个数一直增加到上限或者一直减少到下限，以避免陷入死循环。例如下面这个就是死循环：

```
int n = 5;
int i = 0;
while (i < n) {
    System.out.print("*");
    i--;
}
System.out.println();
```

为了检测死循环，可以在循环体中打印循环变量的值。

当一个循环的循环语句序列内包含另一个循环时，称为循环的嵌套。这种语句结构称为多重循环结构。外面的循环称为“外循环”，而内部的循环称为“内循环”。

内循环中还可以包含循环，形成多层循环(循环嵌套的层数理论上无限制)。三种循环(while 循环、do-while 循环、for 循环)可以互相嵌套。在多重循环中，需要注意的是循环语句所在循环的层数。

例如，通过多重循环实现九九乘法表：

```
for (int i=1; i<10; i++) {
    for (int j=1; j<=i; j++) {
        System.out.print(i + "*" + j + "=" + i*j + "\t ");
    }
    System.out.println();
}
```

运行程序后，在控制台输出结果：

```
1*1=1
2*1=2    2*2=4
3*1=3    3*2=6    3*3=9
4*1=4    4*2=8    4*3=12   4*4=16
5*1=5    5*2=10   5*3=15   5*4=20   5*5=25
...
```

循环采用字节码中的goto指令来实现。但如果滥用goto语句，程序容易写成一团乱麻。而防止goto语句破坏程序的可读性，正是结构化程序设计的目的，所以Java源代码中不能包含goto语句。但是，字节码中却存在goto指令，而且源代码中的while循环会编译出来goto指令。

复合语句含有任意多个语句，或者说，复合语句都是由简单语句构成的。例如：

```
for(int i=0; i<10; i++) {
    a[i]++;        //这个循环的循环体是一个复合语句，
    b[i]--;        //它由同一个大括号中的两个表达式语句组成
}
```

可以把大括号放在一行结束的位置，也可以放在一行开始的位置，如下面这样：

```
for(int i=0; i<10; i++)
{
    a[i]++;        //这个循环的循环体是一个复合语句，
    b[i]--;        //它由同一个大括号中的两个表达式语句组成
}
```

不过在编程时，要保持风格一致。就好像说话不要南腔北调。

单独的一个分号是空语句。空语句不做任何事情，但偶尔可能有用。例如，可以表示for循环的循环体是空的：

```
for(int i=0; i<1000; i++)   //用for循环来拖延时间
    ;                       //循环体是空语句
```

空语句是一个特殊的简单语句。

2.4 方　法

把一段多次重复出现的代码命名成一个有意义的名字，然后通过名字来执行这段代码。有名字的代码段就是一个方法。例如getProb方法可以计算一个词在语料库中出现的概率：

```
double getProb(int freq, int n) { //freq和n是输入参数，返回值是double类型的
    return (double)freq/(double)n;
}
```

要求解还款总额 $10000\times(1+0.069)^5$ 元，可调用幂函数 Math.pow 方法来计算：

```
int years = 5;
double total = 10000*Math.pow(1+6.9/100, years);
```

再来计算月还款额。如果采用等额还款的方式，则：

$$每月还款=\frac{本金\times月利率\times(1+月利率)^{还款月数}}{(1+月利率)^{还款月数}-1}$$

例如总额 12 万，5 年分期付款，就是 60 个月，若月利率为 0.575%，则月还款额是：

$$\frac{120000\times0.575\%\times(1+0.575\%)^{60}}{(1+0.575)^{60}-1}=2370.49\text{元}$$

使用程序计算如下：

```
double month =
   120000*0.575*0.01*Math.pow((1+0.01*0.575), 60)
     /(Math.pow((1+0.01*0.575), 60) - 1);
System.out.println("月还款数: " + month);
```

输出每个月还款的金额是 2370.49 元。这里的 month 变量存储了表示月还款数的数值。

结构化程序设计中经常用到 IPO 图。IPO 是输入(Input)、加工(Processing)、输出(Output)的简称。例如，输入水泥、黄沙、石子、水、添加剂，搅拌后就成了混凝土。用 IPO 图描述如图 2-4 所示。

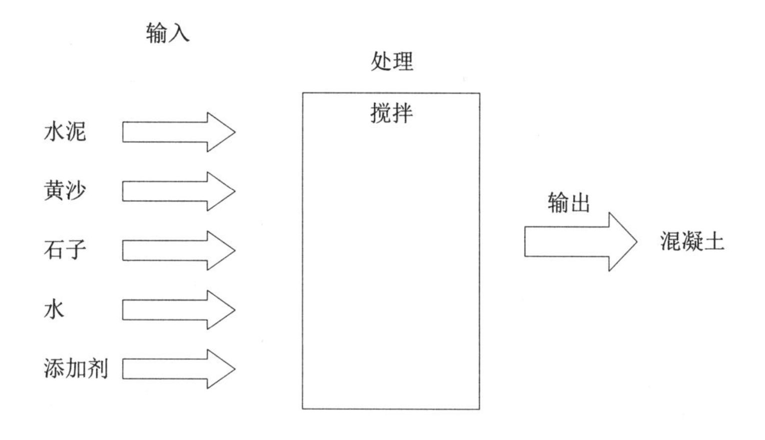

图 2-4　IPO 图

可以把混凝土搅拌机定义成一个方法：

```
concrete mixer(cement, sand, gravel, water, additives) {
    //搅拌
}
```

定义成方法后，就能便于进行程序设计了。可以使用结构化的程序设计方法。一般把一个复杂问题分解成若干子问题。把程序要解决的总目标分解为子目标，再进一步分解为具体的小目标，把每一个小目标称为一个模块。例如，种地由播种和收获两部分组成。又如，一个简单的网页搜索引擎系统可以分成信息采集、文本信息提取和搜索文本三个组成部分，如图 2-5 所示。

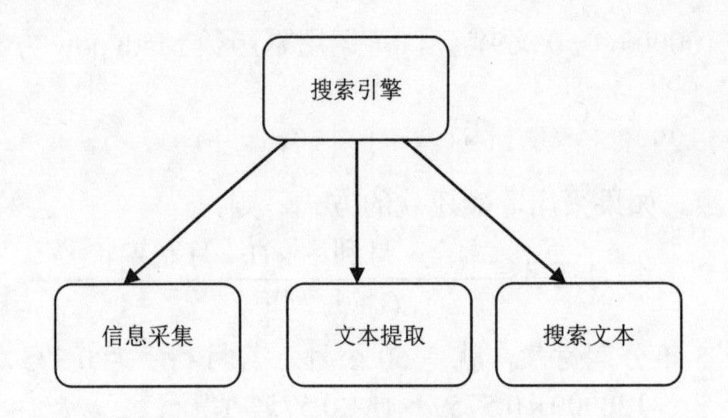

图 2-5　搜索引擎的简单结构

很长的代码看着容易让人觉得头晕。可以首先定义出方法的原型，然后逐个编写方法内部的实现代码。

使用方法，调试程序也更加容易。找出有问题的方法后，在方法内定位错误很方便。

每个成语都包含一个固定而复杂的描述。例如，“真相大白”表示真实情况完全弄明白了。直接使用成语，能够更简洁地表达意义。

可以把每个方法看成一个成语。可以通过调用同样的方法来重用代码片断。Java 之所以开发速度快，就是因为有很多可重用的代码。

方法的三个基本元素是：输入、处理和输出。方法可以接收参数，并且有返回值。接收的参数就是输入，返回值就是输出。例如，对数组排序可以封装在一个方法中。

Java 中的一个方法包含方法头和方法体。一个方法的结构如图 2-6 所示。

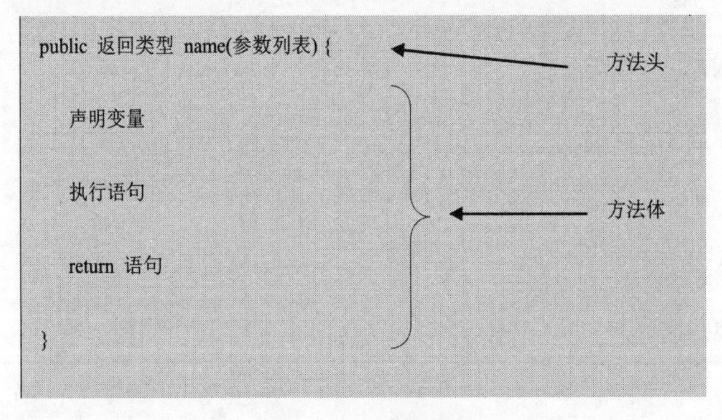

图 2-6　方法的结构

为了方便调用，往往把方法定义成 public static 类型的。

例如下面的方法接收一个 int 类型的参数，返回一个字符串类型的值：

```
public static String getExplain(int score) {
    if (score >= 90) {
        return "优秀";
    } else if (score >= 60) {
        return "良好";
    } else {
        return "不合格";
    }
}
```

程序的任何一条执行路径都要返回值，否则程序无法通过编译。调用这个方法：

```
System.out.println(getExplain(80)); //输出：良好
```

又如，下面的方法把贷款额度和利率以及贷款月数作为参数，返回月还款数：

```
public static double getMonthBudget(
  int loan, double interestRate, int monthNum) {
    double monthBudget = loan * interestRate * Math.pow(
      (1+interestRate), monthNum)
      / (Math.pow((1+interestRate), monthNum) - 1);
    return monthBudget;
}
```

方法可以返回一个值，也可以不返回任何值。如果返回一个值，返回类型是就返回值的类型。如果不返回参数，就声明成 void。因此，可以把 void 看成一个基本数据类型(不过，一般没有变量能够是 void 类型的)。main 方法就声明成返回类型是 void，例如：

```
public static void main(String args[]) { //不返回值的方法
    System.out.println(12 + 2 + 4);
}
```

进入一扇门后，人将面对新的环境。而进入一个方法后，也将面对一些新的局部变量。

当确定要把一些代码在单独的方法中实现以后，就需要编写方法本身了，当然还要有调用方法的代码。封装太多往往让人讨厌，但是，方法并不是重量级的封装。

调用方法时，需要给参数提供实际的值。方法定义的参数名叫作形式参数(形参)，而调用参数时的实际值叫作实际参数(实参)。例如服装人体模型是形式参数，而实际穿衣服的人是实际参数。

下面来测试计算月还款数的方法：

```
double monthBudget = getMonthBudget(120000, 0.575*0.01, 60);
System.out.println("月还款数: " + monthBudget);
```

当调用一个方法时，相当于把被调用的方法插入当前执行的代码。开始执行方法中的代码后，当前执行的代码要等方法中的代码执行完毕后才会继续执行，如图 2-7 所示。

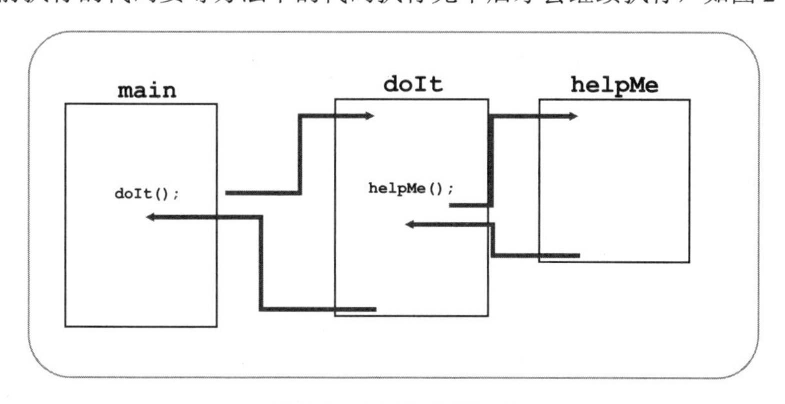

图 2-7　方法的执行流程

就好像人们在吃东西前，要检查食品的安全性，同样，在程序开始的地方，往往要判断参数的有效性。例如利率必须是正数。示例代码如下：

```
double getMonthBudget(int loan, double interestRate, int monthNum) {
    if(interestRate < 0) { //检查参数的有效性
        throw new IllegalArgumentException(); //抛出异常
    }
    double monthBudget = loan * interestRate
      * Math.pow((1+interestRate), monthNum)
      / (Math.pow((1+interestRate), monthNum) - 1);
    return monthBudget;
}
```

可以在方法上增加一些标记(Annotation)。如@param 用来说明一个参数。例如，拷贝文件的方法说明如下：

```
/**
 * 拷贝文件
 * @param srFile 源文件
 * @param dtFile 目标文件
 */
public static void copyfile(String srFile, String dtFile) {
    //实现方法
}
```

用@return 说明返回值的含义。例如给计算月还款数的方法增加注释：

```
/**
 * 计算月还款数
 * @param loan 贷款额度
 * @param interestRate 利率
 * @param monthNum 贷款月数
 * @return 月还款数
 */
double getMonthBudget(int loan, double interestRate, int monthNum) {
    double monthBudget = loan * interestRate
            * Math.pow((1+interestRate), monthNum)
            / (Math.pow((1+interestRate), monthNum) - 1);
    return monthBudget;
}
```

JavaDoc 可以根据这些规范化的注释自动生成 HTML 格式的 API 文档。也就是说，从源代码中抽出方法说明。

而@Test 有什么实际意义吗？有的。标记用来测试的代码，JUnit 会用到这个标签。

可以定义几个同名的方法，只要方法参数不同即可，也就是能够通过参数区分这是不同的方法即可。例如，下面是两个取最小值的方法：

```
public static int min(int a, int b) {
    return a<b? a : b;
}

public static int min(int a, int b, int c) {
    int m = a<b? a : b;
    m = m<c? m : c;
    return m;
}
```

2.4.1　main 方法

从语法上讲，Java 语言与 C 语言非常相似，只是在细节上有一些差别。实际上，C 语言与 Java 语言的主要差别不是在语言本身，而是在它们所执行的平台上。

与 C 语言一样，Java 的每一个应用程序都应该有一个入口点，表明该程序从哪里开始执行。为了让系统能找到入口点，入口方法名规定为 main。例如下面的测试类：

```
public class Test {
    public static void main(String[] args) {
        System.out.println("Hello World!");
    }
}
```

这里的 String[]表示形式参数的类型，而 args 表示形式参数的名字。不要为 String[] args 担心，那只是用于接收从命令行传入的参数而已。

Java 中的每个类都可以有一个 main 方法，从而是可以执行的。往往不会直接调用 main 方法，而交给 JRE 来调用。

2.4.2　递归调用

我们时常会看到电视台内部的电视机中出现了正在播出当前节目的电视机，结果是节目套节目，形成了一个无限的递归。

我们也可以在一个方法的实现中调用同一个方法，这叫作递归调用。

术语： Recursive call(递归调用)　递归调用是一种特殊的嵌套调用，是某个函数调用自己，而不是另外一个函数。

这里举一个比喻递归调用的例子。

从前有座山，山上有座庙。庙里有一个老和尚和一个小和尚。小和尚要老和尚讲故事给他听，于是老和尚开始讲：从前有座山，山上有座庙。庙里有一个老和尚和一个小和尚。小和尚要老和尚讲故事给他听，于是老和尚开始讲：……。

可以用递归调用计算整数的阶乘。n 的阶乘也记作 n!。例如 7!等于 7×6×5×4×3×2×1。也可以这样说：7!等于 7×6!。所以，可以用自顶向下的方法解决求阶乘的问题，到最后就是算 1!(它的值是 1)。

把计算 n 的阶乘的方法叫作 factorial(int n)，则它可以用下面的代码来实现：

```
static int factorial(int n) {
    if(n == 1) //退出条件
        return 1;
    else
        return (n*factorial(n-1)); //向下递归调用
}
```

下面来测试这个方法：

```
System.out.println(factorial(3)); //输出 6
```

面试时，有可能问到如何计算斐波那契数。

斐波那契数的计算公式是：F(0)=0，F(1)=1，F(n)=F(n−1)+F(n−2)。

可以使用递归调用来实现：

```
static int fib(int n) {
    if(n == 1) //退出条件
        return 1;
    if(n == 2) //退出条件
        return 2;
    else
        return fib(n-1) + (fib(n-2)); //向下递归调用
}
```

但递归容易导致性能问题。对于同样的计算，使用循环比使用递归调用高效得多。

2.4.3 方法调用栈

用方法调用栈跟踪一系列方法的调用过程。栈中的元素称为栈帧。每当调用一个方法的时候，就会向方法栈压入一个新帧。

术语：Stack frame(栈帧) 每个栈帧用方法名标记，栈帧中包含一个参数的列表，以及在堆栈上分配的局域变量。

在栈帧中存储方法的参数、局部变量和运算过程中的临时数据。栈帧分成三个部分：局部变量区、操作数栈和栈数据区。局部变量区存放局部变量和方法参数。操作数栈用于存放运算过程中生成的临时数据。栈数据区为线程执行指令提供相关信息，包括如何定位到堆区和方法区的特定数据，如何正常退出方法或者异常中断方法等。

2.5 数　　组

可以用 new 关键字创建一个新的数组。例如：

```
int[] data = new int[6]; //新建一个长度是 6 的整数数组
```

在声明数组时不能指定数组的大小。例如这样声明是错误的：

```
int[8] data; //错误!
```

可以直接给数组赋初始值。

```
int[] data = {6,3,7,2,1};
```

例如，使用字节数组存储 IP 地址 204.29.207.217。

```
byte[] bytes = {(byte)204, 29, (byte)207, (byte)217};
```

与单个变量不一样，数组中的元素默认地有初始值。例如整数的初始值是 0：

```
int[] data = new int[6]; //初始值是 0
```

为了验证初始值，需要输出数组中每个元素的值，这叫作遍历数组：

```
int[] data = new int[6]; //初始值是 0
for(int i=0; i<data.length; ++i) { //数组下标每次加 1
    System.out.println(data[i]); //输出 0
}
```

也许数组下标从 1 开始更好，但 Java 中的数组下标从 0 开始，沿袭了 C 语言的约定。

for 循环中对 i 的操作是一个固定的模板，而且按数组下标取元素的方法效率低。专门有一种用于遍历数组的 for-each 循环语句。for-each 循环语句的格式是：

```
for(类型名称 变量名称 : 数组名称) { 循环体 }
```

例如，对于下面这个 for 循环：

```
for (int i=0; i<arr.length; i++) {
    type var = arr[i];
    循环体...
}
```

等价的 for-each 循环是：

```
for (type var : arr) {
    循环体...
}
```

例如，输出数组中的值：

```
int[] data = new int[6]; //初始值是 0
for (int i : data) { //i 的值直接是数组元素本身
    System.out.println(i); //输出 0
}
```

也可以直接调用 Arrays.toString 方法输出数组中的值：

```
int[] data = {6, 3, 7, 2, 1};
System.out.println(Arrays.toString(data)); //输出: [6, 3, 7, 2, 1]
```

整数类型数组的初始值是 0，而布尔类型的数组初始值是 false。

例如，军训中的 8×8 方阵可以表示成如下所示的二维数组：

```
Person[][] matrix = new Person[8][8];
```

这里，matrix 是二维数组的名字，而从 matrix[0]到 matrix[7]都是一维数组，例如，matrix[0]包含 8 个对象。所以可以把二维数组看成是由一维数组组成的一维数组，如图 2-8 所示。

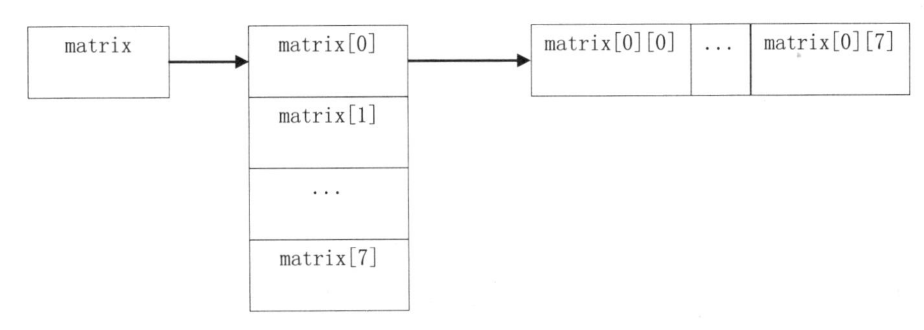

图 2-8　二维数组

可以直接给二维数组赋初始值。例如，由中文代词组成的二维数组：

```
String[][] pronouns = {{"我", "你", "他", "它"},
                       {"我们", "你们", "他们"}};
```

这里，第一个维度表示单数形式还是复数形式，第二个维度表示第几人称。例如，pronouns[0]表示单数，而 pronouns[1]表示复数。

由代词组成的三维数组：

```
String[][][] pronouns = {
            {{"I", "you", "he", "she", "it"},
             {"me", "you", "him", "her", "it"},
             {"myself", "yourself", "himself", "herself", "itself"},
             {"mine", "yours", "his", "hers", "its"},
             {"my", "your", "his", "her", "its"}},  //第一维的数据分界点
            {{"we", "you", "they", "they", "they"},
             {"us", "you", "them", "them", "them"},
             {"ourselves", "yourselves", "themselves",
              "themselves", "themselves"},
             {"ours", "yours", "theirs", "theirs", "theirs"},
             {"our", "your", "their", "their", "their"}}
                        };
```

这里，第一维只有两个元素，而第二维有 5 个元素，第三维也是 5 个元素：

```
System.out.println(pronouns.length);  //输出 2
System.out.println(pronouns[0].length);  //输出 5
System.out.println(pronouns[0][0].length);  //输出 5
```

还可以定义不规则的多维数组，例如：

```
int[][] a = new int[3][];
a[0] = new int[5];
a[1] = new int[3];
a[2] = new int[4];
```

最基本的遍历多维数组的方式举例如下：

```
double[][] prob = new double[10][20];
for(int i=0; i<prob.length; i++)
   for(int j=0; j<prob[i].length; j++)
      System.out.println(prob[i][j]);
```

for-each 循环遍历写法更简单，速度更快：

```
for (double[] pArray : prob)
   for (double p : pArray)
      System.out.println(p);
```

通常多维数组占用的机时多，如果能用一维数组代替二维数组或三维数组，就可能节省时间。另一方面，减少访问二维或三维数组有利于减少数组访问次数，同样，循环反复使用数组中的元素也适合以这种方法改进。

使用 new 关键字创建数组时，可以使用变量声明数组的长度。例如：

```
int num = 8;
int[] array = new int[num];
```

可以通过 length 属性获得数组的长度。虽然可以使用变量声明数组的长度，但是，在创建数组的时候，数组的长度就已经固定了。

在分析一个句子之前，不能知道它包含多少个词。如果用一个数组存储其中每个词，则在创建时候，仍然不知道后来需要存储多少元素。所以需要真正意义上的动态数组。实现长度可变的动态数组时，需要把数据从长度小的数组复制到新的更长的数组中。

2.5.1　数组求和

使用 while 循环遍历数组并计算求和：

```
int[] a = {1, 8, 3, 0, 5, 4};
System.out.println(Arrays.toString(a));  //打印输出数组内容
int sum = 0;
int i = 0;        //创建一个索引器
while(i < a.length) {
    sum += a[i];   //sum = sum + ... 或者 sum += ...
    i++;          //在结束一次循环时，增加索引器的值
}
System.out.println(sum);
```

2.5.2　计算平均值举例

Java 数组是用来存放同一数据类型值的特殊对象，数组保存的是一种相同类型的、有顺序的数据，数组中存放着相同数据类型的元素，在内存中也是按照数组中的顺序来存放的。通过数组下标来访问数组中的元素。

例如，要统计一周的平均温度，用一个变量记录每天的温度，求和后取平均值，然后用输出语句输出。代码如下：

```
import java.util.*;
public class VarDeom {
    public static void main(String args[]) {
        int count; //用来表示第几天
        double next; //每天的温度
        double sum; //存放总的温度
        double average; //平均温度
        sum = 0; //初始总温度为 0
        Scanner sc = new Scanner(System.in);
          //Scanner 是个解析基本类型和字符串的文本扫描器
        System.out.println("请输入今天的温度");
        for(count=0; count<7; count++) { //定义 7 天的循环
            next = sc.nextDouble();
              //用 next 存入每天的温度，调用 nextDouble 进行读取

            sum += next; //将每一天的温度都累加到 sum 中
        }
        average = sum/7; //计算出 7 天的平均温度
        System.out.print("一周平均温度为: " + average); //显示一周的平均温度
    }
}
```

我们对计算平均温度的例子进行改进，让其输出每天的温度并与平均温度进行比较，输出结果。输出一周平均温度，并输出一周中每一天的温度，与平均温度做对比。这里用到了数组，也就不必创建一周7个变量来存放每天的温度了，大大减少了代码的使用。

代码如下：

```
import java.util.*;
public class ArrayDemo {
   public static void main(String args[]) {
      int count; //用来表示第几天
      double sum, average; //SUM用来存放总的温度，average用来存放平均温度
      sum = 0; //初始总温度为0
      double[] temperature = new double[7];
        //用temperature数组存入每天的温度
      Scanner sc = new Scanner(System.in);
       //Scanner是个解析基本类型和字符串的文本扫描器
      System.out.println("请输入一周的温度");
      for(count=0; count<temperature.length; count++) { //定义7天的循环
         temperature[count] = sc.nextDouble(); //调用nextDouble进行读取
         sum += temperature[count]; //将每一天的温度都累加到sum中
      }
      average = sum/7; //计算出7天的平均温度
      System.out.print("一周平均温度为：" + average); //显示一周的平均温度
      for(count=0; count<temperature.length; count++) {
         if(temperature[count] > average)
            System.out.println("第" + (count+1)
              + "天温度高于平均温度是：" + temperature[count]);
         else if(temperature[count] < average)
            System.out.println("第" + (count+1)
              + "天温度低于平均温度" + temperature[count]);
         else
            System.out.println("第" + (count+1)
              + "天温度等于平均温度" + temperature[count]);
      }
   }
}
```

2.5.3 前趋节点数组

中文分词中，在输入字符串中，每一个位置对应一个节点。用一个整数对节点进行编号。比如6个节点编号从0到5。每个节点都有个最佳前趋节点。代码如下：

```
int[] prevNode = new int[6]; //最佳前趋节点
//最佳前趋节点中的数据要通过动态规划计算出来，先直接赋值模拟计算结果
prevNode[1] = 0; //节点1的最佳前趋节点是0
prevNode[2] = 0; //节点2的最佳前趋节点是0
prevNode[3] = 1; //节点3的最佳前趋节点是1
prevNode[4] = 3; //节点4的最佳前趋节点是3
prevNode[5] = 3; //节点5的最佳前趋节点是3
```

节点5的前趋节点是3，而节点3的前趋节点是1，最后，节点1的前趋节点是0。通过最佳前趋节点数组中的值发现最佳切分路径的实现代码如下：

```
String sentence = "有意见分歧"; //待切分句子

ArrayDeque<Integer> path = new ArrayDeque<Integer>(); //记录最佳切分路径
//通过回溯发现最佳切分路径
for (int i=5; i>0; i=prevNode[i]) { //从右向左找最佳前趋节点
    path.push(i); //入栈
}

//输出结果
int start = 0;
for (int end : path) {
    System.out.println(sentence.substring(start, end) + "/ ");
    start = end;
}
```

2.5.4　快速复制

拷贝数组实现起来并不困难，但是，如果数组长度很大，则需要考虑移动的性能。逐个赋值速度慢。就好像乘坐公共交通工具出行比开车更环保。高速铁路有专门的客运专线，能把大量的人从一个地方快速运送到另外一个地方。System.arraycopy()这个方法专门用来批量快速移动数组中的数据，它把指定个数的元素从源数组拷贝到目的数组。其中的源数组和目的数组中的元素类型必须相同。

因为可以只选择复制一段，所以 System.arraycopy()方法有 5 个参数，分别是：源数组变量和目的数组变量，源数组要复制的起始位置和放置到目的数组的起始位置，以及复制的长度。这 5 个参数的顺序如下。

- src：源数组变量。
- srcPos：源数组要复制的起始位置。
- dest：目的数组变量。
- destPos：目的数组放置的起始位置。
- length：复制的长度。

在实现动态数组时，当数组长度变大以后，可能需要更换存储空间，这时候，就可以使用 System.arraycopy 方法了。

例如，使用单个元素赋值的方法复制一个二维数组：

```
static int[][] copy2D(int[][] in) {
    int[][] ret = new int[in.length][in[0].length];  //创建新的二维数组
    for(int i=0; i<in.length; i++) {
        for(int j=0; j<in[0].length; j++) {
            ret[i][j] = in[i][j]; //逐个元素赋值
        }
    }
    return ret;
}
```

使用 System.arraycopy 方法快速复制二维数组：

```
static int[][] fastCopy2D(int[][] in) {
    int[][] ret = new int[in.length][in[0].length];
```

```
    for(int i=0; i<in.length; i++) {
        System.arraycopy(in[i], 0, ret[i], 0, in[0].length); //快速复制数据
    }
    return ret;
}
```

但如果把一个二维数组作为System.arraycopy的参数，则会把这个二维数组看成是一维数组，只不过其中的每个元素都是一个一维数组。所以下面这样的写法不是值复制，只是复制一维数组的引用：

```
static int[][] fastCopy2D(int[][] in) {
    int[][] ret = new int[in.length][in[0].length];
    System.arraycopy(in, 0, ret, 0, in.length); //不是深度复制
    return ret;
}
```

有些动态规划算法把计算的中间结果存储在二维数组中。例如，创建一个存储概率的二维数组：

```
int stageLength = 10; //第一维的长度
int types = 20;
double[][] prob = new double[stageLength][types]; //二维数组
```

java.util.Arrays包含一些操作数组的方法。例如排序：

```
int[] data = {6, 3, 7, 2, 1};
Arrays.sort(data); //对数组排序
for(int i : data) { //遍历数组中的每个元素
    System.out.print(i + "\t");
}
```

输出结果：

```
1    2    3    6    7
```

char可以直接比较大小，与int类似。实际比较的是字符的内部编码。例如：

```
System.out.println((int)'零'); //输出38646
System.out.println((int)'一'); //输出19968
System.out.println('零'>'一'); //输出true
```

又如：

```
char[] digitals = {'零','一','二','三','四','五','六','七','八','九'};
Arrays.sort(digitals); //对字符数组排序
```

一个与数组相关的问题：从已经有序的数组中删掉重复的数据项，同时不破坏有序性。例如，数组{1, 1, 2, 2, 3, 3}变成{1, 2, 3}。

首先可以标志出重复的数据，然后再压缩数组。两次遍历数组。第一个for循环将重复的数据置空，也就是零。第二个for循环将元素放到应有的位置。代码如下：

```
public static int noDups(int[] a) {
    int current = 0; //当前值
    for (int i=0; i<a.length; i++) { //将重复的数据置零
        if (current == a[i]) {
```

```
            a[i] = 0;
        } else {
            current = a[i];
        }
    }

    int offset = 0; //偏移量
    for (int i=0; i<a.length; i++) { //将元素放到应有的位置
        if (a[i] == 0) {
            offset++;
        } else if (offset > 0) {
            a[i-offset] = a[i];  //元素应该在的位置是：当前位置 - 偏移量
        }
    }
    return (a.length - offset); //返回数据实际长度
}
```

测试这个方法：

```
int[] a = {1, 1, 2, 2, 3, 3};
int len = noDups(a);
for(int i=0; i<len; ++i)
    System.out.println(a[i]); //输出 1  2  3
```

2.5.5 循环不变式

据说尼安德特人在房屋烧塌时首次尝到了烤乳猪的美味。为了吃烤猪肉，后来不知点燃过多少间房屋。程序能正确执行则不应该是碰出来的，而应该有理论保证。往往使用循环不变式来检查循环的正确性。每次执行循环体中的语句时，一直都有效的布尔表达式叫作循环不变式。

例如找数组中元素的最大值所在位置：

```
int[] list = {1, 5, 7, 8};
int indexMax = 0; //用于记录数组中最大值所在的位置

for (int k=1; k<list.length; k++) {
    //这里存在循环不变式
    //在当前的 k 之前，最大值的下标是 indexMax
    if (list[k] > list[indexMax])
        indexMax = k;
}
```

可以看出，这个式子在整个循环过程中是始终成立的，所以在循环结束的时候(k=list.length)，这个式子也成立。不断扩大 indexMax 能覆盖到的范围，直到覆盖整个数组为止，这样就找到了数组中元素的最大值所在的位置。

排序可以看成是减少逆序的过程。通过交换值来消除逆序。对于已经排好序的数组来说，最大的元素位于数组尾部。

下面的循环将一个最重的元素沉底，顺便减少逆序：

```
int[] scores = {1, 6, 3, 8, 5}; //待排序的数组
for (int j=0; j<scores.length-1; j++) {
```

```
        //循环不变式是：scores[j]存储了数组从开始一直到 j 为止最大的一个数
        //比较相邻的两个数，将小数放在前面，大数放在后面
        if (scores[j] > scores[j+1]) {
            int temp = scores[j];
            scores[j] = scores[j+1];
            scores[j+1] = temp;
        }
    }
```

这就是冒泡排序算法的基本原理。

术语：loop invariants(循环不变式)　一般而言，用这个式子表示希望得到的结果，如果在循环的每一步，这个式子都是正确的，那么循环结束后，这个式子也正确，并得到了期望的结果。

2.6 字　符　串

ASCII 编码是最简单的编码，但是，它不能很好地支持多国语言和大字符集。Java 中的字符型数据是 16 位无符号型数据，它表示 Unicode 字符集，而不是 ASCII 字符集。

可以通过直接指定 Unicode 编码值来定义一个字符。格式是：前面是一个\u，后面是四个十六进制数。取值范围从'\u0000'到'\uFFFF'。因此可以表示 65536 个字符。例如，全角空格的 Unicode 码是 12288，16 进制为 3000，在 Java 里就是'\u3000'。

ASCII 字符集是 Unicode 从'\u0000'到'\u007f'的一个子集。例如'\u0061'表示 ISO 拉丁码的'a'。

此外，还可以用 1~3 位八进制数据表示 ASCII 字符集范围内的字符。用八进制数给字符赋值时，最多只能有三位。表示的数不大于 0x7F 的值才能通过编译。例如：

```
char c = '\67';
System.out.println(c); //输出 7
```

如果 Eclipse 工作空间的编码是 GBK，则下面的字符串输出会是问号：

```
System.out.println("\u0905\u092E\u0940\u0924\u093E\u092A");
```

可以把 Eclipse 工作空间的编码设置成 UTF-8。方法是通过 General → Workspace → Text file encoding 来设置。这样设置时，需要修改 GBK 编码的源代码，成为 UTF-8 编码的文本文件。使用记事本打开有汉字的源代码，指定编码为 UTF-8，然后保存。再运行上面的程序，输出的就不是问号了。

有时候，需要将一个 GBK 编码的项目改变成 UTF-8 编码的。整个项目涉及几百个 Java 文件……。这时候，需要一个能将 GBK 文件批量转换成 UTF-8 编码的软件。

Unicode Transmuter(http://uni-transmuter.sourceforge.net/)是一个小工具软件，可以把一个目录下的 ASCII 编码的文件批量转换成 Unicode 编码的文件，它会把每个文件复制到目录 unicode_files 中，所以你不必担心转换出问题后，破坏了你的文件。它是一个用 Python 编写的脚本，偶尔也可能出错。

表 2-5 给出了空格、制表符、换行、回车、反斜线、单引号、双引号的转义序列。

表 2-5　转义序列(及 Unicode)

描　述	转义序列	Unicode
空格	\b	\u0008
制表符	\t	\u0009
换行	\n	\u000A
回车	\r	\u000D
反斜线	\\	\u005C
单引号	\'	\u0027
双引号	\"	\u0022

可以这样定义一个字符数组：

```
char[] name = {'M', 'i', 'k', 'e'};
```

这样定义太麻烦。

老罗说：“彪悍的人生无须解释”。这句话用一个双引号括起来了。所以 Java 中，也可以用一个双引号把整个字符序列括起来。这样就定义了一个字符串常量。例如：

```
System.out.println("Hello World!");
```

注意，定义字符常量和字符串常量的方法不同，前者是用单引号，而后者用双引号。

字符串变量可以定义成 String 类。String 是一个特殊的类型。

注意，因为 Java 是区分大小写的，所以 String 中的 S 要大写。

例如，main 方法中的 String[]表示字符串数组，而 args 则表示数组名。

可以通过一个字符串常量给 String 类型的变量赋值。例如：

```
String name = "Mike";
```

赋值可以包含转义字符。例如：

```
String a =
  "\uFF08\u77E5\u4EBA\u6027\u653B\u4EBA\u5FC3\uFF0C\u8C01\u90FD
   \u53EF\u4EE5\u88AB\u8BBE\u8BA1\uFF09";
System.out.println(a);  //输出：（知人性攻人心，谁都可以被设计）
```

需要正确区分变量和常量。字符串变量不能写在双引号中间。双引号中的字符是常量。例如：

```
String name = "JackSon";
String secondName = "name"; //变量 secondName 的值是"name"
```

字符串中可以包含任何字符，但要包含引号本身就遇到麻烦了。就好像下面这个麻烦：

```
公主被魔王抓走了......
魔王：你尽管叫破喉咙吧，没有人会来救你的！
没有人：公主，我来救你了！
```

所以像引号这样的特殊字符要转义。转义符号是\。例如：

```
String words = "Mike say:\"hello\""; //words实际包含Mike say:"hello"
```

而\\表示一个反斜杠。例如表示一个目录：

```
String dir = "c:\\windows\\"; //dir实际包含c:\windows\
```

为了打印出多行，需要输入回车符和换行符。这两个名字来源于打字机时代，“回车”告诉打字机把打印头定位在左边界。“换行”则告诉打字机把纸向下移一行。

回车换行是特殊的符号。可以用普通的英文字母表示这样的特殊符号，但要在前面加上转义符\。例如回车就是\r，而换行就是\n。这里r是enter的简写，n是new line的简写。

Windows 的换行符是两个字符\r\n，而 Linux 下的换行符简化成了一个字符\n。在Windows下，记事本不能正确识别Linux格式的文本文件，这时候可以用写字板打开。

可以通过加号把两个字符串的值连接到一起。例如：

```
System.out.println("Mike" + " JackSon"); //输出Mike JackSon
```

2.6.1 字符编码

汉字编码有4种：GB2312、BIG5、GBK和GB18030。其中GB2312字符集是简体字符集，全称为GB2312(80)字集，共包括国标简体汉字6763个。这个字符集包含的汉字太少。BIG5字符集是我国台湾繁体字符集，共包括国标繁体汉字13053个。GBK字符集是简繁字集，包括了GB字符集、BIG5字符集和一些符号，共包括21003个字符。这个字符集比较常用。GB18030是国家制定的一个强制性大字符集标准，全称为GB18030-2000，它的推出，使汉字集有了一个“大一统”的标准。

如果每个字符都用固定长度位编码，就是定长编码，例如ASCII。为了节省空间，常见的字符用短的编码，不常见的字符用长的编码，这叫作变长编码。GB2312编码是英文用一个字节编码，而汉字则用两个字节编码，所以也是变长编码。

在Java中，汉字采用Unicode编码。Unicode的编码方式与ISO 10646的通用字符集概念相对应。用Unicode编码Universal Character Set(UCS)通用字符集。UCS-2编码方式用两个字节编码一个字符。为了能表示更多的文字，人们又提出了 UCS-4，即用四个字节编码一个字符。目前实用的Unicode版本对应于UCS-2，使用16位的编码空间。也就是每个字符占用两个字节，基本上能够满足各种语言的使用。实际上，目前版本的Unicode尚未填满这16位编码，还保留了大量空间作为特殊用途或预备将来扩展。

UTF是Unicode的实现方式，不同于编码方式。一个字符的Unicode编码是确定的，但是，在实际传输过程中，由于不同系统平台的设计不一定一致，以及出于节省空间的目的，对Unicode编码的实现方式有所不同。Unicode的实现方式称为Unicode转换格式，也就是UTF。UTF的两种实现方式如下。

- UTF-8：8位变长编码，对于大多数常用字符集(ASCII中的0~127字符)，它只使用单字节，而对其他常用字符(特别是朝鲜和汉语会意文字)，它使用3字节。
- UTF-16：16位编码，是变长码，大致相当于20位编码，值在0到0x10FFFF之间，基本上就是Unicode编码的实现，与CPU字序有关。

在Windows系统中保存文本文件时，通常可以选择的编码为ANSI、Unicode、Unicode Big

Endian 和 UTF-8，这里的 ANSI 和 Unicode Big Endian 是什么编码呢？

ANSI 使用两个字节来代表一个字符的各种汉字延伸编码方式，称为 ANSI 编码。在简体中文系统下，ANSI 编码代表 GB2312 编码，在日文操作系统下，ANSI 编码代表 JIS 编码。

UTF-8 以字节为编码单元，没有字节序的问题。UTF-16 以两个字节为编码单元，在解释一个 UTF-16 文本前，首先要弄清楚每个编码单元的字节序。

一个抽象字符的集合就是字符集(Charset)。首先得到字符集的一个实例：

```
Charset charset = Charset.forName("utf-8");  //得到字符集
```

调用 charset.encode 实现字符串转字节数组：

```
CharBuffer data = CharBuffer.wrap("数据".toCharArray());
ByteBuffer bb = charset.encode(data);
System.out.println(bb.limit());  //输出数据的实际长度 6
```

调用 charset.decode 把字节数组转回字符串：

```
byte[] validBytes = "程序设计".getBytes("utf-8"); //字节数组
//对字节数组赋值

Charset charset = Charset.forName("utf-8");  //得到字符集

//字节数组转换成字符
CharBuffer buffer = charset.decode(ByteBuffer.wrap(validBytes));
System.out.println(buffer); //输出结果
```

Unicode 规范中推荐的标记字节顺序的方法是 BOM(Byte Order Mark)。在 UCS 编码中有一个叫作 ZERO WIDTH NO-BREAK SPACE 的标记，它的编码是 FEFF。而 FFFE 在 UCS 中是不存在的字符，所以不应该出现在实际数据中。UCS 规范建议在传输字节流前，先传输 ZERO WIDTH NO-BREAK SPACE 标记。这样，如果接收者收到 FEFF，就表明这个字节流是 Big-Endian 的；如果收到 FFFE，就表明这个字节流是 Little-Endian 的。因此 ZERO WIDTH NO-BREAK SPACE 标记又被称作 BOM。Windows 就是使用 BOM 来标记文本文件的编码方式的。

Java 使用两个字节存储一个字符，如果两个字节的空间不够编码那个字符，则使用两个字符组成的字符对作为替代编码。

字符串可以比较大小，方法就是从前往后逐个比较字符。但并不能用“>”或者“<”这样的操作符比较大小。要调用字符串对象的 compareTo 方法。

2.6.2　格式化

写邮件时，经常用固定的模板。例如“你好，张三”这样的常用问候语，可以把人名当作参数。

按照一定的格式生成字符串。String.format()方法可以使用指定的格式字符串和参数返回一个格式化字符串：

```
String name = "张三";
System.out.println(String.format("你好,%s", name));
```

日期类型也可以作为参数：

```
Date d = new Date(now);
s = String.format("%tD", d);                    // "07/13/04"
```

format 方法中可以使用多个变量：

```
System.out.println(String.format("%s 有%d 岁了", "张三", 45));
  //输出：张三有 45 岁了
```

2.6.3 增强 switch 语句

在早期版本的 Java 中，switch 语句里面只能使用基本数据类型。但从 Java 7 开始，可以在 switch 语句中使用 String 类型的变量了。例如：

```
public String getTypeOfDayWithSwitchStatement(String dayOfWeekArg) {
    String typeOfDay;
    switch (dayOfWeekArg) {
        case "Monday":
            typeOfDay = "Start of work week";
            break;
        case "Tuesday":
        case "Wednesday":
        case "Thursday":
            typeOfDay = "Midweek";
            break;
        case "Friday":
            typeOfDay = "End of work week";
            break;
        case "Saturday":
        case "Sunday":
            typeOfDay = "Weekend";
            break;
        default:
            throw new IllegalArgumentException(
              "Invalid day of the week: " + dayOfWeekArg);
    }
    return typeOfDay;
}
```

2.7 数值类型

int 类型是最常使用的一种整数类型。它所表示的数据范围足够大，而且在 32 位或 64 位处理器上，int 类型的精度不变。int 类型的变量可以存很大的数。具体地说，可以存的最大值是 2147483647，也就是说，十亿以下的数不会溢出。可以存的最小值是-2147483648。也就是从-2^{31}到$2^{31}-1$。占用 4 个字节。声明变量的同时可赋值，例如：

```
int x = 100;
```

但对于大型计算，常会遇到很大的整数，超出 int 类型所表示的范围，这时要使用 long

类型。它的取值范围为-9223372036854774808 ~ 9223372036854774807，也就是从-2^{63}到$2^{63}-1$。占用 8 个字节。长整型的文字型操作数是数字后面跟个 L。例如 1L。

术语：Literal(文字型操作数)　直接在程序中出现的常量值。

一般在给超过 int 表示范围的长整型变量赋值时，才有必要在后面加上 L。例如：

```
long i = 2332443434344L;
```

对于房贷利率这样的小数，则用浮点类型。浮点类型包括 float 和 double，其中 double 的精度更高。带小数位的文字型操作数默认是双精度类型的。定义一个浮点数类型的文字型操作数，就是数字后面跟个 f。例如：

```
float x = 1.0f;
```

在给 float 赋值的时候，后面加上 f，在给 double 赋值的时候后面可以加上 d。一般对于整型值才有必要用如此写法。例如：

```
double x = 1d;
```

float 或 double 表示的数值精度是有限的。例如：

```
float f - 20014999;
double d = f;
double d2 = 20014999;
System.out.println("f=" + f);
System.out.println("d=" + d);
System.out.println("d2=" + d2);
```

得到的结果如下：

```
f=2.0015E7
d=2.0015E7
d2=2.0014999E7
```

从输出结果可以看出，使用 double 类型变量，可以正确地表示 20014999，而 float 没有办法表示 20014999，得到的只是一个近似值。

IEEE 754 定义了 32 位和 64 位双精度两种浮点二进制小数标准。Java 的浮点类型都依据 IEEE 754 标准。表示的原理是科学计数法。

术语：Scientific Notation(科学计数法)　用来方便地表示很大的数，或者很小的数。

对于很大的数值，用自然的表示方法很不方便，比如中国有 13 亿人口，写出来就是：1300000000，所以人们就发明了科学计数法，上面的数值可以写成 1.3×10^9，就是 13 后面跟 8 个 0。用程序输出的语句如下：

```
System.out.println(1.3E9); //输出 1.3E9
```

这里 E 代表的英文 exponent，是指数的意思，E9 表示 10 的 9 次方。

表示很小的数时，也用类似的方法。

例如，一个氢原子的直径大约有 $1.5\div100000000=1.5\times10^{-8}$cm。科学计数法把一个数表示成 a 乘以 10 的 n 次幂的形式，这里 $1\leqslant a<10$，n 为整数。1.5×10^{-8} 中的 a 是 1.5，而 n 是-8。

IEEE 754 用科学记数法，以底数为 2 的小数来表示浮点数。32 位浮点数用 1 位表示数值的正负，用 8 位来表示指数，用剩下的 23 位来表示尾数，即小数部分。作为有符号整数的指数，可以有正负之分。小数部分用二进制小数来表示。对于 64 位双精度浮点数，用 1 位表示数值的正负，用 11 位表示指数，用剩下的 52 位表示尾数。折算成十进制，float 的精度最高为 7 位，double 为 15 位。

double 可以表示的最小精度值是 $1/2^{52}$。很小的数连乘起来可能会向下溢出，乘出来的结果直接就变成 0 了。

整数除以 0 会出错，但是，允许浮点数除以 0，其结果是无穷大。下面这两条语句是等价的：

```
double i = 1.0 / 0.0;
double i = Double.POSITIVE_INFINITY; //正无穷大
```

双精度类型 double 比单精度类型 float 具有更高的精度和更大的表示范围，所以更常用。

byte 的取值范围为-128~127，也就是从-2^7到2^7-1。占用 1 个字节。例如：

```
byte b = '1';
System.out.println(b);  //输出 49，也就是 1 的 ASCII 码
```

short 的取值范围为-32768~32767，也就是从-2^{15}到$2^{15}-1$。占用 2 个字节。

同种基本数值类型占用同样长度的空间，而且是按字节对齐的。整数类型按取值范围从低到高分别是 byte、short、int、long。byte 占用 1 个字节。short 占用 2 个字节。int 占用 4 个字节。long 占用 8 个字节。float 占用 4 个字节。double 占用 8 个字节。如图 2-9 所示。

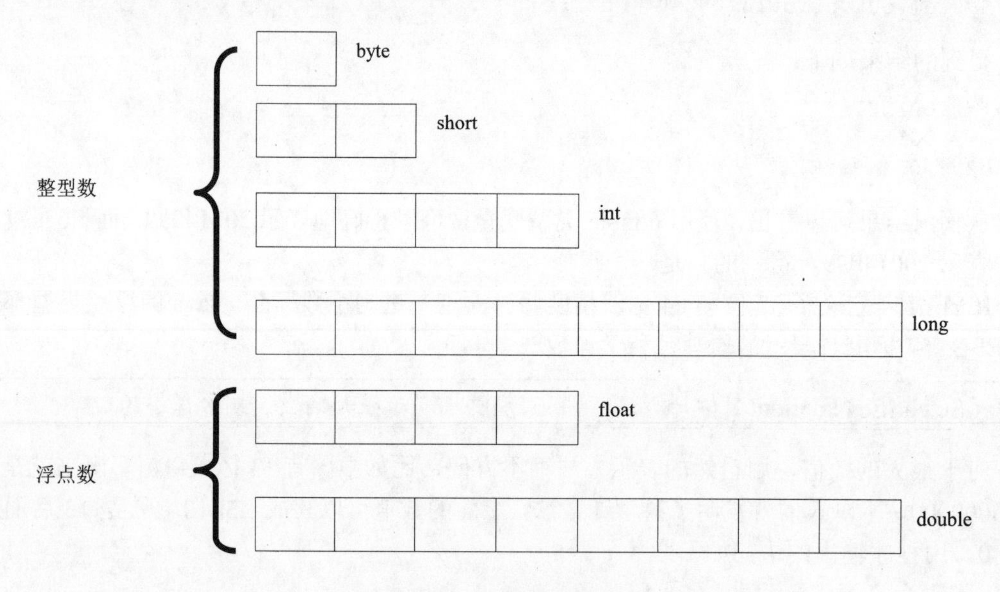

图 2-9　基本数值类型

高级数据要转换成低级数据，需要使用强制类型转换，例如：

```
int i = 1;
byte b = (byte)i; //把 int 型变量 i 强制转换为 byte 型
```

这种使用可能会导致溢出或精度的下降，除非必须，否则不要使用。

虽然数字字面值是一个整数类型的，但是给 byte 赋值不需要强制类型转换。可以自动地把整数类型转换成字节类型。例如：

```
byte theAnswer = 42; //可以通过编译
```

这里为什么不用强制类型转换？如果没有窄化，则整数的字面值 42 是 int 类型，意味着需要强制类型转换：

```
byte theAnswer = (byte)42;  //允许强制类型转换，但是不要求如此
```

因为编译器自动进行了窄化处理。所以直接赋值，不加强制类型转换是允许的。

如果变量的类型是如下几种，则编译器可以窄化基本数据类型：

- 字节和可以表示成字节类型的常量表达式的值。
- 短整型和可以表示成短整型类型的常量表达式的值。
- Character 和可以表示成字符类型的常量表达式的值。

术语： Constant Expression(常量表达式)　在编译时可以完全计算出结果的表达式。例如，1*2*3*4*5*6 就是一个常量表达式。

组合赋值运算与普通的赋值运算并不完全等价。例如：

```
short s = 1;
s += 1; //这行没问题
```

但是，这样写却无法通过编译：

```
s = s + 1;
```

需要强制类型转换：

```
s = (short)(s+1);
```

组合赋值表达式 E1 op = E2 等价于 E1 = (T)((E1) op (E2))，这里 T 是 E1 的类型，只是 E1 仅仅计算了一次。

对于单个 byte 来说，仍然占用 32 位，与 int 一样。但是，对于数组来说就不一样了。因为数组中的元素是连续存放的，所以同样长度的 byte 数组比 int 数组占用更少的内存。例如下面这样的整型数组，内存会装不下：

```
int len = 50000000;
int[] x = new int[len]; //内存溢出
```

改成下面这样就没问题了：

```
byte[] x = new byte[len];
```

Java 中没有无符号型整数，而且明确规定了整型和浮点型数据所占的内存字节数，这样就保证了安全性、稳定性和平台无关性。

如果计算的过程中出现溢出，Java 虚拟机不会报错。也就是说，它不能像 C#那样自动检查这样的错误。例如 2147483647 + 1 的结果是一个负数-2147483648：

```
System.out.println(2147483647 + 1); //输出-2147483648
```

可以把 assert 语句放到 Java 源代码中来帮助检测计算结果溢出。如果不满足断言条件，

则抛出错误：java.lang.AssertionError。

使用断言的格式是：

```
assert 布尔表达式 : 字符串表达式;
```

例如，判断计算结果是否溢出的断言：

```
int x = 2147483647;
++x;
assert x>0 : "计算结果溢出";
```

如果断言失败，会让程序立刻退出。

所以建议在开发阶段使用断言，产品发布时就去掉。也就是在开发阶段增加虚拟机参数 enableassertions，上线运行时使用参数 disableassertions。

可以把 enableassertions 这个参数简写成-ea。如果是在 Eclipse 中执行有断言的程序，可以增加虚拟机参数-ea。

2.7.1 类型转换

在计算过程中，如果参与的值类型不一样，则低精度的数会自动按高精度的方式计算。例如 byte、short 和 char，在计算时首先转换成为 int 类型。int 会自动转换成 double 类型参与计算。例如：

```
System.out.println(220*2.5*8); //输出 4400.0
```

数值相关类型的精度从低到高依次如下：

byte、short、char				
	int			
		long		
			float	
				double

但计算结果不会依据结果类型而自动扩展。例如返回结果定义成双精度类型，但参与计算的都是整数，则整个计算过程都是整数精度，计算完成后，结果再转换成双精度类型：

```
int freq = 10;
int n = 10000;

double p = freq/n;
System.out.println(p); //输出值是 0.0
```

这样的计算结果可能不是想要的。可以通过显式地指定类型，来转换参与运算的数。可以在小括号中指定要转换的类型。例如转换成双精度类型的：

```
int freq = 10;
System.out.println((double)freq); //值是 10.0
```

这样，计算的代码可以改成：

```
int freq = 10;
```

```
int n = 10000;
double p = (double)freq/n; //值是 0.001
```

整型数加法乘法运算总比浮点数快得多，所以运算时应尽量用整型数而不是浮点数。

2.7.2　整数运算

Java 中用 int 表示整数(integer)。定义整数变量的格式是：

```
int 变量名;
```

例如：

```
int sum; //用来存加法的和
```

两个值相加：

```
int sum = 5+6; //定义求和变量
System.out.println("加法的和为" + sum);
```

要求计算出 1 + 2 + 3 + 4 + 5 的和，使用如下代码：

```
int sum = 1 + 2 + 3 + 4 + 5;
System.out.println("(1 + 2 + 3 + 4 + 5)= " + sum);
```

从 1 加到 100，也就是计算 1+2+3+...+100 的值。用 do-while 循环来实现。循环都需要一个循环条件。例如定义一个变量 k，循环条件是(k≤100)。测试循环条件的代码如下：

```
int k = 20; //循环变量
System.out.println(k <= 100); //输出 true
```

下面判断一个数是否不大于 100：

```
System.out.println("请输入一个整数:");
BufferedReader reader =
  new BufferedReader(new InputStreamReader(System.in));
int i = Integer.parseInt(reader.readLine()); //读入一个整数
if (i <= 100) {
    System.out.println("整数{0}不大于 100! ", i);
} else {
    System.out.println("整数{0}大于 100! ", i);
}
```

用 do-while 循环实现从 1 加到 100 的代码如下：

```
int sum = 0; //定义求和变量
int k = 1;  //定义值，初始值是 1
do {
    sum = sum + k; //每次加一个值
    k = k + 1;  //每次加 1
} while (k <= 100);  //一直加到 100
System.out.println("从 1 加到 100 的值为" + sum); //输出 5050
```

下次要用到 1 加到 50，也就是计算 1+2+3+...+50 的值。把 50 这个值抽象成变量 x：

```
int x = 50; //变量
int sum = 0; //定义求和变量
```

```
int k = 1;  //定义值，初始值是 1
do {
    sum = sum + k; //每次加一个值
    k = k + 1;  //每次加 1
} while (k <= x);  //一直加到 x
System.out.println("从 1 加到"+x+"的值为"+sum); //输出 从 1 加到 50 的值为 1275
```

把计算计算 1+2+3+...+x 的过程抽象成一个方法。方法名字叫作 getSum。输入参数，返回计算结果。输入参数 x 是整数类型，返回值也是整数类型。方法中的语句用{}包围起来。

getSum 方法的实现代码如下：

```
static int getSum(int x) {
    int sum = 0; //定义求和变量
    int k = 1;  //定义值，初始值是 1
    do {
        sum = sum + k; //每次加一个值
        k = k + 1;  //每次加 1
    } while (k <= x);  //一直加到 x
    return sum;
}
```

这里定义的 getSum 方法接收一个 int 类型的输入参数，返回一个值，返回值的类型是 int。调用这个 getSum 方法计算从 1 加到 100 的值：

```
static void main(string[] args) {
    int x = 100; //变量 x 赋值成为 100
    int sum = getSum(x);
    System.out.println("从 1 加到" + x + "的值为" + sum); //输出
}
```

2.7.3 数值运算

开发搜索引擎和中文分词应用时，需要计算概率。

例如，有一本现代汉语词典，从词典翻页看到的词是一个动词的概率 P 是多少？

$$P(\text{取出一个动词}) = \frac{\#\text{得到一个动词的方法}}{\text{全部的词}}$$

全部的词 = 对词典中所有的词计数

#得到一个动词的方法 = 是动词的单词数量

如果一个词典有 50000 项，有 10000 项是动词，则找到的词是动词的概率：

$$P(\text{取出一个动词}) = 10000/50000 = 1/5 = 0.2$$

用程序表示是：

```
int freq = 10000;
int total = 50000;
double prob = freq/total;  //值是 0
```

这样计算动词的概率会有问题。两个整数参与运算，值会取整，这样 prob 的值也就变成 0 了。只有一个参与运算的值是双精度类型，其他的值才会按高精度的值参与运算：

```
int freq = 10000;
double total = 50000;
double prob = freq/total;  //值是 0.2
```

任何数除以 0 就会得到一个无限大的数。Double.isInfinite 可判断这个数是否为无限值：

```
double emiprob = (0.1 / 0);
System.out.println(Double.isInfinite(emiprob)); //输出 true
```

2.7.4　位运算

计算机最底层只存储 0 和 1 组成的序列。可以把 int 类型看成是 0 和 1 组成的序列，也就是一个二进制数组。布尔变量只存储两种状态。如果每个布尔变量的值用一个字长来表示，这样会浪费空间。有节省空间的表示方法。用 1 编码 true，用 0 编码 false。如果有很多布尔变量需要表示，则用二进制数组中的每一位表示，可以节省空间。

一个字节 byte 在 Java 中是 8 位，可以表示 8 个二进制数。短整型数 short 在 Java 中是 16 位，可以表示 16 个二进制数。整型数 int 在 Java 中是 32 位，可以表示 32 个二进制数。长整型数 long 在 Java 中是 64 位，可以表示 64 个二进制数。

Java 中没有无符号的类型。例如没有无符号的 int 或者无符号的 long。int 和 long 的最高位是符号位。

七夕，也就是 7.7，转化成二进制就是 111.111，也就是中国的情人节。

代码中一般用十进制定义整数，如 123、-456、0 等。但是计算机实际用的是二进制。一个熟悉二进制数的方法是玩 2048 游戏。

二进制和十进制的转换关系麻烦，所以还经常用十六进制。古代一斤等于十六两，也就是十六进制计数方式。“十六两”米大致相当于一个成年人一天的口粮，因此就把“十六两”定为一斤。这就是中国古代斤两之间为十六进制的起源。所以有“半斤八两”这个成语。

作为常量的多位二进制数写起来会很长，所以经常用到用十六进制表示的常量，十六进制中的数字由 0~9、A~F 组成，满 16 则进位。A~F 分别表示 10~15。数的二进制表示和十六进制表示的对照如表 2-6 所示。

十六进制整数以 0x 或 0X 开头，如 0x123 表示十进制数的 291，-0X12 表示十进制数的-18。

例如，0xff 就是 11111111 的十六进制表示：

```
int x = 0xff;
System.out.println(Integer.toBinaryString(x)); //输出 11111111
```

此外还有八进制整数：以 0 开头，如 0123 表示十进制数 83，-011 表示十进制数-9。由于两个十六进制数正好是一个字节，所以十六进制数表示法比八进制更常用。

在 Java 7 中，整数还可以使用二进制来表达。例如：

```
int x = 0b11111111;
```

进制越大，同样的值表现形式越短。

两个二进制数组可以做位运算。位运算是处理器直接支持的基本操作，所以执行速度

很快。例如，除法运算往往比较慢，可以用位运算代替。

表 2-6　数的二进制表示和十六进制表示的对照

二进制表示	十六进制表示
0000	0
0001	1
0010	2
0011	3
0100	4
0101	5
0110	6
0111	7
1000	8
1001	9
1010	A
1011	B
1100	C
1101	D
1110	E
1111	F

两个整数或者长整型数可以按位进行逻辑运算。按位与的符号是&。把 0 看成假，把 1 看成真。只有 1&1 结果才为 1，否则为 0。计算结果列表如下：

```
1 & 1 == 1
1 & 0 == 0
0 & 1 == 0
0 & 0 == 0
```

例如：

```
System.out.println(6&3); //输出结果：2
```

6 的二进制　　0000-0000 0000-0000 0000-0000 0000-0110
3 的二进制　　0000-0000 0000-0000 0000-0000 0000-0011
按位与得到　　0000-0000 0000-0000 0000-0000 0000-0010　=　2

又如，使用与运算取得低 8 位值：

```
long x = 0xfe07;
long low = x & 0xff;  //取得变量 x 的低 8 位
System.out.println(Long.toBinaryString(low)); //输出 111
```

有时候需要根据一个大的整数得到一个小的整数，取模运算可以达到这个目的。例如：

```
int h = 0xfe07;
int pos = h % 16;  //h 除以 16 取余数
```

更快的一种方法就是通过与运算：

```
int h = 0xfe07;
int pos = h & 0xf;  //取得h的低4位
```

把这里的 0xf 叫作掩码(MASK)，因为它屏蔽了除了低 4 位以外的其他位。0xf 这个值也就是 15，可以通过 16−1 得到。取低 n 位的掩码值可以通过 2^n-1 得到。

按位或的符号是 | 。把 0 看成假，把 1 看成真。只要参与运算的两个位中有一个为 1，该位的结果就是 1。计算结果列表如下：

```
1 | 1 == 1
1 | 0 == 1
0 | 1 == 1
0 | 0 == 0
```

例如：

```
System.out.println(6|4); //输出结果：6
```

6 的二进制是　0000-0000 0000-0000 0000-0000 0000-0110
4 的二进制是　0000-0000 0000-0000 0000-0000 0000-0100
位或的结果是　0000-0000 0000-0000 0000-0000 0000-0110　=　6
任何数和 1 做或运算，则结果都不会是 0。即：

```
System.out.println(x|1); //输出结果不会是0
```

按位异或的符号是^。就是不带进位的加。参与运算的两个位中有且只有一个为 1，该位的结果就是 1。计算结果列表如下：

```
1 ^ 1 == 0
1 ^ 0 == 1
0 ^ 1 == 1
0 ^ 0 == 0
```

其结果是，把参与运算的两个数中有差别的位置成 1。例如：

```
System.out.println(4 ^ 6); //输出结果：2
```

4 的二进制　0000-0000 0000-0000 0000-0000 0000-0100
6 的二进制　0000-0000 0000-0000 0000-0000 0000-0110
异或的结果　0000-0000 0000-0000 0000-0000 0000-0010　=　2
左移运算符是<<。例如，把 1 左移 8 位：

```
System.out.println(1<<8); //输出256，也就是2⁸
```

例如乘以 2，就是左移 1 位：

```
System.out.println(2<<1); //输出4
```

例如 3<<2，结果为 12：
3 的二进制　0000-0000 0000-0000 0000-0000 0000-0011
左移 2 位　00|00-0000 0000-0000 0000-0000 0000-0011
右边填零后　0000-0000 0000-0000 0000-0000 0000-1100　= 12

右移运算符是>>。例如除以 2，就是右移 1 位：

```
System.out.println(4>>1); //输出 2
```

右移 1 位的速度比除以 2 的速度快。

例如，通过位移取得中间 8 位的值：

```
(x >> 8) & 0xff;
```

在右移操作中，腾空位是填 0，还是填符号位呢？如果是无符号右移，则右侧空位填零。无符号右移用操作符>>>表示。

>>：右移。例如 6>>2，结果为 1。

6 的二进制	0000-0000 0000-0000 0000-0000 0000-0110		
右移 2 位	0000-0000 0000-0000 0000-0000 0000-01|10	舍去	
结果	0000-0000 0000-0000 0000-0000 0000-0001	=	1

>>>：无符号右移。例如-6>>>2。

-6 的二进制	1111-1111 1111-1111 1111-1111 1111-1010	
右移 2 位	1111-1111 1111-1111 1111-1111 1111-10|10	舍去
结果	0011-1111 1111-1111 1111-1111 1111-1110	

规律：<<就是乘以 2 的移动位数幂。>>就是除以 2 的移动位数幂。注意，最高位补的数字由原来的二进制数的最高位，也就是符号位决定。如果是 1 就补 1，如果是 0 就补 0(移动 n 位，就是乘以或者除以 2^n)。对于>>>，无论最高位是什么，都使用 0 补。

位移右边的操作数必须是一个整数，但没有要求必须是正数。所以下面的代码也是合法的：

```
byte b = 13;
b = (byte)(b>>-6);
```

这行代码的功能是什么？它向左移位了，而不是向右移位了吗？当执行一个移位操作时，只用到了右边操作数的一部分。

如果对一个整数移位，只用到了移位值最右边的 5 位。这样，移位的数量总是位于 0~31 的区间内。如果对一个长整型数移位，只会用到移位值最右边的 6 位，移位的距离位于 0~63 之间。而-6 的二进制表示是 11111010，正在对一个整数移位(记住任何比整数小的数都会提升成一个整数，所以对字节操作就是相当于对整数操作)。因此，只使用最右边的 5 位，二进制 11010 的十进制表示是 26。

因此前面这个例子等价于：

```
b = (byte)(b >> 26);
System.out.println(b); //输出 0
```

如果把 13 向右移位 26 个位置，就会把所有实在的数据都推走了，把它用零代替了。所以最后得到 b 等于 0。

还可以循环位移。例如向左循环位移：

```
long x = 0xff;
long t = Long.rotateLeft(x, 16); //循环向左移动 16 位，最右边用最左边的 16 位补齐
System.out.println(Long.toBinaryString(t));
```

```
//输出 111111110000000000000000
```

负数的左循环位移等价于右循环位移。

若给定一个数，要找一个数，这个数是比给定数大的最小的 2^n。容易想到的一种方法是——反复乘以 2。从小到大试出来那个数：

```
int initialCapacity = 1;
while (initialCapacity <= numElements) {
    initialCapacity = initialCapacity << 1; //反复乘以 2
}
```

一个竹笋通过一个增生到 2 个，又由 2 个增生到 4 个，可以迅速扩展到整个田地。另外一种找 2 的 n 次方的方法是增生 1：首先得到一个二进制所有位都是 1 的数，然后把这个数加 1，就得到了 2 的 n 次方。从高位往低位扩展 1。代码如下：

```
/** 返回下一个最大的 2 的 n 次方，如果它已经是 2 的幂或者 0，则返回当前值 */
public static int nextHighestPowerOfTwo(int v) {
    v--;
    v |= v >> 1; //最少 2 个 1，最高 2 位都是 1，所以接下来把它右移 2 位
    v |= v >> 2; //最少 4 个 1，最高 4 位都是 1，所以接下来把它右移 4 位
    v |= v >> 4; //最少 8 个 1，最高 8 位都是 1，所以接下来把它右移 8 位
    v |= v >> 8; //最少 16 个 1，最高 16 位都是 1，所以接下来把它右移 16 位
    v |= v >> 16; //最少 32 个 1，32 位全是 1
    v++;
    return v;
}
```

按位取反运算符~是一元运算符。对数据的每个二进制位取反，即把 1 变为 0，把 0 变为 1。计算结果列表如下：

```
~0 == 1
~1 == 0
```

例如，0010101 取反后变成 1101010。又如：

```
int n = 37;
System.out.println(~n); //输出-38
```

为什么取反后会得到这个值？因为在 Java 中，所有数据的表示方式都是以补码形式来表示，如果没有特别的说明，Java 中的数据类型默认为 int，而 int 数据类型的长度为 32 位，因此，n=100101 的补码运算过程就是：

原码：00000000 00000000 00000000 00100101 = 37

因为正数的补码、反码、原码都是一样的，所以在 Java 中保存的 n 的补码就是原码。

补码：00000000 00000000 00000000 00100101 = 37

~n 取反运算，得：11111111 11111111 11111111 11011010

很明显，最高位是 1，意思是原码为负数，负数的补码是其绝对值的原码取反，末尾再加 1，因此，我们可将这个二进制数进行还原。

首先，末尾减 1 得：11111111 11111111 11111111 11011001

其次，将各位取反，得：00000000 00000000 00000000 00100110

这就是~n 的绝对值形式|~n|=38，所以，~n=−38。

异或也就是无进位相加。可以通过异或运算取得二进制数组有差别的位：

```
long x = 0xfe07;
long y = 0x07;
long val = x ^ y;  //异或运算
System.out.println(Long.toBinaryString(val)); //输出 1111111000000000
```

要比较人之间的差别，可以把手和手比、脚和脚比、鼻子和鼻子比。例如西方人的鼻子往往更大。对长度相同的二进制数组，可以使用对应位有差别的数量来衡量相似度。这叫作海明距离(Hamming Distance)。例如 1011101 和 1001001 的第 3 位和第 5 位有差别，所以海明距离是 2。

可以把两个无符号整型数按位异或(XOR)，然后计算结果中 1 的个数，结果就是海明距离：

对两数做按位异或运算	二进制表示
2	00000010
5	00000101
<XOR 结果>	00000111

例如，计算两个数的海明距离：

```
public static int hammingDistance(int x, int y) {
    int dist = 0; //海明距离
    int val = x ^ y; //异或结果
    //统计 val 中 1 的个数
    while (val > 0) {
        ++dist;
        val &= val-1; //去掉 val 中最右边的一个 1
    }
    return dist;
}
```

测试：

```
int x = 1;
int y = 2;
System.out.println(hammingDistance(x, y)); //输出结果：2
```

下面看压缩：

```
//压缩第一个和第二个整数，成为一个长整型数
public static long makePair(int first, int second, int bits) {
    final long mask = (1L << bits) - 1; //位移 bits 后减 1，这样得到掩码
    return (first & mask) << bits | second & mask;
}
```

或者也可以直接这样写：

```
public static long makePair(int first, int second) {
    long result = first;
    result <<= 32;
    result |= second;
    return result;
}
```

取得第一个整数：

```
public static int getFirst(long key) {
    return (int)(key >>> 32);
}
```

取得第二个整数：

```
public static int getSecond(long key) {
    return (int)(key & 0xFFFFFFFFL);
}
```

Java 中有专门的二进制位数组类 BitSet。可以在二进制数组上进行位运算。很多快速计算都会用到它。BitSet 底层使用 long 数组表示二进制数组。

就像冰箱里面放鸡蛋的格子，有就表示 1，没有就表示 0。例如，做 OCR 识别的时候，需要把图像二值化。图像中的一个位置表示数字就用 1 表示，不表示数字就用 0 表示，可以用字符串表示，例如“0011111111100”。但是用二进制数组表示更节约存储空间。

创建一个默认长度的 BitSet 对象：

```
BitSet images = new BitSet();
```

创建一个长度是 16 的 BitSet 对象：

```
BitSet images = new BitSet(16);
```

遍历 BitSet 中所有为 1 的位：

```
BitSet states = new BitSet();
states.set(10); //设置第 10 位成为 1
states.set(18); //设置第 18 位成为 1
//遍历所有为 1 的位
for (int i=states.nextSetBit(0); i>=0; i=states.nextSetBit(i+1)) {
    System.out.println(i); //输出 10 和 18
}
```

用位图实现火车票订票系统，假设每天 5000 个车次，每个车次 5000 个座，每个车次有 100 个经停站，用一位来标识座位是否已经被订，只需要 $5000\times5000\times100 < 2.5\text{G bit}$，不到 1G 字节而已。

整数在 Java 里固定占 4 个字节，如果我们存储和传输一个由很多整数组成的长数组，并且大部分数的值比较小，我们就会浪费很多的网络流量和磁盘存储空间。对正整数编码时，让值小的数占少量几个的字节，值大的数占多个字节。这样一来，变短的数相对于变长的数更多，整数数组的总长度就会减少。

变长的正整数表示格式叫作 VInt。每字节分成两部分，最高位和剩下的低 7 位。最高位表明是否有更多的字节在后面，如果是 0，表示这个字节是尾字节，1 表示还有后续字节。低 7 位表示数值。按如下的规则编码正整数 x。

- 如果 $x < 128$，则使用一个字节编码这个数，最高位置 0，低 7 位用原码表示数值。
- 否则，如果 $x<128*128$，则使用两个字节编码这个数。其中第一个字节最高位置 1，低 7 位表示低位数值，第二个字节最高位置 0，低 7 位表示高位数值。
- 否则，如果 $x<128^3$，则使用 3 个字节编码这个数。依次类推。

每字节的低 7 位表示整数的值，可以把 VInt 看成是 128 进制的表示方法，低位优先，也就是说，随着数值的增大，向后面的字节进位，从表 2-7 的 VInt 编码示例中可以看出。

表 2-7　VInt 编码示例

值	二进制编码	16 进制编码
0	00000000	00
1	00000001	01
2	00000010	02
127	01111111	7F
128	10000000 00000001	00 01
129	10000001 00000001	01 01
130	10000010 00000001	02 01
16383	11111111 01111111	7F 7F
16384	10000000 10000000 00000001	00 00 01
16385	10000001 10000000 00000001	01 00 01

变长字节编码整数数组的例子如下：

整数数组	824	829	215406
差距		5	214577
变长字节编码	10111000 00000110	00000101	10110001 1001100 00001101

对于一个 VInt 字节流来说，其中如果高位是 0，则表示一个数的编码到此为止了，否则，如果高位是 1，就表示后面的字节也是这个数的编码。

为了方便调试，写一个方法把字节转换成二进制字符串。方法是：首先创建一个初始值为 8 个零的字符串缓存，然后把字节中对应位不为 0 的值设置为 1。代码如下：

```
public static String toBinaryString(byte n) {
   //创建一个字符串缓存初始值，并设置初始值为 00000000
   StringBuilder sb = new StringBuilder("00000000");
   for (int bit=0; bit<8; bit++) { //遍历每一位
      if (((n>>bit)&1) > 0) { //n 右移 bit 位
         sb.setCharAt(7-bit, '1'); //设置一个字符的值
      }
   }
   return sb.toString();
}
```

把一个整数的 VInt 编码写入字节缓存：

```
int data = 824; //待编码的正整数
ByteBuffer buff = ByteBuffer.allocate(4); //写入缓存
while ((data&~0x7F) != 0) { //如果大于 127
   buff.put((byte) ((data & 0x7f) | 0x80)); //写入低位字节
   data >>>= 7; //右移 7 位
}
buff.put((byte)data); //取低 8 位
for (int k=0; k<buff.position(); ++k) //遍历已经写入的字节
   System.out.println(toBinaryString(buff.get(k)));
```

从字节缓存 buff 中解压缩一个 VInt 编码的整数：

```
buff.rewind(); //重置读取缓存的位置
byte b = buff.get(); //读入一个字节
int i = b&0x7F; //取低 7 位的值

//每个高位的字节都乘个 2 的 7 次方，也就是 128
for (int shift=7; (b&0x80)!=0; shift+=7) { //如果最高位字节是 1，则继续
    if (buff.hasRemaining()) { //有更多的字节待读入
        b = buff.get(); //读入一个字节
        i |= (b&0x7F) << shift; //当前字节表示的位乘 2 的 shift 次方
    }
}
System.out.println(i); //解压缩后得到的数
```

计算机中的一切数据都可以看成是由位组成的，但是却有字符和字符串这样的概念，因为需要从使用的角度来看这些位。

2.8　安装 Java

因为 Sun Java 是有版权的，所以在 Linux 下，不能使用 yum 自动安装 Sun Java 环境。yum 只能安装 Open JDK。

2.8.1　服务器端安装

一般的 Linux 发行版默认软件包仓库配搭的是 OpenJDK，比如 CentOS、RHEL、Fedora、Ubuntu 等，但往往需要用到 Sun 的 JDK，这时就需要手动安装了。

首先查看 Linux 版本是否为 64 位：

```
#uname -a
Linux localhost.localdomain 2.6.18-8.el5 #1 SMP Thu Mar 15 19:46:53 EDT 2007
x86_64 x86_64 x86_64 GNU/Linux
```

这说明 Linux 是 64 位的，可以安装 64 位的 JDK。如果版本不一致，则装不上。

可以从 Java 官方网站 http://java.sun.com 下载得到 Linux 版本的 JDK，例如获得 jdk-6u11-linux-i586.bin 这样一个文件。

下面安装 Sun 的 JDK 到/home/user/soft/jdk1.6.0_11：

```
#cd /home/user/soft/
#chmod +x jdk-6u11-linux-i586.bin
#./jdk-6u11-linux-i586.bin
```

为了定义 Java 相关的环境变量，可以修改文件/etc/profile，增加如下行：

```
PATH="/home/user/soft/jdk1.6.0_11/bin:$PATH"
JAVA_HOME="/home/user/soft/jdk1.6.0_11"
export JAVA_HOME
```

为了让/etc/profile 文件修改后立即生效，可以使用如下命令：

```
#source /etc/profile
```

2.8.2 自动安装 Java

安装 Java 以及相关的软件是一件很麻烦的事情。可以找一台机器上已经安装好的 JDK，直接拷贝到另外一台机器，就是免安装的绿色版本了。

下面是自动设置 JAVA_HOME 环境变量的批处理文件：

```
@echo off
rem set the version of jdk you would like to use (1.4, 1.5, 1.6, etc)
set JDK_Version=1.6

echo.
echo Locating JDK %JDK_Version%

for /d %%i in ("%ProgramFiles%\Java\jdk%jdk_Version%*") do (set Located=%%i)
rem check if JDK was located
if "%Located%"=="" goto else
rem if JDK located display message to user
rem update %JAVA_HOME%
set JAVA_HOME=%Located%
echo     Located JDK %jdk_Version%
echo     JAVA_HOME has been set to:
echo         %JAVA_HOME%
goto endif

:else
rem if JDK was not located
rem if %JAVA_HOME% has been defined then use the existing value
echo     Could not locate JDK %JDK_Version%
if "%JAVA_HOME%"=="" goto NoExistingJavaHome
echo     Existing value of JAVA_HOME will be used:
echo         %JAVA_HOME%
goto endif

:NoExistingJavaHome
rem display message to the user that %JAVA_HOME% is not available
echo     No Existing value of JAVA_HOME is available
goto endif

:endif
rem clear the variables used by this script
set JDK_Version=
set Located=
```

但是，对于在批处理中设置的 set JAVA_HOME=%Located%，如果关闭了命令行窗口，就会失效了。

VBS 脚本设置的环境变量可保证重启后一样有用。VBS 由 Windows 脚本宿主运行。为了显示安装在 Windows 中的 WSH 的版本，在命令行输入 cscript，然后按 Enter 键。将显示一个类似下面的输出：

```
C:\Users\Administrator>cscript
Microsoft (R) Windows Script Host Version 5.7
版权所有(C) Microsoft Corporation 1996-2001。保留所有权利。
```

```
用法：CScript scriptname.extension [option...] [arguments...]
选项：
 //B          批模式：不显示脚本错误及提示信息
 //D          启用 Active Debugging
 //E:engine   使用执行脚本的引擎
 //H:CScript 将默认的脚本宿主改为 CScript.exe
 //H:WScript 将默认的脚本宿主改为 WScript.exe （默认）
 //I          交互模式(默认，与 //B 相对)
 //Job:xxxx   执行一个 WSF 工作
 //Logo       显示徽标(默认)
 //Nologo     不显示徽标：执行时不显示标志
 //S          为该用户保存当前命令行选项
 //T:nn       超时设定秒：允许脚本运行的最长时间
 //X          在调试器中执行脚本
 //U          用 Unicode 表示来自控制台的重定向 I/O
```

看一下设置环境变量的示例脚本(例如 environSet.vbs)：

```
'Set JAVA_HOME, JRE_HOME and update PATH
set shellObj = WScript.CreateObject("WScript.Shell")
set envObj = shellObj.Environment("System")
envObj("JAVA_HOME")="C:\tools\jdk\jdk1.6.0_10"
envObj("JRE_HOME")="C:\tools\jdk\jdk1.6.0_10\jre"
envObj("PATH")=envObj("PATH") &
";%JAVA_HOME%\bin;%JAVA_HOME%\jre\bin\client"
```

如果要运行此脚本，可以在命令行输入 cscript environSet.vbs(或只输入 environSet.vbs)，然后按 Enter 键，也可以双击 environSet.vbs 文件。

在上面的例子中，JAVA_HOME 和 JRE_HOME 这两个系统环境变量对应地设置成了“c:\tools\jdk\jdk1.6.0_10”和“c:\tools\jdk\jdk1.6.0_10\jre”。更新了 PATH 系统环境变量，追加了“%JAVA_HOME%\bin;%JAVA_HOME%\jre\bin\client”。

注意，如果这些变量不存在，就创建它们。如果已经存在，就会重写它的值。更新也会反映到注册表。可以在 regedit 中的 HKEY_LOCAL_MACHINE\System\CurrentControlSet\Control\Session Manager\Environment\位置看到当前的系统环境变量值。

在 Linux 下自动安装 JDK，需要自动回答许可协议：

```
wget -Nc
"http://dl8-cdn-03.sun.com/s/ESD6/JSCDL/jdk/6u16-b01/jdk-6u16-linux-i586
-rpm.bin?e=1252519776961&h=7bc60c46c5cf39e4dafc2a5e2de02050/&filename=
jdk-6u16-linux-i586-rpm.bin" -O jdk-6u16-linux-i586-rpm.bin

chmod +x jdk-6u16-linux-i586-rpm.bin

sed -i 's/agreed=/agreed=1/g' jdk-6u16-linux-i586-rpm.bin
sed -i 's/more <<"EOF"/cat <<"EOF"/g' jdk-6u16-linux-i586-rpm.bin

./jdk-6u16-linux-i586-rpm.bin

rpm -Uvh jdk-6u16-linux-i586.rpm 2> /dev/null

# Plugin-for Firefox 3.5.2 on Fedora 11
/sbin/ldconfig
```

```
ln -s /usr/java/default/plugin/i386/ns7/libjavaplugin_oji.so
/usr/lib/mozilla/plugins/libjavaplugin.so

rm -f jdk-6u16-linux-i586.rpm jdk-6u16-linux-i586-rpm.bin
```

服务器端部署好以后，如果是64位的Java虚拟机，则显示：

```
#java -version
java version "1.6.0_26"
Java(TM) SE Runtime Environment (build 1.6.0_26-b03)
Java HotSpot(TM) 64-Bit Server VM (build 20.1-b02, mixed mode)
```

2.9 提高代码质量

张爱玲说：人生是一袭华丽的袍子，里面爬满了虱子。类似地，Java 代码中也可能会存在各种各样的错误。人们经常把程序中的错误叫作bug。

当一个程序出现错误时，它可能的情况有三种：语法错误、运行时错误和逻辑错误。

语法错误是指代码的格式错了，或者某个字母输错了。运行时错误是指在程序运行的时候出现的一些没有想到的错误，如空指针异常、数组越界、除数为零等。逻辑错误是指运行结果与预想的结果不一样，这是一种很难调试的错误。

软件往往是自底向上开发出来的，所以开始时可以写出来一些核心模块的代码。而写单元代码时，需要做单元测试。上线运行时，又需要输出日志。如果代码经过修修补补后，结构不好，就需要重构。

2.9.1 代码整洁

写文章要通过缩进分段。缩进同样也能够把代码分段。一般函数体、循环体(for，while，do)、条件判定体(if)和条件选择(switch，case)需要向内缩进一格，同层次的代码在同层次的缩进层上。

可以使用空格或者制表符来实现缩进。如果要使用制表符来实现缩进，可以按一下键盘左边的Tab键，则向里面缩进一格，而按下键盘右上角的BackSpace，就能退回去一格，非常方便。虽然可以使用 4 个空格来代替一个制表符，但是不建议这样做。要使用统一的缩进，不要让代码闻起来有味道。

如果不想手工做，IDE可以帮忙搞定缩进。

2.9.2 单元测试

维修电脑主机时，要分别检测主板和内存是否有故障，确定故障出在主机的哪个部位。写程序也可以通过单元测试，来确定软件的各个模块功能是否正常。有些很难写的代码模块需要单独拿出来运行，这样方便调试。可以用单元测试的方法运行这些模块。

最简单地，可以把一个类的测试代码直接写在这个类的main方法中。往往需要有很多可以直接执行的测试代码。可以把这些功能不同的代码封装在不同的方法中，这样至少就避免了大量地使用注释代码。

JUnit(http://www.junit.org/)是一个用于单元测试的框架。可以在 Eclipse 中运行 JUnit。JUnit 使用测试用例(Test Case)来测试一个类或者其中的方法是否有效。

每个主要的功能类都有对应的测试类。例如，Search 类的测试类 TestSearch。所有的测试类都需要扩展 TestCase 类，例如，TestSearch extends TestCase。

Eclipse 中的一个项目可以有好几个源代码路径。一般把正式使用的代码放在 src 路径下，把单元测试用到的类放在独立的 test 路径下。

有时候用 JUnit 运行一个方法没有反应，Eclipse 没有执行那个方法。这是因为，这个方法名不是以 test 开头。方法名改了就好了。

根据给定的输入，判断输出结果是否符合预期。使用 assertEquals 方法来判断实际值和期望值是否相同。

例如测试一个位向量：

```
BitVector bv = new BitVector(n); //新建一个 n 位的位向量
//增量设置位时，测试位计数
for(int i=0; i<bv.size(); i++) {
    assertFalse(bv.get(i)); //第 i 位是 false
    assertEquals(i, bv.count()); //位向量中 1 的数量是 i
    bv.set(i); //设置第 i 位是 1
    assertTrue(bv.get(i)); //第 i 位是 true
    assertEquals(i+1, bv.count()); //位向量中 1 的数量是 i+1
}
```

2.9.3　调试

应当正确地编写程序，而不仅仅是把程序调试成正确的。可以输出一些中间状态。例如在 factorial 方法中输出传入的参数：

```
static int factorial(int n) {
    System.out.println("n:" + n);
    if(n == 1) //退出条件
        return 1;
    else
        return (n*factorial(n-1)); //向下递归调用
}
```

Eclipse 中有个专门用来调试的透视图(Perspective)。首先设置断点，然后在调试状态下运行程序时，Eclipse 会自动转换到调试透视图。

2.9.4　重构

中文已经发展了 5000 年，古代用文言文，现在用白话文。白话文相对于文言文是结构上的改变。古代的车轮子上没有轮胎。而现在公路上运行的大小车辆，基本都有轮胎。

软件同样需要重构。当小的修修补补已经不能适应新环境时，就需要做结构化的调整。例如，C 语言是早期程序设计语言，其中声明函数原型的 include 书写起来麻烦，而且累赘。Java 使用简化的 import 关键字代替。可以把 Java 看成是对 C 语言的重构。

重构代码有时候是为了提高性能。往往首先保证代码运行正确了，然后再改进性能。

重构代码时，可以把要重构的代码注释掉，然后重新写实现方法。

在代码调整中，最强有力的手段之一是好的程序分解。小的、明确的程序可以节省空间，因为它们把将要做的工作独立地放到多个地方。它们使程序更容易优化，因为你可以调用每个小程序。小程序相对容易被重写，而长的、拐弯抹角编成的程序很难被理解。

有时想起来要重构，却不知道从何处着手，或者尚没有改进的思路。这时增加 TODO 说明，可以方便以后重构代码：

```
//TODO: 去掉这个冗余的方法
```

Eclipse 可以在任务视图中列出所有的待完成的任务列表。

很多时候并不是要增加代码量，而是用更少的代码实现同样的功能。

或者用一个执行时间少的程序代替一个执行时间多的程序。下面是几种可能的替换：

- 用加法代替乘法。
- 用乘法代替指数运算。
- 用等价三角函数代替三角函数子程序。
- 用短整型代替长整型。
- 用定点数代替双精度浮点数。
- 用单精度浮点数代替双精度浮点数。
- 用再次移位操作代替整型乘除法。

可以用单元测试保证重构后的代码有相同的输出。总之，好文章是改出来的，好代码是重构出来的。

2.10 本 章 小 结

小时候，从数数开始学数学。现在从数值类型开始学 Java 程序设计。int 和 double 是最常用的数值类型，此外还有 short、long、byte 和 float 类型。

有的运算符是一元的，例如自增运算符，或者逻辑运算符中的!。大部分运算符是二元的，例如+或者-。只存在一个三元运算符? :。

德国数学家莱布尼兹系统地提出了二进制算术。

除了已经介绍过的使用 Firefox 浏览器来搜索，还可以通过机器翻译把 Java 英文文档变成容易看懂的中文。此外，要编程，还可以使用专业的文本编辑器。

break、continue 语句用来控制流程的跳转。break 可用于从 switch 语句、循环语句或标号标识的代码块中退出。continue 可用于跳出本次循环，执行下一次循环，或执行标号标识的循环体。

早期的程序经常使用 goto 语句来控制语句执行，容易导致代码逻辑混乱。结构化程序设计方法规定使用顺序、选择、循环三种基本控制结构来构造程序。如果一定要实现类似 goto 的功能，可以用标签化的 break 和 continue 语句。

在编写程序的过程中，往往相同类型操作需要重复出现，如实现 1+2+...+100，就需要做 99 次加法，这类问题如果使用循环语句来解决，就可以简单地实现。即循环语句用于实现语句块的重复执行。根据问题的具体情况，Java 中提供了 4 种不同的循环机制：for 循环、

while 循环、do-while 循环和 for-each 循环。与 for 循环语句比较，while 语句使用的频率要低一些，它可以用于不知道循环次数的情况。

汉字是由图画简化成的。可以把 Java 中的关键字看成是自然语言表述的简化。并不需要认识所有的汉字以后才开始写作文。同理，并不是要认识 Java 中所有的关键字后才开始写程序。本阶段需要掌握的关键字如下。

- 用于定义数据类型的关键字：byte、short、int、long、char、boolean、float、double、void、final。
- 用于定义布尔数据类型值的关键字：false、true。
- 用于定义流程控制的关键字：if、else、return、switch、case、while、for、default、continue、break。
- 用于创建复杂数据类型的关键字：new。

世界上最遥远的距离，是我在 if 里，你在 else 里；似乎一直相伴，又永远分离。世界上最痴心的等待，是我当 case 你是 switch，或许永远都选不上自己。continue 是符合循环条件却不执行，就好像已经考上公务员了，却没有岗位。

在程序中使用的变量名、方法名、常量名等统称为标识符。不能使用系统关键字作为标识符。

术语：identifier(标识符)　在程序中自定义的一些名称，称为标识符。标识符可由 26 个大小写英文字母、数字、下划线(_)、美元符号($)组成。

JavaDoc 就是方法定义部分的说明文档，它只给出方法说明，而不给出方法的具体实现。而方法实现则在源代码中。

很多比较难写的 Python 代码是调试出来的，Java 代码则是单元测试出来的。因为单元测试的代码能保留下来，所以 Java 在这点上有优势。

第3章 面向对象编程

最早的程序设计是面向过程的，也就是把写的代码放在函数里。就好像孙子兵法的三十六计，可以看成36个函数。

刘备招亲前，诸葛亮交给赵子龙三个锦囊，里面各有一个计策。第一个锦囊，要他一到建康就立刻打开，然后依计而行。刘备成亲之后打开第二个锦囊。临到危急，开第三个锦囊。

也就是说，光有计策还不够，还需要在特定的时候，采用特定的计策。光有一些函数还不够，还要根据条件数据决定调用哪个函数。所以要同时封装函数和数据。这就叫作面向对象编程。

术语：encapsulation(封装)　目的是增强安全性和简化编程。

对象把相关的数据和方法封装在一起。例如HashMap，如果把数组和查找的过程分开，就难以使用。

生活中，会把一些复杂的东西封装起来，例如将多种化学药品封装在一个胶囊中。把很多苹果封装到一个箱子中。把糯米蒸熟捣碎后封装成年糕。

为了实现一个搜索引擎，需要写很多的代码。为了方便管理，需要把这些代码封装到不同的类中。例如，把网页中的内容抽象成一个文档类，把查询词也抽象成一个词类。

3.1 类和对象

软件往往由多少万行代码组成，也是一个复杂的系统，为了能够封装细节，需要抽象出对象。只要写出对象的实现代码，就可以创建出这个对象并使用它。但是，往往要创建很多结构相同的对象。例如“Java软件开发”这个文本中包含三个词“Java”、“软件”、“开发”。可以把这三个词封装成结构相同的三个对象。

类就是对对象的定义。对象是类的一个实例。可以把这三个词对象，看成来自同一个类的三个实例。把这个类命名为Token，如图3-1所示。

如果将对象比作房子，那么类就是房子的设计图纸。在Java中，类往往就是一个.java文件编译出的.class文件。对象就是类代码到内存区域的一个映射。

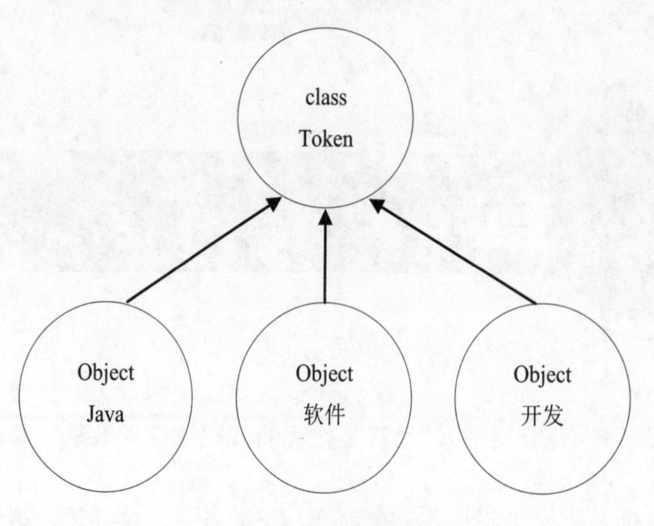

图 3-1　类和对象

3.1.1　类

如果有汽车的设计图，汽车厂就可以造出很多汽车。如果有类的定义，在 Java 虚拟机中就可以创建出需要的对象。平时写的代码就是类的定义。对象是在运行时刻创建出来的。

类的定义中包含属性和方法。符合社会契约的行为让人更容易融入社会。而良好的编程风格是产生高质量程序的前提。类名和方法名一般都是以大写字母开头，而变量名则是以小写字母开头。类名也遵循标识符的命名规则。

例如，定义一个 Token 类，表示文档中的一个词：

```
public class Token {
    ...
}
```

Java 源文件的扩展名为.java，而且源文件去掉扩展名后的名字必须与类名相同。所以上面这个 Token 类必须放在 Token.java 文件中。因为文件名是区分大小写的，所以这里的 T 只能大写。

3.1.2　类方法

如果只需要一些互相独立的方法，则可以定义一些类方法。

例如把数组转换成可读的字符串，可以调用 java.util.Arrays 类的 deepToString(array)方法输出数组中的内容：

```
String[][] pronouns = {{"我","你","他","它"}, {"我们","你们","他们"}};
System.out.println(java.util.Arrays.deepToString(pronouns));
```

输出结果：

```
[[我, 你, 他, 它], [我们, 你们, 他们]]
```

通过类名就可以调用 deepToString 这个方法，所以叫作类方法。这样的方法也叫作静态方法，用 static 关键字修饰。

其定义形式如下：

```
public static String deepToString(Object[] a) {
    //方法实现
}
```

此外，程序执行的入口方法 main 也是一种静态方法。

3.1.3 类变量

有些变量当作常量用，从程序运行开始就一直不变。在 C#中，使用 const 关键字修饰常量，但是 Java 语言的设计者认为开发者不需要 const 关键字。在 Java 中，一般把值不会改变的变量声明成 final 类型的，表示以后不会再修改它。例如，定义词性的编码：

```
public class PartOfSpeech {
    public static final byte a = 1;  //使用 final 来定义常量
    public static final byte n = 2;
    public static final byte v = 3;
}
```

final 修饰的变量只能赋值一次，所以下面这样的代码则无法通过编译：

```
final String constName = "jack";
constName = "mike"; //不能再次赋值给 final 修饰的变量
```

如果需要动态地给这个常量赋值，则可以放在 static{}程序块中。而且最好放在一个单独的类中，这样，其他的类就可以把它当成静态常量访问。例如判断程序运行的 Java 虚拟机是否为 64 位的：

```
public final class Constants {
    //取得操作系统属性
    public static final String OS_ARCH = System.getProperty("os.arch");

    public static final boolean JRE_IS_64BIT;  //常量
    static {  //静态块
        String x = System.getProperty("sun.arch.data.model");
          //取得虚拟机系统属性

        if (x != null) {
            JRE_IS_64BIT = x.indexOf("64")!=-1;
        } else {
            if (OS_ARCH!=null && OS_ARCH.indexOf("64")!=-1) {
                JRE_IS_64BIT = true;
            } else {
                JRE_IS_64BIT = false;
            }
        }
    }
}
```

3.1.4 实例变量

任何词都由字符串表示它的值，每个词都有自己的字符串值。字符串值就是 Token 的一个实例变量。每个对象有一个自己的实例变量值。例如：

```
public class Token {
    public String term; //词
    public int start; //词在文档中的开始位置
    public int end; //词在文档中的结束位置
}
```

没有用static关键字修饰的类变量就是实例变量。可以通过this.term访问实例变量term：

```
public void setTerm(String term) { //设置一个对象自己专有的词
    this.term = term; //设置实例变量的值
}
```

可以把实例变量设置成外部不能直接访问的，也就是私有的实例变量。私有的实例变量用private关键字修饰：

```
public class Token {
    private String term; //词

    public void setTerm(String t) { //设置一个对象自己专有的词
        term = t; //设置实例变量的值
    }
}
```

经常把一些内部数据设置成私有的实例变量。例如在存放整数的动态数组类中，保存数据的数组是私有的：

```
public class DynamicArrayOfInt { //存放整数的动态数组
    private int[] data;  //保存数据的数组
    public DynamicArrayOfInt() {  //构造器
        data = new int[1];  //按需增长的数组
    }
    public int get(int position) { //得到数组中指定位置的值
        return data[position];
    }
    public void put(int position, int value) {  //把值存储到数组中的指定位置
        //为了包含这个位置，如果需要，数据数组大小会增长
        if (position >= data.length) {
            //如果指定的位置超出了数据数组的实际大小，则把数组的大小翻倍
            //如果仍然不包含指定的位置，则新的大小设置成2*position
            int newSize = 2 * data.length;
            if (position >= newSize)
                newSize = 2 * position;
            int[] newData = new int[newSize];
            System.arraycopy(data, 0, newData, 0, data.length);
              //复制内容到新的数组

            data = newData; //用新数组代替原来的数组
        }
        data[position] = value;
    }
}
```

下面测试这个动态数组类：

```
DynamicArrayOfInt numbers;
numbers = new DynamicArrayOfInt();

numbers.put(0, 0); //放入一个整数
numbers.put(1, 1); //放入另外一个整数

System.out.println(numbers.get(0)); //得到元素
```

类中定义的变量也叫作属性。用 static 关键字修饰的类变量叫作静态变量。例如：

```
public class Token {
    static Token START_TOKEN; //静态变量
}
```

静态变量在内存中只有一个，Java 虚拟机在加载类的过程中为静态变量分配内存，静态变量位于方法区，被类的所有实例共享。静态变量可以直接通过类名进行访问，其生命周期取决于类的生命周期。所以静态变量又叫作类变量。例如，System 类中有个静态类变量 out，可以通过 System.out 访问这个静态类变量。

在方法中定义和使用的变量叫作局部变量。这种变量就好像一次性使用的餐具，用完一次就要回收了。

根据变量所处的位置，把变量分为静态变量、实例变量和局部变量。

在一个人的体细胞中，染色体的数量对于 Person 这个类别来说都是一样的。把这个值作为类变量记录：

```
public class Person {
    static int chromosomeNumber = 23; //静态变量
    private String name; //实例变量

    public void eat() {
        String food = "米饭"; //局部变量
    }
}
```

不仅仅是变量有静态变量和实例变量之分。方法也有静态方法和实例方法。打印计算结果的例子并没有创建对象。因为 main 是一个静态方法，不属于任何一个具体的对象。就好像世界文化遗产，不属于任何个人，而是全人类共享的。而 Person 类中的 eat()方法就是实例方法。可以像调用其他的静态方法一样调用 main 方法。

例如，ClassA 调用 ClassB 的 main 方法：

```
ClassB {
    public static void main(String[] args) {
        System.out.println("ClassB main() Called");
    }
}
ClassA {
    public static void main(String[] args) {
        System.out.println("ClassA main() Called");
        ClassB.main(args);
    }
}
```

3.1.5 构造方法

一个人的先天基因很重要。一个对象的初始状态也很重要。可以通过构造方法初始化对象中的属性。例如，构造一个 WordToken 类：

```
public class WordToken {
    public String term;  //词
    public int start;   //开始位置
    public int end;  //结束位置

    public WordToken(String t, int s, int e) { //构造方法
        term = t; //参数赋值给实例变量
        start = s;
        end = e;
    }
}
```

术语：Constructor(构造器)　又叫构造方法，是创建对象时自动调用的方法，用来完成类的初始化。

构造方法与类同名，无返回值，甚至不需要用 void 关键字特别声明它没有返回值。因为构造方法只能返回一个类所对应的对象，所以构造方法不定义返回值的类型。构造方法不显式地返回值，所以不能写 return object 这样的语句。

可以通过 this.term 访问 WordToken 的实例变量 term，所以构造方法也可以这样写：

```
public WordToken(String t, int s, int e) { //构造方法
    this.term = t; //用 this 关键字作为前缀修饰词来指明 term 是当前对象的实例变量
    this.start = s;
    this.end = e;
}
```

例如，创建一个 WordToken 类的实例，须传入三个参数，即词本身、词的开始位置和结束位置：

```
WordToken t = new WordToken("剧情", 0, 2); //出现在开始位置的“剧情”这个词
```

这里调用了构造方法 WordToken(String t, int s, int e)来创建 WordToken 类的实例。

在创建对象时调用构造方法。所有类都有构造方法，如果不定义构造方法，则系统默认生成空的构造方法，若有定义的构造方法，那么默认的构造方法就会失效了。

例如下面的代码：

```
public class FAQTokenizerFactory { //有个无参数的构造方法
    public void create(Reader input) {
        //;
    }
}
```

因为 FAQTokenizerFactory 类实际上有一个默认的无参数构造方法，所以可以通过 new FAQTokenizerFactory();语句创建一个实例。

有的类只是用来存放数据，没有特别的方法，例如 Token 类。把这样的类叫作 POJO

(Plain Old Java Object)类。还有些类是用来执行任务的，例如爬虫类或者搜索类。

但不能定义这样的构造方法：

```
public class RecursiveConstructor {
    private RecursiveConstructor rm;

    public RecursiveConstructor() { //构造方法
        rm = new RecursiveConstructor(); //递归调用
    }

    public static void main(String[] args) {
        RecursiveConstructor recursive = new RecursiveConstructor();
        System.out.println("不会到这里");
    }
}
```

因为在构造方法中递归调用了构造方法，所以会产生 java.lang.StackOverflowError 异常。

人们签署合同时，为了防止被篡改，双方会各持有一份副本。在构造方法中设置对象的状态时，也需要防御性地复制对象，以避免对象的内部状态不合适地改变了。

例如，如下的代码定义了一个 Student 类，它有一个私有的属性 birthDate，在对象构造的时候初始化：

```
public class Student {
    private Date birthDate; //生日

    public Student(birthDate) {
        this.birthDate = birthDate;
    }

    public Date getBirthDate() {
        return this.birthDate;
    }
}
```

现在，假如有其他的代码使用这个 Student 对象：

```
public static void main(String []arg) {
    Date birthDate = new Date();
    Student student = new Student(birthDate);

    birthDate.setYear(2019);

    System.out.println(student.getBirthDate()); //student 对象中的值被改变了
}
```

上面的代码中，以 birthDate 对象为参数创建了一个 Student 对象。但是，当我们改变 birthDate 对象的年份时，student 对象的生日也改变成了 2019。

为了避免这样的情景发生，就要使用防御性的复制机制。改变 Student 类的构造器代码如下：

```
public Student(birthDate) {
    this.birthDate = new Date(birthDate);
}
```

这样即可保证有 birthDate 的另外一个副本专门用在 Student 类中。

对象往往用来实现某种功能。为了调用方便，不要暴露对象内部实现的细节。这就好比在日常生活中，为了运输方便，人们会把物品包装起来。

封装在内部的属性或者方法用 private 关键字修饰，暴露在外的属性或者方法用 public 关键字修饰。例如，main 方法用 public 关键字修饰。文本中的一个词，包括其开始位置和结束位置，要把这些都定义成外部可以访问的：

```
public class Token { //对词的定义
   public String term;  //词
   public int start;   //开始位置
   public int end;   //结束位置
}
```

可以使用 UML 类图来形象地描述一个类。Java 类和对应的 UML 类图如图 3-2 所示。

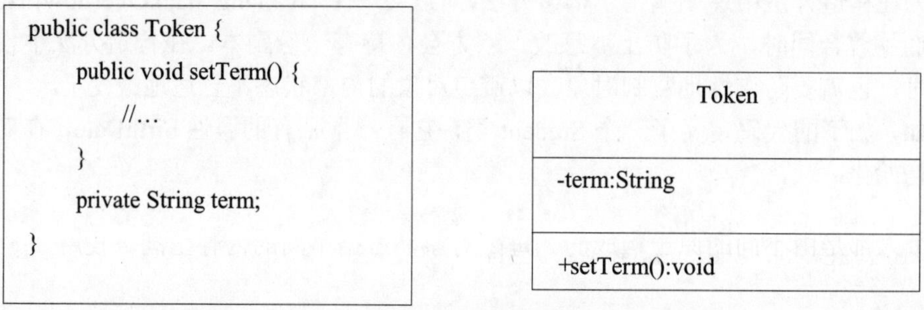

```
public class Token {
    public void setTerm() {
        //…
    }
    private String term;
}
```

Token
-term:String
+setTerm():void

图 3-2　UML 类图

初学者可以在 BlueJ(http://www.bluej.org/)开发环境中画 UML 类图。在 BlueJ 中画好类图后，BlueJ 会根据类图自动生成代码。

像 setTerm 这样设定私有变量值的方法曾经一度很流行。另外，还可以通过 getTerm 方法得到属性值。另举一个 Document 类的例子如下：

```
public class Document {
   private String title; //私有变量
   public String getTitle() { //得到私有变量的值
      return title;
   }
   public void setTitle(String name) { //设定私有变量的值
      this.title = name;
   }
}
```

Eclipse 可以自动生成一个类中指定属性的 get 和 set 方法。而且有些 Web 开发框架依赖于这样的编程约定。

3.1.6　对象

就好像世界上有各种各样的生物，Java 虚拟机的内存中也有各种各样的对象。每个生物都属于某一个物种。人是一个物种，每个人都是一个对象，只不过人这个类别已经复制了 1064 亿次。也就是说，有 1064 亿人曾经生活过。

创建一个对象，并给它起一个名字：

```
public class Document {
    public static void main(String args[]) {
        Document d = new Document(); //新建一个对象，名字叫作 d
        d.setTitle("真人真事");
    }
}
```

这里已经看到了如何生成对象。创建一个 Document 类的语句：

```
new Document(); //调用没有参数的构造方法来创建一个对象
```

默认地有一个不需要传递参数的构造方法，这里就调用了这个构造方法。使用 new 关键字生成对象的通用语法如下：

```
new 类名(); //调用没参数的构造方法创建一个对象
```

孩子生下来后，要给孩子起名字。往往把生成的对象赋值给一个变量，例如：

```
Document doc = new Document();
```

抽象而言，创建对象的一个常见写法格式是：

```
类名 变量名 = new 类名();
```

每个人都是由不同的原子构成的。每个对象都占据不同的内存空间。使用关键字 new 来为对象分配空间，也就是实例化对象。关键字 new 声明了对象的诞生。但是，不是所有的数据类型都是对象。一些基本的数据类型如 int、boolean 等都不是对象，不能够用 new 的方式实例化。

在面向对象编程中，“文档的标题”要写成 doc.title 的样子。

车牌号用来唯一标识一辆车。现在创建一个叫作 c 的车牌号：

```
Car c = null; // null 是啥意思？就是空
```

现在光有车牌没有车。变量 c 并没有存储值，而是用来引用一个对象。需要注意：一个对象变量并没有实际包含一个对象，而仅仅是一个对象的引用。这里的 c 只类似于一个车牌号，并不是车本身。我们生产一辆车，挂上这个牌号：

```
Car c = new Car(); //创建一个对象
```

一辆车可以挂两个牌照。所以可以这样写：

```
Car d = c; //d 和 c 都代表同一辆车，两个变量引用同一个对象
```

这样，就相当于一辆车上同时挂了 d 和 c 两个车牌号。可以用箭头表示 c 和 d 这样的对象变量，如图 3-3 所示。

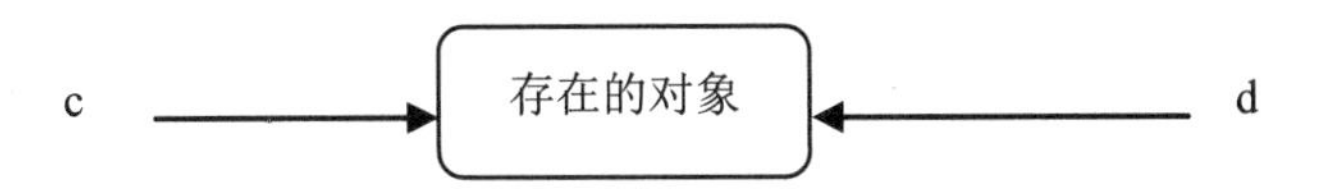

图 3-3　一个对象和引用这个对象的变量

可以用天平来测量两个物体是否重量相等。而看两个变量是否相等时，通常用“==”关系运算符。例如：

```
int i = 1;
int j = 2;
if (i == j) {
    System.out.println("两个变量的值相等");
}
```

下面用“==”来比较两个对象变量是否引用同一个对象：

```
public class Document {
    public static void main(String args[]) {
        Document p = new Document(); //新建一个对象
        Document p2 = p;
        System.out.println(p2 == p); //两个对象变量都指同一个对象，所以返回 true
    }
}
```

如果对应两个不同的对象呢？

```
Document p = new Document(); //新建一个对象
Document p2 = new Document();//现在是两个文档，多了一个文档
System.out.println(p2 == p); //返回 false
```

对于 int 或者 long 这样的基本数据变量，也可以使用“==”比较。而比较两个对象变量有两种意义。一种是判断是否指向同一个对象。还有一种是比较两个对象变量中是否放了等价的东西。例如两个同样批次的药品，在效用上是等价的。等于号“==”用于比较两个对象变量是否指向同一个对象。例如对于字符串对象：

```
String nameA = "jack";
String nameB = new String("jack");
if (nameA == nameB) {
    //判断无法成立，因为两个变量所指对象的内存地址不同！
    System.out.println("两个变量的值相等");
}
```

对于下面的代码：

```
String s = "abc";
String t = "abc";
```

编译器只创建一个“abc”，而 s 和 t 都表示同一个字符串常量。因此 s==t 的结果是 true。然而，如果写：

```
String u = "a" + "bc";
```

则 s==u 会是 false。

对象的 equals 方法用于比较两个对象变量内容是否相同。例如：

```
String nameA = "jack";
String nameB = new String("jack");
System.out.println(nameA.equals(nameB)); //判断成立，两个对象的内容都是"jack"
System.out.println(nameA==nameB); //不是同一个引用，所以返回 false
```

这里的 nameA 和 nameB 可以替换使用，但不是同一个东西。例如，两个同样型号的钻头，可以等价地用，但毕竟是两个，不是一个。

经常需要判断用户输入的密码与系统内部保存的是否相等。==可以用来比较两个基本数据类型，或者比较两个变量是否引用同一个对象。如果要比较对象的内容是否相等，就要用到对象的 equals()方法。

如果没有赋值就使用一个变量，这样的代码连编译都通不过。但是，一个对象型的变量可能赋成空值，这时候，调用变量的方法会产生空指针异常。例如：

```
String name = null;
if (name.equals("jack")) { //会产生空指针异常
   //...
}
```

就好像要刷卡的时候，却发现卡里没钱了。为了避免空指针异常，比较一个常量字符串和变量字符串是否相等时，最好调用常量字符串的 equals 方法：

```
String name = null;
if ("jack".equals(name)) {  //即使 name 是 null，也不用担心空指针异常
   //...
}
```

往往用实例方法 toString()返回一个描述对象内部状态的字符串：

```
public class Token {
   public String term; //词
   public int start; //开始位置
   public int end; //结束位置

   public Token(String t, int s, int e) { //构造方法
      term = t;
      start = s;
      end = e;
   }

   public String toString() { //用于显示对象的内容
      return this.term + ":" + this.start + ":" + this.end;
   }
}
```

使用 toString()方法：

```
Token t = new Token("汽车", 1, 2);
System.out.println(t);
```

System.out.println 只能输出字符串，所以，所有需要输出的对象都会被转化成字符串。当一个对象实例被转化成字符串时，Java 就会自动调用 toString()方法返回一个字符串。要学会用 toString 方法输出对象内部状态，方便调试程序。

BlueJ 可以以图形化的方式显示对象在内存中存在的状态。

3.1.7　实例方法

有的类只是用来存放数据，没有特别的方法，例如上面的 WordToken 类。把这样的类

叫作 POJO(Plain Old Java Object)类。还有些是用来执行任务，例如爬虫类或者搜索类。

例如，创建一个分隔字符串的类 StringTokenizer。StringTokenizer 类中有个实例方法，返回下一个词，这个方法叫作 nextToken。例如对于字符串“Mary had a little lamb”，采用空格分隔时，第一次调用 nextToken()方法，返回单词“Mary”。第二次调用 nextToken()方法，返回单词“had”。使用 StringTokenizer 从英文句子中切分出单词的例子如下：

```
String words = "Mary had a little lamb";  //待分割的字符串
//按空格分割输入的字符串
StringTokenizer st =
  new StringTokenizer(words, ' '); //创建一个叫作 st 的对象

//每次返回一个分割出来的词
String word = st.nextToken();  //取得下一个词，调用对象 st 的 nextToken()方法
System.out.println(word); //输出词 Mary
word = st.nextToken();  //取得下一个词，再次调用对象 st 的 nextToken()方法
System.out.println(word); //输出词 had
```

StringTokenizer 类的实现如下：

```
public class StringTokenizer { //按指定字符分隔字符串的类
    private int currentPosition;  //当前位置
    private string str;  //字符串
    private char delimiters; //分隔字符
    public StringTokenizer(string str, char delimiters) {  //构造方法
        currentPosition = 0; //当前位置设成零
        this.str = str; //要分隔的字符串
        delim = delimiters; //指定分隔字符
    }
    public string nextToken() {
        //返回一个字符串
    }
}
```

每次调用 nextToken 方法，实例变量 currentPosition 的值都会增加。nextToken 用到了实例变量 currentPosition，所以叫作实例方法。nextToken()方法的具体实现如下：

```
public string nextToken() {
    //找到词的开始位置
    while (currentPosition < str.length()
      && str.charAt(currentPosition) == delim) {
        currentPosition++; //跳过所有的分隔字符
    }
    //找到词的结束位置
    int newPosition = currentPosition;
    while (newPosition < str.length()
      && str.charAt(newPosition) != delim) {
        newPosition++; //前进到分隔字符或字符串的结束位置
    }
    int start = currentPosition; //词的开始位置
    currentPosition = newPosition; //词的结束位置
    return str.substring(start, currentPosition); //返回一个字符串
}
```

下面使用 StringTokenizer 逐个输出字符串中以空格分开的量词：

```
String words = "个 条 片 篇 曲 堵 只 把 根 道 朵 支 间 句 门 台 株 出 头 辆 架 座 棵
首 匹 幅 本 面 块 部 扇 件 处 粒 期 项 所 份 家 床 盏 位 身 杆 艘 副 顶 卷 具 轮 枝 枚
桩 点 尊 场 吨 列 爿 届 剂 栋 幢 种 员 口 则 页 滴 户 垛 毫 体 尾 公 队 起 针 着 套 幕
级 册 团 堂 对 丸 领 行 元 张 颗 封 节 盘 名 眼 宗 管 次 阵 顿";

StringTokenizer st = new StringTokenizer(words, ' ');
while (st.hasMoreTokens()) { //判断是否还有更多的词
    String word = st.nextToken();  //取得下一个词
    System.out.println(word); //输出这个词
}
```

3.1.8　调用方法

调用方法的时候要往方法栈中压入基本元素类型和对象的引用。方法调用结束后，方法栈出栈。

方法体里面的很多计算都是在栈顶实现的。出栈的时候，方法中的局部变量和对象的引用都随着被调用方法所属的帧栈一起消失了，只是把方法的返回值赋值给调用方法的帧栈中的一个变量。

典型的调用顺序如下。

(1) 从左到右计算参数。如果参数是一个简单的变量或者是字面值，则不需要计算。当使用一个表达式作为参数时，则在调用方法前，必须计算表达式。

(2) 在调用栈压入一个新栈帧。当调用一个方法时，需要内存来存储如下信息：参数和局域变量，这部分信息存储在栈帧中；当调用方法返回的时候，从哪里开始继续执行。

(3) 初始化参数。当计算出参数的值以后，分配给被调用方法的局域参数。

(4) 执行这个方法。在这个方法的栈帧初始化后，从第一条语句开始正常继续执行。执行中可以调用其他方法。如果调用其他方法，将往调用栈上压入和弹出自己的栈帧。

(5) 从这个方法返回。当遇到一个 return 语句，或到达一个 void 方法的结束位置时，该方法返回。对于非 void 的方法，把返回值传递给调用方法。调用方法的栈帧存储弹出调用栈。从堆栈中弹出的东西速度很快，只是指针移动到以前的栈帧。在紧接着调用的方法产生调用后的地方继续执行。

3.1.9　内部类

存在一些嵌入式包含的事物。例如，据说线粒体原先是独立生活的细菌。真核细胞中包含线粒体。另外，非洲国家马里有一种叫作“沙烤全驼”的菜肴。这种菜的制作，要经过一段复杂的过程。他们先将宰杀的全驼割去双峰，去除内脏并洗净，再将事先烤好的一只全羊放入驼腹、而净羊腹内再装一只烤好的全鸡，净鸡膛内再装一只煮熟的鸡蛋，然后封驼腹，不放任何调料，把全驼放入用干柴烧灼了的烤坑内，在驼身上埋一层薄沙，上面架好干柴烘烤，约两小时左右即可启食。

一个类可以包含另外一个类。例如一个树类，可以包含一个节点类。可以把节点定义成内部类。如下所示：

```
public class Tree {
    public final class TreeNode {  //内部类
        //...
    }
    //...
}
```

在内部类中能访问外围类的所有实例变量。

创建内部类的实例有特殊的说法。例如，对于 TreeNode 类，不能直接通过这样的方式创建：

```
new Tree.TreeNode();
```

而只能通过下面这样的方式创建一个 TreeNode：

```
(new Tree()).new TreeNode();
```

可以把内部类声明成静态的，就可以直接创建静态的内部类了。例如：

```
public class UnicodeBOMInputStream {
    public static final class BOM {
    }
}
```

直接创建 BOM 的实例：

```
new UnicodeBOMInputStream.BOM();
```

通过调用父类的 this 属性，子类可以得到父类对象的引用。例如 BooleanQuery 中的子类 BooleanWeight，在 getQuery()方法中，通过 BooleanQuery.this 得到父类对象的引用：

```
public class BooleanQuery {
    protected class BooleanWeight {
        public Query getQuery() { return BooleanQuery.this; }
    }
}
```

3.1.10 克隆

在书上做记号以后，就破坏了书的内容，因此，最好是留一个原来的副本。当把对象赋值给一个变量时，原始变量与新变量引用同一个对象。这就是说，改变一个变量所引用的对象将对另一个变量产生影响。

如果创建一个对象的新拷贝，它的最初状态与原对象一样，但以后将可以各自改变各自的状态，这叫作深拷贝。就需要使用 clone 方法。

对象可以声明实现 Cloneable 接口来说明它支持深拷贝。在这里，Cloneable 接口的出现与接口的正常使用没有任何关系。尤其是，它并没有指定 clone 方法，这个方法是从 Object 类继承而来的。

接口在这里只是作为一个标记，表明类设计者知道要进行克隆处理。如果一个对象需要克隆，而却没有实现 Cloneable 接口，就会产生一个 java.lang.CloneNotSupportedException 异常。

在复制时，并不会调用被复制的对象的构造器。复制对象就是原来对象的拷贝。

如果一个操作 IO 流的对象被复制了，这两个对象都能对同一 IO 流进行操作。进一步说，如果它们两个中的一个关闭了 IO 流，而另一个对象可能试图对 IO 流进行写操作，这就会引起错误。因此，除非有很好的理由，否则不要实现 Cloneable。

因为复制可以引起许多问题，所以 clone()在 Object 类中被声明为 protected。所以子类往往重写这个方法，并且声明 clone()成 public 的。

例如，词典中的词条类 Lexical 实现如下：

```
public final class Lexical implements Cloneable {
    public String mean;
    public int offset;

    @Override
    public Object clone() {
        try {
            //调用 Object 中的 clone 方法
            return super.clone();
        } catch (CloneNotSupportedException e) {
            System.out.println("Cloning not allowed.");
            return this;
        }
    }
}
```

如果Lexical.mean属性原来的值是“a feather in * cap”，在实际使用时改成“a feather in her cap”。测试深拷贝 Lexical：

```
Lexical x1 = new Lexical();
x1.mean = "a feather in * cap";

Lexical x2 = (Lexical)x1.clone(); // 直接调用 clone()方法
x2.mean = "a feather in her cap";
System.out.println("x1: " + x1.mean); //输出 x1: a feather in * cap
System.out.println("x2: " + x2.mean); //输出 x2: a feather in her cap
```

3.1.11　结束

生命结束后会被火化。对象结束后则调用 finalize()方法。只有当垃圾回收器释放该对象的内存时，才会执行 finalize()。

只有在垃圾回收器认为你的应用程序需要额外的内存时，它才会释放不会再用到的对象的内存。

情况经常是这样的：一个应用程序给少量的对象分配内存，因为不需要很多内存，于是垃圾回收器没有释放这些对象的内存就退出了。

如果你为某个对象定义了 finalize()方法，Java 虚拟机可能不会调用它，因为垃圾回收器不曾释放过那些对象的内存。调用 System.gc()也不会起作用，因为它仅仅是给 Java 虚拟机一个建议而不是命令。调用 System.runFinalizersOnExit()方法可以强制垃圾回收器清除所有独立对象的内存。

3.2 继 承

事物不仅有类别，而且还有分类层次。全文检索的索引可以以文件的形式存在，也可以位于内存中。我们设计一个抽象类：Directory。它有两个实体类：文件存储方式的FSDirectory和内存方式的RAMDirectory。首先定义父类：

```
//抽象路径
public abstract class Directory {
   public abstract IndexInput openInput(String name);
}
```

子类继承父类使用extends关键词：

```
//文件存储方式
public class FSDirectory extends Directory {
   @Override
   public IndexInput openInput(String name) {
      //打开文件
   }
}

//内存存储方式
public class RAMDirectory extends Directory {
   @Override
   public IndexInput openInput(String name) {
      //开辟内存区域
   }
}
```

抽象类用abstract关键字修饰。抽象类不能被实例化，即不允许创建抽象类本身的实例。没有用abstract修饰的类称为具体类，具体类可以被实例化。

世界上存在所有的生物都有的一些共同特征，例如新陈代谢。

程序中，toString 方法返回一个描述对象内部状态的字符串。所有的对象都有 toString方法，这些共同的方法在Object类中定义，Object是所有对象的共同祖先。System.out.println方法会自动调用对象的toString()方法：

```
Person jackson = new Person("jackson");
System.out.println(jackson);
```

因为Object是所有对象的共同祖先，所以很多时候一个类直接继承Object类，因此在写法上可以省略对Object类的继承。

也就是说，class Person {...}和class Person extends Object {...}的意思是同样的。

3.2.1 重写

术语：override(重写)　子类重新实现基类中的方法，叫作重写这个方法。

System.Object默认提供的toString()方法会返回类型的名称。这样的信息一般没有什么

用处，所以需要重写 Object 的 toString()方法。也就是覆盖这个方法的实现。例如：

```
public class Token {
   public String term; //词
   public int start; //开始位置
   public int end; //结束位置

   public Token(String t, int s, int e) { //构造方法
      this.term = t;
      start = s;
      end = e;
   }

   @Override
   public String toString() { //用于显示对象的内容
      return this.term + ":" + this.start + ":" + this.end;
   }
}
```

这里的 toString 方法使用@Override 标记，表示这个方法重写父类中的方法。

Object 有默认的 equals 方法，但是默认的 equals 实现效果和==是一样的：

```
public boolean equals(Object obj) {
   return (this == obj);
}
```

所以往往需要重写 equals 方法。equals(Object o)方法返回一个布尔类型的值。例如，一句话中的每个词都有一个唯一的编号。只有编号不同的词才认为是不同的。代码如下：

```
public class TermNode {
   public String term; //词本身
   public int id; //在句子中唯一的编号

   @Override
   public boolean equals(Object o) {
      if(!(o instanceof TermNode)) //判断传入对象的类型
         return false;
      TermNode that = (TermNode)o;

      return (this.id == that.id);
   }
}
```

在重写对象的 equals 方法时，要注意满足离散数学上的特性。

- 自反性：对任意引用值 x，x.equals(x)的返回值一定为 true。
- 对称性：对于任何引用值 x、y，当且仅当 y.equals(x)返回值为 true 时，x.equals(y)的返回值才一定为 true。
- 传递性：如果 x.equals(y)=true，y.equals(z)=true，则 x.equals(z)=true。
- 一致性：如果参与比较的对象无任何改变，则对象比较结果也不应该有任何改变。
- 非空性：对于任何非空的引用值 x，x.equals(null)的返回值一定为 false。

两个等价的对象往往必须是同一个类的实例。instanceof 关键词用来判断一个对象是否是某一个类的实例。例如：

```
Person p = new Person(); //新建一个对象
System.out.println(p instanceof Person); //输出 true
```

不可以被子类覆盖的方法用 final 来修饰。例如 getClass 方法：

```
public final Class<?> getClass()
```

可以覆盖的方法则不用 final 修饰。例如 toString 方法：

```
public String toString()
```

父类的构造方法和子类的构造方法之间不存在覆盖关系，因此用 final 修饰构造方法是无意义的。

继承关系的弱点是打破了封装，子类能够访问父类的实现细节，而且能以方法覆盖的方式修改实现细节。不能被继承、没有子类的类也用 final 修饰。例如，java.lang.String 类是一个很通用的公共类，所以把 String 类定义为 final 类型，使得这个类不能被继承：

```
public final class String ...
```

另外，java.lang.System 也是 final 类型的类。

3.2.2 继承构造方法

为了防止儿童出于好奇将金属物插入通电的插座产生触电危险，产生了专门的儿童插座。同理，像用于数学计算的 Math 类，它只包含一些静态化方法，没有封装任何实例变量；为了防止初级程序员实例化 Math 类的对象，而只能访问该类的一些静态化方法，可以把构造方法定义成私有的：

```
final class Math {
   private Math() {}
}
```

虽然可以在构造方法中初始化静态变量，但每次创建对象的时候都需要执行一遍这些代码，这样效率就低。一般可在静态块中初始化静态变量。

很多人买房子先找父母啃老。同理，子类中的构造方法可以通过 super()调用父类中的构造方法。首先有父亲，才能有孩子。子类的构造函数如果要调用 super()的话，必须一开始就调用。

例如：

```
public class IntQueue extends
  AbstractPriorityQueue<Integer> { //存放整数的堆
   public IntQueue(int count) {
      super();
      initialize(count); //堆的容量
   }
}
```

经常一个参数少的构造方法会调用一个参数更多的构造方法，给缺少的参数赋默认值。使用 this()调用同一个类中的其他构造方法。如下面的这个动态数组的例子，如果不指定初始容量，则创建一个容量是 10 的数组：

```
public class ArrayList<E> extends AbstractList<E> {
    private transient Object[] elementData;
    public ArrayList(int initialCapacity) {
        super();
        this.elementData = new Object[initialCapacity];
    }

    /**
     * 构建一个空数组，初始容量是 10
     */
    public ArrayList() {
        this(10); //调用另外一个参数更多的构造方法
    }
}
```

所以有两种构造对象的方法：

```
ArrayList<String> words = new ArrayList<String>(10);
//与上面的一样，数组的初始容量都是 10
ArrayList<String> words = new ArrayList<String>();
```

3.2.3 接口

加入一个国家，取得一个国家的国籍后，可以享受这个国家给公民提供的福利待遇。所以往往只能拿到一个国家的国籍，但是，可以拿好几个国家的签证。

继承一个类以后，可以访问这个类中包含的保护性的数据。为了避免混乱，规定只能继承一个类。但可以实现多个接口。国家标准规定了灯泡的使用寿命，但却没有规定采用何种方法防止灯泡老化。接口只是一种关于方法的约定，所以接口中只是定义了一些方法，并不包括方法的实现。接口是轻量级的，类似暂住证，不能当户口本用。接口中所有的方法隐含都是 public 的。例如队列的特征包括往队列中增加元素和从队列中取出元素：

```
public interface Queue {
    boolean add(int e); //增加元素
    int poll(); //取出元素
}
```

实现一个接口的语法是：

```
... implements 接口名[, 另外一个接口, 再一个, ...] ...
```

LinkedList 的行为也符合 Queue 接口的特征：

```
public class LinkedList implements Queue {
    @Override
    public boolean add(int e) {
        //增加元素的代码
    }

    @Override
    public int poll() {
        //取出元素的代码
    }
}
```

接口中可以定义属性，不过属性中的值不能改变，是 final 和 static 的，例如：

```
public interface Constants {
   public static final double PI = 3.14159;
   public static final double PLANCK_CONSTANT = 6.62606896e-34;
}
```

虽然可以不用 final 和 static 关键词修饰变量，但是，接口里定义的成员变量都自动是 final 和 static 的。要变化的东西，就放在类的实现中，不能放在接口中，因为接口只是对一类事物的属性和行为更高层次的抽象。对修改关闭，对扩展开放，接口是对开闭原则的一种体现。

接口没有实现方法，但却可以得到接口类的对象。

一个类可以实现多个接口，例如，字符串类实现了序列化、比较大小和字符序列这三个接口：

```
public final class String
  implements java.io.Serializable, Comparable<String>, CharSequence {
   //...
}
```

其中，序列化接口 java.io.Serializable 只是一个标记接口，本身没有任何方法定义。

一个接口可以继承另外一个接口：

```
public interface Attribute {
}

public interface OffsetAttribute extends Attribute {  //继承Attribute接口

   public int startOffset();
   public void setOffset(int startOffset, int endOffset);
   public int endOffset();
}

public class OffsetAttributeImpl implements OffsetAttribute {
   private int startOffset;
   private int endOffset;

   public OffsetAttributeImpl() {}

   @Override
   public int startOffset() {
      return startOffset;
   }

   @Override
   public void setOffset(int startOffset, int endOffset) {
      this.startOffset = startOffset;
      this.endOffset = endOffset;
   }

   @Override
   public int endOffset() {
      return endOffset;
```

```
    }
}

class test {
    public static void main(String[]a) {
        OffsetAttribute o = new OffsetAttributeImpl(); //接口可用作类型的声明
        o.setOffset(1, 2); //OK
    }
}
```

枚举类型也可以继承接口：

```
public interface Operator {
    int apply(int a, int b);
}

public enum SimpleOperators implements Operator {
    PLUS { int apply(int a, int b) { return a + b; } },
    MINUS { int apply(int a, int b) { return a - b; } };
}
```

接口支持类型转换。

用自顶向下的方式解决问题。抽象不应该依赖于细节，细节应当依赖于抽象。例如一个词有很多种属性、词性和它在文本中出现的位置，还有拼音等。把这些都叫作词的属性，可以定义成一个接口：

```
public interface Attribute {
}
```

继承这个接口的子类如下：

```
public interface OffsetAttribute extends Attribute {
    public int startOffset();
    public void setOffset(int startOffset, int endOffset);
    public int endOffset();
}
```

创建属性的工厂类：

```
public static abstract class AttributeFactory {
  /**
   * returns an {@link AttributeImpl} for the supplied {@link Attribute}
   * interface class.
   */
   public abstract AttributeImpl
     createAttributeInstance(Class<? extends Attribute> attClass);
}
```

接口的多种不同的实现方式即为多态。例如一个杯子，可以用陶瓷做，也可以用不锈钢做，只要能盛饮用水就行。中文分词可以使用最大长度匹配的分词法或者概率分词法。可以把语音或者文本的相似度计算定义成一个接口。

术语：Polymorphism(多态)　多态是对象多种表现形式的体现。

如果用 final 修饰一个类，就表示这个类是不可以被继承的。例如，String 类是 final 类

型的，因此不可以继承这个类。

基本类型和数组、对象等复合类型之间不能通过强制类型转换实现互相转换。

3.2.4 匿名类

有的子类只需要在某一个地方使用。可以使用匿名类。例如，有一个叫作 Runnable 的接口：

```
public interface Runnable {
    public void run();
}
```

Test 类继承 Runnable 接口：

```
public class Test implements Runnable {
    @Override
    public void run() {
        System.out.println("下载网页");
    }
}
```

用匿名类来代替 Test 类：

```
Runnable downLoader = new Runnable() {
    @Override
    public void run() {
        System.out.println("下载网页");
    }
};

Thread thread = new Thread(downLoader);
thread.start();
```

3.2.5 类的兼容性

AA.class.isAssignableFrom(BB.class)的作用是判定 AA 表示的类或接口是否与参数 BB 指定的类表示的类或接口相同，或 AA 是否是 BB 的父类。例如：

```
System.out.println(String.class.isAssignableFrom(Object.class)); //false
System.out.println(Object.class.isAssignableFrom(Object.class)); //true
System.out.println(Object.class.isAssignableFrom(String.class)); //true
String ss = "";
System.out.println(ss instanceof Object);   //true
Object o = new Object();
System.out.println(o instanceof Object);    //true
```

3.3 封　　装

插线板有外壳，不暴露里面的电线，这样是为了防止触电。对象中的有些属性外部不可见，例如 String 对象中保存值的 value 属性。这样的属性用 private 关键词修饰：

```
public class String {
    private final char value[]; //外部不可见
}
```

public 表示该属性公开，private 表示该属性只有在本类内部才可以访问。

属性和方法有 4 种访问级别，分别是 public、protected、default、private。访问控制修饰符的含义如表 3-1 所示。

表 3-1　访问控制修饰符的含义

修 饰 符	类	包	子　类	任何地方
public	Y	Y	Y	Y
protected	Y	Y	Y	N
no modifier	Y	Y	N	N
private	Y	N	N	N

这里的 no modifier 就是没有修饰符的缺省(default)级别，也叫作包级别。

一般的类是任何地方都可以访问的，这样的类用 public 关键词修饰，例如 String 类。有些类只是包内部可以访问的辅助类，这样的类不用任何修饰符。因此，类有两种访问级别，即 public 或 default。例如：

```
package org.apache.lucene.index;

final class ByteBlockPool {
}
```

ByteBlockPool 这个类只在 org.apache.lucene.index 这个包中可以访问到，其他包中的类无法访问这个类。

3.4　重　　载

术语：Overload(重载)　同一个类中有多个相同的方法名，通过不同的调用参数来区分它们。

有些方法处理的方式相同，只是输入参数不一样，可以把这些方法用相同的名称命名。这叫作方法重载(overloading method)。例如分词类可以切分一个字符串，或者一个文件。

功能复杂的方法往往会调用功能简单的方法。例如，切分文件的方法会调用切分字符串的方法：

```
public class Segmenter {  //分词类
    public void split(String sentence) {}  //切分字符串
    public void split(File file){   //切分文件
        //内部调用 split(String)
    }
}
```

因为调用方法的时候不要求一定处理返回值，所以如果仅是返回类型不同，就不足以区分两个重载的方法。

重载可以减少记忆所有这些功能所需要的神经元总数，也就是相关概念细胞的个数。

3.5 静　态

static 关键字可以修饰变量、方法或者类。

3.5.1 静态变量

static 关键字修饰变量的例子：

```
public class TestStaticVarible {
    static int x = 0;
    int y = 1;

    public static void main(String[] args) {
        TestStaticVarible t1 = new TestStaticVarible();
        TestStaticVarible t2 = new TestStaticVarible();

        t2.y = 2;
        TestStaticVarible.x = 3;

        System.out.println(t1.x); // 3
        System.out.println(t1.y); // 1
        System.out.println(t2.x); // 3
        System.out.println(t2.y); // 2
    }
}
```

t1.y 和 t2.y 不一样，t1.x 和 t2.x 却相同。

一般通过类名访问静态变量，就像 TestStaticVarible.x。

static 关键字可以修饰方法：

```
public class TestStaticMethod {
    static void m1() {}

    void m2() {}

    public static void main(String[] args) {
        TestStaticMethod.m1();
        //TestStaticMethod.m2(); //错误写法
        (new TestStaticMethod()).m2();
    }
}
```

3.5.2 静态类

static 关键字可以修饰内部类：

```
public class TestStaticClass {
    static class A {}  //静态类
    class B {} //非静态类
```

```
    public static void main(String[] args) {
        new TestStaticClass.A(); //创建静态类
        TestStaticClass t = new TestStaticClass();
        B b = t.new B();
    }
}
```

在 Java 中，使用内部类来封装一个类。这里的 A 和 B 都是内部类，A 是静态类，而 B 是非静态类。对于非静态的内部类，创建它的实例需要依赖于它的外部类的实例。

3.5.3　修饰类的关键词

可以使用 public、private、static 或者 final 来修饰一个类。如果一个类用 final 修饰，就表示这个类不能被继承。例如，下面的 TSTNode 不能有子类：

```
public class SuffixTrie {
    public final class TSTNode {
    }
}
```

如果一个内部类用 private 关键词修饰，就表示这个类最多只能被它所在的外部类用到。如果一个内部类用 static 关键词修饰，就表示可以直接在外部创建它的实例，而不用先创建它的外部类实例然后再使用这个外部类实例创建这个内部类的实例。

3.6　枚举类型

词有名词或动词等类别。若一个对象的取值范围是固定的一些值，往往使用枚举类型。用逗号隔开枚举类型的值。可以把词的类型或句子的类型定义成枚举类型。例如，定义词的类型：

```
public enum PartOfSpeech { //词的类别
    a,   //形容词
    n,   //名词
    v    //动词
}
```

在 Java 1.5 以前没有枚举类型时，不得不采用下面的代替方法：

```
public class PartOfSpeech {
    public static final byte a = 1; //使用 final 来定义常量
    public static final byte n = 2;
    public static final byte v = 3;
}
```

词之间的关系类型有主语/宾语/修饰词/定语等，也定义成枚举类型的：

```
public enum GrammaticalRelation {
    SUBJECT,
    OBJECT,
    MODIFIER,
    DETERMINER,
}
```

在 POSSeq 类中包含一个词性的属性：

```
public final class POSSeq {
    public byte pos; //词性
    public int offset; //偏移量
    public GrammaticalRelation relation; //枚举类型的关系

    public POSSeq(byte p, int o, GrammaticalRelation r) {
        pos = p;
        offset = o;
        relation = r;
    }
}
```

创建一个 POSSeq 类的实例：

```
new POSSeq(PartOfSpeech.n, 1, GrammaticalRelation.SUBJECT);
```

这里 PartOfSpeech.n 是字节类型，而 GrammaticalRelation.SUBJECT 则是枚举类型值。

往往用字符串存储枚举类型值，用 enum.valueOf 方法从字符串得到枚举类型：

```
PartOfSpeech pos = PartOfSpeech.valueOf("n"); //得到名词枚举类型
```

所有枚举类型隐式继承 java.lang.Enum。由于 Java 不支持多重继承，所以一个枚举类型不能继承别的类。不过 java.lang.Enum 是 java.lang.Object 的子类。因为 Java 中所有的类都继承了 java.lang.Object 类。使用 instanceof 关键词测试如下：

```
PartOfSpeech pos = PartOfSpeech.valueOf("n");
System.out.println(pos instanceof java.lang.Enum); //输出 true
System.out.println(pos instanceof java.lang.Object); //输出 true
```

每个枚举类型的值只是封装了一个整数类型。但是，使用枚举比使用无格式的整数来描述这些类型更有好处，比如说，枚举可以使代码更易于维护，有助于确保给变量指定合法的、期望的值。例如：

```
public class CnToken {
    public String termText; //词
    public PartOfSpeech type;  //词性
}
```

这里，使用 PartOfSpeech 这个枚举类型来定义词性比使用整数更容易确保给变量的值是合法的。

枚举使代码更清晰，允许用描述性的名称表示整数值，而不是用含义模糊的数来表示：

```
PartOfSpeech pos = PartOfSpeech.valueOf("n");
System.out.println(pos); //输出 n
```

枚举使代码更易于键入。在给枚举类型的实例赋值时，集成开发环境 Eclipse 会通过智能感知功能弹出一个包含可接受值的列表框，减少了按键次数，并能够让我们回忆起可能的值。

但是，一个枚举类型的实例相当于一个对象，每个对象的引用使用 4 个字节。如果要创建一个很长的枚举类型的数组，则相对于字节表示更消耗内存。

看一下枚举类型如何与其他类型之间互相转换。从枚举类型的名字得到值的方法：

```
PartOfSpeech pos = PartOfSpeech.valueOf("n");  //从字符串转换得到枚举常量
```

从整数得到对应的枚举类型：

```
int type = 1;
PartOfSpeech pos = PartOfSpeech.class.getEnumConstants()[type]; //名词
```

使用 ordinal 方法得到枚举类型对应的整数。ordinal 的值从 0 开始：

```
PartOfSpeech pos = PartOfSpeech.valueOf("n");
System.out.println(pos.ordinal());   //因为是第二个值，所以输出 1
```

如果想知道一个枚举类型有多少个可能的取值，可以使用枚举类型的 values().length 方法。例如：

```
int x = PartOfSpeech.values().length; //输出 3
```

枚举类型可以有构造方法，但是构造方法只能是私有的：

```
public enum QuestionType {
    PERSON("谁"), //询问人
    LOCATION("地点"), //询问地点
    SET("哪些"), //询问集合
    MONEY("多少钱"),
    PERCENT("比例"),
    DATE("时间"),
    NUMBER("多少"),
    DURATION("时长"),  //包裹在海关停留的时间一般是多少天
    YESNO("是否"),  //包裹是否放行了
    REASON("原因"); //询问原因

    QuestionType(String name) {
        this.name = name;
    }

    public String name;
}
```

枚举常量的 ordinal 值可以自定义：

```
public enum GameValue {
    stone(1), //石头
    scissors(2), //剪刀
    cloth(3); //布

    private final int index;

    private GameValue(int index) {
        this.index = index;
    }

    public int getIndex() {
        return index;
    }
```

```
    //根据整数取得对应的枚举类型
    public static GameValue valueOf(int v) {
        return lookup.get(v);
    }

    //整数对应的枚举类型散列表
    private static final Map<Integer, GameValue> lookup =
            new HashMap<Integer, GameValue>();

    static {
        //EnumSet 是枚举类型的集合实现
        for (GameValue game : EnumSet.allOf(GameValue.class)) {
            lookup.put(game.getIndex(), game); //放入散列表
        }
    }
}
```

EnumMap 是专门为枚举类型量身定做的映射实现。EnumSet 是枚举类型的高性能集合实现。看下面的例子：

```
public final class EnumSetSample {

    private enum Weekday {
        MONDAY, TUESDAY, WEDNESDAY, THURSDAY, FRIDAY, SATURDAY, SUNDAY;
        public static final EnumSet<Weekday> WORKDAYS =
                EnumSet.range(MONDAY, FRIDAY);

        public final boolean isWorkday() {
            return WORKDAYS.contains(this);
        }

        public static final EnumSet<Weekday> THE_WHOLE_WEEK =
                EnumSet.allOf(Weekday.class);
    }

    public static final void main(final String... argumgents) {
        System.out.println("工作计划:");

        for (final Weekday weekday : Weekday.THE_WHOLE_WEEK)
            System.out.println(String.format(
              "%d. 在 %s " + (weekday.isWorkday() ? "必须工作" : "可以休息") + ".",
              weekday.ordinal() + 1, weekday));

        System.out.println("需要整周工作吗?");

        System.out.println(Weekday.WORKDAYS.containsAll(
          Weekday.THE_WHOLE_WEEK)? "是的" : "当然不需要");

        final EnumSet<Weekday> weekend = Weekday.THE_WHOLE_WEEK.clone();
        weekend.removeAll(Weekday.WORKDAYS);

        System.out.println(String.format("周末有 %d 天长", weekend.size()));
    }
}
```

输出结果是：

```
工作计划：
1. 在 MONDAY 必须工作.
2. 在 TUESDAY 必须工作.
3. 在 WEDNESDAY 必须工作.
4. 在 THURSDAY 必须工作.
5. 在 FRIDAY 必须工作.
6. 在 SATURDAY 可以休息.
7. 在 SUNDAY 可以休息.
需要整周工作吗？
当然不需要
周末有 2 天长
```

3.7 集 合 类

输入句子返回词序列。事前不知道词序列的长度，所以用动态数组 ArrayList。

3.7.1 动态数组

除了可以根据下标找对象，还可以根据对象找下标。可调用 ArrayList.indexOf(o)方法找到对象 o 在动态数组中的位置：

```
ArrayList<String> result = new ArrayList<String>();
result.add("Java");

int pos = result.indexOf("Java"); //返回 0
```

ArrayList 中的很多方法没有检查传入参数的类型，indexOf 方法也没有要求传入参数的类型，这样容易导致错误。

如果用 ArrayList 的 toString 方法输入数组中元素的内容，需要重写其中元素的 toString 方法。例如：

```
class Mean {
   public String pos; //词性
   public String ch; //中文解释

   public Mean(String p, String c) {
      pos = p;
      ch = c;
   }

   public String toString() {
      return pos + ":" + ch;
   }
}
```

测试 ArrayList 的 toString 方法：

```
ArrayList<Mean> means = new ArrayList<Mean>();
String pos = "v";
```

```
String ch = "预定";
Mean m = new Mean(pos, ch);
means.add(m);
System.out.println("意义:" + means);
  //为了输出内容，Mean 类必须重写 toString 方法
```

把动态数组转换成普通数组：

```
ArrayList<String> values = new ArrayList<String>(); //中文词集合

values.add("书");
values.add("预定");

String[] codes = values.toArray(new String[values.size()]);
```

Arrays.asList(trees)方法得到的 List 无法删除其中的元素，也不能增加元素。为了能够得到动态的数组，可以这样做：

```
ArrayList<DepTree> depTrees = new ArrayList<DepTree>();
depTrees.addAll(Arrays.asList(trees));
```

3.7.2 散列表

英汉词典中，每个英文单词都有个对应的中文词。例如，英文单词 you 对应的中文词是“你”。英文单词和中文词的对照关系叫作键/值对。把键/值对存储在 HashMap 中，然后就可以通过英文单词找到中文单词了：

```
//创建一个存储键/值对的散列表
HashMap<String,String> ecMap = new HashMap<String,String>();
ecMap.put("I", "我"); //放入一个键/值对
ecMap.put("love", "爱");
ecMap.put("you", "你");
```

这类似于 PHP 中的数组：

```
$nobody = array(
   "I" => "我",
   "love" => "爱",
   "you" => "你",
);
```

通过英文找到中文，也就是通过 HashMap.get 方法取得键对应的值：

```
System.out.println(ecMap.get("you")); //输出：你
```

如果要找的键不在 HashMap 中，则 get 方法返回空：

```
System.out.println(ecMap.get("hello")); //输出：null
```

例如，使用 HashMap 统计动态数组中每个词出现了多少次：

```
ArrayList<String> words = new ArrayList<String>();
words.add("Java");

//记录单词和对应的频率
```

```
HashMap<String, Integer> wordCounter = new HashMap<String, Integer>();
for(String word : words) {
    Integer num = wordCounter.get(word);
    //看单词是否已经在 HashMap 中
    if (num == null) {
        //第一次看见这个词，设置词频为 1
        wordCounter.put(word, 1);
    } else {
        //取得这个单词的出现次数
        //增加后再放回 HashMap
        wordCounter.put(word, num + 1);
    }
}
```

在这里，一个英文单词只能有一个对应的中文单词。就如同一个人只能有一个身份证号码。在 HashMap 中，一个键只能存储一个对应的值。如果继续放入一个同样的键对应的新的值，则旧的值会被替换。

可以存储很多元素的类叫作集合类。HashMap 就是一种常用的集合类。如果把自定义对象作为键对象，需要重写 hashCode 和 equals 方法。例如：

```
public class POSPair {
    public PartOfSpeech leftPOS; //左边的词性
    public PartOfSpeech rightPOS; //右边的词性

    public POSPair(PartOfSpeech w1, PartOfSpeech w2) {
        leftPOS = w1;
        rightPOS = w2;
    }

    @Override
    public boolean equals(Object obj) {
        if (obj==null || !(obj instanceof POSPair)) {
            return false;
        }
        POSPair other = (POSPair)obj;

        return (leftPOS.equals(other.leftPOS)
                && leftPOS.equals(other.leftPOS));
    }

    @Override
    public int hashCode() {
        return leftPOS.ordinal() ^ rightPOS.ordinal();
    }
}
```

使用 POSPair 做为键：

```
HashMap<POSPair, Transit> ruleMap = new HashMap<POSPair, Transit>();
ruleMap.put(new POSPair(PartOfSpeech.det,PartOfSpeech.noun),
        new Transit("RA", GrammaticalRelation.DETERMINER));
```

HashSet 用来存储一个元素的集合。从名称可以看出，它是基于散列表的。但是只存储键，而不存储值。HashSet 中的 Set 是数学意义上的集合，而 Java 中的集合类则是一种更广

义的称呼。例如取得字符串中以空格分开的量词集合：

```
public static HashSet<String> getMeasureWords() {
    HashSet<String> wordSet = new HashSet<String>();
    String words = "个 条 片 篇 曲 堵 只 把 根 道 朵 支 间 句 门 台 株 出 头 辆 架 座
 棵 首 匹 幅 本 面 块 部 扇 件 处 粒 期 项 所 份 家 床 盏 位 身 杆 艘 副 顶 卷 具 轮 枝
 枚 桩 点 尊 场 吨 列 爿 届 剂 栋 幢 种 员 口 则 页 滴 户 垛 毫 体 尾 公 队 起 针 着 套
 幕 级 册 团 堂 对 丸 领 行 元 张 颗 封 节 盘 名 眼 宗 管 次 阵 顿";

    StringTokenizer st = new StringTokenizer(words, " ");
    while (st.hasMoreTokens()) {
        String word = st.nextToken();
        wordSet.add(word);
    }
    return wordSet;
}
```

遍历 HashSet 中的词：

```
HashSet<String> wordSet = getMeasureWords();

for (String w : wordSet) {
   System.out.println(w);
}
```

HashSet 其实使用 HashMap 来实现。为了判断某个键是否存在，它定义了一个叫作 PRESENT 的特殊对象：

```
static final Object PRESENT = new Object();
```

所有的键统一都对应 PRESENT 对象。

HashMap 是散列表的实现。它存储了一个元素的集合。文档是单词的集合。搜索结果集也是文档的集合。所以在搜索引擎开发中，集合类必不可少。集合类除了 HashMap，还有动态数组 ArrayList、队列 Queue 和堆栈 Stack 等。增加一个元素到集合类要调用 add 方法，增加键/值对要调用 put 方法。

存放在集合类里面的元素都必须是对象。但是，一些基本的数据类型如 int、boolean 等等都不是对象。为了存放这些基本的数据类型，需要把这些基本数据类型封装成类，比如 int 封装成 Integer 类，boolean 封装成 Boolean 类。定义这些对象就是为了能够把基本数据类型当作对象来使用。Integer 对象比较值是否相等也是调用 equals 方法。

把基本类型用它们相应的引用类型包装起来，使其具有对象的性质。例如，int 包装成 Integer、float 包装成 Float。这个包装步骤叫作装箱。可以对 Character 类型的变量直接赋 char 类型的值，不用加强制类型转换。装箱约定的例子如下：

```
Character c = 'a';       //char 类型可以自动装箱成 Character 类型
Integer a = 100;       //这也是自动装箱
```

编译器调用 Integer.valueOf(int i)方法实现自动装箱。

与装箱相反，将引用类型的对象简化成值类型的数据叫作拆箱。例如：

```
int b = new Integer(100); //这是自动拆箱
```

对于 Double 类型，可以调用 doubleValue 方法拆箱：

```
Double d = new Double(0);    //装箱
double x = d.doubleValue();   //拆箱
```

如果需要知道集合中有多少个元素，可以使用 Collection 中定义的 size 方法。所有集合类都实现了这个接口。动态数组 ArrayList 是最常见的一个集合类。可以通过 ArrayList.size()知道数组的长度。用 ArrayList.clear()方法可清空其中的元素，但是数组仍在，这样可以避免重复分配内存。集合类之间的关系如图 3-4 所示。

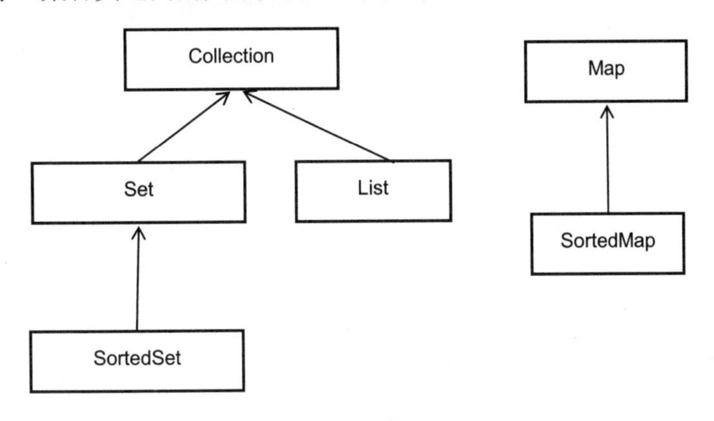

图 3-4　各种集合类

3.7.3　泛型

如果要制作一个雕像，可以用一个模子。只能往模子中倒入一种液体。例如只能倒入石蜡或者只能倒入水。指定的空间会被同样的物质填满。

在生活中，一般用同一个容器存放同一类东西。例如，光盘盒专门用来放光盘，糖果盒专门用来放糖果。程序中，可以使用泛型来检查集合中存储的数据类型。

例如，用 ArrayList<String>指定存放字符串：

```
ArrayList<String> words = new ArrayList<String>(); //存放字符串的动态数组

words.add("快乐");
words.add("高兴");
System.out.println(words.size()); //集合中有两个元素，所以输出 2
```

假设需要让存储的值是某一种确定的数据类型，但不要求只能是字符串或者整数类型；例如，在创建动态数组类时，并不知道元素的类型，但放入的必须是相同类型的元素。这时候，可以使用泛型来约定：

```
ArrayList<Integer> li = new ArrayList<Integer>(); //指定整数类型
li.add(100);  //这个数组中只能放整数
```

泛型实例化类型自动推断：

```
List<String> list = new ArrayList<>(); //<>真的很像菱形，所以又叫作菱形语法
```

可以在类名后面声明类型变量。在类中把这个类型变量当作一个类名使用。例如，节点中的值类型不固定，使用泛型声明如下：

```
public class TrieNode<T> {
    private char nodeKey;
    private T nodeValue;  //值的类型不固定
    private Boolean terminal;
    private HashMap<Character, TrieNode<T>> next =
               new HashMap<Character, TrieNode<T>>();
}
```

这里的<T>是一个类型符号。说明 T 是一个抽象的类型。nodeValue 的类型就是 T。使用 TrieNode 的例子如下：

```
TrieNode<String> stringTrie = new TrieNode<String>();
  //让 nodeValue 是 String 类型
```

这里指定泛型类型参数是 String。Java 语言中的泛型基本上完全在编译器中实现，由编译器执行类型检查和类型推断，然后生成普通的非泛型的字节码。TrieNode 类相当于：

```
public class TrieNode {
    private char nodeKey;
    private String nodeValue;  //值的类型是字符串
    private Boolean terminal;
    private HashMap<Character, TrieNode> next =
               new HashMap<Character, TrieNode>();
}
```

一个泛型类中可以有多个泛型变量。例如散列表中键和值的类型都不固定，类似于有两个自由度的系统。而只有一个泛型变量的 ArrayList 则类似于只有一个自由度的系统。使用散列表 HashMap 的代码如下：

```
Map<String,String> mplist = new HashMap<String,String>();
  //键和值的类型都是字符串
mplist.put("北京", "首都");
```

有时候只需要在方法中约定类型的一致性。可以在方法前面声明类型变量。例如下面的方法交换动态数组中的两个元素：

```
public static <E> void swap(ArrayList<E> a, int i, int j) {
    E tmp = a.get(i);
    a.set(i, a.get(j));
    a.set(j, tmp);
}
```

swap 这样的方法叫作泛型方法。调用泛型方法与调用普通的方法并没有任何不同：

```
ArrayList<Integer> li = new ArrayList<Integer>();
li.add(10);
li.add(5);
swap(li, 0, 1); //并不需要指定类型参数
for(Integer i : li) {
    System.out.println(i);
}
```

可以要求泛型类型是某个类的子类。例如，要求类型是可以比较大小的，也就是类型 E 实现了 Comparable 接口：

```
public static <E extends Comparable<? super E>> void sort(ArrayList<E> a)
{
    int size = a.size();
    for (int i=0; i<size; i++)
       for (int j=i+1; j<size; j++)
          //对 Comparable 的子类才能调用 compareTo 方法
          if (a.get(j).compareTo(a.get(i)) < 0)
             swap(a, i, j);
}
```

这里的? super E 表示一个未知类型是 E 的超类。定义了类型的下界。虽然也可以定义成 Comparable<E>，但是 Comparable<E>和 Comparable<? super E>还是有区别的。例如下面这个例子：

```
public static <E extends Comparable<E>> void sort2(ArrayList<E> a) {
    int size = a.size();
    for (int i=0; i<size; i++)
       for (int j=i+1; j<size; j++)
          //对 Comparable 的子类才能调用 compareTo 方法
          if (a.get(j).compareTo(a.get(i)) < 0)
             swap(a, i, j);
}

public static <E extends Comparable<? super E>> void swap(
  ArrayList<E> a, int i, int j) {
    E tmp = a.get(i);
    a.set(i, a.get(j));
    a.set(j, tmp);
}

public static void main(String[] args) {
    ArrayList<java.sql.Date> dates = new ArrayList<java.sql.Date>();

    java.util.Date now = new java.util.Date();
    java.sql.Date before = new java.sql.Date(now.getTime());
    dates.add(before);

    sort(dates);
    sort2(dates);//这行无法通过编译，因为 java.sql.Date 未直接实现 Comparable 接口
}
```

由于 Integer 对象可以相互比较，所以 Integer 类实现了 Comparable 接口：

```
Comparable min(Comparable a, Comparable b) {
    if (a.compareTo(b) < 0) return a;
    else return b;
}
```

需要增加类型转换：

```
Integer i = (Integer)min(n, m);
```

泛型版本：

```
public <K extends Comparable> K min(K k1, K k2) {
    if (k1.compareTo(k2) > 0)
```

```
        return k2;
    else
        return k1;
}
```

当给出更具体的泛型类或方法的约束时，由编译器产生以及由 JVM 进一步优化的代码更有效率。

java.sql.Date 并没有直接实现 Comparable 接口，而是由它的父类 java.util.Date 实现的 Comparable 接口。所以 java.sql.Date 相当于实现了 Comparable<java.util.Date>，这不符合 E extends Comparable<E>这样的类型约束，但是，却符合 E extends Comparable<? super E>这样的类型约束。所以比 Comparable<? super E>更灵活。

如果需要统计哪些词经常出现，哪些词不经常出现，可以使用 HashMap 记录每个单词对应的频率。HashMap 中只能存储对象，所以 int 要包装成 Integer 对象：

```
//记录单词和对应的频率
HashMap<String, Integer> wordCounter = new HashMap<String, Integer>();

wordCounter.put("有", 100);
wordCounter.put("意见", 20);
wordCounter.put("分歧", 3);
//加入重复键会替换原来的值
wordCounter.put("有", 101);
```

3.7.4 Google Guava 集合

如果你调用参数化类的构造函数，那么很遗憾，你必须指定类型参数，即便上下文中已明确了类型参数。这通常要求我们连续两次提供类型参数：

```
Map<String, List<String>> m = new HashMap<String, List<String>>();
```

参数化类型的构造函数比较啰嗦。

假设 HashMap 提供了如下静态工厂：

```
public static <K, V> HashMap<K, V> newInstance() {
   return new HashMap<K, V>();
}
```

就可以将上面冗长的声明替换为如下这种简洁的形式：

```
Map<String, List<String>> m = HashMap.newInstance();
```

com.google.common.collect.Lists 解决这个问题的方法是：

```
List<String> l = Lists.newArrayList();
```

3.7.5 类型擦除

可以在集合类中存放一个对象的集合，而不约定对象所属的类型。

例如，可以把 wordCounter 声明成这样：

```
HashMap wordCounter = new HashMap();
```

HashMap 并没有一个非泛型版本，为什么能这样使用 HashMap？因为 HashMap 的泛型版本可以当作非泛型版本来使用。

这样做最初是为了向下兼容。泛型是 JDK 5 才引入的特性。泛型的引入，可以解决先前的集合类框架在使用过程中通常会出现的运行时刻类型错误，因为编译器可以在编译时刻就发现很多明显的错误。为了保证与旧有版本的兼容性，也就是说，让泛型版本可以当作非泛型版本来使用，Java 泛型使用类型擦除来实现。

Java 中的泛型基本上都是在编译器这个层次来实现的。在生成的 Java 字节码中虽然包含泛型类中的类型信息，但是，加载这个类时去掉了。使用泛型的时候加上的类型参数，会被编译器在编译的时候去掉。这个过程就称为类型擦除。如在代码中定义的 List<Object> 和 List<String>等类型，在编译之后都会变成 List。JVM 看到的只是 List，而由泛型附加的类型信息对 JVM 来说是不可见的。Java 编译器会在编译时尽可能地发现可能出错的地方，但是仍然无法避免在运行时刻出现类型转换异常的情况。类型擦除也是 Java 的泛型实现方式与 C++模板机制实现方式之间的重要区别。

很多泛型的奇怪特性都与这个类型擦除的存在有关，包括：

- 因为基本类型不属于对象，所以不能将采用类型擦除实现的泛型应用于基本数据类型。可以使用相应的包装器作为类型参数来代替基本类型。
- 一个方法如果接收 List<Object>作为形式参数，那么如果尝试将一个 List<String>的对象作为实际参数传进去，却发现无法通过编译。虽然从直觉上来说，Object 是 String 的父类，这种类型转换应该是合理的，但是实际上，这会产生隐含的类型转换问题，因此编译器直接就禁止这样的行为。
- 泛型类并没有多个 Class 类对象。比如并不存在 List<String>.class 或是 List<Integer>.class，而只有 List.class。
- 静态变量是被泛型类的所有实例所共享的。对于声明为 MyClass<T>的类，访问其中的静态变量的方法仍然是 MyClass.myStaticVar。不管是通过 new MyClass<String> 还是 new MyClass<Integer>创建的对象，都共享一个静态变量。
- 泛型的类型参数不能用在 Java 异常处理的 catch 语句中。因为异常处理是由 JVM 在运行时刻来进行的。由于类型信息被擦除，JVM 是无法区分两个异常类型 MyException<String>和 MyException<Integer>的。对于 JVM 来说，它们都是 MyException 类型的。也就无法执行与异常对应的 catch 语句。

类型擦除的基本过程也比较简单，首先是找到用来替换类型参数的具体类。这个具体类一般是 Object。如果指定了类型参数的上界的话，则使用这个上界。把代码中的类型参数都替换成具体的类。同时去掉出现的类型声明，即去掉<>的内容。比如 T get()方法声明就变成了 Object get()；List<String>就变成了 List。接下来就可能需要生成一些桥接方法。这是由于擦除了类型之后的类可能缺少某些必需的方法。比如考虑下面的代码：

```
class MyString implements Comparable<String> {
   public int compareTo(String str) {
      return 0;
   }
}
```

当类型信息被擦除后，上述类的声明变成了 class MyString implements Comparable。但

是这样的话，类 MyString 就会有编译错误，因为没有实现接口 Comparable 声明的 int compareTo(Object)方法。这个时候，就由编译器来动态生成这个方法。

在运行时，不能得到参数化的类型，因为有类型擦除，所以不能实例化参数类。例如：

```
T instantiateElementType(List<T> arg) {
   return new T(); //引起一个编译错误
}
```

也不能调用参数类上的静态方法，例如 T.m(...)。

创建泛型数组只能使用强制类型转换：

```
elements = (E[])new Object[initialCapacity];
```

3.7.6 遍历

有专门的迭代器用来方便地遍历集合中的元素。迭代器是一个叫作 Iterator 的接口。Iterator 中的方法有：判断集合中是否还有元素没遍历完的方法，叫作 hasNext()，这个方法返回一个布尔值；返回集合里下一个元素的方法，叫作 next()；删除集合中上一次调用 next 方法返回的元素的方法，叫作 remove()。如下所示：

```
public interface Iterator<E> {
    boolean hasNext(); //判断是否还有下一个元素
    E next(); //得到下一个元素
    void remove(); //删除当前元素
}
```

使用 while 循环遍历 Iterator 中的元素：

```
Iterator<String> it  //得到 Iterator 实例
while (it.hasNext()) {
   String word = it.next();
   System.out.println(word);
}
```

支持迭代接口的集合类继承 Iterable 接口。对于支持迭代接口的集合类，可以使用 iterator()方法得到一个 Iterator 实例，使用 while 循环遍历动态数组中的单词：

```
ArrayList<String> words = new ArrayList<String>();
words.add("北京");
words.add("上海");
words.add("深圳");

Iterator<String> it = words.iterator();  //得到 Iterator 实例
while (it.hasNext()) {
   String word = it.next();
   System.out.println(word);
}
```

因为 ArrayList 继承了 Iterable 接口，所以也可以使用等价的 for-each 循环来遍历集合中的元素：

```
ArrayList<String> words = new ArrayList<String>();
words.add("北京");
```

```
words.add("上海");
words.add("深圳");

for(String word : words) { //用 for-each 循环遍历元素
    System.out.println(word);
}
```

遍历集合类 TreeSet 中的元素：

```
TreeSet<String> words = new TreeSet<String>();
words.add("有");
words.add("意见");
words.add("分歧");

for (String w : words) {
    System.out.println(w);
}
```

通过 HashMap 中的 entrySet 方法得到一个集合对象。这个集合中的每个元素都是一个 Map.Entry 对象。因此集合中的迭代器每次返回一个 Entry 对象。可以使用 Entry.getKey()得到键元素，用 Entry.getValue()方法得到值元素。

遍历 HashMap 中的元素的实现代码如下：

```
HashMap<String, Integer> wordCounter = new HashMap<String, Integer>();

wordCounter.put("北京", 10);
wordCounter.put("上海", 21);
wordCounter.put("深圳", 755);

//用 for-each 循环遍历元素
for (Entry<String, Integer> e : wordCounter.entrySet()) {
    System.out.println(e.getKey() + "->" + e.getValue());
}
```

遍历集合时，如果你决定删除一个项目，就会得到一个异常。例如：

```
ArrayList<String> list = new ArrayList<String>();

list.add("Bart");
list.add("Lisa");
list.add("Marge");
list.add("Barney");
list.add("Homer");
list.add("Maggie");

for (String s : list) {
    if (s.equals("Barney")) {
        list.remove("Barney");
    }
    System.out.println(s);
}
```

输出：

```
Bart
```

```
Lisa
Marge
Barney
Exception in thread "main" java.util.ConcurrentModificationException
at java.util.AbstractList$Itr.checkForComodification(Unknown Source)
at java.util.AbstractList$Itr.next(Unknown Source)
```

所以要使用一个 Iterator，然后用 Iterator.remove()删除集合中的元素：

```
ArrayList<String> list = new ArrayList<String>();

list.add("Bart");
list.add("Lisa");
list.add("Marge");
list.add("Barney");
list.add("Homer");
list.add("Maggie");

for (Iterator<String> iter = list.iterator(); iter.hasNext();) {
    String s = iter.next();
    if (s.equals("Barney")) {
        iter.remove(); //删除元素
    }
}
```

用 for-each 循环遍历集合中的元素，要用到 Iterable 接口：

```
public interface Iterable<T> {
    //返回一个类型 T 的迭代器
    Iterator<T> iterator();
}
```

删除散列表中的元素也是通过 Iterator。例如删除所有以“自治”结尾的词：

```
for (Iterator<Map.Entry<String, String>> it =
  countyDic.entrySet().iterator(); it.hasNext(); ) {
    Map.Entry<String, String> entry = it.next();
    if (entry.getKey().endsWith("自治")) {
        it.remove();
    }
}
```

Iterator 和 Iterable 不一样。Iterator 通常指向集合中的一个实例。Iterable 表示可以得到一个 Iterator，但是不需要通过一个实例遍历集合对象。

List 或者 Set 的子类都是实现了 Iterable 接口，但并不直接实现 Iterator 接口。因为 Iterator 接口的核心方法 next()或者 hasNext()是依赖于迭代器当前迭代位置的。

如果集合类直接实现 Iterator 接口，势必导致集合对象中包含当前迭代位置的数据。当集合在不同方法间被传递时，由于当前迭代位置不可预置，那么 next()方法的结果会变成不可预知。除非再为 Iterator 接口添加一个 reset()方法，用来重置当前迭代位置。

但即使这样，一个集合对象也只能同时存在一个当前迭代位置。而 Iterable 则不然，每次调用都会返回一个从头开始计数的迭代器。多个迭代器是互不干扰的。

如果需要自己写的集合类支持 for-each 方式遍历，就需要实现 Iterable 接口，并且在 iterator()方法中返回一个迭代器(Iterator)。例如，遍历链表：

```
public Iterator<CnToken> iterator() { //迭代器
    return new LinkIterator(head); //传入头节点
}
```

LinkIterator 是一个专门负责迭代的类。实现接口不用 extends 关键词，而用 implements 关键词。在这里，LinkIterator 实现 Iterator<CnToken>接口：

```
private class LinkIterator implements Iterator<CnToken> {  //用于迭代的类
    Node itr; //记录当前遍历到的位置

    public LinkIterator(Node begin) { //构造方法
        itr = begin; //遍历的开始节点
    }

    public boolean hasNext() { //是否还有更多的元素可以遍历
        return itr != null;
    }

    public CnToken next() { //向下遍历
        if (itr == null) {
            throw new NoSuchElementException();
        }
        Node cur = itr;
        itr = itr.next;
        return cur.item;
    }

    public void remove() {  //从集合中删除当前元素
        throw new UnsupportedOperationException(); //不支持删除当前元素这个操作
    }
}
```

3.7.7　排序

对数组排序可以调用 Arrays.sort 方法，但是对集合中的元素排序不能用 Arrays.sort，要使用 Collections.sort。例如：

```
ArrayList<Integer> data = new ArrayList<Integer>();
data.add(6);
data.add(1);
data.add(4);
data.add(3);
data.add(5);
Collections.sort(data);  //对动态数组中的元素排序

// 输出排序结果
for (int i : data) {
    System.out.print(i + "\t"); // 输出结果 1  3  4  5  6
}
```

排序的结果依赖于两个元素的相对大小。自定义的类需要定义比较大小的方式，就好比两个人是按高矮排序，还是按体重排序。

Comparable<T>是一个用来比较当前对象和同一类型的另一对象的接口。其中的成员方法有 CompareTo。例如一个按权重排序的单词类：

```
public class WordWeight implements Comparable<WordWeight> {
    public String word;  //词
    public double weight; //重要度

    public int compareTo(WordWeight that) {
        return (int)(that.weight - weight);
    }
}
```

使用这个类对单词排序：

```
ArrayList<WordWeight> words = new ArrayList<WordWeight>();
WordWeight w1 = new WordWeight("北京", 100);
words.add(w1);
WordWeight w2 = new WordWeight("上海", 80);
words.add(w2);
WordWeight w3 = new WordWeight("南昌", 10);
words.add(w3);
Collections.sort(words);

//输出排序结果
for (WordWeight word : words) {
    System.out.println(word.word);
}
```

输出结果是：

```
北京
上海
南昌
```

如果需要按几种不同的方法排序，则可以实现 Comparator 接口。Comparator<T>也是一个比较大小的接口，不过是比较传入的两个对象。其中的成员方法有：Compare 比较两个对象并返回一个值，指示一个对象是小于、等于还是大于另一个对象。例如比较两个单词的重要度：

```
public class WordComparator implements Comparator<WordWeight> {
    @Override
    public int compare(WordWeight o1, WordWeight o2) {
        double i1 = o1.weight;
        double i2 = o2.weight;
        if (i1 == i2)
            return 0;
        return ((i1>i2)? -1 : +1);
    }
}
```

使用这个比较器：

```
//结果和 Collections.sort(words)等价
Collections.sort(words, new WordComparator());
```

可以省略掉专门的比较器类 WordComparator，用匿名类来代替：

```
Comparator<WordWeight> wordComparator = new Comparator<WordWeight>() {
    @Override
    public int compare(WordWeight o1, WordWeight o2) {
        double i1 = o1.weight;
        double i2 = o2.weight;
        if (i1 == i2)
            return 0;
        return ((i1>i2)? -1 : +1);
    }
};
Collections.sort(words, wordComparator);
```

当一个对象需要按不止一种方式排序时，往往使用 Comparator。

3.7.8 lambda 表达式

Java 8 计划支持 lambda 表达式，例如按对象中的某一个属性对集合中的元素排序：

```
Collection collection = ...;
collection.sortBy(#{ Foo f -> f.getLastName() });
```

或者按条件删除：

```
collection.remove(#{ Foo f -> f.isBlue() });
```

用 Lambda 表达式实现使用比较器的数组排序代码如下：

```
public class Sample2 {
    public static void main(String... args) {
        String[] teams =
          {"Indigo", "Blue", "Green", "Yellow", "Orange", "Red"};
        final Comparator<String> c = (s1, s2) -> s1.length() - s2.length();
        Arrays.sort(teams, c); //第一种方法
        Arrays.sort(
          teams, (s1, s2) -> s1.length() - s2.length()); //第二种方法
    }
}
```

3.8 比　　较

如果只需要实现一种排序方式，就实现 Comparable。如果有多种排序方式，可以实现比较器 Comparator。

3.8.1 Comparable 接口

因为不是所有的对象都必须可以比较大小，所以没有在 Object 类中定义 compareTo 方法，需要比较大小的类可以实现 Comparable 接口。Comparable 接口只定义了一个 compareTo 方法：

```
public interface Comparable<T> {
    public int compareTo(T o); //比较当前对象 this 和传入对象 o
}
```

compareTo 方法返回一个整数值，用来表示当前对象和传入的对象比较大小的结果。如果返回正数，则表示当前对象大于传入对象；如果返回负数，则表示当前对象小于传入对象；如果返回 0，则表示当前对象与传入对象相等。

例如，一篇文档中有很多词，每个词有不同的权重。权重越大的词越重要。要选出文档中最重要的一些词。根据权重来比较两个词的大小：

```
public class WordWeight implements Comparable<WordWeight> {
    public String word; //词本身
    public double weight; //权重
    public int compareTo(WordWeight that) { //根据权重来比较两个词的大小
        return (int)(this.weight - that.weight);
    }
}
```

调用 Collections.sort 对动态数组中的元素排序：

```
ArrayList<WordWeight> words = new ArrayList<WordWeight>();
words.add(new WordWeight("中国", 9));
words.add(new WordWeight("英国", 6));
Collections.sort(words);
for(WordWeight w : words){ //按词的权重升序输出结果
    System.out.println(w.word + ":" + w.weight);
}
```

为了让对象能够完全排序，compareTo 方法需要满足如下条件。

- 反交换：x.compareTo(y)和 y.compareTo(x)符号相反。
- 异常的对称性：x.compareTo(y)抛出与 y.compareTo(x)同样的异常。如果指定对象的类型不允许它与此对象进行比较，则抛出 ClassCastException。
- 传递性：如果 x.compareTo(y)>0 并且 y.compareTo(z)>0，则 x.compareTo(z)>0。对于小于，也有传递性。如果 x.compareTo(y)==0，则 x.compareTo(z)和 y.compareTo(z)有同样的符号。

例如，剪刀克布、布克石头、石头克剪刀。也就是说：剪刀.compareTo(布)>0 并且布.compareTo(石头)>0，但是却有剪刀.compareTo(石头)<0。这样就不满足传递性。

推荐 compareTo 和 equals 方法一致，也就是当且仅当 x.equals(y)时，x.compareTo(y)==0。但是，并不要求一定如此。为了保证排序好的集合行为良好，例如 TreeSet，则需要和 equals 一致。

可以用这样的方法提升 compareTo 的性能：首先比较对象中更有可能有差异的属性。

实现 Comparable 以后，就可以调用 Collections.sort 方法对动态数组中的元素排序了。此外，还可以调用 Arrays.sort 对数组中的元素排序，或者使用对象作为 TreeMap 中的键，使用对象作为 TreeSet 中的元素。

3.8.2 比较器

除了通过在数据类中实现 Comparable 接口来获得比较大小的功能，还可以把比较功能专门写在比较器 Comparator 中。比较器 Comparator 也是一个接口：

```
public interface Comparator<T> {
```

```
    int compare(T o1, T o2); //比较前后两个对象
    boolean equals(Object obj); //判断另外一个比较器和这个比较器是否等价
}
```

一般来说，如果 o1 小于 o2，则返回-1，如果 o1 大于 o2，则返回 1，如果 o1 和 o2 相等，则返回 0。

一个对象的多个属性排序，例如高级会员排在前，相同级别的再考虑业务紧急程度：

```
public class PersonComparer implements Comparator<Person> {
    @Override
    public int compare(Person x, Person y) {
        if (x==null || y==null)
            throw new NullPointerException("参数不能为空");
        if (x.level > y.level) //先比较会员级别
            return 1;
        if (x.level < y.level)
            return -1;
        if (x.busy > y.busy) //再比较业务紧急程度
            return 1;
        if (x.busy < y.busy)
            return -1;
        return 0;
    }
}
```

搜索引擎的搜索输入框会根据用户的输入给出提示词。有很多候选搜索提示词，需要选择出最好的 n 个搜索提示词显示在下拉列表中。根据两个因素来选择，一个因素是词和用户输入的相关度，也就是距离。另外一个因素是词的搜索频率，也就是搜索流行度。

搜索提示词类 SuggestWord 定义如下：

```
public final class SuggestWord {
    public float score; //词的分值
    public int freq; //词的频率
    public String string; //提示词
}
```

通过比较器看哪些搜索词放在前面：

```
public class SuggestWordScoreComparator
  implements Comparator<SuggestWord> {
    public int compare(SuggestWord first, SuggestWord second) {
        //第一个条件：距离
        if (first.score > second.score) {
            return 1;
        }
        if (first.score < second.score) {
            return -1;
        }

        //如果第一个条件是相等，则用第二个条件：流行度
        if (first.freq > second.freq) {
            return 1;
        }
        if (first.freq < second.freq) {
```

```
            return -1;
        }
        //第三个条件：词文本
        return second.string.compareTo(first.string); //比较文本
    }
}
```

使用比较器：

```
ArrayList<SuggestWord> u = new ArrayList<SuggestWord>(); //创建动态数组
u.add(new SuggestWord("汽车", 1, 3)); //增加一个提示词
u.add(new SuggestWord("火车", 2, 3)); //增加另外一个提示词
Comparator<SuggestWord> comp =
  new SuggestWordScoreComparator(); //创建比较器
Collections.sort(u, comp); //根据比较器对动态数组中的元素排序
```

3.9 SOLID原则

面向对象程序设计往往使用SOLID原则。

人要专业分工，类也如此。

S(Single responsibility principle)代表单一责任原则：当需要修改某个类的时候，原因有且只有一个。换句话说，就是让一个类只担负一种类型责任，当这个类需要承担其他类型责任的时候，就需要分解这个类。

O(Open-closed)代表开放封闭原则：软件实体应该是可扩展，而不可修改的。也就是说，对扩展是开放的，而对修改是封闭的。如果需要修改，最好只须改这一个类。

L(Liskov substitution principle)表示里氏替换原则：当一个子类的实例应该能够替换任何其超类的实例时，它们之间才具有is-a关系。

I(Interface segregation principle)表示依赖倒置原则：高层模块不应该依赖于低层模块，二者都应该依赖于抽象；抽象不应该依赖于细节，而细节应该依赖于抽象。

D(Dependency inversion principle)表示接口分离原则：不能强迫用户去依赖那些他们不使用的接口，换句话说，使用多个专门的接口比使用单一的总接口总要好。

因为发送电子邮件是一种阻塞调用，这会降低响应时间。所以在应用中，把所有电子邮件放入队列，发送邮件由一个不同的进程处理。在应用中，有时候想要立刻发送邮件，而不是进入队列。例如，新账户的确认邮件或者重置密码的请求。

需要构建一个RealTimeEmailService类，它的唯一任务是立即发送邮件。

首先建立EmailService接口：

```
public interface EmailService {
    public void send(...);
}
```

延时发邮件服务：

```
public class QueuedEmailService implements EmailService {
    @Override
    public void send(...) {
        //加入到队列
```

```
    }
}
```

立即发送邮件的类：

```
public RealTimeEmailService implements EmailService {
    public void send(...) {
        //立即发送
    }
}
```

按优先级发送邮件的实现：

```
public PriorityBasedEmailService implements EmailService {
    public void send(...) {
        if (priority == MailPriority.High)
            //使用实时服务发送
        else
            //使用排队服务发送
    }
}
```

也许会认为这样有点设计过度。但这是必要的，因为每个类仅有一件事情要做。而且每个类的实现不超过屏幕的大小，不需要滚动屏幕了。

让设计更加模块化。因为应用程序只知道它在和 EmailService 打交道。很容易交换实现。例如，如果决定让所有的邮件实时发送，只需要配置 IoC 容器。而如果把所有的代码放在一个类中，就必须回头修改代码。

因为每个类只有一件能做的事情，所以说，对修改是封闭的，减少了引入错误的机会。如果把代码放到一个大的方法中，可以改变代码来满足你的新需求，但是，每次改变都可能引入错误。

就好像“每天一个苹果让你远离医生”这样的忠告一样，SOLID 原则只是一个好的建议，而并非总是要遵守的法则。

3.10　异　常

有错误不要害怕，但要记住错误是如何发生的，帮助以后避免发生同样的错误。

3.10.1　断言

可以把 assert 语句放到 Java 源代码中，来协助单元测试和调试。如果不满足断言条件，则抛出错误：java.lang.AssertionError。

使用断言的格式是：

```
assert boolean_expression : string_expression;
```

例如：

```
public class TestAssertion {
    public static void main(String[] args) {
        String s = null;
```

```
        //测试正确调用方法
        say("hello");

        //测试不正确调用方法
        say(s);
    }
    private static void say(String s) {
        assert s != null : "字符串是空值";
        System.out.println(s);
    }
}
```

运行这个 TestAssertion 类：

```
java -enableassertions TestAssertion
```

第二次调用 say 方法时，产生一个错误：java.lang.AssertionError: 字符串是空值。如果断言失败，会让程序立刻退出。所以建议在开发阶段使用断言，而产品发布时就去掉。也就是在开发阶段增加虚拟机参数 enableassertions，上线运行时使用参数 disableassertions。

可以把 enableassertions 这个参数简写成-ea。如果是在 Eclipse 中执行有断言的程序，可以增加虚拟机参数-ea。

3.10.2 Java 中的异常

早期的程序设计语言中没有异常这样的概念。一个方法可以返回错误代码。调用方法的程序通过检查返回值，看是否发生了错误，以及错误的类型：

```
int method() {
    //成功
    return 0;
    //错误返回负数
    return -1;
}
```

SQL 语言中有一个叫作 ErrorCode 的全局变量，执行一个 SQL 语句后可以检查这个值，看 SQL 语句是否已经正常执行。需要查错误编码表才知道这个错误的说明。

异常是一个程序执行过程中发生的事件。它中断了代码的正常运行。执行一行代码的时候可以抛出一个异常。异常是一个运行时错误。例如，检查命令行传入的参数：

```
public static void main(String[] argv) {
    String sourceDir = null;
    boolean verbose = false;
    for (int i=0; i<argv.length; i++) {
        if (argv[i].equals("-s"))
            sourceDir = argv[++i];
        else if(argv[i].equals("-v"))
            verbose = true;
    }

    if (sourceDir == null) //抛出异常
        throw new IllegalArgumentException("缺少必需的参数: -s [源路径]");
}
```

交通系统的监控视频会记录所有路口的情况，如果有闯红灯的，就记录车牌号。可以把车牌号和时间、地点等封装成一个要处理的对象。

对异常的说明包含异常本身的文本描述信息和异常发生的位置。这些都记录在异常堆栈 StackTrace 中。栈顶是一个程序的执行点，也就是发生异常的地方。往下记录了一些方法调用，也就是如何调用到这个发生异常的方法的。

堆栈中的元素类型是 StackTraceElement：

```
public final class StackTraceElement implements java.io.Serializable {
   private String declaringClass;  //发生异常的类
   private String methodName;  //发生异常的方法名
   private String fileName;  //发生异常的文件名
   private int lineNumber;  //发生异常的行号
}
```

Eclipse 可以根据异常堆栈提供的信息直接定位到错误的行。所以不对异常做任何处理，直接抛出异常也能帮助程序员改正运行时错误。

当人处于危险的环境中时，血液中的肾上腺素会升高。这说明指标监控对于解决问题有益。编程中，可以在运行时可能发生问题的代码中检查是否有异常发生，因为代码包装在 try 关键词中，所以叫作 try 代码块。在 try 代码块中捕捉异常，而在 catch 代码块中处理异常。这样把异常处理代码和正常的流程分开，使正常的处理流程代码能够连贯在一起。

catch 代码块又叫作异常处理器，它的格式是：

```
catch (ExceptionClass e) {  //异常类型
   //处理代码
}
```

从成因分析，有两种类型的异常。

- 程序本身错误所引起的异常：例如，空值异常 NullPointerException 和参数异常 IllegalArgumentException。转换类型时可能出现错误。把字符串转换成整数时，可能出现 NumberFormatException 异常。
- 资源导致的异常：例如内存不够产生的 OutOfMemoryError 异常，或者网络访问不到了产生的 java.net.ConnectException 异常。

消防局捕捉火灾异常。公安局捕捉盗抢异常。所以不同类型的异常应该交给不同的异常处理器去处理。因此，一个 try 块后面，可以接着一个或多个 catch 子句，这些子句指定不同的异常处理程序。例如：

```
int square_Array[] = new int[5];

try {
   for (int i=1; i<=5; i++) {
      square_Array[i] = i * i;
   }
} catch (ArrayIndexOutOfBoundsException e) { //数组越界异常
   System.out.println("分配数组超出上限");
} catch (ArithmeticException e) {  //除以 0 异常
   System.out.println("除以零错误");
}
```

数组越界会抛出异常，但是数值计算溢出时不会抛出异常。

3.10.3 从方法中抛出异常

参数异常 IllegalArgumentException：

```
public class Span {
    public int start; //开始位置
    public int end; //结束位置

    public Span(int start, int end) {
        if (start > end) {
            throw new IllegalArgumentException("开始位置比结束位置大");
        }
        this.start = start;
        this.end = end;
    }
}
```

我们上班后会发现忘了带手机。没带手机这样的异常经常可以不处理。但身份证如果丢了，这样的异常不能不处理。所以异常可以分为受检查的异常(checked exception)和不受检查的异常(unchecked exception)。

受检查的异常需要在方法的声明中声明可能会抛出这样的异常。在方法的声明中没有声明，但在方法的运行过程中发生的各种异常被称为“不被检查的异常”。这种异常是错误，会被自动捕获。处理异常和错误的继承关系如图 3-5 所示。不受检查的异常继承自 RuntimeException 类，而 RuntimeException 类又继承自 Exception。如果捕捉 Exception 类，则也会捕捉 RuntimeException。

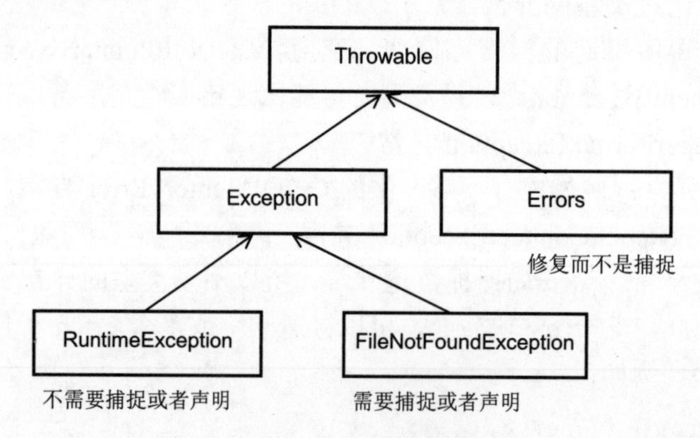

图 3-5 异常和错误

代码如下所示：

```
try {
    //...
} catch(Exception ex) { ... }
```

上面的代码也会忽略不受检查的异常。

要避免在循环内部处理异常。应把循环用 try-catch 包起来。

如果方法有可能抛出一个受检查的异常，这个方法如果不捕捉它，就需要在它的声明

中说明会抛出。例如：

```
public void openFile() throws FileNotFoundException {
    Scanner input = new Scanner(new File("d.txt"));
}  //注意，这里没有 try-catch
```

这里的 throws FileNotFoundException 叫作 throws 子句。

当继承一个包含 throws 子句的方法时，需要注意：如果 throws 子句部分与被继承的方法不同，则会导致无法继承这个方法，编译器会把这个方法看成是一个不同的新方法。

对于受检查的异常的处理方式，叫作捕捉或者声明。因为这些异常是相对来说比较特别的异常，如果完全当它不存在，那么程序连编译都无法通过。

可以自己定义异常：

```
public class CorruptIndexException extends IOException { //索引格式不正确
    public CorruptIndexException(String message) {
        super(message); //调用父类的构造方法
    }
}
```

捕捉一个异常，然后又抛出另外一个异常很常见，例如：

```
try {
    //...
} catch(YourException e) {
    throw new MyException();
}
```

然而，致病异常中包括的信息丢了。这会让调试麻烦许多。所以给异常增加了一个原因属性。可以指定产生 MyException 的原因是 YourException。而 Throwable 会输出整个原因链，作为标准的栈回溯的一部分。Throwable.printStackTrace 会为异常的整个原因链显示整个回溯栈。Exception.initCause(Exception)指定一个异常的原因。例子代码如下：

```
private byte[] uncompress(byte[] b) throws CorruptIndexException {
    try {
        return CompressionTools.decompress(b);
    } catch (DataFormatException e) {
        CorruptIndexException newException =
              new CorruptIndexException("数据格式错误: " + e.toString());
        newException.initCause(e);
        throw newException;
    }
}
```

访问数组时，可能出现数组越界异常 ArrayIndexOutOfBoundsException。例如：

```
String[] myArray = new String[3];
public String safeAccess(int index) {
    String retVal = null;
    try { //把关键代码放在这里
        retVal = myArray[index];
    } catch (ArrayIndexOutOfBoundsException e) {
        e.printStackTrace();
        System.out.println("不能访问元素:" + index);
    }
```

```
    return retVal;
}
```

当在整数运算中发生除以零时，Java 抛出一个 ArithmeticException 异常：

```
Exception in thread "main" java.lang.ArithmeticException: / by zero
```

ArithmeticExceptions 可以源于算术中一些不同的问题，因此，额外的数据("/ by zero")为我们提供了有关该特定异常的更多信息。又如：

```
public static int quotient(int numerator, int denominator) {
    return numerator / denominator; //possible division by zero
}
```

这里不应该抛出一个 ArithmeticException 异常。因为错误在附带的参数中，所以可以抛出一个 IllegalArgumentException 异常。当传递一个非法的参数给方法时，抛出这个异常。

所以应该像下面这样：

```
if (divisor == 0) {
    throw new IllegalArgumentException("Argument 'divisor' is 0");
}
```

鸡吃了有毒的饲料，被毒死了。鹰吃了鸡，也被毒死了。最后猎人吃了鹰，同样也被毒死了。如果一个方法中产生了异常而不处理，就会抛给调用它的方法，这样一层层反馈到 main 方法。

main 方法有一个默认的异常处理器，会在退出前，在系统错误中输出异常堆栈：

```
ex.printStackTrace();
```

3.10.4 处理异常

核电站发生重大事故后，会处理核泄漏，并封闭反应堆。

发生异常后，要立即停止执行 try 块中的代码，开始执行 catch 块中的代码。

有些步骤是正常流程和异常处理流程最后都要执行的，例如封反应堆；把这样的代码放入 finally 块。

try-catch-finally 块的代码执行流程如图 3-6 所示。

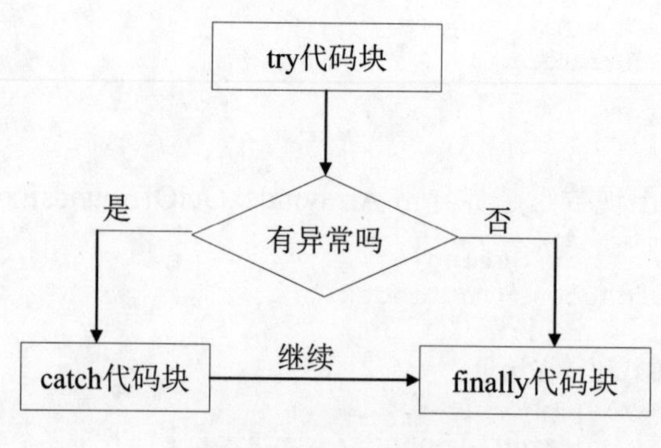

图 3-6　代码执行流程

如果没有 try 捕捉这个异常，则发生异常后，会立即停止执行该方法中的代码，返回到

调用它的方法，一直到遇到捕捉这个异常的 try 或者整个程序退出为止。

未捕获的异常是 Throwable 的子类，当发生未捕获的异常时，它不会被应用程序捕获，而是通过调用堆栈传播，并到达底层线程(主线程或定义的线程)。通常的默认行为是把堆栈跟踪写入 System.err 输出流。例如，当发生内存溢出错误(OutOfMemoryError)时。但是，我们可以提供我们自己未捕获的异常处理程序，通过实现 Thread.UncaughtExceptionHandler 接口，覆盖这个默认行为：

```
public class DefaultExceptionHandler implements UncaughtExceptionHandler {
   public void uncaughtException(Thread t, Throwable e) {
      if(e instanceof java.net.UnknownHostException) {
         //记录坏链接
      }
      e.printStackTrace();
   }
}
```

在爬虫中使用：

```
public static void main(String argv[]) throws Exception {
   Thread.setDefaultUncaughtExceptionHandler(
     new DefaultExceptionHandler());
   while (true) {
      //新一轮增量抓取...
      System.out.println("sleeping......");

      Thread.sleep(10 * 1000l);
   }
}
```

在一个异常捕获块中同时捕获多个异常：

```
try {
   if (args[0].equals("null")) {
      throw (new NullPointerException());
   } else {
      throw (new ArrayIndexOutOfBoundsException());
   }
} catch (NullPointerException | ArrayIndexOutOfBoundsException ex) {
   ex.getMessage();
}
```

一个带有资源的 try 语句就是一个声明了一个或者多个资源的 try 语句，资源是指当程序结束后必须关闭的对象。带有资源的 try 语句应保证在语句结束的时候每个资源都会被关闭，也就是调用其 close()方法。任何实现了 java.lang.AutoCloseable 或者 java.io.Closeable 接口的对象都可以被用作一个资源。例如，从文件读入属性文件：

```
Properties PROPERTIES = new Properties();

try (FileInputStream in = new FileInputStream(propertiesFile)) {
   PROPERTIES.load(in); //从输入流读入属性列表
} catch(IOException ioe) {}
```

3.10.5 正确使用异常

演员在台上忘词了还得继续演下去。像网络爬虫这样的服务器端程序，一旦运行起来以后就不会轻易退出，所以要处理各种异常，尽量不要交给系统自己处理。

可以从错误中学习如何处理异常。第一个反例代码如下：

```
try {
  //...
} catch(Exception ex) {
   ex.printStackTrace(); //没有对异常做任何特别的处理
}
```

丢弃异常。这段代码捕获了异常却不做任何处理，可以算得上 Java 编程中的杀手。如果你看到了这种丢弃(而不是抛出)异常的情况，可以百分之九十九地肯定代码存在问题(在极少数情况下，这段代码有存在的理由，但最好加上完整的注释，以免引起别人误解)。

这段代码的错误在于，异常几乎总是意味着某些事情不对劲了，或者说至少发生了某些不寻常的事情，我们不应该对程序发出的求救信号保持沉默和无动于衷。调用一下 printStackTrace 算不上“处理异常”。不错，调用 printStackTrace 对调试程序有帮助，但程序调试阶段结束之后，printStackTrace 就不应再在异常处理模块中担负主要责任了。

丢弃异常的情形非常普遍。丢弃异常这一坏习惯是如此常见，它甚至已经影响到了 Java 本身的设计。打开 JDK 的 java.lang.ThreadDeath 类的文档，可以看到下面这段说明：“特别地，虽然出现 ThreadDeath 是一种‘正常的情形’，但 ThreadDeath 类是 Error 而不是 Exception 的子类，因为许多应用会捕获所有的 Exception 然后丢弃它不再理睬。”这段话的意思是，虽然 ThreadDeath 代表的是一种普通的问题，但鉴于许多应用会试图捕获所有异常然后不予以适当地处理，所以 JDK 把 ThreadDeath 定义成了 Error 的子类，因为 Error 类代表的是一般的应用不应该去捕获的严重问题。

那么，应该怎样面对异常呢？主要有 4 个选择。

(1) 处理异常。针对该异常采取一些行动，例如修正问题、提醒某个人或进行其他一些处理，要根据具体的情形确定应该采取的动作。例如，当第一次遇到网络资源访问不到问题的时候，可以延时后再次请求这个网络资源。而调用 printStackTrace 算不上已经处理好了异常。

(2) 重新抛出异常。处理异常的代码在分析异常之后，认为自己不能处理它，重新抛出异常也不失为一种选择。

(3) 把该异常转换成另一种异常。大多数情况下，这是指把一个低级的异常转换成应用级的异常(其含义更容易被用户了解的异常)。例如：

```
private byte[] uncompress(byte[] b) throws CorruptIndexException {
   try {
      return CompressionTools.decompress(b);
   } catch (DataFormatException e) {
      //再次抛出应用级的异常
      CorruptIndexException newException =
        new CorruptIndexException(
          "field data are in wrong format: " + e.toString());
```

```
            newException.initCause(e);
            throw newException;
        }
    }
```

(4) 不要捕获异常。

结论是：既然捕获了异常，就要对它进行适当的处理。不要捕获异常之后又把它丢弃，不予理睬。

第二个反例代码如下：

```
try {
    FileReader fileRead = new FileReader(fileName);
    BufferedReader read = new BufferedReader(fileRead);
    String line;
    while ((line=read.readLine()) != null) {
        System.out.println(line);
    }
} catch (Exception e) {
    //处理异常
}
```

不指定具体的异常。许多时候，人们会被这样一种“美妙的”想法吸引：用一个 catch 语句捕获所有的异常。最常见的情形就是使用 catch(Exception ex)语句。但实际上，在绝大多数情况下，这种做法不值得提倡。为什么呢？

要理解其原因，我们必须回顾一下 catch 语句的用途。catch 语句表示我们预期会出现某种异常，而且希望能够处理该异常。异常类的作用就是告诉 Java 编译器我们想要处理的是哪一种异常。由于绝大多数异常都直接或间接从 java.lang.Exception 派生，catch(Exception ex)就相当于说我们想要处理几乎所有的异常。

再来看看前面的代码例子。我们真正想要捕获的异常是什么呢？最明显的一个是 FileNotFoundException，这是文件没找到的异常。另一个可能的异常是 IOException，因为它要操作 BufferedReader。显然，在同一个 catch 块中处理这两种截然不同的异常是不合适的。如果用两个 catch 块分别捕获 FileNotFoundException 和 IOException，就要好多了。

这就是说，catch 语句应当尽量指定具体的异常类型，而不应该指定涵盖范围太广的 Exception 类。

结论：在 catch 语句中尽可能指定具体的异常类型，必要时使用多个 catch。不要试图处理所有可能出现的异常。

出现异常后，要及时释放占用的资源。用遗嘱控制如何分配财产。异常改变了程序正常的执行流程。这个道理虽然简单，却常常被人们忽视。如果程序用到了文件、Socket、JDBC 连接之类的资源，即使遇到了异常，也要正确释放占用的资源。为此，Java 提供了一个简化这类操作的关键词 finally。

finally 是样好东西：不管是否出现了异常，finally 保证在 try-catch-finally 块结束之前，执行清理任务的代码总是有机会执行。遗憾的是，有些人却不习惯于使用 finally。

当然，编写 finally 块时应当多加小心，特别是要注意在 finally 块之内抛出的异常。这是执行清理任务的最后机会，尽量不要再有难以处理的错误。

如果一个方法抛出所有的异常，可以使用一个没有对应 catch 的 finally。

```
public static void main(String[] args) throws IOException {
    readFile("C:\\Temp\\test.txt");
}

private static void readFile(String fileName) throws IOException {
    //如果这行抛出异常，则 try 块和 finally 块都不会执行
    //这是好事，因为 reader 可能为空
    BufferedReader reader = new BufferedReader(new FileReader(fileName));
    try {
        //在 try 块中出现任何异常后都会执行 finally 块
        String line = null;
        while ((line=reader.readLine()) != null) {
            //处理行...
        }
    }
    finally {
        //这里的 reader 对象永远不会是空
        //在进入 try 块后才会进入 finally 块
        reader.close();
    }
}
```

如果一个方法处理所有它自己可能抛出的异常，那么可以改成在一个 try-catch 中嵌套 try-finally。当 finally 块抛出与代码的其余部分相同的异常时，这种方式非常有用。例如：

```
private static void readFile(String fileName) {
    try {
        //如果构造 BufferedReader 时抛出异常，则不会执行 finally 块
        BufferedReader reader =
          new BufferedReader(new FileReader(fileName));
        try {
            String line = null;
            while ((line=reader.readLine()) != null) {
                //处理读入的行...
            }
        } finally {
            //不需要检查 reader 是否是空值
            //这里抛出的任何异常都会被外层的 catch 块捕捉
            reader.close();
        }
    } catch (IOException ex) {
        logger.severe("读文件时出现问题: " + ex.getMessage());
    }
}
```

因为 FileNotFoundException 是 IOException 的子类，所以在最后捕捉 IOException 的同时，也捕捉了 FileNotFoundException。

3.11 字符串对象

String 是一个比较特别的类型。String 实例是一个对象，但是却可以直接赋值。不需要

使用 new 来产生对象。例如：

```
String str = "abc";
```

等价于：

```
char data[] = {'a', 'b', 'c'};
String str = new String(data);
```

或者这样写：

```
String str = new String("abc"); //复制原值到新的字符串对象
```

字符串类封装了字符数组和对字符数组的一些操作方法。主要方法有：求长度、比较大小、大小写转换等。

求字符串长度的方法是 String.length()。例如：

```
System.out.println("字符串长度: " + "hello".length());
```

按位置取得其中某个字符是 String.charAt(int index)。例如，取得第一个字符，使用 charAt(0)。遍历其中每个字符的代码如下：

```
String name = "Mike";
for(int i=0; i<name.length(); ++i) {
    System.out.println(name.charAt(i));
}
```

把字符串中的英文字母大写化的方法是 String.toUpperCase()。String 对象的值一旦在初始化时指定后，就不能再改变。所以 toUpperCase()这个方法不改变原有字符串的值，而是返回一个新的字符串对象。例如：

```
String str = "hello";
str.toUpperCase(); //调用 toUpperCase 方法并不会改变字符串 str 的值
System.out.println("str=" + str); //输出: str=hello;
String str1= new String(str.toUpperCase());//String str1=str.toUpperCase();
System.out.println("str1=" + str1); //输出: str1=HELLO;
```

把字符串中的英文字母小写化方法是 String.toLowerCase()。

连接当前字符串和另外一个字符串的方法是 String.concat(String str)。例如：

```
String t = "this is".concat(" String");
System.out.println(t); //输出: this is String
```

也可以直接用操作符“+”来连接两个字符串：

```
System.out.println("this is" + " String"); //输出: this is String
```

目标字符串对象与 this 字符串进行比较的方法是 String.equals(String str)。此外还有忽略大小写的比较 String.equalsIgnoreCase(String str)。“==”可用于字符串对象比较，但与上述两个方法有区别。例如：

```
String s = "hello";
String t = new String("HELLO");
String s1 = new String(s);
String t1 = s;
```

```
System.out.println("s equals t=" + s.equals(t)); //结果：s equals t=false
System.out.println(
  "s equalsIgnoreCasse t=" + s.equalsIgnoreCase(t)); //true
System.out.println("s == s1=" + (s==s1)); //s == s1 返回 false
System.out.println("s == t1=" + (s==t1)); //s == t1 返回 true
```

String.RegionMatch()用于比较部分子串。例如：

```
String str1 = "Java is a wonderful language";
String str2 = "It is an object-oriented language";
boolean result = str1.regionMatches(20, str2, 25, 6);
System.out.println(result);  //输出 true
```

比较两个字符串的大小，也就是从前往后比较其中每个字符的内部编码大小。任何String 类型的数据都是 Unicode 编码。判断 compareTo(String str)的返回值：

- 若结果小于 0，则当前字符串小于 str。
- 若结果大于 0，则当前字符串大于 str。
- 若结果等于 0，则当前字符串等于 str。

通过 compareTo 方法对字符串数组排序的示例如下：

```
String arr[] = {"Now", "is", "the", "time", "for", "all", "good"};
for (int n=0; n<arr.length; n++) { //每次找到最小的一个字符串
   for (int m=n+1; m<arr.length; m++) {
      if (arr[n].compareTo(arr[m]) > 0) { //如果逆序，则交换
         String t = arr[n];
         arr[n] = arr[m];
         arr[m] = t;
      }
   }
   System.out.println(arr[n]); //按顺序输出：Now all for good is the time
}
```

银幕上的变形金刚可以转换成为汽车或者机器人。有时候，我们需要把一些基本的数据类型转换成字符串。任何有字符串参与的加运算，结果都是返回字符串。例如，可能会遇到下面这样的写法：

```
String toString(int i) {
   return "" + i; //只是为了得到一个字符串
}
```

也有专门的方法可以把基本的数据类型转换成字符串。下面调用 String.valueOf 方法把整数转换成字符串：

```
int i = 10;
String val = String.valueOf(i); //把整数转换成字符串
```

反过来，也有专门的方法把字符串转换成基本的数据类型：

```
String val = "100";
int i = Integer.parseInt(val); //把字符串转换成整数
```

把长整型数转成二进制字符串：

```
Long.toBinaryString(val);
```

二进制字符串转成整型数：

```
Integer.parseInt(s, 2);
```

3.11.1　字符对象

用 Character.isUpperCase(ch)来判断是否大写字母：

```
char ch = 'a';
System.out.println(Character.isUpperCase(ch)); //输出 false
```

用 StringUtils.isNotEmpty 方法判断是否为空值。StringUtil.defaultIfEmpty 方法返回空值的替代值。

3.11.2　查找字符串

要找某个子串，可以使用 String.indexOf(String str)方法。这个方法返回 str 所在的位置，如果没有找到，就返回-1。

例如想从下面一行提取 mulls 的单数形式 mull：

```
English mulls   Noun    # {{plural of|mull}}
```

首先找到单词 mull 的开始位置，然后使用 String.substring 方法截取一部分：

```
String line = "English mulls   Noun    # {{plural of|mull}}";
int pos1 = line.indexOf("plural of|"); //找到位置
pos1 += "plural of|".length();
System.out.println(line.substring(pos1)); //输出：mull}}
```

indexOf(String str, int fromIndex)从指定位置开始查找。例如：

```
String inputIP = "127.0.0.1";
System.out.println(inputIP.indexOf('.', 4)); //输出 5，也就是第二个.所在的位置
```

用 indexOf(String, int)方法找到 mull 的结束位置：

```
int pos2 = line.indexOf("}", pos1); //从单词的开始位置向后找
System.out.println(line.substring(pos1, pos2)); //输出：mull
```

统计某字符串出现的次数。例如，在文本“一种锗、镓酸盐红外玻璃的制备方法，该方法包括下列步骤：原料预除水：将制备透红外锗、镓酸盐光学玻璃的混合好的原料移至铂金坩埚中后，放入温度为 100~600℃的电炉中，”中，镓酸盐出现了 2 次。实现代码如下：

```
static int occureTimes(String input, String findStr) {
    int index = input.indexOf(findStr);
    int count = 0;
    while (index != -1) {
        count++;
        input = input.substring(index + 1);
        index = input.indexOf(findStr);
    }

    return count;
}
```

用 startsWith 方法判断是否以某个字符或字符串开头。例如：

```
String strOrig = "Hello World";
System.out.println(strOrig.startsWith("Hello"));  //输出 true
```

3.11.3 修改字符串

去掉首尾的空格用 String.trim()方法。trim 方法返回去除首尾的空白后的字符串。常用在获得用户输入的字符串后，去除首尾的空白。例如：

```
String url = " http://www.lietu.com "; //前后有空格
System.out.println(url.trim()); //输出 http://www.lietu.com
```

有时候需要去掉字符串开始或者结束位置的垃圾字符，例如字符串 key 开头的字符"`"：

```
String key = "`word";
if(key.startsWith("`")) {
   key = key.substring(1);
}
```

去掉字符串#以后的字符：

```
String href = "http://www.lietu.com/train/index.html#part"; //去掉#part

int index = href.indexOf('#'); //首先看字符串中有没有#
if (index >= 0) { //如果有#，就去掉#以后的字符
   href = href.substring(0, index);
}
```

String.replaceAll 方法用于替换字符串中出现的字符。因为 replaceAll 接收正则表达式，所以^这样的字符需要加上\以表示原来的意思。例如：

```
String value = "电阻^";
value = value.replaceAll("\\^", "");  //对^需要转义
```

取得第一个分号前面的部分：

```
String value = "千米；公里";
value = value.split("；")[0];
```

扩展 trim 功能，让它能把首尾任意指定的字符去掉。例如：\joe\jill\去掉首尾的\，成为 joe\jill。Apache Commons 中有一个 StringUtils 类。StringUtils 中，有一个 strip(String, String) 方法实现这个功能。例如：

```
String name = "`joe jill-";
System.out.println(StringUtils.strip(name, "`-")); //输出：joe jill
```

StringUtils 类位于 http://commons.apache.org/lang/项目中。

3.11.4 格式化

String.Format 用来得到格式化字符串。例如：

```
Date d = new Date(now);
```

```
s = String.format("%tD", d);                // "12/13/16"
```

3.11.5　常量池

来看如下代码：

```
String s1 = new String("kill");
```

上面这段代码产生两个对象，一个是“kill”，该对象存入常量池中，另一个是复制“kill”的值，新产生一个对象，并返回给 s1，所以 s1 = new String(“kill”);实际上已经在常量池里注册了一个“kill”。除非确实需要一个新的拷贝，否则不要用这个构造方法。

使用 String.intern()方法则可以将一个 String 类的对象保存到一个全局 String 表中，如果具有相同值的 Unicode 字符串已经在这个表中，那么该方法返回表中已有字符串的地址，如果在表中没有相同值的字符串，则将自己的地址注册到表中。例如：

```
String s1 = new String("kill");
String s2 = s1.intern();
System.out.println(s1==s1.intern()); //false
System.out.println(s1 + " " + s2);
System.out.println(s2==s1.intern()); //true
```

如果有 N 个字符串，只取 K 个不同的值，其中 N 远远超过 K，则内部化是非常有益的。不是在内存中存储 N 个字符串，而是最多只储存到 K 个。例如，可能有一个 ID 类型，其中包括 5 位数字。因此，只能是 10^5 个不同的值。假设你现在在解析一个大的文档，有许多 ID 值的引用。比方说，这份文件总共有 10^9 个引用(显然，一些参考文件在其他部分重复了)。因此，在这种情况下，$n=10^9$ 而 $K=10^5$。如果不把字符串内部化，将在内存中存储 10^9 个字符串，其中很多字符串是相等的(鸽笼原理)。如果内部化 ID 字符串，当你解析文档时，会从文件中读出来非内部化的字符串。但是并没有保留任何对非内部化字符串的引用。因此这些字符串可以被当作垃圾收集。那么你将永远不需要在内存中存储超过 10^5 个字符串。

术语： Pigeonhole principle(鸽笼原理)　若有 n+1 只鸽子住进 n 个鸽笼，则至少有一个鸽笼至少住进 2 只鸽子。更抽象的描述是：n 个鸽子放进 m 个鸽笼里，如果 m<n，则至少有一个鸽笼放两个或两个以上鸽子。

索引列名称调用 String.intern()方法：

```
public class Field {
   protected String name = "body";

   public Field(String name, String value) {
      this.name = name.intern();
      //...
   }
}
```

因为 Field 对象使用的都是全局 String 表中的字符串，所以这样可以帮助垃圾回收没用的字符串，减少内存使用量。

在内部化的字符串上使用==操作比使用 equals()方法快，因为在调用 String.equals()以前，首先检查空指针。

String.intern()性能差，使用自己的字符串缓存在默认的缓存上面，可以极大地优化String.intern()。

下面是一个简单的字符串内部缓存实现。它没有锁，也没有内存屏障。它是一个散列表，采用限制长度的链表解决冲突，如果链表长度太长，则退化到使用String.intern()。

```
public class SimpleStringInterner {
    private static class Entry { //条目
        final private String str; //字符串
        final private int hash; //散列码
        private Entry next; //下一个条目的引用
        private Entry(String str, int hash, Entry next) { //构造方法
            this.str = str;
            this.hash = hash;
            this.next = next;
        }
    }

    private final Entry[] cache; //缓存
    private final int maxChainLength; //最大链长度

    /**
     * @param tableSize  哈希表的大小，应该是2的次方。
     * @param maxChainLength  每个链的最大长度，之后会删除其中最早插入的项目
    */
    public SimpleStringInterner(int tableSize, int maxChainLength) {
        cache = new
Entry[Math.max(1,BitUtil.nextHighestPowerOfTwo(tableSize))];
        this.maxChainLength = Math.max(2,maxChainLength);
    }

    public String intern(String s) {
        int h = s.hashCode();
        int slot = h & (cache.length-1); //只取低位字节

        Entry first = this.cache[slot]; //取得链表头
        Entry nextToLast = null; //链表中最后一个元素

        int chainLength = 0;

        for(Entry e=first; e!=null; e=e.next) {
            if (e.hash==h && (e.str==s || e.str.compareTo(s)==0)) {
                return e.str;
            }

            chainLength++;
            if (e.next != null) {
                nextToLast = e;
            }
        }

        //插入顺序的缓存：在头部添加新条目
        s = s.intern();
```

```
        this.cache[slot] = new Entry(s, h, first);
        if (chainLength >= maxChainLength) {
            //剪除最后一个条目
            nextToLast.next = null;
        }
        return s;
    }
}
```

仅知道两个字符串是否等价还不够，对排序应用来说，需要知道当前字符串是小于、等于还是大于下一个字符串。一个字符串小于另外一个，如果按字典序，它出现在另外一个字符串的前面。

一个字符串大于另外一个，如果按字典序，它出现在另一个字符串后面。String 类的 compareTo()方法用于这个目的。它的通用形式如下：

```
int compareTo(String str)
```

例如：

```
System.out.println("test".compareTo("car")); //输出 17
```

3.11.6　关于对象不可改变

术语： Immutable Object(不可变对象) 就是对象的所有属性的值都不可变更。JDK 中几个常用的不可变对象类包括 String、Integer、BigInteger、BigDecimal 等。

String 对象的值一旦在初始化时指定后，就不能再改变。

想象存在字符串常量池的情况下，但是要让字符串不可改变，这根本不可能。因为，例如，许多引用变量都引用了一个字符串对象“Test”，因此，如果其中任何一个改变值，则其他的值也会受影响。例如：

```
String A = "Test"
String B = "Test"
```

如果字符串 B 调用“Test”.toUpperCase()，改变同样的对象到“TEST”，因此 A 将会是“TEST”，这不是想要的结果。

已经广泛使用字符串作为参数，例如，要打开网络连接，可以传递主机名和端口号作为字符串参数。要打开数据库连接，可以传递数据库 URL 作为字符串参数。要打开任何文件，可以传递文件的名字作为参数给文件的 I/O 类。

如果不是不可改变的，则会导致严重的安全威胁。只要他有对任何某个文件的授权，然后他就可以更改文件名，无论他是有意的还是无意，他获得了对这些文件的访问权。

因为字符串是不可改变的，所以它可以在很多线程之间安全地共享。对于多线程编程，这很重要，因为可以避免同步问题。

因为不可改变，所以可以缓存散列码：

```
private int hash; //缓存的散列码值，默认是 0

public int hashCode() {
    int h = hash;
```

```
    if (h==0 && count>0) { //如果还没算过散列码值或者字符串中的字符数量大于 0
        int off = offset;
        char val[] = value;
        int len = count;

        for (int i=0; i<len; i++) {
            h = 31*h + val[off++];
        }
        hash = h;
    }
    return h;
}
```

这里 count > 0 的判断是为了避免空字符串。

查找字符串的时候不必每次都重复计算 hashCode，这使得字符串作为 HashMap 中的键速度很快。

字符串是不可改变的，重要原因是：它被用在类加载机制中。因此有深刻的和基本的安全方面问题的考虑。如果字符串可以改变，则加载"java.io.Writer"，就可能被改变成加载"mil.vogoon.DiskErasingWriter"。

为什么 String 是 final 的，也就是不能被继承的？因为这样就不会有子类来破坏字符串不可改变的特性。

3.12 日　期

Java 中有专门的日期类型 Date。经常要用到 Date 和 String 类型之间的相互转换。通过指定的格式把 Date 转换成 String。一般使用 SimpleDateFormat 指定输出日期的格式。例如：

```
Date now = new Date(); //当前时间
//日期格式是：年-月-日 时:分:秒
SimpleDateFormat df = new SimpleDateFormat("yyyy-MM-dd hh:mm:ss");
String time = df.format(now);
System.out.println(time); //输出当前时间，例如：2016-12-31 09:36:31
```

对日期格式串中的格式说明如下：

- yyyy 表示四位数的年份。
- MM 表示两位数的月份。
- dd 表示两位数的日期。
- hh 表示两位数的小时。
- mm 表示两位数的分钟。
- ss 表示两位数的秒钟。

网页中的日期是文本形式的，爬虫抓下来以后，需要转换成 Date 类型。也就是要把字符串转换成日期类型。

解析字符串之前，要定义好日期文本的格式。同样是用 SimpleDateFormat 表示的格式。

```
String dateStr = "2016.12.12-08:23:21"; //文本格式的日期字符串
Date d = null;
SimpleDateFormat sdf = new SimpleDateFormat("yyyy.MM.dd-HH:mm:ss");
```

```
try {
   d = sdf.parse(dateStr); //如果解析的文本不对，则会抛出异常
} catch (ParseException pe) { //处理异常
   System.out.println(pe.getMessage());
}
System.out.println(sdf.format(d)); //输出：2016.12.12-08:23:21
```

使用英语语言环境解析英语表示的时间：

```
String fromDateString = "Wed Jul 08 17:08:48 GMT 2016"; //表示日期的字符串
DateFormat formatter = new SimpleDateFormat("EEE MMM dd HH:mm:ss zzz yyyy",
                                Locale.ENGLISH); //英语语言环境
Date fromDate = formatter.parse(fromDateString);
TimeZone central = TimeZone.getTimeZone("America/Chicago");
formatter.setTimeZone(central); //为 DateFormat 设置时区
System.out.println(formatter.format(fromDate));
```

在日期格式中需要时区。没问题，只须增加+08:00 到字符串：

```
String dateString = "Sun, 04 Dec 2016 18:40:22 GMT";
SimpleDateFormat sdf = new SimpleDateFormat("E, dd MMM yyyy kk:mm:ss z",
                                Locale.ENGLISH);
Date date = sdf.parse(dateString + "+08:00");
System.out.println(date);
```

Date 对象类型支持比较大小。例如：

```
Date now = new Date(); //取得当前时间
Thread.sleep(1000l); //等 1 秒钟
Date after = new Date(); //再次取得当前时间

System.out.println(after.after(now)); //after 在 now 之后
```

3.13 大 数 对 象

当参与运算的数超过长整型数所能表示的上限时，就要使用大数对象 BigInteger 了。因为是用于计算的类，所以 BigInteger 属于 java.math 包，在使用前要导入这个类。

Java 是没有运算符重载的，所以不能直接用数学运算符计算 BigInteger，必须使用其内部方法。如 add()== “+”，subtract()== “-” 等，而且其操作数也必须为 BigInteger 型。

用一个整数数组表示这个 BigInteger 的大小：

```
final int[] mag;
```

这意味着，BigInteger 的零有一个零长度的 mag 数组：

```
BigInteger ZERO = new BigInteger(new int[0], 0);
```

如果是小的数值，则 mag 的长度是 1，在 mag[0]中存储原值。测试如下：

```
byte i = 3;
byte[] magnitude = new byte[1];
magnitude[0] = i;
BigInteger three = new BigInteger(magnitude); //构建 3 这个大整数
```

```
System.out.println(three.equals(BigInteger.valueOf(3))); //返回 true
```

3.14 给方法传参数

很多卫星发射后不再返回地球，而宇宙飞船则会返回地球。有些参数传入以后也不再返回值，而另外一些会返回值。不再返回值的参数叫作传值，返回值的参数叫作传引用。一次性的卫星就是传值，而可以返回的宇宙飞船则是传引用。

有两类数据类型：基本类型和引用类型。基本类型就是 int、double、boolean、char 等。所有的类都是引用类型。因为作为方法中的参数的基本数据类型和引用类型在调用方法后就不复存在了，而对象位于一个全局的内存区域，在调用方法后往往仍然存在。例如：

```
ArrayList<Integer> a = new ArrayList<Integer>();
Collection.sort(a); //调用 sort 方法后，对象 a 仍然存在
```

每次调用一个方法，分配一个新内存区域存储这个方法的局域变量。这个内存区域叫作栈帧。每个方法有一个自己的栈帧。当程序调用一个方法时，需要创建一个新的栈帧，当方法返回时，释放这个栈帧所占用的内存。测试方法如下：

```
public class CallStackDemo {
    public static void m2() {
        System.out.println("Starting m2");
        System.out.println("m2 调用 m3");
        m3();
        System.out.println("m2 调用 m4");
        m4();
        System.out.println("离开 m2");
        return;
    }

    public static void m3() {
        System.out.println("开始 m3");
        System.out.println("离开 m3");
        return;
    }

    public static void m4() {
        System.out.println("开始 m4");
        System.out.println("离开 m4");
        return;
    }

    public static void main(String args[]) {
        System.out.println("开始 main");
        System.out.println("main 调用 m2");
        m2();
        System.out.println("离开 main");
    }
}
```

输出结果：

```
开始 main
main 调用 m2
Starting m2
m2 调用 m3
开始 m3
离开 m3
m2 调用 m4
开始 m4
离开 m4
离开 m2
离开 main
```

方法栈帧如图 3-7 所示。

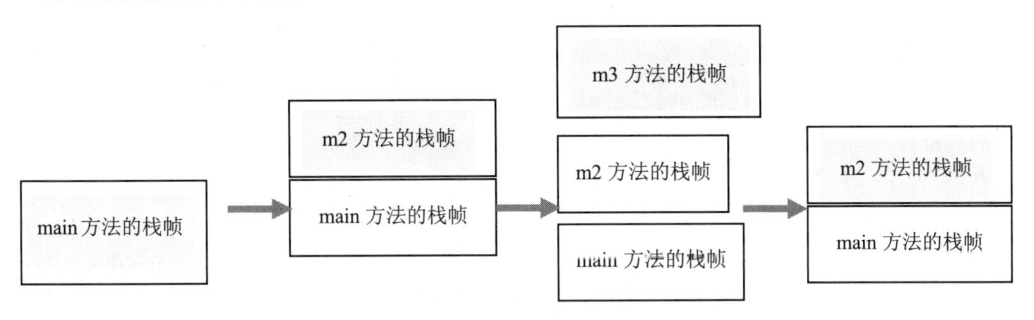

图 3-7　方法栈帧

3.14.1　基本类型和对象

如果要让一个变量的值加 1，可能想到这样的实现：

```
public static void run() {
    int  x = 17;
    increment(x);  //调用加 1 的方法
    System.out.println("x = " + x);
}

private static void increment(int  n) { //增加一个变量的值
    n++;
    System.out.println("n = " + n);
}
```

运行后输出结果：

```
n = 18
x = 17
```

n 的值增加了，但是 x 的值并没有增加。当传递一个基本数据类型的参数给一个方法时，会复制参数的值到新的栈帧，因此改变新栈帧中变量的值不会影响老栈帧中的变量。

为了能够让在方法中的修改生效，定义一个类：

```
public class EnbeddedInteger { //包装一个整数

    public EmbeddedInteger(int n) {
        value = n;
```

```
    }
    public void setValue(int n) {
        value = n;
    }
    public int getValue() {
        return value;
    }
    public String toString() {
        return "" + value;
    }
    private int value; //整数
}
```

通过传递对象来得到改变后的值：

```
public void run() {
    EmbeddedInteger x = new EmbeddedInteger(17);
    increment(x); //传递对象
    System.out.println("x = " + x);
}
private void increment(EmbeddedInteger n) {
    n.setValue(n.getValue() + 1); //修改对象中的属性
    System.out.println("n = " + n);
}
```

运行后输出：

```
n = 18
x = 18
```

当传递一个对象作为参数时，run 和 increment 方法的栈帧共享这个对象所占用的内存。对象中实例变量的任何改变都会在对象上永久生效。

传递基本类型和对象的效果并不是等价的。当传递一个对象给方法时，复制对象的引用而不是对象本身到方法的栈帧。传对象时的内存状态图如图 3-8 所示。

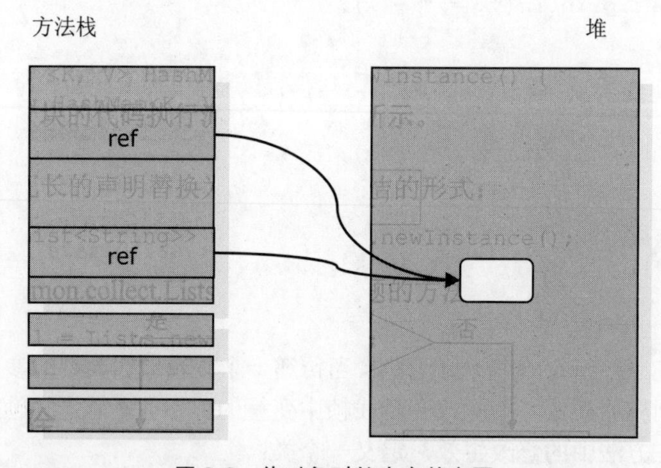

图 3-8　传对象时的内存状态图

如果一个方法需要返回多个值。怎么办？传入一个对象或者返回一个对象。

3.14.2 重载

人类的大脑重量仅占体重的 2%。但是，它消耗的能量却占到人体总能量的 20%。因此对于程序开发这样的脑力劳动，最好能够用最少的记忆来完成。

为了减轻记忆负担，同样功能的方法最好以相同的名字命名，哪怕需要传入的参数形式不一样。例如经常用 add 方法增加一个元素，不管增加的是一个字符还是字符串：

```
add(char c) {
    //完成功能
}

add(String s) {
    //调用 add(char)
}
```

这里顺便说一下同名调用但并非重载的例子，即递归调用。

有类似这样的一个方法：

```
story() {
    Person oldMonk = new Person("老和尚", 70);
    oldMonk.story();
}
```

例如处理一个目录下的文件：

```
private void indexDir(File dir) {

    File[] files = dir.listFiles();

    for (int i=0; i<files.length; i++) {
        File f = files[i];
        if (f.isDirectory()) {
            indexDir(f);  //递归调用
        } else if (f.getName().endsWith(".txt")) {
            indexFile(f); //处理文件
        }
    }
}

private void indexFile(File item) {

    System.out.println("处理文件: " + item);
    //处理文件
}
```

为了避免进入死循环，形成无限的递归，在方法中需要及时返回。例如，用递归的方式遍历目录。

每次调用方法，都要把输入参数压入栈，调用返回的时候还要弹出栈，这导致程序运行效率低，所以不推荐采用递归调用实现算法。为了把递归调用实现的算法转换成非递归调用实现，可以把要传递的参数放到变量中。

3.15 文件操作

一本电子书往往就是操作系统中的一个文件。文件都是二进制格式的。但是，文件也可以专门存储字符串，这样的文件叫作文本文件。例如，网页往往是以文本文件的形式存放在 Web 服务器中。文本文件可以直接用记事本编辑。大的文本文件如果用记事本打开，需要很长时间，所以最好用写字板打开超过几兆以上的文件。可以用 UltraEdit 打开二进制格式的文件。

一般使用串行方式读出或者写入文件。总地来说，使用输入流把文件内容读入内存，使用输出流把内存中的信息写出到文件。这些类位于 java.io 包下。输入和输出的类和方法往往是对应的。例如 Reader 和 Writer 类对应。

Windows 系统文件大小经常以字节为单位。文件大小往往用 MB 或者 GB 来衡量。1K 表示 1024，而 1M 表示 1024K，1G 表示 1024M。大约的计算方法是：1K 是 3 个零，1M 是 6 个零，1G 是 9 个零。

买硬盘的时候，比如 160GB，这里厂商使用的进制是 1000，而不是 1024，所以 160 个 GB 格式化以后就大概只有(160×1000×1000×1000)/1024/1024/1024 = 149GB。

3.15.1 文本文件

先了解如何读写文本文件，然后再看如何读写二进制文件。java.io.Reader 用来读取字符。它的子类 FileReader 用来读取文本文件。

FileReader 打开指定路径下的文件。文件的路径分隔符可以用“\\”或者“/”。

其中，“\\”是 Windows 风格的写法，因为字符串中的特殊字符要转义，所以用两个斜杠表示一个斜杠。而“/”是 Linux 风格的路径写法。因为不需要转义，所以这里的正斜线只需要写一个就可以了。例如：

```
FileReader fr = new FileReader("c:/autoexec.bat"); //打开文本文件
```

与下面这种写法是等价的：

```
FileReader fr = new FileReader("c:\\autoexec.bat"); //打开文本文件
```

如果有一堆砖要搬，一次又取不完，不会一次只拿一块砖，会尽量多拿几块。如果有很多内容要读，不会一次只读一个字节，而是一次尽量多读一些字节到缓存：

```
FileReader fr = new FileReader("c:/autoexec.bat"); //打开文本文件
BufferedReader br = new BufferedReader(fr); //缓存读
String line;
while((line=br.readLine()) != null) { //按行读入文件
    System.out.println(line);
}
fr.close(); //关闭文本文件
```

输入流把数据从硬盘读入到随机访问存储器(Random Access Memory，RAM)。可以根据输入流构建 BufferedReader，实现代码如下：

```
String fileName = "SDIC.txt";  //文件名
InputStream file = new FileInputStream(new File(fileName));  //打开输入流

//缓存读入的数据
BufferedReader in = new BufferedReader(new InputStreamReader(file,"GBK"));
```

使用 for 循环按行读入一个文件：

```
String fileName = "SDIC.txt";  //文件名
InputStream file = new FileInputStream(new File(fileName));  //打开输入流

//缓存读入数据
BufferedReader in = new BufferedReader(new InputStreamReader(file,"GBK"));

for (String line=in.readLine(); line!=null; line=in.readLine()) {
    System.out.println(line);
}
in.close();
```

等价于下面这个 while 循环：

```
String fileName = "SDIC.txt"; //文件名
InputStream file = new FileInputStream(new File(fileName));  //打开输入流

//缓存读入数据
BufferedReader in = new BufferedReader(new InputStreamReader(file,"GBK"));
String line = in.readLine();
while (line != null) {
    System.out.println(line);
    line = in.readLine();
}
in.close();
```

通过把赋值语句写在 while 循环的布尔表达式里面，中间的 while 循环可以简写成这样：

```
String line;
while ((line=in.readLine()) != null) { //合并赋值语句和判断条件
    System.out.println(line);
}
```

读入的字符串在 Eclipse 控制台中显示正常，不能保证读入的字符本身不是乱码。读入文件可以指定字符集编码。中文文本文件一般使用 GBK 编码。如果要把其他格式的文件转码成 GBK 编码，可以先用记事本打开这个文件，然后另存为编码是 ANSI 格式的文本文件。

读入文件时，可以在 InputStreamReader 的构造方法中指定字符集。读入 GBK 编码的文本文件的代码如下：

```
InputStream file = new FileInputStream(new File(path));
//创建使用 GBK 字符集的 InputStreamReader
BufferedReader read =
  new BufferedReader(new InputStreamReader(file, "GBK"));
```

为了支持多种语言，往往采用 UTF-8 格式编码的文件。把文件存成 UTF-8 格式的，然后用类似下面的代码读入：

```
String file = "D:/dict.txt";
```

```
InputStreamReader isr =
  new InputStreamReader(new FileInputStream(file), "UTF-8");
BufferedReader read = new BufferedReader(isr);
String line;
while ((line=read.readLine()) != null) {
   System.out.println(line);
}
```

java.io.Writer 用于输出字符流，FileWriter 类是 Writer 类的一个子类。使用 FileWriter 写入文本文件的例子如下：

```
String fileName = "c:/story.txt";

FileWriter writer = new FileWriter(fileName);
//写入四行，可以用写字板打开这个文件
writer.write("从前有座山，\n");
writer.write("山上有座庙。\n");
writer.write("庙里有一个老和尚，\n");
writer.write("一个小和尚。\n");
writer.close(); //关闭文件
```

一般来说，Writer 是把内容立即写到硬盘。如果要多次调用 write 方法，则批量写入效率会更高。类似于团购，其价格往往比单件购买低。可以使用缓存加快文件写入速度：

```
//使用默认的缓存大小
BufferedWriter bw = new BufferedWriter(new FileWriter(fileName));
bw.write("Hello,China!"); //写入一个字符串
bw.write("\n"); //写入换行符
bw.write("Hello,World!");
bw.close(); //把缓存中的内容写入文件
```

使用 BufferedWriter 写入数据时，最后需要调用 BufferedWriter 的 close 方法。如果不关闭文件，可能会导致缓存中的数据丢失，写入文件的数据不完整。例如，把集合中的元素写入到文件中：

```
ArrayList<String> words = getLexiconEntry(); //得到词表
String fileName = "C:/wordlist.txt"; //要写入的文件
BufferedWriter bw = new BufferedWriter(new FileWriter(fileName));

for(String w : words) {
   bw.write(w);
   bw.write("\r\n");
}
bw.close();
```

如果要写入一个 UTF-8 编码的文本文件，则可以在 OutputStreamWriter 的构造方法中指定字符集：

```
File file = new File("c:/temp/test.txt"); //创建一个文件对象
BufferedWriter out = new BufferedWriter(
  new OutputStreamWriter(new FileOutputStream(file), "UTF8"));
```

完整的代码如下：

```
/**
```

```
 * 向文件写入字符串
 * @param content 字符串
 * @param fileName 文件名
 * @param encoding 编码
 */
public static void writeToFile(String content, String fileName,
 String encoding) {
   try {
      FileOutputStream fos = new FileOutputStream(fileName);
      OutputStreamWriter osw = new OutputStreamWriter(fos, encoding);
      BufferedWriter bw = new BufferedWriter(osw);
      bw.write(content);
      bw.close();
   } catch (FileNotFoundException e) {
      e.printStackTrace();
   } catch (IOException e) {
      e.printStackTrace();
   }
}
```

如果黑板上已经有字，可以选择擦去黑板上已有的字重新写，也可以在原来的文字后继续写。如果一个文件已经存在，可以把新的内容以追加方式写到最后。也可以从头写入新内容，也就是覆盖写。FileWriter 的构造方法可以区分这两种写入方式：

```
//FileWriter 构造方法
FileWriter(String fileName, boolean mode) throws IOException
```

其中的 mode = false 表示覆盖写，mode = true 表示追加写。为了避免冲突，在一个时刻只能有一个线程写文件。

想打开大的文本文件，可以使用 Gvim(http://www.vim.org/download.php)，它是 vim 的 Windows 移植版本。或者可以使用 UltraEdit，不过 UltraEdit 是收费的。

3.15.2 二进制文件

FileWriter 只能接受字符串形式的参数，也就是说，只能把内容存入文本文件。相对于文本文件，采用二进制格式的文件存储更省空间。例如生物中的碱基用 A G C T 四个英文字符表示，也可以采用二进制格式表示：A 用 00 表示；G 用 01 表示；C 用 10 表示；T 用 11 表示。这样，二进制中的 8 位压缩成了 2 位。

读写二进制文件和文本文件使用不同的类。例如，搜索引擎中的索引库格式就是二进制文件。

InputStream 用于按字节从输入流读取数据。其中的 int read()方法读取一个字节，这个字节以整数形式返回 0~255 之间的一个值。为什么读一个字节，不直接返回一个 byte 类型的值？因为 byte 类型最高位是符号位，它所能表示的最大的正整数是 127。如果 read()方法返回-1，则表示已到输入流的末尾。

InputStream 只是一个抽象类，不能实例化。FileInputStream 是 InputStream 的子类，用于从文件按字节读取：

```
public static void main(String[] args) throws IOException {
   String filePath = "d:/test.txt";
```

```
    File file = new File(filePath); //根据文件路径创建一个文件对象

    //如果找不到文件，会抛出 FileNotFoundException 异常
    FileInputStream fileInput = new FileInputStream(file);

    fileInput.close(); //关闭文件输入流，如果无法正常关闭，会抛出 IOException 异常
}
```

OutputStream 中的 write(int b)方法用于按字节写出数据。FileOutputStream 用于按字节把数据写入文件。例如按字节把内容从一个文件读出来，并写入另外一个新文件，也就是文件拷贝功能：

```
File fileIn = new File("source.txt"); //打开源文件
File fileOut = new File("target.txt"); //打开写入文件，也就是目标文件

//根据源文件构建输入流
FileInputStream streamIn = new FileInputStream(fileIn);

//根据目标文件构建输出流
FileOutputStream streamOut = new FileOutputStream(fileOut);

int c;
//从源文件按字节读入数据，如果内容还没读完，则继续
while ((c=streamIn.read()) != -1) {
    streamOut.write(c); //写入目标文件
}

streamIn.close(); //关闭输入流
streamOut.close(); //关闭输出流
```

使用 DataOutputStream 支持直接写入整数等基本数据类型，把一个整数写入二进制文件的例子如下：

```
File file = new File(filePath); //根据文件路径创建一个文件对象

FileOutputStream fileOutput = new FileOutputStream(file);
BufferedOutputStream buffer =
  new BufferedOutputStream(fileOutput); //使用缓存写入
//将基本 Java 数据类型写到文件
DataOutputStream dataOut = new DataOutputStream(buffer);

dataOut.writeInt(nodeId); //写入整数

dataOut.close(); //关闭写入流
fileOutput.close(); //关闭文件输出流
```

使用 DataInputStream 把保存的整数从二进制文件读出来：

```
FileInputStream fileInput = new FileInputStream(file); //读取二进制文件
BufferedInputStream buffer = new BufferedInputStream(fileInput);

//从文件读入基本 Java 数据类型
DataInputStream dataIn = new DataInputStream(buffer);
```

```
int nodeId = dataIn.readInt(); //读出整数

dataIn.close(); //关闭读入流
buffer.close(); //关闭缓存
fileInput.close(); //关闭文件输入流
```

写入整数的 DataOutputStream.writeInt 方法和读出整数的 DataInputStream.readInt 方法对应。写入字节数组的 DataOutputStream.write 方法和读出字节数组的 DataInputStream.read 方法也是对应的。

DataInputStream.readByte()方法把最高位作为符号位，这样有可能读入负数。下面读入无符号的一个字节：

```
int type = dataIn.readUnsignedByte(); //把一个无符号的字节存入整数类型的变量
```

如果要把一个字符串保存到二进制文件，可以把字符串保存成 UTF-8 格式表示的字节数组。首先保存一个整数，用来表示要读入的字节数组的长度，然后是这个字节数组：

```
byte[] by = word.getBytes("UTF-8"); //得到字符串对应的字节数组

dataOut.writeInt(by.length); //写入字节的长度

dataOut.write(by); //写入字节数组的内容
```

读入二进制文件中的字符串时，首先读入一个整数，然后是一个字节数组，最后把这个字节数组恢复成字符串：

```
int length = dataIn.readInt(); //读出字符串的长度

byte[] bytebuff = new byte[length];   //创建字节数组
int count = dataIn.read(bytebuff); //读出字节数组的内容

String word = new String(bytebuff, "UTF-8"); //根据字节数组恢复出字符串
```

把从二进制文件读入字符串封装成一个方法：

```
static String readWord(DataInputStream dataIn) throws IOException {
   int len = dataIn.readByte(); //读入长度
   byte[] bytebuff = new byte[len];  //创建字节数组
   dataIn.read(bytebuff); //读入表示字符串的字节

   return new String(bytebuff, "UTF-8"); //根据字节数组恢复出字符串
}
```

用 DataInputStream.markSupported()方法判断文件是否支持重复读入：

```
String file = "D:/test.data";
InputStream fileInput = new FileInputStream(file);
BufferedInputStream buffer = new BufferedInputStream(fileInput);
DataInputStream dataIn = new DataInputStream(buffer);

System.out.println(dataIn.markSupported());
```

例如，读入两个字节，然后回到这两个字节之前：

```
dataIn.mark(10000);
```

```
dataIn.readByte();
dataIn.readByte();
dataIn.reset();
```

DataInputStream.skip 方法跳过指定字节。例如下面的例子：

```
DataInputStream dataIn = new DataInputStream(buffer);
dataIn.skip(1103061); //跳过 1103061 个字节
```

得到文件的长度用 File.length()方法：

```
String fileName = "D:/test.doc";
File file = new File(fileName);
long length = file.length();
System.out.println("文件长度:" + length);
```

有时候需要先删除文件，例如删除一个词典文件：

```
File dicFile =
  new File("./dic/" + BigramDictioanry.dataDic); //创建一个文件对象
boolean success = dicFile.delete();
System.out.println(success); //显示是否已经成功删除
```

用 RandomAccessFile.setLength(long newLength)方法去掉文件尾部的若干字节，例如：

```
RandomAccessFile file = new RandomAccessFile("f:\\down\\a.txt", "rw");

long newLength = 2;
file.setLength(newLength); //去掉尾部
file.close(); //这个文件只保留了前面两个字节的内容
```

判断文件是否已经存在，如果不存在，则生成这个文件：

```
File dataFile = new File(dicDir + dataDic);
if (!dataFile.exists()) {
    //如果文件不存在，则写入文件
}
```

遍历路径：

```
String dirName = "D:/dir/";
File dir = new File(dirName);
File[] files = dir.listFiles();

for (int i=0; i<files.length; i++) {
    File f = files[i];
    System.out.println(f);
}
```

3.15.3 文件位置

有些程序对于运行时内部要使用的文件，一般不能把绝对路径写死在代码中，而要用相对路径找到这样的文件。比如把文件放在与 JAR 包相同的路径下。

URI 本来是用来定位网络资源的，但也可以用来定位本地硬盘中的文件。通过给定的 URI 来创建一个新的 File 实例，然后再得到读取文件用的 FileReader。

例如读取/com/lietu/enDep/quantifier.txt 路径下的文本文件：

```
URI uri = TestFile.class.getClass().getResource(
          "/com/lietu/enDep/quantifier.txt").toURI();
File txtFile = new File(uri); //根据 uri 创建文件
FileReader fileReader = new FileReader(txtFile);
```

这个文件位于 bin 目录下，与 class 文件在同一个父目录。src 目录下的同名文本文件修改后不会自动同步到 bin 目录，需要手动更新。

也可以使用 URL 加载文件：

```
String fileName = "/com/huilan/dig/chat/polite.gram";
URL url = TernarySearchTrie.class.getClass().getResource(fileName);

BufferedInputStream stream =
  new BufferedInputStream(url.openStream(), 256);

String charSet = "UTF-8";
Reader reader = new InputStreamReader(stream, charSet);// 打开输入流

BufferedReader read = new BufferedReader(reader);
```

连接文件路径和文件名：

```
File dir = new File("d:/test/qa/");
String name = "/test.bin";
File file = new File(dir, name);
System.out.println(file); //输出 d:\test\qa\test.bin
```

3.15.4　读写 Unicode 编码的文件

UTF-16 以两个字节为编码单元，在解释一个 UTF-16 文本前，首先要知道每个编码单元的字节序。Unicode 规范中推荐在文件开始位置用几个字节标记字节顺序。把这几个字节叫作 BOM(Byte Order Mark)。

定义了 5 类 BOM，如表 3-2 所示，用来表示 5 种不同的编码方式。

表 3-2　BOM 标记

BOM	描　述	编　码
EF BB BF	UTF-8	UTF-8
FF FE	UTF-16/UCS-2, little endian	UTF-16LE
FE FF	UTF-16/UCS-2, big endian	UTF-16BE
FF FE 00 00	UTF-32/UCS-4, little endian	UTF-32LE
00 00 FE FF	UTF-32/UCS-4, big endian	UTF-32BE

Java 写的 UTF-8 文件不带 BOM 标记。但是对于所有的 Windows 用户，如果文本文件用记事本保存成 UTF-8 格式的，记事本会在文件开始位置增加 BOM 字节。

InpuStreamReader 支持 UTF-16 文件中的 BOM 标记，但是它不认识 UTF-8 BOM 标记。也就是说，不会跳过它。所以 InputStreamReader 读取记事本保存的 UTF-8 格式的文件会产

生乱码。这是把BOM标记当成普通字符产生的。

在UnicodeBOMInputStream中定义一个叫作BOM的内部类：

```
public static final class BOM {
    public static final BOM NONE = new BOM(new byte[]{}, "UTF-8", "NONE");

    public static final BOM UTF_8 = new BOM(new byte[] {
            (byte)0xEF, (byte)0xBB, (byte)0xBF}, "UTF-8", "UTF-8");

    public static final BOM UTF_16_LE = new BOM(new byte[] {
            (byte)0xFF, (byte)0xFE}, "UTF-16LE", "UTF-16 little-endian");

    public static final BOM UTF_16_BE = new BOM(new byte[] {
            (byte)0xFE, (byte)0xFF}, "UTF-16BE", "UTF-16 big-endian");

    public static final BOM UTF_32_LE = new BOM(new byte[] {
            (byte)0xFF, (byte)0xFE, (byte)0x00, (byte)0x00},
             "UTF-32LE", "UTF-32 little-endian");

    public static final BOM UTF_32_BE = new BOM(new byte[] {
            (byte)0x00, (byte)0x00, (byte)0xFE, (byte) 0xFF},
             "UTF-32BE", "UTF-32 big-endian");

    public final String toString() {
        return description;
    }

    public final byte[] getBytes() {
        final int length = bytes.length;
        final byte[] result = new byte[length];

        //做一个防御性的复制
        System.arraycopy(bytes, 0, result, 0, length);

        return result;
    }

    private BOM(final byte bom[], final String encode,
      final String description) {
        assert (bom != null) : "无效BOM: 不允许空值";
        assert (description != null) : "无效描述: 不允许空值";
        assert (description.length() != 0) : "无效描述: 不允许空字符串";

        this.bytes = bom;
        this.description = description;
        this.encode = encode;
    }

    final byte bytes[];
    private final String description;
    public final String encode;
}
```

使用UnicodeBOMInputStream：

```
FileInputStream fis = new FileInputStream("D:/dic/test.txt");
UnicodeBOMInputStream ubis = new UnicodeBOMInputStream(fis);

System.out.println("检测 BOM:" + ubis.getBOM());

//如果需要就跳过 BOM
ubis.skipBOM();
InputStreamReader isr = new InputStreamReader(ubis, "UTF-8");
BufferedReader br = new BufferedReader(isr);

//读入一行
System.out.println(br.readLine());

br.close();
isr.close();
ubis.close();
fis.close();
```

3.15.5　文件描述符

文件描述符在形式上是一个非负整数。实际上，它是一个索引值，指向内核为每一个进程所维护的该进程打开文件的记录表。当程序打开一个现有文件或者创建一个新文件时，内核向进程返回一个文件描述符。在程序设计中，一些涉及底层的程序编写往往会围绕着文件描述符展开。但是文件描述符这一概念往往只适用于 Unix、Linux 这样的操作系统。

在 Unix/Linux 平台上，对于控制台(Console)的标准输入、标准输出、标准错误输出也对应了三个文件描述符。它们分别是 0、1、2。

在实际编程中，如果要操作这三个文件描述符，建议使用 FileDescriptor 中定义的三个静态变量来表示：FileDescriptor.out、FileDescriptor.in 以及 FileDescriptor.err。

可以使用 FileDescriptor 构建输出流。例如，向控制台输出一个字符：

```
//根据文件描述符构建输出流
FileOutputStream streamOut = new FileOutputStream(FileDescriptor.out);
int c = 'a';
streamOut.write(c); //写入目标文件
streamOut.close(); //关闭输出流
```

可以从一个已有的 FileInputStream 对象或者 RandomAccessFile 对象调用 getFD()，得到一个 FileDescriptor 对象。然后根据 FileDescriptor 对象创建 FileInputStream。例如：

```
File aFile = new File("C:/lietu/myFile.text");
FileInputStream inputFile1 = null;      //存储输入流引用的变量
FileDescriptor fd = null;               //存储文件描述符的变量

try {
   // 创建输入流
   inputFile1 = new FileInputStream(aFile);
   fd = inputFile1.getFD();             //取得文件的描述符
} catch(IOException e) {   //捕捉 IOException 或者 FileNotFoundException
   e.printStackTrace(System.err);
   System.exit(1);
}
```

```
//可以从文件描述符创建文件的另外一个输入流
FileInputStream inputFile2 = new FileInputStream(fd);
```

如果发生I/O错误，getFD()方法可能抛出一个IOException类型的异常。因为IOException是FileNotFoundException的父类，所以catch块可以同时捕捉这两种异常。

3.15.6 对象序列化

雕刻一件物品可能比直接从模子铸出来多费很多时间。程序设计中，经常面临类似的情况，例如动态生成词典数据结构的状态速度慢，直接从二进制文件加载则速度快很多。如果直接由Java源代码生成可执行代码，可能会很慢，而由class代码格式变成可执行代码则很快。

首先保存对象的状态到二进制格式的文件。使用 DataOutputStream 类写二进制格式的文件。

从流中读出数据时，需要知道数据什么时候结束。一个输入流的readInt操作对应一个输出流的writeInt操作。对于长度不是预知的数据类型，在写入实际数据之前，需要写入数据的长度信息。例如一个包含数组的对象需要保存状态，首先写入数组的长度，然后写入数组内容：

```
public class BigramMap {
   public int[] prevIds; //相关词id数组
   public int[] freqs; //组合频率数组
   public int id; //词本身的id

   public void save(DataOutputStream outStream) //保存到文件
     throws IOException {
       outStream.writeInt(id);
       outStream.writeInt(prevIds.length); //写入key的数量

       for (int i=0; i<prevIds.length; i++) {
          outStream.writeInt(prevIds[i]); //写入词编号
          outStream.writeInt(freqs[i]); //写入词组合频率
       }
   }
}
```

然后从二进制格式的文件生成出一个对象。BigramMap类的构造方法如下：

```
public BigramMap(DataInputStream inStream) throws IOException {
   id = inStream.readInt(); // 获取词的id

   int len = inStream.readInt(); //获取文件中关联数组的长度
   prevIds = new int[len];
   freqs = new int[len];

   for (int i=0; i<len; i++) {
      prevIds[i] = inStream.readInt();
      freqs[i] = inStream.readInt();
   }
}
```

因为读和写的过程中可能有 IO 异常，所以不处理，直接抛出 IO 异常。这样的写法与操作基本数据类型的写法不一致，所以需要改进，最好输出流能直接写出对象，而输入流能直接读入对象。DataOutputStream 的 writeInt 方法写入整数，所以 ObjectOutputStream 写入对象的方法叫作 writeObject。例子如下：

```
FileOutputStream fos = new FileOutputStream(filename);
ObjectOutputStream out = new ObjectOutputStream(fos);
out.writeObject(obj); //把对象的状态写入输出流
fos.close(); //关闭文件
```

通过 ObjectInputStream 的 readObject 方法把对象的状态从文件读出来：

```
FileInputStream fis = new FileInputStream(filename);
ObjectInputStream in = new ObjectInputStream(fis);
BigramMap bm = (BigramMap)in.readObject(); //把对象的状态从输入流读出来
in.close();
```

对于任何需要序列化的对象，都应当继承 Serializable 接口，否则，序列化时会抛出 java.io.NotSerializableException 异常。

如果需要知道序列化对象的大小，则可以首先把它写入到内存中的字节输出流 ByteArrayOutputStream。例如：

```
TrieLink.Node obj = new TrieLink.Node('c'); //要输出的对象
ByteArrayOutputStream bos = new ByteArrayOutputStream();
ObjectOutputStream oos = new ObjectOutputStream(bos);
oos.writeObject(obj);
oos.flush();
System.out.println(bos.size());  //输出序列化后的大小
```

如果同时序列化几个互相引用的对象，序列化机制可以保证对象之间引用的正确性。创建两个有引用关系的对象，然后保存到文件：

```
TrieLink.Node parent = new TrieLink.Node('a');
TrieLink.Node child = new TrieLink.Node('b');
parent.firstChild = child;

String filename = "f:/object.bin";
FileOutputStream fos = new FileOutputStream(filename);
ObjectOutputStream out = new ObjectOutputStream(fos);
out.writeObject(parent); //把父对象的状态写入输出流
out.writeObject(child); //把孩子对象的状态写入输出流
fos.close(); //关闭文件
```

从文件加载这两个对象，并检查它们之间的引用关系是否还存在：

```
String filename = "f:/object.txt";
FileInputStream fis = new FileInputStream(filename);
ObjectInputStream in = new ObjectInputStream(fis);
TrieLink.Node parent =
  (TrieLink.Node)in.readObject(); //把父对象的状态从输入流读出来
TrieLink.Node child =
  (TrieLink.Node)in.readObject();  //把孩子的状态从输入流读出来
in.close();
```

```
System.out.println(parent.firstChild == child);
  //输出 true，也就是说，引用关系仍然存在
```

如果使用不同的 ObjectOutputStream 实例，引用就会丢失。解决方法是：序列化对象的唯一编码。在很多 Java 虚拟机实现中，System.identityHashCode 方法得到的是对象唯一的编码，但这样并不可靠。

把所有节点放到一个数组，这样可以用节点编号作为数组下标得到对应的节点。

反序列化的 readObject 方法没有调用对象的构造方法来生成对象。那么 readObject 得到的对象是怎么生成出来的？对象是由 JVM 直接生成出来的。

对象位于内存中的一个区域。可以保存一个对象中的状态，叫作持久化或者序列化。ObjectOutputStream 可以将一个实现了序列化的类实例写入到输出流中，ObjectInputStream 可以从输入流中将 ObjectOutputStream 输出的类实例读入到一个实例中。DataOutputStream 只能处理基本数据类型，而 ObjectOutputStream 除了可以处理基本数据类型，还可以处理对象。ObjectOutputStream 和 ObjectInputStream 处理的对象必须是实现了序列化的类类型。

对象只要实现 Serializable 接口，其他就可以不用自己管了：

```
public class BigramMap implements Serializable {
    //...
}
```

如果需要定制输出的二进制文件格式，也可以增加自己的 writeObject()和 readObject()方法：

```
//把对象中的实例变量的值写入输出流
private void writeObject(ObjectOutputStream outStream)
  throws IOException {
    outStream.writeInt(id);
    outStream.writeInt(prevIds.length); //记录数组的长度
    for (int i=0; i<prevIds.length; i++) {
        outStream.writeInt(prevIds[i]);
        outStream.writeInt(freqs[i]);
    }
}

//从输入流中读出值赋值给对象中的实例变量
private void readObject(ObjectInputStream inStream) throws IOException {
    id = inStream.readInt();
    int len = inStream.readInt(); //读出数组的长度
    prevIds = new int[len];
    freqs = new int[len];
    for (int i=0; i<len; i++) {
        prevIds[i] = inStream.readInt();
        freqs[i] = inStream.readInt();
    }
}
```

测试序列化是否正确。把对象状态保存到字节数组输出流，然后再从字节数组输入流读出：

```
BigramMap bm = new BigramMap(10, 0);
bm.put(19, 9);
```

```
    bm.put(18, 8);
    bm.put(17, 7);
    bm.put(16, 6);
    bm.put(15, 16);
    System.out.println("之前:\n" + bm);
      //输出 BigramMap@[15:16][16:6][17:7][18:8][19:9]

    ByteArrayOutputStream buf = new ByteArrayOutputStream();
    ObjectOutputStream o = new ObjectOutputStream(buf);
    o.writeObject(bm);
    //现在取回来
    ObjectInputStream in =
      new ObjectInputStream(new ByteArrayInputStream(buf.toByteArray()));
    BigramMap bm2 = (BigramMap)in.readObject();
    System.out.println("之后:\n" + bm2);
      //输出 BigramMap@[15:16][16:6][17:7][18:8][19:9]
```

如果要使用默认的序列化方法，一个类可以实现 Serializable 接口，或者扩展一个序列化类。如果一个类的超类不是可序列化的，它仍然可以实现 Serializable 接口，只要这个超类有一个没参数的构造器。如果用作一个远程方法的参数或者返回类型，那么一个类必须是可序列化的。

因为 readObject 和 writeObject 是私有的方法，所以一个类不能改进它的父类的方法。但是，当它的方法调用 defaultReadObject 和 defaultWriteObject 时，就是在调用超类的 readObject 或者 writeObject 方法。正是因为这些方法是私有的，所以不能把它们声明在 Serializable 接口中。

如果用 transient 声明一个实例变量，当对象存储时，它的值不需要维持。例如 ArrayDeque 中的变量都不是直接写入到持久化输出流，而是由定制的 writeObject 方法写入输出流：

```
public class ArrayDeque<E> implements Serializable { //实现序列化接口
   private transient E[] elements; //存储元素的数组
   private transient int head; //头
   private transient int tail; //尾

   //输出对象内容
   private void writeObject(ObjectOutputStream s) throws IOException {
      s.defaultWriteObject();

      //输出大小
      s.writeInt(size());

      //按顺序输出元素
      int mask = elements.length - 1;
      for (int i=head; i!=tail; i=(i+1)&mask)
         s.writeObject(elements[i]);
   }
}
```

defaultReadObject()调用默认的反序列化机制，并可以在你自己的序列化类中使用它。换句话说，当你有定制的反序列化逻辑时，还是可以调用默认的序列化方法。defaultReadObject()反序列化非静态和非 transient 属性。

可以用readResolve方法替换从流中读出的对象，这样来保证单件模式中的对象是唯一的。当读入一个对象时，用单件实例替换它。这可以保证没有人能通过序列化和反序列化单件对象创建另外一个实例。例如：

```
public final class Sides implements Serializable {
    private int value;
    private Sides(int newVal) { value = newVal; }
    private static final int LEFT_VALUE = 1;
    private static final int RIGHT_VALUE = 2;
    private static final int TOP_VALUE = 3;
    private static final int BOTTOM_VALUE = 4;

    public static final LEFT = new Sides(LEFT_VALUE);
    public static final RIGHT = new Sides(RIGHT_VALUE);
    public static final TOP = new Sides(TOP_VALUE);
    public static final BOTTOM = new Sides(BOTTOM_VALUE);

    private Object readResolve() throws ObjectStreamException {
        //根据这个实例上的值切换到匹配的对象
        switch(value) {
            case LEFT_VALUE: return LEFT;
            case RIGHT_VALUE: return RIGHT;
            case TOP_VALUE: return TOP;
            case BOTTOM_VALUE: return BOTTOM;
        }
        return null;
    }
}
```

3.15.7 使用IOUtils

Commons IO包含方便IO开发的工具类。使用org.apache.commons.io时，需要导入commons-io.jar。

使用FileUtils读取一个文件：

```
List<String> lines = FileUtils.readLines(file, "UTF-8");
```

从输入流写入数据到文件：

```
InputStream input = null;
FileOutputStream output = null;
try {
    input = //得到输入流
    File file = new File(filename);
    output = FileUtils.openOutputStream(file);
    IOUtils.copy(input, output);
} catch (Exception e){
    e.printStackTrace();
} finally {
    IOUtils.closeQuietly(output);
    IOUtils.closeQuietly(input);
}
```

3.16　Java 类库

原子组合成分子，分子组合成蛋白质，蛋白质组合成细胞，细胞组成生物体。一般情况下，每层都只需要考虑下一层的结构，而不需要考虑最底层的成分。化合作用一般不需要考虑原子内部的结构。

Java 类本身就封装了数据和操作数据的方法。存在不同层次的封装。Java 类越来越多以后，会难以管理。例如，可能会出现重名的类。比如一个班里有两个叫作陈晨的同学，如果他们在不同的小组中，可以叫第一组的陈晨或者第二组的陈晨，这样就能区分同名了。为了避免名字冲突，Java 类位于不同的命名空间中，叫作包。

例如 XML 解析包中有 Document 类，而 swing 文本组件模型中也有个类叫作 Document。可以在类名前面加上包名限定，这样，即使类名相同，也不会冲突了：

```
javax.swing.text.Document doc;
org.w3c.dom.Document domDoc;
```

用 package 关键字声明一个包名，而且这个声明必须放在程序的开始位置。例如存放数据结构相关类的包：

```
package dataStruct;
```

为了全球唯一，往往用网站域名作为包名。例如 org.w3c.dom 这样的包名。

如果每个类前面都写上包名会很麻烦。为了简化，调用属于同一个包的类，不需要写包名。销售部的人借调技术部的人，需要打申请报告。而需要用其他包的类，需要用 import 关键字导入想要的类或者包。

Eclipse 中有专门的快捷键用来查找类(Ctrl + Shift + r)。

相关的 Java 类位于同一个包中。例如，在 Lucene 组件中，分析文本相关的类都位于 org.apache.lucene.analysis。包中的类名不会有重复。

如果任何其他包中的类都可以访问一个类，则把这个类声明成 public 类型的。例如：

```
public class Token {
}
```

如果其他包不能访问这个类，则不加 public 修饰符。例如 org.apache.lucene.index 中的内部缓存类 IntBlockPool，不需要在外部能访问到这个类。所以把它定义成下面这样：

```
final class IntBlockPool {
}
```

可以把若干个 package 中的 class 文件放入一个 JAR 文件。一个 JAR 文件往往可以完成相对独立的功能。例如全文索引，或者记录日志，或者处理 PDF 文件格式。

相对类一级的封装来说，类库是一种比较高层次的封装。例如，Lucene 就是一个类库。

为了避免重复发明车轮子，开发过程中，很多时候不是在自己写类，而是使用别人写的类。Java 的基础类库其实就是 JDK 安装目录下面 jre\lib\rt.jar 这个包。学习基础类库就是学习 rt.jar。基础类库里面的类非常多。据说有 3000 多个。但是，对于我们来说最核心的只有 3 个包，分别是 java.lang.*和 java.io.*，以及 java.util.*。

因为 java.lang 这个包实在是太常用了，几乎没有程序不用它的，所以不管有没有写 import java.lang;，编译器只要看到没有找到的类，就会自动去 java.lang 里面找，看这个类别是不是属于这个包的。所以就不用特别去 import java.lang 了。

rt.jar 中包含了一些最好的 Java 代码，它的源代码在 src.zip 中。src.zip 位于 JDK 根目录，例如 C:\Program Files\Java\jdk1.7.0_03。

Eclipse 可以让 Java 基础类库关联源代码。在打开基础类时，在提示没有源代码的窗口上，有个找源代码的按钮，选择 src.zip 文件即可。

关联源代码还有两种方法：通过 Project 菜单下的 Properties → Java Build Path → Libraries，然后扩展 JRE System Library，也就是 JRE 版本，然后再扩展 rt.jar；选择 Source attachment，单击编辑……选择源代码文件(External File…)，然后单击 OK 按钮。通过 Window 菜单下的 Preferences → Java → Installed JRES，然后对想要的 JRE 单击 Edit……；扩展 rt.jar，选择 Source attachment 并单击 Source Attachment……选择源代码文件(External File…)，然后单击 OK 按钮。

可以通过 JDK API 文档来学习 Java 自带的类。

还可以使用在线的版本 http://docs.oracle.com/javase/7/docs/api/。

3.16.1 使用 Java 类库

Windows 下使用 DLL 封装可调用的程序库，但这样的库无法在 Linux 下使用。就好像黄金可以在世界各国通用，JAR 包可以在各操作系统上通用。可以在需要的项目中引用这个类库。也就是在 Java Builder Path 中添加要引用的 JAR 文件。例如，在爬虫项目中增加对 Lucene.jar 的引用。要引用的 JAR 文件往往放在项目的 lib 目录下。

有的项目下面有 lib 文件夹，有的项目就没有。lib 文件夹是自己建的，有依赖的 JAR 包才需要创建 lib，可以像建立 package 那样直接新建一个文件夹。

例如，要连接到 SQL Server 数据库，首先把 sqljdbc.jar 放到 lib 路径，然后在项目中增加对 sqljdbc.jar 的引用。

Eclipse 中的每个项目的根目录下都有个.classpath 文件。其中指定了源代码路径，编译后，输出文件的路径以及这个项目引用的 JAR 包的路径。

如果是可执行的 JAR 包，则可以用 java.exe 执行。例如，执行爬虫：

```
java -jar Crawler.jar
```

吃豆腐不要放醋。很多 JAR 包放在一起可能会冲突，尤其不要把不同版本的 JAR 包放在一起。

如果想要在命令行的任意目录下运行某个.class 文件的话，就需要配置 CLASSPATH 环境变量。首先在桌面右击“我的电脑”，然后选择“属性”→“高级”→“环境变量”，然后在其值中添加上存放.class 文件的目录路径，然后重新打开命令行，使用 echo 命令检查环境变量 CLASSPATH：

```
echo %JAVA_HOME%
```

如果有多个路径，则用分号隔开。在开发中，一般很少设置成指定的目录，一般设置成“.”，表示在当前路径中查找文件。

如果需要临时设置 CLASSPATH 的值，可以通过以下的操作来完成。首先打开命令行，输入 set CLASSPATH=.class 文件的路径。

> 注意：如果没有设置 CLASSPATH 环境变量，那么只会在当前路径中查找.class 文件；而如果设置了 CLASSPATH 环境变量，那么会先在 CLASSPATH 环境变量中查找，然后再看是否要查找当前目录。

- 如果在值的结尾处加上“;”，而且在 CLASSPATH 环境变量中找不到.class 文件，那么就会在当前目录中查找文件。
- 如果在值的结尾处不加上“;”的话，在 CLASSPATH 环境变量中找不到.class 文件时，就不会在当前路径中查找，即使当前路径中有.class 文件也不会执行。

CLASSPATH 和 PATH 环境变量不一样：PATH 是针对 Windows 可执行文件，也就是 EXE 等文件的；而 CLASSPATH 则是针对 Java 字节码文件的，也就是针对.class 文件的。

3.16.2　构建 JAR 包

JAR 包就是一个压缩文件，但是，不要用 WinRAR 之类的压缩软件打包。可以用命令行工具 jar 来构建 JAR 包。例如：

```
jar cvf Crawler.jar Crawler.class
```

如果要做一个可执行的 JAR 包，则可以在 MANIFEST.MF 文件中声明要运行的类。例如假设 com.lietu.crawler.Spider 包含 main 方法。则：

```
Manifest-Version: 1.0
Main-Class: com.lietu.crawler.Spider
Class-Path: nekohtml.jar lucene-core-3.0.2.jar .
```

其中定义了 Manifest 文件的版本号是 1.0。Class-Path 声明了依赖的 JAR 包 nekohtml.jar 和 lucene-core-3.0.2.jar，最后的点代表当前路径。

从源代码编译到 class。然后再从 class 构建 JAR 包，可以把这样的操作自动化。

C++中，一般使用 make 从源代码编译出可执行文件。而对于 Java 来说，一般采用 Ant (http://ant.apache.org/)编译源代码并构建 JAR 文件。

编译过程将源代码转换为可执行代码。编译时需要指定源文件和编译输出的文件路径。源文件路径一般是 src，而输出文件路径一般是 bin。Java 的编译会将.java 编译为.class 文件，将非.java 的文件(一般称为资源文件，比如图片、XML、txt、properties 等文件)原封不动地复制到编译输出目录，并保持源文件夹的目录层次关系。

通过 Ant 执行的 build.xml 来自动生成可执行的 JAR 包。Ant 通过调用目标树，就可以执行各种目标。例如编译源代码的目标，还有打 JAR 包的目标。

build.xml 文件定义了一个项目。项目相关的信息包括项目名和默认编译的目标。例如项目 seg 默认编译的目标是 makeJAR：

```
<project name="seg" default="makeJAR" basedir=".">
```

由于 Ant 构建文件是 XML 格式的文件，所以很容易维护和书写，而且结构很清晰。Ant 可以集成到开发环境中。Eclipse 默认地就安装了 Ant 插件。选中 build.xml 后，在 run as

中选取 ant build，就可以运行 build.xml 中的默认目标了。

使用 build.xml 可以做的事情有：

- 定义全局变量；例如定义项目名。
- 初始化，主要是建立目录；例如发布路径。
- 编译.java 源代码成为.class 文件；调用<javac encoding="utf-8" debug="true" srcdir="${src}" destdir="${bin}" classpathref="project.class.path" target="1.6" source="1.6"/>。
- 把 class 文件打包到一个 JAR 文件；调用<jar destfile="***">。
- 建立 API 文档。
- 目标之间可以有依赖关系。例如 makeJAR 依赖 init 和 compile。init 依赖 clean。所以目标执行顺序是 clean → init → compile → makeJAR：

```
<target name="makeJAR" depends="init,compile">
```

如果需要更新 WAR 中的文件，就设置 update="true"。

JAR 包里面要正好包含有用的.class 文件，既不能包含测试部分的代码，也不能包含源文件：

```
<target name="makeJAR" depends="init,compile">
    <jar destfile="${dist}/${jarfile}">
        <fileset dir="${bin}">
            <include name="**/*.class"/>
            <exclude name="**/*.jflex"/>
        </fileset>
    </jar>
</target>
```

javac 标签调用 java 编译器。如果 Java 源代码文件编码不一致，可能会出错，可以把编码统一成 GBK 或者 UTF-8。如果源代码文件编码是 UTF-8，则使用 javac 编译时，要增加 encoding 选项，指定编码是 UTF-8：

```
<javac encoding="utf-8" debug="true" srcdir="${src}" destdir="${bin}"
  classpathref="project.class.path" target="1.6" source="1.6" />
```

javadoc 标签生成文档。也就是从 src 目录的.java 文件中抽取出部分注释信息，形成 HTML 格式的文档放到 docs 目录中。例子如下：

```
<target name="createDoc">
    <!--destdir 是 javadoc 生成的目录位置-->
    <javadoc destdir="${distDir}" encoding="UTF-8" docencoding="UTF-8">
        <!--dir 是.java 文件的位置而不是.class 文件的位置-->
        <packageset dir="${srcDir}">
            <!--exclude 是不想生成哪些类的 javadoc-->
            <exclude name="${excludeClasses}" />
        </packageset>
    </javadoc>
</target>
```

要保证使用 ant 构建 JAR 包后，bin 目录下存在可执行的 class 文件，这样方便在 Eclipse 中执行类。这样就必须编译测试类：

```
<target name="compileTest" depends="makeJAR"
```

```
  description="compile the source ">
    <!--Compile the java code from ${test} into ${bin}-->
    <javac debug="true" srcdir="${test}" destdir="${bin}"
      classpathref="project.class.path" target="1.6" source="1.6"/>
</target>
```

如果您想要在几个任务中使用相同的路径，可以用一个<path>元素定义这些路径，并通过它们的 ID 属性引用这些路径。

生成 JAR 文件的 build.xml 完整内容如下：

```
<project name="seg" default="makeJAR" basedir=".">
   <description>
      Build file for segmenter
   </description>

   <!-- 设置全局属性-->
   <property name="product" value="seg" />
   <property name="src"  location="src" />
   <property name="bin"  location="bin" />
   <property name="dist"  location="dist" />
   <property name="lib"  location="lib" />
   <property name="jarfile" value="${product}.jar" />

   <path id="project.class.path">
      <pathelement path="${java.class.path}/" />
      <fileset dir="${lib}">
         <include name="**/*.jar" />
      </fileset>
   </path>

   <target name="init" depends="clean">
      <!--创建时间戳-->
      <tstamp/>
      <!--创建编译使用的 build 目录结构-->
      <mkdir dir="${bin}" />
      <mkdir dir="${dist}" />
   </target>

   <target name="compile" depends="init"
     description="compile the source ">
      <!--编译.java 代码从${src}到${build}-->
      <javac debug="true" srcdir="${src}" destdir="${bin}"
        classpathref="project.class.path" target="1.5" source="1.5" />
   </target>

   <target name="clean" description="removes temp stuff">
      <tstamp />
      <delete dir="${dist}" />
   </target>

   <target name="makeJAR" depends="init,compile">
      <jar destfile="${dist}/${jarfile}">
         <fileset dir="${bin}">
            <include name="**/*.class" />
            <exclude name="**/*.jflex" />
```

```
            </fileset>
        </jar>
    </target>
</project>
```

注意检查 JAR 包中不能多次包括同一个.class 文件，否则可能会导致加载错误的.class 文件。

除了 Ant，还有 Maven。例如 HttpClient 采用 Maven 构建。采用 Maven 构建的项目一般包括一个 pom.xml 文件：

```
<build>
    <plugins>
        <plugin>
            <artifactId>maven-assembly-plugin</artifactId>
            <configuration>
                <archive>
                    <manifest>
                        <mainClass>fully.qualified.MainClass</mainClass>
                    </manifest>
                </archive>
                <descriptorRefs>
                    <descriptorRef>jar-with-dependencies</descriptorRef>
                </descriptorRefs>
            </configuration>
        </plugin>
    </plugins>
</build>
```

使用下面的命令执行它：

```
mvn assembly:single
```

用 install 参数下载依赖的 JAR 文件：

```
mvn install
```

Maven 默认的本地仓库地址为${user.home}/.m2/repository。例如，如果用 Administrator 账户登录，则把 JAR 包下载到 C:\Users\Administrator\.m2\repository\这样的路径。

如果 JAR 文件位于 lib 路径下，则 Eclipse 的.classpath 文件中的 classpathentry 是 lib 类型的：

```
<classpathentry kind="lib" path="lib/commons-io-1.2.jar" />
```

如果 JAR 包位于 Maven 的存储库中，则 Eclipse 的.classpath 文件中的 classpathentry 是 var 类型的：

```
<classpathentry kind="var"
  path="M2_REPO/junit/junit/4.8.2/junit-4.8.2.jar"
  sourcepath="M2_REPO/junit/junit/4.8.2/junit-4.8.2-sources.jar" />
```

首先升级到 Eclipse Indigo，也就是 Eclipse 的 3.7 版本。

然后安装 m2e 插件(http://www.eclipse.org/m2e/download/)。这样，就可以正确导入存在的 Maven 项目。

mvn 可以通过 systemPath 标签指定本地 JAR 包。

3.16.3　使用 Ant

如果要在 Eclipse 中使用 Ant，则并不需要专门安装 Ant 软件工具。也可以不用 Eclipse，在命令行使用 Ant。从 http://ant.apache.org/bindownload.cgi 可以下载到 Ant 的最新版本。在 Windows 下 ant.bat 与三个环境变量相关：ANT_HOME、CLASSPATH 和 JAVA_HOME。需要用路径设置 ANT_HOME 和 JAVA_HOME 环境变量，并且路径不要以\或/结束，不要设置 CLASSPATH。使用 echo 命令检查 ANT_HOME 环境变量：

```
echo %ANT_HOME%
D:\apache-ant-1.7.1
```

如果把 Ant 解压到 C:\apache-ant-1.7.1，则应当修改环境变量 PATH，增加当前路径 C:\apache-ant-1.7.1\bin。

如果一个项目的源代码根路径包括一个 build.xml 文件，则说明这个项目可能是用 Ant 构建的。大部分用 Ant 构建的项目只需要如下一个命令：

```
#ant
```

可以运行指定的任务，例如运行下面的 compile 任务：

```
<target name="compile" depends="init"
  description="compile the source ">
    <javac debug="true" srcdir="${src}" destdir="${bin}"
      classpathref="project.class.path" target="1.5" source="1.5" />
</target>
```

使用命令行：

```
ant compile
```

如果出现了“D:\workspace\QA\src\questionSeg\bigramSeg\CnToken.java:1: 非法字符：\65279”这样的错误，应把文件另存，成为无 BOM 的格式。

ant 运行 build.xml 失败信息：

```
BUILD FAILED
D:\workspace\EnglishAnayzer\build.xml:49: Class not found: javac1.8
```

加 compiler=“modern”参数：

```
<javac compiler="modern" encoding="utf-8" debug="true" srcdir="${src}"
  destdir="${bin}" classpathref="project.class.path" target="1.7"
  source="1.7" />
```

3.16.4　生成 JavaDoc

用 javadoc 命令可以根据源代码中的文档注释生成 HTML 格式的说明文档。文档注释中可以使用 HTML 标签：

```
javadoc -d 路径 (指定注释文档的保存路径)
```

文档注释一般写在类定义之前、方法之前、属性之前。

在文档注释中，可以用@author 表示程序的作者，@version 表示程序的版本，这两个注释符号要写在类定义之前。

用于方法的注释标记有：@param(对参数进行注释)，@return(对返回值进行注释)，@throws(对抛出异常进行注释)，@see(与它相关的类)。

3.16.5 ClassLoader

虚拟机所执行的代码是从哪里来的？一个类代表要执行的代码，而数据表示与该代码相关的状态。状态可以改变，而代码一般不会。当我们关联一个特定的状态到一个类时，我们就有这个类的一个实例。因此，同一个类的不同实例可以有不同的状态，但都引用了相同的代码。

在 Java 中，一个类通常会在.class 文件中有它自己的代码，虽然也有例外。Java 运行时，每一个类都会以 Java 对象的形式有对应的代码，这是一个 java.lang.Class 的实例。当 JVM 加载一个 class 文件时，它把类的信息放入方法区。

编译任何 Java 文件时，编译器都会嵌入一个叫作 class 的 public、static、final 属性到生成的字节码中。它的类型是 java.lang.Class。它是用来描述类的类，所以叫作元类。类似地还有元数据，元数据是指描述数据的数据。

因为这个 class 属性是公开的，所以可以用点号访问它。就像这样：

```
java.lang.Class klass = Myclass.class;
```

每个类都由 java.lang.ClassLoader 的某个实例加载。一旦一个类被加载到 JVM 中，同一类不会被再次载入。

一个类由它的完全限定的类名来确定。但是在 JVM 中，一个类不仅仅用它的名字，还要加上加载这个类的 ClassLoader 实例才能唯一确定。只有加载器和类名都相同，才认为是同一个类。就好像一个人不仅仅用他的名字，还用他的籍贯来说明他自己。

内存的内容如图 3-9 所示。

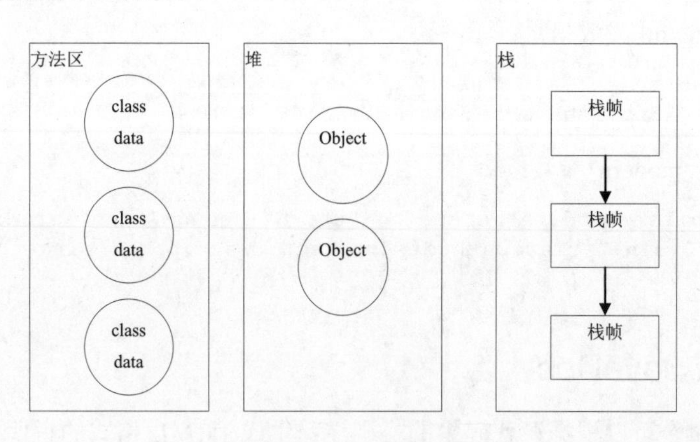

图 3-9　内存的内容

例如，在包 Pg 中，有一个叫作 Cl 的类，它被类加载器 ClassLoader 的实例 kl1 加载进来。也就是说，C1.class 以(Cl、Pg、kl1)联合作为唯一标识。这意味着，两个类加载器实例(Cl、Pg、kl1)和(Cl、Pg、kl2)不一样。它们加载的类完全不同，并且互相类型不兼容。

例如：

```
package object.classLoader;

public class DemoClassCastException {
    public static void main(String[] args) throws Exception {
        //得到当前类的地址
        URL resource =
          DemoClassCastException.class.getClassLoader().getResource(".");

        //创建一个新的类加载器来加载这个类
        //让这个类加载器的父亲是null
        ClassLoader cl1 = new URLClassLoader(new URL[] {resource}, null);
        Class c =
          cl1.loadClass("object.classLoader.DemoClassCastException");

        Object obj = c.newInstance();
        //抛出异常ClassCastException
        DemoClassCastException newInstance = (DemoClassCastException)obj;
    }
}
```

一个类装载器装入名为 Valcano 的类到一个命名空间后，它就不会再装载同样名为 Valcano 的其他类到相同的空间。但是，可以把多个 Valcano 类装入到一个虚拟机中，因为可以通过不同的装载器加载到其他的命名空间中。

所有的类都是由 java.lang.ClassLoader 的子类加载进来的：

```
public class TestClassLoader {
    public static void main(String[] args) {
        System.out.println(TestClassLoader.class.getClassLoader());
        //输出sun.misc.Launcher$AppClassLoader@1342ba4
        System.out.println(String.class.getClassLoader()); //输出null
    }
}
```

这个测试表明，TestClassLoader 这个类是由 AppClassLoader 的一个实例加载进来的。如果一个类是根加载器加载的，则 getClassLoader()返回 null，例如 java.lang.String。

冒名顶替会产生严重的后果。例如，湖南邵东学生罗彩霞被当地公安局政委女儿王佳俊冒名顶替上大学，她被迫复读一年后才考取大学。为了避免有人编写了一个恶意的基础类(如 java.lang.String)并装载到 JVM 中所带来的可怕后果，ClassLoader 装载一个类时，首先由根装载器来装载，只有在找不到类时，才从自己的类路径中查找并装载目标类。

当一个类加载进来的时候，所有它引用的类也都加载进来。这个类加载模式递归地发生，直到所有需要的类都加载进来为止。但这可能不是应用程序中所有的类。

JVM 不加载没有引用的类，直到引用到他们的时候才加载。有时候并不会直接引用一个类，例如 MySQL 的驱动程序 org.gjt.mm.mysql.Driver，所以要手动加载这个类。可以用 Class.forName 方法加载一个类。例如，调用 Class.forName(“org.gjt.mm.mysql.Driver”)来加载驱动程序 org.gjt.mm.mysql.Driver。

调用 forName(“X”)引起名字叫作 X 的类初始化。也就是在类加载后，JVM 执行所有它的静态块。例如：

```
package object;

public class AClass {
    static {
        System.out.println("在 AClass 中的静态块");
    }
}

public class Program {
    public static void main(String[] args) {
        try {
            Class c = Class.forName("object.AClass");
        } catch (ClassNotFoundException e) {
        }
    }
}
```

执行 Program 的输出是：

```
在 AClass 中的静态块
```

在一个实例方法中，语句：

```
Class.forName("object.AClass");
```

等价于：

```
Class.forName("object.AClass", true, this.getClass().getClassLoader());
```

有时候可能找不到这个类，所以要指定 ClassLoader。假设 attClass 和它的实现类 attClass.getName() + “Impl”在同一个 JAR 包中，则可以这样写：

```
Class.forName(attClass.getName() + "Impl", true, attClass.getClassLoader());
```

为了让 JDBC 程序可以任意切换驱动程序，在使用 JDBC 驱动时，会用到动态加载。例如，类加载器试图加载和链接在 org.gjt.mm.mysql 包中的驱动器类，如果成功，则调用静态初始化块：

```
Class.forName("org.gjt.mm.mysql.Driver");
Connection con = DriverManager.getConnection(url, "myLogin", "myPassword");
```

这样在程序编译时，就不需要用到 mysql-connector-java-5.1.6-bin.jar 这样的驱动程序了。这样即能方便地实现在不同驱动器之间切换。

所有的 JDBC 驱动有一个静态块，用 DriverManager 注册它自己。MySQL JDBC 驱动 org.gjt.mm.mysql.Driver 的静态块看起来像这样：

```
static {
    try {
        java.sql.DriverManager.registerDriver(new Driver());
    } catch (SQLException E) {
        throw new RuntimeException("不能注册驱动器!");
    }
}
```

JVM 执行静态块时，MySQL 驱动器用 DriverManager 注册它自己。

需要有一个数据库连接，来操作数据库。为了创建到数据库的连接，DriverManager 类需要知道要使用哪个数据库驱动程序。通过遍历已经注册的驱动器数组，并调用每个驱动器上的 acceptsURL(url)方法，来询问驱动器是否能处理 JDBC URL。

Class.newInstance()可以调用没有参数的构造方法。Class.forName("X")返回类 X 的类对象，并不是 X 类自己的一个实例。所以可以这样创建一个类的实例：

```
Class.forName("com.mysql.jdbc.Driver").newInstance();
```

注意，此方法传播默认构造器抛出的任何异常，包括检查的异常。使用这种方法绕过了编译时的异常检查，而这本来是能被编译器查到的异常。Constructor.newInstance 方法避免了这个问题，把构造器抛出的任何异常包装到 InvocationTargetException 中。

如果提供的给构造器的参数有两个，而此类构造方法只接受一个参数，于是就抛出这个异常。

下面的例子使用一个构造器反射，通过调用 String(String)和 String(StringBuilder)构造器来创建一个字符串对象：

```
Class<String> clazz = String.class; //得到字符串元类

try {
    Constructor<String> constructor =
            clazz.getConstructor(new Class[]{String.class});  //构造器

    String object = constructor.newInstance(new Object[]{"Hello World!"});
    System.out.println("String = " + object); //输出 String = Hello World!

    constructor = clazz.getConstructor(new Class[]{StringBuilder.class});
    object = constructor.newInstance(
                new Object[]{new StringBuilder("Hello Universe!")});
    System.out.println("String = " + object); //输出 String = Hello Universe!
} catch (NoSuchMethodException e) {
    e.printStackTrace();
} catch (InstantiationException e) {
    e.printStackTrace();
} catch (IllegalAccessException e) {
    e.printStackTrace();
} catch (InvocationTargetException e) {
    e.printStackTrace();
}
```

为了重复载入来源于同一位置的新实现的类/资源，创建任意数量的 URLClassLoader 的实例，然后在新的类加载器实例的帮助下实现重复加载。这是一种十分常见的编程技术。

事实上，像 plexus-compiler 这样的一些知名的工具，都大量使用 IsolatedClassLoader 来实现以上概念。

实际问题与内存泄漏有关。假设有一个大的 Maven 项目，在 Maven 资源库中有 200 个 JAR 文件。在源文件中的任何代码修改都会触发 MavenBuilder。

① 它会调用 plexus-compiler 相关的 JAR 包中的 JavacCompiler。

② 接着创建 IsolatedClassLoader cl = new IsolatedClassLoader()[扩展 URLClassloader]。

③ 加载 urlClassPath 中的 200 个 JAR 文件的列表，也就是调用 cl.addURL(URL)。

④ 加载classpath中的javac.Main和所有的JAR文件，反射性地触发编译。

因此，对于N个保存操作，会创建IsolatedClassloader的N个实例。原则上，一旦应用程序清除了加载器对象的所有引用，垃圾回收和结束机制最终将确保所有资源(如JarFile对象)被释放和关闭。但是，实际上，应用程序会内存溢出，产生OutOfMemory错误。

我们使用最佳并发垃圾回收策略——Xgcpolicy:optavgpause。但是，应用程序仍然很快运行到内存溢出了。

针对堆转储的分析显示，有100个IsolatedClassloader的实例，每个都持有无人认领的ZipFileIndexEntry。也就是说，每个类加载器的实例都有所有的JAR的索引项目。

看起来，因为在前一个加载器关闭资源前，一个新的URL类加载器已经创建了，垃圾回收器迷惑了，所以没有回收前一个类加载器。这会导致问题，因为应用程序需要它能够以可预测的方式和以及时的方式被当作垃圾回收。在Windows下问题更严重，因为打开的文件不能被删除或者替代。

JDK 7的URLClassLoader已经实现了close()方法，给调用者一个机会让加载器失效。这样，没有新的类能从它这里加载。这样也就关闭了任何加载器打开的JAR文件。这让应用程序能够合理地删除和替换这些文件，优雅地使用新的实现创建新的加载器。

可以修复这个问题。org.codehaus.plexus.compiler.javac.JavacCompiler类中的实现如下：

```
public class JavacCompiler {
    compileInProcess(String[] args) {
        IsolatedClassLoader loader = new IsolatedClassLoader();
        loader.addURL(jarListoURI().toURL());

        c = loader.loadClass("com.sun.tools.javac.Main");

        ok = (Integer)compile.invoke(args)

        //已经完成编译，去掉加载器
        loader.close();
    }
}
```

俗话说“请神容易送神难。”一个类可以被卸载的唯一途径是，加载它的ClassLoader被当作垃圾回收了。

3.16.6 反射

假设要做一个工具，编译生成的Java代码。就像JSPServlet拿一个.jsp文件，把它转换成.java文件，然后编译它。

代码在系统的类加载器中执行，为了找到JDK的tools.jar，然后让javac类运行，需要创建一个URLClassLoader的实例，然后把tools.jar作为URL[]类路径的一部分：

```
final File toolsJar =
  new File(System.getProperty("java.home"), "../lib/tools.jar");
final ClassLoader javacClassLoader =
  new URLClassLoader(new URL[]{toolsJar.toURI().toURL()}, null);
Class javacClass = javacClassLoader.loadClass("com.sun.tools.javac.Main");
Object compile = clazz.newInstance(); //创建编译对象
```

这些都能正常运行，问题是通过类型转换使用这个类时，遇到了错误：

```
Main main = (Main)compile;
```

这行代码抛出一个 ClassCastException 异常。因为通过自定义的类加载器得到一个类，现在却把它转换成系统类加载器加载的另外一个类。这样就加载了两个不同的字节代码。

很显然，这是为什么出现问题的原因。可以用反射来动态调用编译对象中的方法。这样就避免了强制类型转换：

```
Method compile = javacClass.getMethod("compile",
            new Class[]{String[].class, PrintWriter.class});

ok = (Integer)compile.invoke(null,
            new Object[]{args, new PrintWriter(out)});
```

术语：Reflection(反射)　*在运行时判断任意一个对象所属的类；在运行时判断任意一个类所具有的成员变量和方法。*

Java 语言中的泛型的类型信息在编译时就丢失了。这样导致在运行时，没法区分 List<String>和 List<Long>。

3.17　编 程 风 格

人际交往中有约定俗成的行为规范。写代码时有一些可以参考的建议，例如类名和变量名的命名规范。遵循类似的编程风格，就能方便其他程序员阅读你写的代码。

3.17.1　命名规范

方法名和变量名都可以使用$这样的符号。例如：

```
public class ClassName {
   public static ClassName $(){
      return null;
   }
}
```

不过一般不鼓励起这样奇怪的名字。而且也不能用汉字这样的非 ASCII 编码的字符作为变量名。

为增强程序可读性，Java 做如下约定。

- 类、接口：通常使用名词，且每个单词的首字母要大写。
- 方法：通常使用动词，首字母小写，其后用大写字母分隔每个单词。
- 常量：全部大写，单词之间用下划线分隔。
- 变量：通常使用名词，首字母小写，其后大写字母分隔每个单词，避免使用$符号。

Java 中的关键词都是英文，最好用英语命名，不要用拼音，因为拼音容易有歧义。即不能把 if 写成 ruguo(如果)，同理，类名或者变量名、方法名也应该用英语命名。

可以使用 Google 机器翻译。虽然某些机器翻译有可能把“公共卫生间”错误地翻译成

“Between public health”，但大部分词的翻译结果还是比较靠谱的。

有很多种不同的名称，例如类的名称、变量的名称，命名方式各不一样。例如爬虫类名 Crawler，以大写开头，其中的方法名 getURLs 以小写开头。总地来说有两种：以小写字母开头的命名方式，以大写字母开头的命名方式。

如果一个名称由多个单词组成，因为这些单词之间不允许有空格，所以用大小写不同的方式来区分单词间隔，如果都是大写字母，则单词之间用下划线隔开。

对类名和常量来说，单词首字母都大写。但常量剩下的字母也大写，也就是说，常量名都大写，例如：

```
public static final double PI = 3.14;     //圆周率
public static final double NEGATIVE_INFINITY = -1.0/0.0;  //最大的负数
```

变量名不是越长越好，在尽量见名知意的同时，还要兼顾简洁性。临时变量可以用短的名字，而全局的类变量要用长的、有意义的名字。

3.17.2 流畅接口

方法链编程风格能使应用程序代码更加简捷。

用两个时间点构造一个时间段对象的普通设计如下：

```
TimePoint fiveOClock, sixOClock;
TimeInterval meetingTime = new TimeInterval(fiveOClock, sixOClock);
```

方法链编程风格的设计是这样的：

```
TimeInterval meetingTime = fiveOClock.until(sixOClock);
```

按传统 OO 设计，until 方法本不应出现在 TimePoint 类中，这里 TimePoint 类的 until 方法同样代表了一种自定义的基本语义，使得表达时间域的问题更加自然。

看一下如何支持这样的链式方法调用：

```
Person person = new Person();
person.setName("Peter").setAge(21).introduce();
  //输出Hello, my name is Peter and I am 21 years old.
```

如下是一个实现方法链的例子：

```
class Person {
    private String name;
    private int age;

    //除了正常地设置属性，
    //还返回 this 属性中保存的当前 Person 对象，允许进一步的链式方法调用
    public Person setName(String name) {
        this.name = name;
        return this;
    }

    public Person setAge(int age) {
        this.age = age;
        return this;
    }
```

```
    public void introduce() {
        System.out.println("Hello, my name is " + name
          + " and I am " + age + " years old.");
    }
}
```

如果喜欢 Linq 编程风格，可以使用 http://code.google.com/p/diting/。

3.17.3　日志

为了不影响程序运行速度，一般不把搜索日志记录直接记录在数据库中，而是写在文本文件中。如果只需要简单地记录日志，可以使用 java.util.logging(JUL)。最主要的类是 java.util.logging.Logger。通过 Logger.getLogger 方法创建一个 Logger 实例。每个 Logger 实例都必须有个名称，通常的做法是使用类名称定义 Logger 实例：

```
Logger logger =
  Logger.getLogger(LoggingExample.class.getName()); //得到 Logger 对象
```

像撞车这样的信息应该记录成最严重的级别。而路上开始堵车这样的信息则往往不太重要。JUL 支持从低往高 7 个日志级别：

- 最细微的信息——非常详细的记录，其中可能包括高容量的信息，如协议的有效载荷。此日志级别通常只在开发过程中启用。
- 比较细微的信息——详细程度比最细少一点，通常不会在生产环境中启用。
- 细微的信息——细粒度的日志，通常不会在生产环境中启用。
- 配置——输出配置信息的日志，通常不会在生产环境中启用。
- 一般信息——信息的消息，这通常是在生产环境中启用。
- 警告——可以恢复的故障或临时故障的警告消息，通常用于非关键的问题。
- 严重警告——错误消息。

为了发出日志消息，你可以简单地调用日志记录器上的一个方法。Logger 类有 7 种方法，其名称对应的日志级别是 finest()、finer()、fine()、config()、info()、warning()和 severe()。

例如，通过 info 方法提示加载资源的路径：

```
public class CnTokenizerFactory {
    static final Logger log =
      Logger.getLogger(CnTokenizerFactory.class.getName());
}
//...
log.info("词典路径=" + dicPath);
```

测试所有输出级别的代码如下：

```
Logger logger =
  Logger.getLogger(LoggingExample.class.getName()); //得到 Logger 对象
logger.severe("严重信息"); //例如，保存文件失败
logger.warning("警告信息");  //例如，输入信息是空
logger.info("一般信息");  //例如，用户 xxx 成功登录
logger.config("配置方面的信息"); //例如，使用的配置文件名称
logger.fine("细微的信息");  //例如，读入配置文件
logger.finer("更细微的信息"); //读入要抓取的 url 地址列表
```

```
logger.finest("最细微的信息"); //例如，开始执行某个方法
```

在控制台输出：

```
2011-9-25 9:40:49 basic.LoggingExample main
严重：严重信息
2011-9-25 9:40:49 basic.LoggingExample main
警告：警告信息
2011-9-25 9:40:49 basic.LoggingExample main
信息：一般信息
```

低级别的日志没有显示，因为Logger默认的级别是INFO，比INFO更低的日志将不显示。可以控制日志显示的级别。级别OFF可用来关闭日志记录，使用级别ALL启用所有消息的日志记录：

```
logger.setLevel(Level.ALL);
```

除了输出到控制台，还可以将日志输出到文件。可以使用输出媒介控制器(Handler) FileHandler将日志输出到文件：

```
Logger logger = Logger.getLogger(LoggingExample.class.getName());
FileHandler fileHandler = new FileHandler("e:/loggingHome.log");
logger.addHandler(fileHandler);
```

Logger默认的输出处理器(Handler)是java.util.logging.ConsolerHandler，也就是将信息输出至控制台。如果不希望在控制台输出日志，可以删除ConsoleHandler：

```
Logger rootLogger = Logger.getLogger(""); //取得根日志类
Handler[] handlers = rootLogger.getHandlers();
if (handlers[0] instanceof ConsoleHandler) {
   rootLogger.removeHandler(handlers[0]);
}
```

一个Logger可以拥有多个handler。上面的Logger将会把日志在控制台打印的同时，也会输出到文件。

如果希望改变日志类的默认行为，可以取得根日志类，修改根日志的输出。其他的日志都继承根日志的输出和级别。

FileHandler默认输出成XML格式。可以输出成简单的文本文件的格式：

```
FileHandler fileHandler = new FileHandler("e:/loggingHome.log");
fileHandler.setFormatter(new SimpleFormatter());
```

为了定制输出，可以提供自己的格式化类。JUL把每次日志内容都转换成一个LogRecord对象。定制的格式化类需要继承Formatter，重写其中的抽象方法format，把LogRecord转换成一个字符串：

```
fileHandler.setFormatter(new Formatter() {
    public String format(LogRecord rec) {
        StringBuffer buf = new StringBuffer(1000);
        //格式化当前时间
        Date date = new Date();
        DateFormat dateFormat =
          new SimpleDateFormat("yyyy年MM月dd日 HH:mm:ss");
        buf.append(dateFormat.format(date));
```

```
            buf.append(' ');
            buf.append(rec.getLevel());
            buf.append(' ');
            buf.append(formatMessage(rec));
            buf.append('\n');
            return buf.toString();
        }
    });
```

输出的结果如下：

```
2016年09月25日 11:31:36 SEVERE 严重信息
2016年09月25日 11:31:36 WARNING 警告信息
2016年09月25日 11:31:36 INFO 一般信息
2016年09月25日 11:31:36 CONFIG 设定方面的信息
2016年09月25日 11:31:36 FINE 细微的信息
2016年09月25日 11:31:36 FINER 更细微的信息
2016年09月25日 11:31:36 FINEST 最细微的信息
```

默认是覆盖写，可以追加写入日志文件：

```
boolean append = true;
FileHandler fileHandler = new FileHandler("e:/loggingHome.log", append);
```

JUL 中日志信息的处理流程如图 3-10 所示。

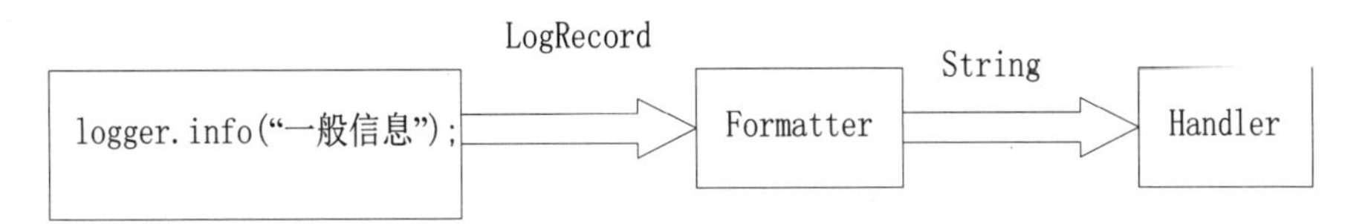

图 3-10　JUL 中日志信息的处理流程

可以使用配置文件指定日志输出的格式和输出到哪些地方。日志配置文件的例子如下：

```
# 全局日志属性
# ------------------------------------------
# 启动时加载的处理器集合
# 是一个逗号分隔的类名列表
handlers=java.util.logging.FileHandler, java.util.logging.ConsoleHandler

# 默认的全局日志级别
# Logger 和 Handlers 可以重写这个级别
.level=INFO

# Loggers
# ------------------------------------------
# Logger 通常附加到包上
# 这里声明每个包的级别
# 默认使用全局级别
# 因此这里声明的级别用来替代默认级别
myapp.ui.level=ALL
myapp.business.level=CONFIG
myapp.data.level=SEVERE
```

```
# Handlers
# -----------------------------------------

# --- ConsoleHandler ---
# 替代全局日志级别
java.util.logging.ConsoleHandler.level=SEVERE
java.util.logging.ConsoleHandler.formatter=
java.util.logging.SimpleFormatter

# --- FileHandler ---
# 替代全局日志级别
java.util.logging.FileHandler.level=ALL

# 输出文件的命名风格:
# 输出文件放在由"user.home"系统属性定义的目录下
java.util.logging.FileHandler.pattern=%h/java%u.log

# 限制输出文件的大小，单位是字节:
java.util.logging.FileHandler.limit=50000

# 输出文件的循环数，增加一个整数到基本的文件名后
java.util.logging.FileHandler.count=1

# 输出风格(简单或者 XML 格式):
java.util.logging.FileHandler.formatter=java.util.logging.SimpleFormatter
```

默认值定义在 JRE_HOME/lib/logging.properties 中。如要使用一个不同的配置文件，可以通过 java.util.logging.config.file 系统属性指定一个文件：

```
java -Djava.util.logging.config.file=myLoggingConfigFilePath
```

JUL 的日志功能简单，Logback 提供了更复杂的日志功能。SLF4J(Simple Logging Facade for Java)是一个统一的日志接口。SLF4J(http://www.slf4j.org/)几乎已经成为业界日志的统一接口。slf4j-api-1.6.1.jar 中定义了这些日志接口。SLF4J 底层可以使用 Logback 或 JUL。

SLF4J 不依赖任何特殊的类加载机制，实际上，SLF4J 与已有日志实现的绑定是在编译时静态执行的，具体绑定工作是通过一个 JAR 包实现的，使用时，只要把相应的一个 JAR 包放到类路径上即可。例如 slf4j-jdk14.jar 是 SLF4J 的 jul 绑定，将会强迫 SLF4J 调用使用 jul 实现。

使用 SLF4J 的例子如下：

```
import org.slf4j.Logger;
import org.slf4j.LoggerFactory;
class BaseTokenStreamFactory {
    //通过日志工厂得到一个日志类
    static final Logger log =
      LoggerFactory.getLogger(BaseTokenStreamFactory.class);

    log.warn("警告信息");
}
```

可以使用 SLF4J 代替 JUL 日志。把调用 JUL 记录的日志信息交给 SLF4J 处理。相关的

实现在 jul-to-slf4j.jar 中。首先删除 JUL 的默认处理器，避免日志记录两次，然后再安装 SLF4JBridgeHandler：

```
java.util.logging.Logger rootLogger =
  LogManager.getLogManager().getLogger("");
Handler[] handlers = rootLogger.getHandlers();
for (int i=0; i<handlers.length; i++) {
   rootLogger.removeHandler(handlers[i]);  //删除处理器
}
SLF4JBridgeHandler.install(); //安装 SLF4JBridgeHandler
```

推荐使用 Logback(http://logback.qos.ch/)的日志功能实现。

Logback 提供了三个 JAR 包：core、classic、access。其中 core 是基础，其他两个包依赖于这个包。logback-classic 是 SLF4J 原生的实现。并且 logback-classic 依赖于 slf4j-api。logback-access 与 Servlet 容器集成，提供访问 HTTP 的日志功能。

这里使用 logback 的项目一共需要三个包：slf4j-api-1.6.1.jar、logback-classic-0.9.21.jar 和 logback-core-0.9.21.jar。Logback 通过 logback.xml 进行配置。

配置文件的基本结构是：以<configuration>开头，后面有零个或多个<appender>元素，有零个或多个<logger>元素，最多有一个<root>元素。

日志文件如果很大，打开会很慢。在 Linux 下，可以用 tail 命令显示一个文件的最后若干行。例如显示 log.txt 文件的最后 100 行：

```
$tail -100 log.txt
```

为了避免文件太大，可以把每天的日志存放入一个新文件。使用 TimeBasedRollingPolicy 策略。TimeBasedRollingPolicy 可以按天或者月滚动。TimeBasedRollingPolicy 的配置有两个属性，其中 fileNamePattern 属性是必需的，而 maxHistory 属性是可选的。

强制性的 fileNamePattern 属性定义滚动(存档)日志文件的名称。它的值应该包括文件的名称，再加上适当放置%d 转换说明符。%d 转换符可以包含 java.text.SimpleDateFormat 类所指定的日期和时间模式。如果日期和时间模式被省略，则默认模式假设成为 yyyy-MM-dd。

可选的 maxHistory 属性控制保留的归档文件最大数量，删除旧文件。

例如，如果指定每月滚动，并设置 maxHistory 的值是 6，则会保存 6 个月内的归档文件，删除超过 6 个月以上的文件。

当前日志写到 D:/logs/logFile. ***. log 文件中，新的一天日志开始的时候，昨天的日志生成一个新文件。

```
<configuration>
    <!-- 控制台输出 -->
    <appender name="STDOUT" class="ch.qos.logback.core.ConsoleAppender">
        <Encoding>UTF-8</Encoding>
        <layout class="ch.qos.logback.classic.PatternLayout">
            <pattern>
                %d{HH:mm:ss.SSS} [%thread] %-5level %logger{50} - %msg%n
            </pattern>
        </layout>
    </appender>
    <!-- 按照每天生成日志文件 -->
    <appender name="FILE"
```

```
        class="ch.qos.logback.core.rolling.RollingFileAppender">
          <Encoding>UTF-8</Encoding>
          <rollingPolicy
            class="ch.qos.logback.core.rolling.TimeBasedRollingPolicy">
              <FileNamePattern>
                  d:/logs/logFile.%d{yyyy-MM-dd}.log
              </FileNamePattern>
              <MaxHistory>30</MaxHistory>
          </rollingPolicy>
          <layout class="ch.qos.logback.classic.PatternLayout">
              <pattern>
                  %d{HH:mm:ss.SSS} [%thread] %-5level %logger{50} - %msg%n
              </pattern>
          </layout>
      </appender>

      <root>
          <level value="DEBUG" />
          <appender-ref ref="STDOUT" />
          <appender-ref ref="FILE" />
      </root>
  </configuration>
```

Encoders 负责把一个事件转换成一个字节数组，再把这个字节数组写到一个输出流。默认使用 ch.qos.logback.classic.encoder.PatternLayoutEncoder 来处理。可以指定输出模式：

```
<encoder>
    <pattern>
        %d{HH:mm:ss.SSS} [%thread] %-5level %logger{36} - %msg%n
    </pattern>
</encoder>
```

其中%d{pattern}用于指定输出日期的格式。%date{HH:mm:ss.SSS}会把下午 2 点多钟的时间格式转化成 14:06:49.812。例如%logger{36}用于缩略输出日志名。表 3-3 提供了实际的缩写算法的例子。

表 3-3　日志名缩写算法举例

转换说明	日 志 名	结 果
%logger	mainPackage.sub.sample.Bar	mainPackage.sub.sample.Bar
%logger{0}	mainPackage.sub.sample.Bar	Bar
%logger{5}	mainPackage.sub.sample.Bar	m.s.s.Bar
%logger{10}	mainPackage.sub.sample.Bar	m.s.s.Bar
%logger{15}	mainPackage.sub.sample.Bar	m.s.sample.Bar
%logger{16}	mainPackage.sub.sample.Bar	m.sub.sample.Bar
%logger{26}	mainPackage.sub.sample.Bar	mainPackage.sub.sample.Bar

除了采用 SLF4J，还可以采用阿帕奇公共日志(Apache Commons Logging，JCL)，JCL 也是一个日志接口，具体实现往往采用 Log4J。

在搜索类中初始化日志类：

```
private static Logger logger = LoggerFactory.getLogger(SearchBbs.class);
```

然后当用户执行一次搜索时，记录查询词、返回结果数量、用户 IP 以及查询时间等：

```
logger.info(_query + "|" + desc.count + "|" + "bbs" + "|" + ip);
```

日志文件 log.txt 记录的结果例子如下：

```
什么是新生儿|37|topic|124.1.0.0|2007-11-21 12:25:36
什么是新生儿|28|bbs|124.1.0.0|2007-11-21 12:25:42
怀孕|18|topic|124.1.0.0|2007-11-21 12:26:05
怀孕|2|shangjia|124.1.0.0|2007-11-21 12:26:05
怀孕|145|bbs|124.1.0.0|2007-11-21 12:26:06
怀孕|18|topic|124.1.0.0|2007-11-21 12:30:33
```

3.18　IDEA

除了免费的 Eclipse，还有商业版本的 IDEA(http://www.jetbrains.com/idea/)。IDEA 是业界公认最好的 Java 开发工具之一，尤其在智能代码助手、代码自动提示、重构、J2EE 支持、Ant、JUnit、CVS 整合、代码审查、创新的 GUI 设计等方面的功能，可以说是超常的。IDEA 内置了 Maven 的支持。

IDEA 借鉴了 Maven 的概念，不再采取 Eclipse 里的 Project 概念，一切都是 Module。无论是否使用 Maven，你的项目都是一个独立的 Module。并且你可以混搭使用 Maven Module 和普通的 Java Module，两者可以和谐共存。

可以说，Maven 的项目结构设计是非常严格的，现实应用中，你必须用到父项目依赖子项目的模式。Eclipse 由于不支持在一个项目上建立子项目，因此无论如何，目前都不能实现。IDEA 可以完美地实现这个设计，并且无论是 Module 属性里，还是彼此的依赖性上都不会出现问题。

比起 Eclipse 通通放进右键菜单的行为，IDEA 有单独的窗口可以完成 Maven 的操作。我们可以针对不同 Module 进行 Clean、Compile、Package、Install 等操作。

由于 Maven 会把所有依赖的包放在本机的一个目录下，所以实际上是脱离项目本身存在的。IntelliJ IDEA 引入了一个 External Library 的概念，所有的 Maven 依赖性都会放在这里，与项目自带的库区分开。并且 Module 之间会智能地判断，我们不需要 Maven Install 来进行引用代码的更新。

每当 Maven 相关的设置更改时，例如修改了 pom 的依赖性，添加删除 Module，IDEA 会提示你进行更新。这种更新实际上就是运行了 Maven，所以我们不需要手动运行 Maven Compile 来进行更新。

IDEA 是 JetBrains 公司的产品，这家公司总部位于捷克共和国的首都布拉格，开发人员以严谨著称的东欧程序员为主。

3.19　实　　例

我们来实现一个简单的英中机器翻译程序。首先建立词典类。词典类 WordMap 扩展自

HashMap：

```
public class WordMap extends HashMap<String, String> {
   public WordMap() {  //加入词条，写入这个类的构造方法中
      this.put("I", "我"); //放入一个键/值对
      this.put("like", "喜欢");
      this.put("swiming", "游泳");
   }
}
```

英文到中文的翻译类：

```
public class ECTranslator {
   private static WordMap dic = new WordMap();  //英中对照词表

   //传入一个要翻译的英文字符串，返回翻译出的中文
   public static String translate(String sentence) {
      //根据输入句子确定缓存长度
      StringBuilder result = new StringBuilder(sentence.length()/2);

      StringTokenizer tokenizer =
        new StringTokenizer(sentence); //用空格分割英文句子
      while(tokenizer.hasMoreElements()) { //有更多的词没遍历完
         String enWord = tokenizer.nextToken();  //得到英文词
         String cnWord = dic.get(enWord);   //得到中文词
         if(cnWord != null)  //判断词表中是否存在这个英文词
            result.append(cnWord);
         else
            result.append(enWord);
      }

      return result.toString();
   }
}
```

上面的程序，词表直接写在代码中，导致维护词表不方便。

下面设计的词典就是一个文本文件。每行一个词对照项，前面是英文词，后面是中文词，中间用分号隔开。例如：

```
I:我
like:喜欢
swiming:游泳
```

重构代码，支持从文本文件加载词典：

```
public class WordMap extends HashMap<String, String> {
   public WordMap() {
      try {
         String fileName =
           "/mt2/enWordTrans.txt";  //文件所在的包路径加上词典文件名
         URI uri =
           WordMap.class.getClass().getResource(fileName).toURI();
         File txtFile = new File(uri);
         FileReader fileRead = new FileReader(txtFile);
         BufferedReader read = new BufferedReader(fileRead);
```

```
            String line;
            try {
                while ((line=read.readLine()) != null) {
                    StringTokenizer st = new StringTokenizer(line, ":");
                    String key = st.nextToken().trim();
                    String value = st.nextToken().trim();
                    this.put(key, value);
                }
            } finally {
                read.close();
            }
        } catch (Exception e) {
            e.printStackTrace();
        }
    }
}
```

3.20　本章小结

面向对象程序设计能够通过封装解决更复杂的问题，但是，不要用不适当的封装把自己绕晕了。

世界上最真情的相依，是你在 try 我在 catch。无论你发“神马”脾气，我都默默承受，静静处理。到那时，再来期待我们的 finally。

一般的接口中往往会定义一些方法，但是 Cloneable 和 Serializable 是没有定义任何方法的空接口，唯一的作用就是用来标识类的功能。这类接口叫作标记接口。

像 Struts 这样的 MVC 框架也使用反射调用 action 方法。

不仅仅是字符串类中有常量池，其他如 BigInteger 类中也有常量池。

第 4 章 处理文本

网上聊天时，可能会遇到过找错对象的尴尬事情。程序应该可以帮助判断聊天对象是否正确。

XML 和 JSON 这样的文本格式很流行，因为不仅程序可以读，人也是可以读懂的。这样的文本格式也需要解析。

4.1 字符串操作

经常需要分割字符串。例如 IP 地址 127.0.0.1 按.分割。可以先用 String 类中的 indexOf 方法来查找子串“.”，然后再截取子串。例如：

```
String inputIP = "127.0.0.1"; //本机 IP 地址
int p = inputIP.indexOf('.');  //返回位置 3
```

这里的‘.’在字符串“127.0.0.1”中出现了多次。因为是从头开始找起，所以返回第一次出现的位置 3。

如果没有找到子串，则 indexOf 返回-1。例如要判断虚拟机是否为 64 位的：

```
//当在 32 位虚拟机时，将返回 32；而在 64 位虚拟机时，返回 64
String x = System.getProperty("sun.arch.data.model");
System.out.println(x); //在 32 位虚拟机中输出 32
System.out.println(x.indexOf("64")); //输出-1
```

如果找到了，则返回的值不小于 0。所以可以这样写：

```
if (x.indexOf("64") < 0) {
   System.out.println("32 位虚拟机");
}
```

indexOf(String str, int fromIndex)从指定位置开始查找。例如：

```
String inputIP = "127.0.0.1";
System.out.println(inputIP.indexOf('.', 4)); //输出 5，也就是第二个.所在的位置
```

从字符串 inputIP 里寻找点“.”的位置，但寻找的时候，要从 inputIP 的索引为 4 的位置开始，这就是第二个参数 4 的作用，由于索引是从 0 开始的，这样，实际寻找的时候是从字符 0 开始的，所以输出 5，也就是第二个点“.”所在的位置。

String.subString 取得原字符串其中的一段，也就是子串。传入两个参数：开始位置和结

束位置。例如：

```
String inputIP = "127.0.0.1";

int p = inputIP.indexOf('.');
int q = inputIP.indexOf('.', p+1);
String IPsection1 = inputIP.substring(0, p);  //得到"127"
String IPsection2 = inputIP.substring(p+1, q);  //得到"0"
```

StringTokenizer 类专门用来按指定字符分割字符串。StringTokenizer 的 nextToken()方法取得下一段字符串。

hasMoreElements()方法判断是否还有字符串可以读出。可以在 StringTokenizer 的构造方法中指定用来分隔字符串的字符。

例如分割 IP 地址：

```
String inputIP = "127.0.0.1";

StringTokenizer token =
  new StringTokenizer(inputIP, "."); //用.分割 IP 地址串
while(token.hasMoreElements()) { //有更多的子串
   System.out.print(token.nextToken() + "  "); //输出下一个子串
}
```

StringTokenizer 默认按空格分割字符串。例如翻译英文句子：

```
HashMap<String,String> ecMap = new HashMap<String, String>();
ecMap.put("I", "我");     //放入一个键/值对
ecMap.put("love", "爱");
ecMap.put("you", "你");

String english = "I love you";

StringTokenizer tokenizer =
  new StringTokenizer(english); //用空格分割英文句子
while(tokenizer.hasMoreElements()) { //有更多的词没遍历完
   System.out.print(ecMap.get(tokenizer.nextToken())); //输出：我爱你
}
```

StringTokenizer 有几个构造方法，其中最复杂的构造方法是：

```
StringTokenizer(String str, String delim, boolean returnDelims)
```

如果最后这个参数 returnDelims 标记是 false，则分隔字符只作为分隔词使用，一个返回的词是不包括分隔符号的最长序列。如果最后一个参数标记是 true，则返回的词可以是分隔字符。默认是 false，也就是不返回分隔字符。

如果需要把字符串存入二进制文件。可能会用到字符串和字节数组间的互相转换。首先看一下如何从字符串得到字节数组：

```
String word = "的";
byte[] validBytes = word.getBytes("utf-8"); //字符串转换成字节数组
System.out.println(validBytes.length); //输出长度是 3
```

可以直接调用 Charset.encode 实现字符串转字节数组：

```
Charset charset = Charset.forName("utf-8"); //得到字符集
CharBuffer data = CharBuffer.wrap("数据".toCharArray());
ByteBuffer bb = charset.encode(data);
System.out.println(bb.limit());  //输出数据的实际长度 6
```

Charset.decode 把字节数组转回字符串：

```
byte[] validBytes = "程序设计".getBytes("utf-8"); //字节数组
//对字节数组赋值
Charset charset = Charset.forName("utf-8");  //得到字符集
//字节数组转换成字符
CharBuffer buffer = charset.decode(ByteBuffer.wrap(validBytes));
System.out.println(buffer); //输出结果
```

除了使用 Charset.decode 方法，还可以使用 new String(validBytes, “UTF-8”)方法把字节数组转换成字符串。

合并多个字符串，可以直接用“+”。一般只有对基本的数据类型才能使用“+”这样的运算符。String 是一个很常用的类，所以能使用运算符计算。String 是不可变的对象。因此在每次对 String 类型进行改变的时候，其实都等同于生成了一个新的 String 对象。例如：

```
String name = "Mike";
name += " Jack";
```

这个过程中用到了三个 String 对象。分别是“Mike”、“ Jack”和“Mike Jack”。考虑把第一个和第三个对象共用一个，对应一个更长的字符数组。这个对象的类型就是 StringBuilder：

```
StringBuilder name = new StringBuilder("Mike");
name.append(" Jack");
```

这里用到了两个 String 对象和一个 StringBuilder 对象。如果要往字符串后面串接很多字符串，则 StringBuilder 速度就快了，因为可以一直用它增加很多字符到后面。

StringBuilder 开始的时候分配一块比较大的内存，可以用来存储比较长的字符串，只有当字符串的长度增加到超过已经有的内存容量时，才会再次分配内存。如图 4-1 所示。

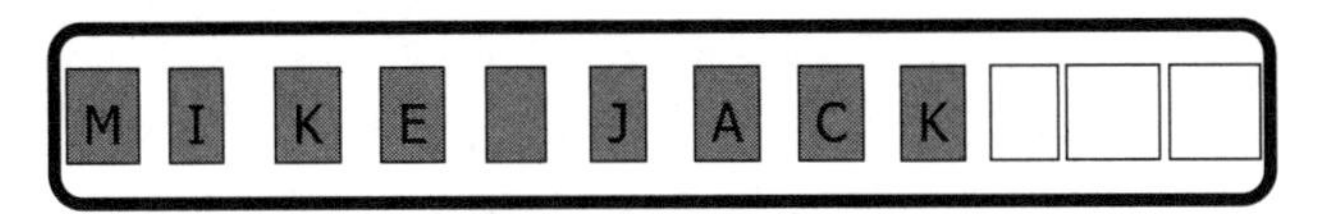

图 4-1　StringBuilder

清空 StringBuilder 时，使用 delete 方法太麻烦。可以调用 setLength 方法：

```
StringBuilder bracketContent = ...
bracketContent.setLength(0);
```

StringBuilder 类没有提供现成的方法去掉 StringBuilder 首尾的空格，下面是一个实现：

```
public static String trimSubstring(StringBuilder sb) {
    int first, last;

    for (first=0; first<sb.length(); first++)
        if (!Character.isWhitespace(sb.charAt(first)))
            break;
```

```
        for (last=sb.length(); last>first; last--)
            if (!Character.isWhitespace(sb.charAt(last-1)))
                break;

        return sb.substring(first, last);
    }
```

4.2 有限状态机

回顾一下拨打电话银行的提示音：普通话请按 1，press two for english。查询余额或者缴费结束后，语音提示：结束请按 0。按 0 后通话结束。

把所有可能的情况抽象成 4 个状态：开始状态(start state)、中文状态、英文状态和结束状态(accepting state)。开始状态接收输入事件 1 到中文状态；开始状态接收输入事件 2 到英文状态。在中间状态接收输入事件 0 达到结束状态。

可以用图形象地表示这个有限状态机，每个状态用一个圆圈表示。状态之间的转换用一条边表示，边上的说明文字是输入事件。形成的图如图 5-1 所示。其中双圈节点表示可以作为结束节点。箭头指向的节点是开始节点。开始节点只能有一个，而结束节点可以有多个。这样的图叫作状态转换图。如图 4-2 所示。

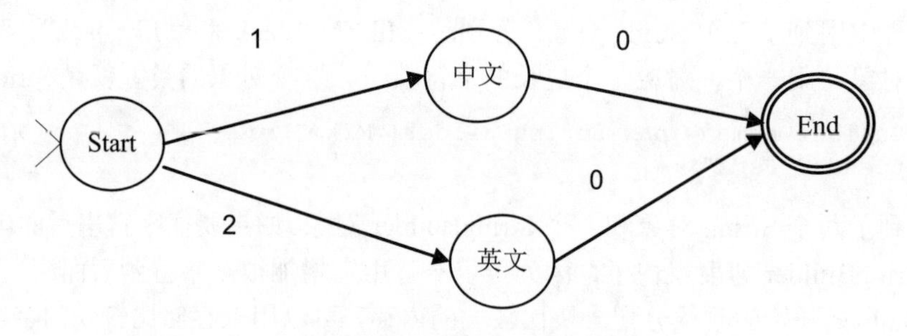

图 4-2　电话银行中的有限状态机

转换函数，一般记作 δ。转换函数的参数是一个状态和输入符号，返回一个状态。一个转换函数可以写成 δ(q, a) = p，这里 q 和 p 是状态，而 a 是一个输入符号。转换函数的含义是：如果有限状态机在状态 q，而接收到输入 a，则有限状态机进入状态 p。这里的 q 可以等于 p。

例如图 4-2 中的有限状态机用转换函数表示是：δ(Start, 1) = 中文；δ(Start, 2) = 英文；δ(中文, 0) = End；δ(英文, 0) = End。

可以把状态定义成枚举类型：

```
public enum State {
    start, //开始状态
    chinese, //中文
    english, //英文
    end //结束状态
}
```

用表 4-1 所示的状态转换表来记录转换函数。状态转换表中的每行表示一个状态，每列

表示一个输入字符。

表 4-1　状态转移表

状态/输入	0	1	2
Start		中文	英文
中文	End		
英文	End		
End			

可以用一个二维数组来记录状态转换表。第一个维度是所有可能的状态，第二个维度是所有可能的事件，二维数组中的值就是目标状态。有限状态机定义如下：

```
public class FSM { //有限状态机
    static State[][] transTable =
      new State[State.values.length][10]  //状态转换表

    static { //初始化状态转换表
        transTable[State.start.ordinal()][1] =
          State.chinese; //普通话请按 1
        transTable[State.start.ordinal()][2] =
          State.english; //press two for english
        transTable[State.chinese.ordinal()][0] = State.end;
        transTable[State.english.ordinal()][0] = State.end;
    }
    State current =  State.start; //开始状态
    State step(State s, char c) { //转换函数
        return transTable[s.ordinal()][c -'0'];
    }
}
```

这里使用二维数组来表示状态转换表，也可以用散列表来存储状态转换表。

测试这个有限状态机：

```
FSM fsm = new FSM();
System.out.println(fsm.step(fsm.current, '1')); //输出 chinese
```

如果从同一个状态接收同样的输入后可以任意到达多个不同的状态，这样的有限状态机叫作非确定有限状态机。从一个状态接收一个输入后只能到达某一个状态，这样的有限状态机叫作确定有限状态机。

术语： NFA(非确定有限状态机)　Nondeterministic Finite-state Automata 的简称。DFA 则为确定有限状态机，即 Deterministic Finite-state Automata 的简称。

以乘车为例，假设一个站是一个状态，一张票是一个输入。例如，买一张北京的地铁单程票，2 块钱可以到任何地方。输入一张地铁单程票，到任何站出来都是有效的。这是非确定有限状态机。输入北京到天津的火车票，则只能从天津站出来，这是确定有限状态机。从上海虹桥火车站检票口输入 D318 车票可以到达北京，输入 G7128 车票可以到达南京。

火车票中的确定有限状态机如图 4-3 所示。

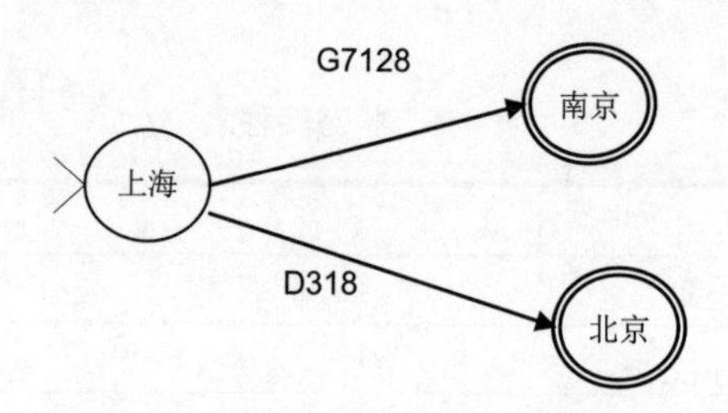

图 4-3　火车票中的确定有限状态机

4.2.1　从 NFA 到 DFA

任何非确定有限状态机都可以转换成确定有限状态机。转换的方法叫作幂集构造(powerset construction)。幂集就是原集合中所有的子集(包括全集和空集)构成的集族。所以幂集构造又叫作子集构造。例如，图 4-4 中的有限状态机中存在 q_0、q_1、q_2 三个状态。这些状态的幂集是{ Ø, $\{q_0\}$, $\{q_1\}$, $\{q_2\}$, $\{q_0, q_1\}$, $\{q_0, q_2\}$,$\{q_1, q_2\}$, $\{q_0, q_1, q_2\}$ }。

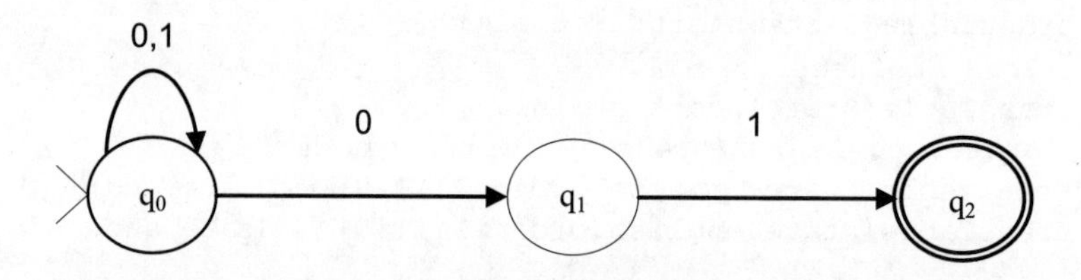

图 4-4　非确定有限状态机

图 4-4 所示的非确定有限状态机使用状态转移表可以表示成表 4-2 所示的形式。

表 4-2　状态转移表

状态/输入	0	1
Ø	Ø	Ø
→{q0}	{q0, q1}	{q0}
{q1}	Ø	{q2}
*{q2}	Ø	Ø
{q0, q1}	{q0, q1}	{q0, q2}
*{q0, q2}	{q0, q1}	{q0}
*{q1, q2}	Ø	{q2}
*{q0, q1, q2}	{q0, q1}	{q0, q2}

新的转移函数从集合中的任何状态出发，把所有可能的输入都走一遍。带*的状态表示可以结束的状态，类似 Trie 树中的可结束节点。

许多状态可能不能从开始状态达到。从 NFA 构造等价的 DFA 的一个好方法，是从开始状态开始，当我们达到它们时，即时构建新的状态。q_0 输入 0，有可能是 q_0，也可能是 q_1，所以就把 q_0 和 q_1 捏在一起。也就是产生了组合状态$\{q_0, q_1\}$。q_0 输入 1，只可能是 q_0。

这样构建的表 4-3 比表 4-2 小。

表 4-3　从初始状态生成的状态转移表

状态/输入	0	1
Ø	Ø	Ø
→{q0}	{q0, q1}	{q0}
{q0, q1}	{q0, q1}	{q0, q2}
*{q0, q2}	{q0, q1}	{q0}

图 4-4 对应的确定有限状态机如图 4-5 所示。

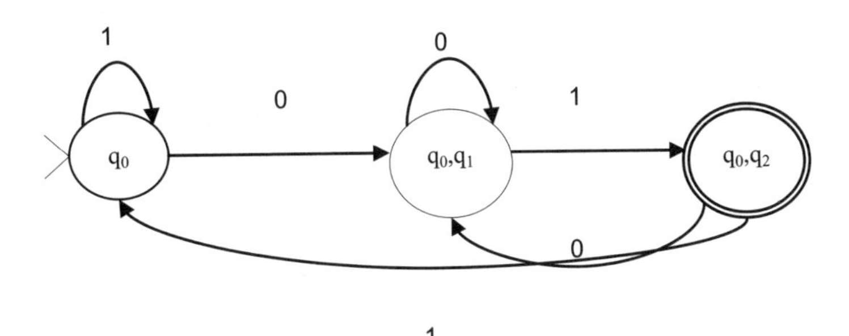

图 4-5　确定有限状态机

正则表达式可以写成对应的有限状态机。正则表达式 a*b|b*a 对应的非确定有限状态机如图 4-6 所示。

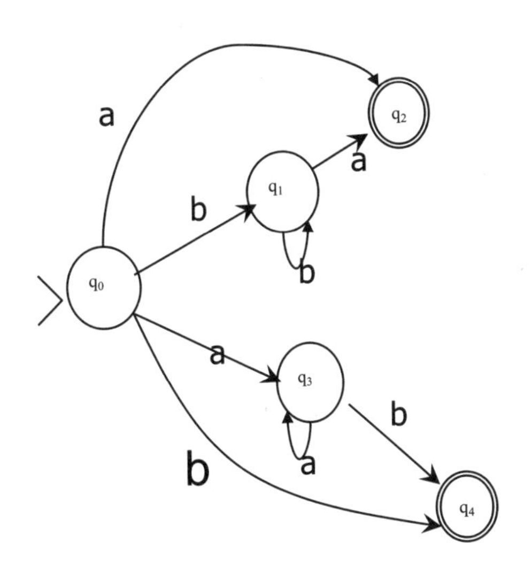

图 4-6　非确定有限状态机

比如看到输出串第一个字符是 a，这时候还不知道是 a*b 能匹配上，还是 b*a 能匹配上，因为两条路都有可能走通。假设整个字符串是 aab，这个时候才知道是 a*b 能匹配上，而 b*a 不能匹配上。刚开始不知道什么能够匹配上，因为这时在用不确定的有限状态机来匹配。比如说不管白猫黑猫抓住老鼠就是好猫，因为开始时不知道哪个猫更好。图 4-6 所示的非确定有限状态机对应的状态转移表如表 4-4 所示。

表 4-4　状态转移表

状态/输入	a	b
→{q0}	{q2, q3}	{q1, q4}
{q1}	{q2}	{q1}
*{q2}	Ø	Ø
{q3}	{q3}	{q4}
*{q4}	Ø	Ø

使用即时构建新的状态的方法创建等价的确定状态转移表，如表 4-5 所示。

表 4-5　确定状态转移表

状态/输入	a	b
→{q0}	{q2, q3}	{q1, q4}
*{q2, q3}	{q3}	{q4}
*{q1, q4}	{q2}	{q1}
{q3}	{q3}	{q4}
{q1}	{q2}	{q1}
*{q4}	Ø	Ø
*{q2}	Ø	Ø

表 4-5 中的确定状态转移表中的 q2 和 q4 都是结束状态，而且都没有输出状态，所以，可以把 q2 和 q4 合并成一个状态，如表 4-6 所示。构造一个等价的确定有限状态机，使得状态数量最少，这叫作最小化确定有限状态机。

表 4-6　最小化后的确定状态转移表

状态/输入	a	b
→{q0}	{q2, q3}	{q1, q2}
*{q2, q3}	{q3}	{q2}
*{q1, q2}	{q2}	{q1}
{q3}	{q3}	{q2}
{q1}	{q2}	{q1}
*{q2}	Ø	Ø

可以简化一些状态而不影响 DFA 接收的字符串：

- 从初始状态不可达到的状态。
- 一旦进去就不能结束的陷阱状态。
- 对任何输入字符串都不可区分的一些状态。

最小化的过程，就是自顶向下划分等价状态。如果对于所有的输入都到等价的状态，

就把一些状态叫作等价的。这是个循环定义。发现等价状态后，然后删除从初始状态不可到达的无用的状态。

发现等价状态往往用分割的方法。首先把所有状态分成可以结束的和不可以结束的两类状态。然后看这两类之间是否有关联，把有关联的类细分开。

例如，表 4-5 中的状态先分成两类：非结束状态{q0},{q1},{q3}和结束状态{q1, q4},{q2, q3},{q2},{q4}。输入符号 a 和 b 把非结束状态分成三类{q0},{q1},{q3}。输入符号 a 和 b 把结束状态分成三类，{q1, q4}是第一类，{q2, q3}是第二类，{q2}和{q4}是第三类。这样，总共得到 6 个等价类。该方法叫作 Hopcroft 算法。最后得到的确定有限状态机如图 4-7 所示。

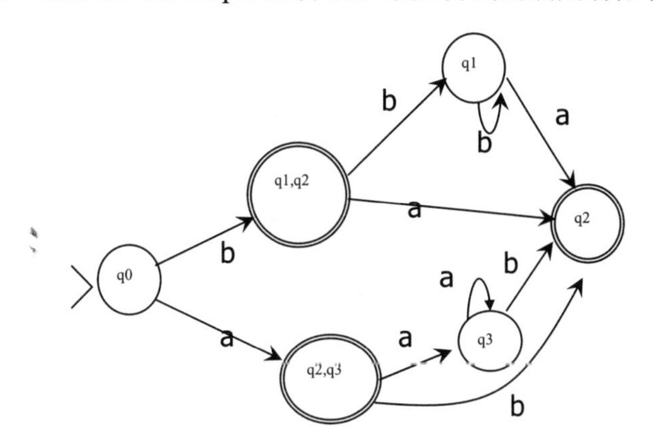

图 4-7　确定有限状态机

dk.brics.automaton 是一个有限状态自动机的实现。它把正则表达式编译成确定有限状态机后，再匹配输入字符串。使用它测试正则表达式：

```
RegExp r = new RegExp("a*b|b*a"); //正则表达式

Automaton a = r.toAutomaton(); //把正则表达式转换成 DFA
System.out.println(a.toString()); //输出有限状态机
String s = "ab";
System.out.println("Match: " + a.run(s)); //输出 true
```

正则表达式“a*b|b*a”对应的有限状态机是：

```
initial state: 2
state 0 [accept]:
  b -> 1
  a -> 4
state 1 [accept]:
state 2 [reject]:
  b -> 5
  a -> 0
state 3 [reject]:
  b -> 3
  a -> 1
state 4 [reject]:
  b -> 1
  a -> 4
state 5 [accept]:
```

```
b -> 3
a -> 1
```

一共有 6 个状态，编号从 0 到 5。初始状态是 2。

表 4-7 给出了 dk.brics.automaton 中的状态转移表。

表 4-7 dk.brics.automaton 中的状态转移表

状态/输入	a	b
0	4	1
1	Ø	Ø
→2	0	5
3	1	3
4	4	1
5	1	3

如果把$\{q_0\}$用 2 代替，$\{q_2, q_3\}$用 0 代替，$\{q_1, q_2\}$用 5 代替，$\{q_3\}$用 4 代替，$\{q_2\}$用 1 代替，$\{q_1\}$用 3 代替，则表 4-6 和表 4-7 是等价的。

4.2.2 DFA

确定有限状态机需要定义初始状态、状态转移函数、结束状态。这里先定义一个确定有限状态机，然后执行它。为了效率，状态定义成从 0 开始的一个整数编号。默认状态 0 是 DFA 的初始状态。

首先是一个状态迁移函数，next[][]定义了在一个状态下接收哪些输入后可以转到哪些状态。二维数组 next 的每一行代表一个状态，每一列代表一个输入符号，第 0 列代表'a'，第 1 列代表'b'，……，依此类推。

例如：定义下面的一个状态迁移二维数组：

```
int[][] next = {{1,0}, {1,2}}; //其中的数字都是状态编号
```

表示此 DFA 在状态 0 时，当输入为'a'时，迁移到状态 1，当输入为'b'时迁移到状态 0；而 DFA 在状态 1 时，当输入为'a'时，迁移到状态 1，当输入为'b'时迁移到状态 2。

接受状态的集合可以用一个位数组来表示，每个状态用一位表示，所以位数组的长度是状态个数。结束状态的对应位置为 1。如果状态 2 和状态 3 是接受状态，则 acceptStates 的第 2 位和第 3 位置为 1。

文本文件 DFA.in 定义了确定有限状态机的输入和要处理的字符串。例如，对于图 4-8 所示的确定有限状态机表示如下：

```
4 2          ----DFA 有 4 个状态，2 个输入符号，接下来的 4 行 2 列代表状态迁移函数
1 0          ----表示状态 0 接收输入 a 后到状态 1，状态 0 接收输入 b 后到状态 0
1 2          ----状态 1 接收输入 a 后到状态 1，状态 1 接收输入 b 后到状态 2
1 3          ----状态 2 接收输入 a 后到状态 1，状态 2 接收输入 b 后到状态 3
1 0          ----状态 3 接收输入 a 后到状态 1，状态 3 接收输入 b 后到状态 0
3            ----这一行代表接收状态，若有多个接收状态用空格隔开
aaabb        ----接下来的每行代表一个待识别的字符串
abbab
```

```
abbaaabb
abbb
#               ----'#'号代表待识别的字符串到此结束
0 0             ----两个 0 代表所有输入的结束，或者定义新的 DFA 开始，格式同上一个 DFA
```

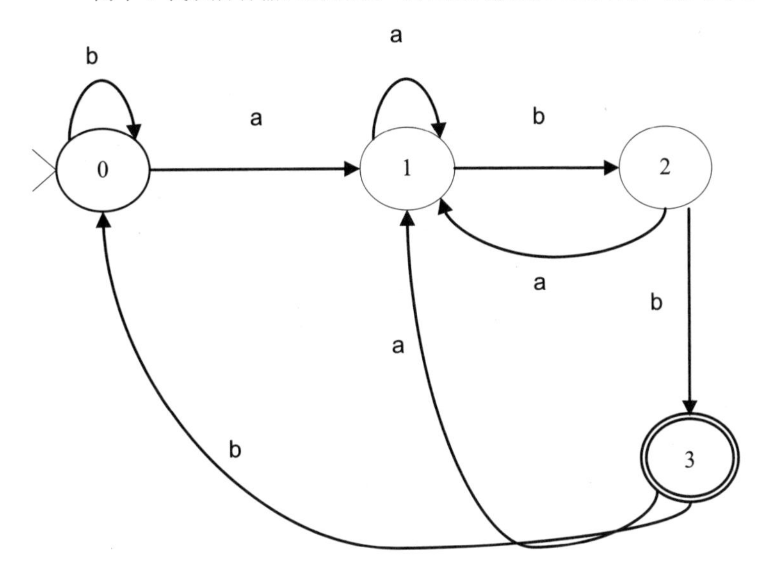

图 4-8　给定的确定有限状态机

处理 DFA.in 的实现代码如下：

```
static boolean isFinal(int x, BitSet acceptStates) { //判断 x 是否为结束状态
    return acceptStates.get(x);
}

//看状态机能否接收 word
static boolean recognizeString(int[][] next, BitSet acceptStates,
  String word) {
    int currentState = 0; //初始状态
    for (int i=0; i<word.length(); i++) {
        //进入下一个状态
        currentState = next[currentState][word.charAt(i) - 'a'];
    }
    if (isFinal(currentState, acceptStates))
        return true; //接收
    else
        return false; //拒绝
}

public static void main(String args[]) throws IOException {
    //读入要执行的文件
    BufferedReader in = new BufferedReader(new FileReader("DFA.in"));
    StringTokenizer st = new StringTokenizer(in.readLine());
    int n = Integer.parseInt(st.nextToken()); //状态数量
    int m = Integer.parseInt(st.nextToken()); //字符种类
    while (n != 0) {
        int[][] next = new int[n][m]; //状态转移矩阵
        for (int i=0; i<n; i++) {
```

```
            st = new StringTokenizer(in.readLine());
            for (int j=0; j<m; j++)
               next[i][j] = Integer.parseInt(st.nextToken());
         }
         String line = in.readLine();
         StringTokenizer finalTokens = new StringTokenizer(line);
         BitSet acceptStates = new BitSet(n); //结束状态
         while(finalTokens.hasMoreTokens())
            acceptStates.set(Integer.parseInt(finalTokens.nextToken()));

         String word = in.readLine(); //判断能够接收的字符串
         while (word.compareTo("#") != 0) {
            if (recognizeString(next, acceptStates, word))
               System.out.println("YES:" + word); //可以接收
            else
               System.out.println("NO:" + word); //不能接收
            word = in.readLine();
         }
         st = new StringTokenizer(in.readLine());
         n = Integer.parseInt(st.nextToken());
         m = Integer.parseInt(st.nextToken());
      }
   }
```

输出的结果是:

```
YES:aaabb
NO:abbab
YES:abbaaabb
NO:abbb
YES:cacba
```

也可以使用HashMap保存状态转换。用一个专门的State类表示状态。因为要把State对象作为HashMap的键对象，所以重写State类的hashCode和equals方法。

DFA的实现代码如下:

```
public class DFA {
   public static class State { //有限状态机中的状态
      int state; //用整数表示一个状态

      public State(int s) {
         state = s;
      }

      @Override
      public boolean equals(Object obj) {
         if (obj==null || !(obj instanceof State)) {
            return false;
         }
         State other = (State)obj;

         return (state==other.state);
      }

      @Override
```

```
        public int hashCode() {
            return state;
        }
    }

    private State startState; //开始状态
    HashMap<State, HashMap<Character, State>> transitions =
      new HashMap<State, HashMap<Character, State>>(); //记录状态之间的转换
    HashSet<State> finalStates = new HashSet<State>(); //记录所有的结束状态

    public State next(State src, char input) { //源状态接收一个字符后到目标状态
        HashMap<Character, State> stateTransition = transitions.get(src);
        if (stateTransition == null)
            return null;
        State dest = stateTransition.get(input);
        return dest;
    }

    //判断一个状态是否为结束状态
    private boolean isFinal(State s) {
        return finalStates.contains(s); //看结束状态集合中是否包含这个状态
    }

    public boolean accept(String word) { //判断是否可以接收一个单词
        State currentState = startState;  //当前状态从开始状态开始
        int i = 0;  //从字符串的开始进入有限状态机
        for (; i<word.length(); i++) {
            char c = word.charAt(i);
            //当前状态接收一个字符后，到达下一个状态
            currentState = next(currentState, c);
            if (currentState == null)
                break;
        }
        //如果已经到达最后一个字符，而且当前状态是结束状态，就可以接收这个单词
        if (i==word.length() && isFinal(currentState))
            return true;
        return false;
    }
}
```

如果直接使用整数作为状态 State，则把这个类叫作 DFAInt。

4.2.3　DFA 交集

有两个 DFA，每个 DFA 可以接收一些词表。两个 DFA 都可以接收的单词组成的新的 DFA 叫作 DFA 交集。如 DFA1 接受单词{“foo”, “foods”, “food”}，DFA2 接受单词{“seed”, “food”}。DFA1 和 DFA2 的交集就是接受单词{“food”}的 DFA。

求交集的方法是：把其中一个 DFA 中的状态映射到另外一个 DFA 中的状态。例如，图 4-9 左边的 DFA 状态 i 接收输入 0 以后转换到状态 j，状态 i 接收输入 1 以后转换到状态 k。状态 j 和状态 k 被映射到右边的 DFA，因为右边的 DFA 也存在从开始状态接收输入 0 以后转换到一个新状态，从开始状态接收输入 1 以后转换到另外一个新状态。

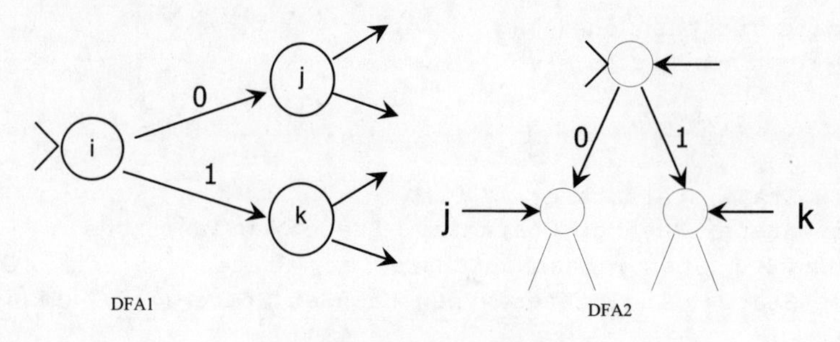

图 4-9　DFA 取交集

例如，图 4-10 中的 DFA1 接收以 0 开始的字符串，例如“0111”。图 4-11 中的 DFA2 接收以 0 结束的字符串，例如“1110”。这两个 DFA 求交集的结果是一个新的 DFA，它接收以 0 开始并且以 0 结束的字符串，例如“00111000”。

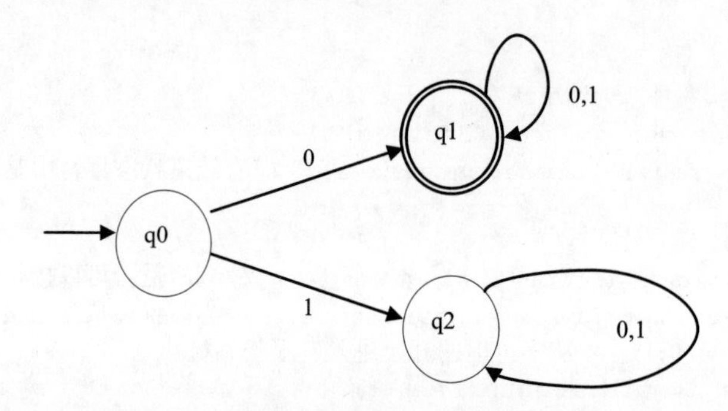

图 4-10　接收以 0 开始的字符串的 DFA1

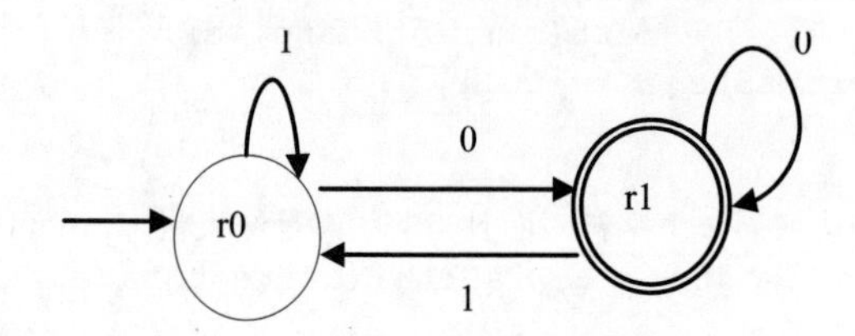

图 4-11　接收以 0 结束的字符串的 DFA2

生成 DFA 的代码如下：

```
public class DFA {
    private State startState; //开始状态

    HashMap<State, HashMap<Character, State>> transitions =
      new HashMap<State, HashMap<Character, State>>();
    HashSet<State> finalStates = new HashSet<State>();

    public DFA(State s) {
        startState = s;
    }

    public void addFinalState(State newState) {
        finalStates.add(newState);
    }
```

```
    public void addTransition(State src, char input, State dest) {
        HashMap<Character, State> transition = transitions.get(src);
        if (transition == null) {
            transition = new HashMap<Character, State>();
            transitions.put(src, transition);
        }
        transition.put(input, dest);
    }
}
```

根据图 4-10 生成 DFA1 的代码：

```
State q0 = new State(0);
DFA dfa1 = new DFA(q0); //接收以 0 开始的字符串
State q1 = new State(1);
dfa1.addTransition(q0, '0', q1);

State q2 = new State(2);
dfa1.addTransition(q0, '1', q2);

dfa1.addTransition(q1, '0', q1);
dfa1.addTransition(q1, '1', q1);

dfa1.addFinalState(q1);

dfa1.addTransition(q2, '0', q2);
dfa1.addTransition(q2, '1', q2);

String word = "101001"; //"01001";
System.out.println(dfa1.accept(word)); //输出 false
```

根据图 4-11 生成 DFA2 的代码：

```
State r0 = new State(0);
DFA dfa2 = new DFA(r0); //接收以 0 结束的字符串
State r1 = new State(1);
dfa2.addTransition(r0, '0', r1);
dfa2.addTransition(r0, '1', r0);
dfa2.addTransition(r1, '0', r1);
dfa2.addTransition(r1, '1', r0);

dfa2.addFinalState(r1);

String word = "1010010"; //"01001";
System.out.println(dfa2.accept(word)); //输出 true
```

做一个新的 DFA，其中的状态就是原来两个 DFA 所在的状态对(q_i, r_j)。开始的时候，它们都在开始状态，如图 4-12 所示。

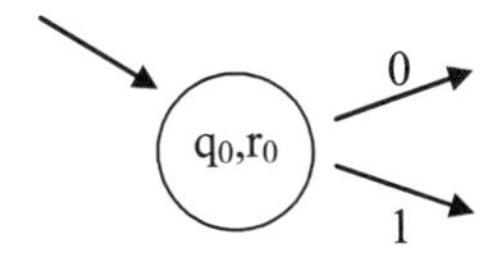

图 4-12　交集 DFA 中的初始状态对

然后从那里开始，追踪状态对(q_i, r_j)。DFA1 和 DFA2 步调一致地前进。例如 q_0 接收 0 之后到达 q_1，r_0 接收 0 之后到达 r_1，所以(q_1, r_1)是状态对。q_0 接收 1 之后到达 q_2，r_0 接收 1 之后到达 r_0，所以(q_2, r_0)是状态对。这样就得到了如图 4-13 所示的交集状态对。

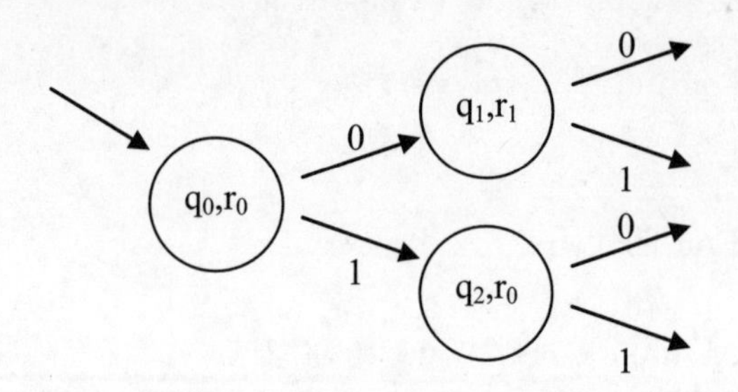

图 4-13　交集 DFA 中的状态对

最终，状态对重复，接近结束生成新的 DFA，如图 4-14 所示。

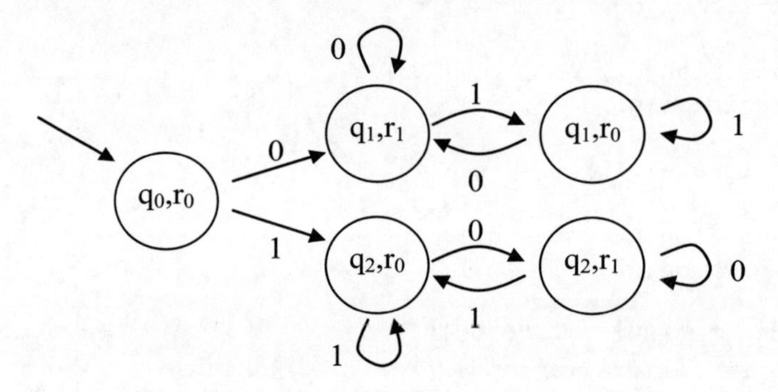

图 4-14　交集 DFA 中接近结束的状态对

两个 DFA 都可以作为结束状态，新的状态才能算作可结束的状态。例如状态对(q_1, r_1)中的两个原来的状态都是可以结束的，所以新状态(q_1, r_1)也是可以结束的。如图 4-15 所示。

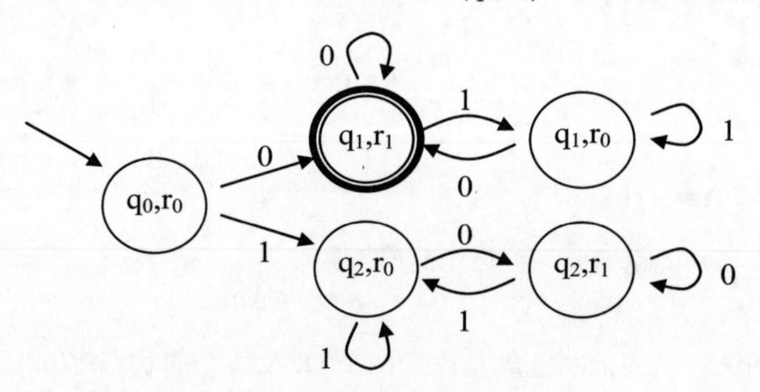

图 4-15　交集 DFA 中的可结束状态

把 DFA1 中的当前状态叫作 s1，DFA2 中的当前状态叫作 s2。s1 和 s2 组成一个当前状态对。当前状态对还要记录已经接收过的字符序列。

当前状态对 StatePair 类的部分代码如下：

```
public static class StatePair { //当前状态对
```

```
    State s1; //DFA1 中的当前状态
    State s2; //DFA2 中的当前状态
}
```

在每个当前状态对中，都对状态 s1 和 s2 的所有可能接收的输入求交集。对两个输入集合求交集的代码如下：

```
public static <T> Set<T> intersection(Set<T> setA, Set<T> setB) {
    if (setA == null)
        return null;
    Set<T> tmp = new HashSet<T>();
    for (T x : setA) //遍历集合 A 中的元素
        if (setB.contains(x)) //如果 x 也在集合 B 中
            tmp.add(x); //把同时在集合 A 和 B 中的元素加入到交集
    return tmp;
}
```

两个 DFA 求交集的代码：

```
public static DFAStatePair intersect(DFA dfa1, DFA dfa2) {
    Stack<StatePair> stack = new Stack<StatePair>(); //待遍历的状态对
    StatePair start =
      new StatePair(dfa1.startState, dfa2.startState); //开始状态对
    DFAStatePair newDFA = new DFAStatePair(start);
    stack.add(start); //首先加入初始状态
    HashSet<StatePair> visited =
      new HashSet<StatePair>(); //记住访问历史，避免环路

    while (!stack.isEmpty()) {
        StatePair stackValue = stack.pop();
        Set<Character> inputs = intersection(
          dfa1.edges(stackValue.s1), dfa2.edges(stackValue.s2));

        for (char edge : inputs) {
            //同步向前遍历
            State state1 = dfa1.next(stackValue.s1, edge);
            State state2 = dfa2.next(stackValue.s2, edge);
            if (state1==null || state2==null) {
                continue;
            }
            //如果状态对已经存在，则不创建
            StatePair nextStackPair =
              newDFA.getOrCreateState(state1, state2);
            newDFA.addTransition(stackValue, edge, nextStackPair);

            if(visited.contains(nextStackPair)) {
                continue;
            }
            visited.add(stackValue);
            if(!stackValue.equals(nextStackPair)) //避免重复加到待访问的状态
                stack.add(nextStackPair);
            if (dfa1.isFinal(state1) && dfa2.isFinal(state2)) {
                newDFA.addFinalState(nextStackPair); //标志可结束状态
            }
        }
```

```
    }
    return newDFA; //返回两个 DFA 求交集后的 DFA
}
```

带默认转换的两个 DFA 求交集的代码：

```
public static DFAInt intersect(DFAInt dfa1, DFAInt dfa2) {
    if (dfa2 == null)
        return dfa1;
    Stack<StatePair> stack = new Stack<StatePair>();
    StatePair start =
      new StatePair(dfa1.startState, dfa2.startState);  //开始状态对
    DFAStatePair newDFA = new DFAStatePair(start);
    stack.add(start);

    while (!stack.isEmpty()) {
        StatePair stackValue = stack.pop();
        Set<String> ret = intersect(
          dfa1.edges(stackValue.s1), dfa2.edges(stackValue.s2));
        for (String edge : ret) {
            //同步向前遍历
            Integer state1 = dfa1.next(stackValue.s1, edge);
            Integer state2 = dfa2.next(stackValue.s2, edge);
            if (state1==null && state2==null) {
                continue;
            }
            if (state1 == null)
                state1 = 0;

            if (state2 == null)
                state2 = 0;

            StatePair nextStackPair = new StatePair(state1, state2);
            newDFA.addTransition(stackValue, edge, nextStackPair);
            stack.add(nextStackPair);
            if (dfa1.isFinal(state1) && dfa2.isFinal(state2)) {
                newDFA.addFinalState(nextStackPair);  //标志可结束状态
            }
        }
        //默认转换
        Integer dest1 = dfa1.defaults.get(stackValue.s1);
        Integer dest2 = dfa2.defaults.get(stackValue.s2);
        if (dest1==null)
            dest1 = 0;

        if (dest2==null)
            dest2 = 0;
        if (dest1!=0 && dest2!=0) {
            newDFA.defaults.put(stackValue, new StatePair(dest1, dest2));
        }
    }
    DFAInt finaDFA = new DFAInt(newDFA); //把状态对表示的 DFA 转换成整数表示的 DFA
    return finaDFA;
}
```

4.2.4　DFA 并集

对两个 DFA 求并集得到的 DFA 有这样的特征：它可以接收两个 DFA 中任何一个可以接收的单词。这样的运算叫作 DFA 求并集，也就是 Union 操作。

例如，当前位于状态 Ab，得到输入 0 以后，第一个 DFA 到达状态 B，第二个 DFA 到达状态 b，并集 DFA 接收这个输入后的下一个状态是 Bb。这里的 Ab 和 Bb 都是第一个 DFA 和第二个 DFA 的状态组合。在输入 0 后，如果有一个 DFA 状态不变呢？如果以前的状态是 A，那新状态就还是那个 A，例如，从 Ab 到 Ad。

DFA 求并集的代码如下：

```
public class DFAUnion {

    // 对两个输入集合求并集
    public static <T> Set<T> union(Set<T> setA, Set<T> setB) {
        Set<T> tmp = new HashSet<T>();
        if (setA != null) {
            for (T x : setA) {
                tmp.add(x);
            }
        }
        if (setB != null) {
            for (T x : setB) {
                tmp.add(x);
            }
        }
        return tmp;
    }

    //对两个 DFA 求并集
    public static DFAInt union(DFAInt dfa1, DFAInt dfa2) {
        if (dfa2 == null)
            return dfa1;
        Stack<StatePair> stack = new Stack<StatePair>();
        StatePair start =
          new StatePair(dfa1.startState, dfa2.startState);  //开始状态对
        DFAStatePair newDFA = new DFAStatePair(start);
        stack.add(start);

        while (!stack.isEmpty()) {
            StatePair stackValue = stack.pop();
            Set<Character> ret = union(
              dfa1.edges(stackValue.s1), dfa2.edges(stackValue.s2));
            for (Character edge : ret) {
                //同步向前遍历
                Integer state1 = dfa1.next(stackValue.s1, edge);
                Integer state2 = dfa2.next(stackValue.s2, edge);
                if (state1==null && state2==null) {
                    continue;
                }
                if (state1 == null)
                    state1 = 0;
```

```
                if (state2 == null)
                    state2 = 0;

                StatePair nextStackPair = new StatePair(state1, state2);
                newDFA.addTransition(stackValue, edge, nextStackPair);
                stack.add(nextStackPair);
                if (dfa1.isFinal(state1) || dfa2.isFinal(state2)) {
                    newDFA.addFinalState(nextStackPair);  //标志可结束状态
                }
            }
            //默认转换
            Integer dest1 = dfa1.defaults.get(stackValue.s1);
            Integer dest2 = dfa2.defaults.get(stackValue.s2);
            if (dest1 == null)
                dest1 = 0;

            if (dest2 == null)
                dest2 = 0;
            if (dest1!=0 || dest2!=0) {
                newDFA.defaults.put(stackValue, new StatePair(dest1, dest2));
            }
        }
        DFAInt finaDFA =
          new DFAInt(newDFA); //把状态对表示的 DFA 转换成整数表示的 DFA
        return finaDFA;
    }
}
```

4.2.5 有限状态转换

面粉经过面条机，就变成了面条。有限状态转换器就是利用有限状态机把输入串映射成输出串的。

术语： Finite State Transducer(有限状态转换机) 是一个有限状态机，映射一个单词(字节序列)到一个任意的输出。

例如判断二进制串的奇偶性。用两个状态 s1 和 s2 表示。s1：偶数；s2：奇数。状态转换图如图 4-16 所示。

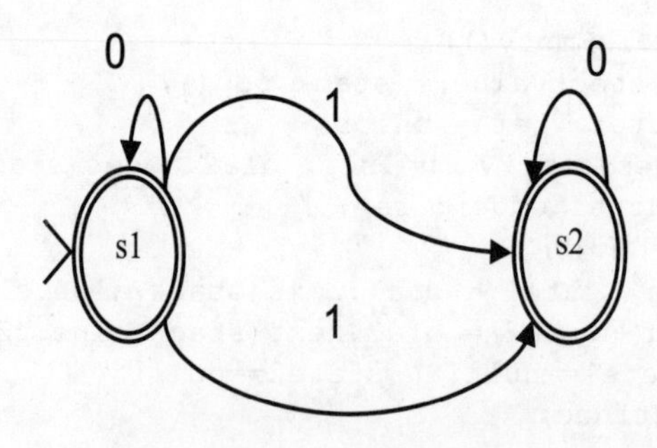

图 4-16 状态转换图

字符串中 1 的数量是奇数还是偶数。例如：

1 0 1 1 0 0 1 → s1

0 0 0 1 0 0 0 → s2

表 4-8 给出了状态转换表。

表 4-8　状态转换表

状　态	转　换
s1	0→s1, 1→s2
s2	0→s2, 1→s1

实现这个有限状态转换机的代码如下：

```
int parity(String s) {
    int state = 1;
    for(int i=0; i<s.length(); ++i) {
        char ch = s.charAt(i);
        switch (state) {
            case 1:
                if(ch=='1')
                    state = 2;
                break;
            case 2:
                if(ch=='1')
                    state = 1;
                break;
        }
    }
    return state;
}
```

测试这个方法：

```
System.out.print(parity("01010")); //输出 1
```

有限状态转换机如图 4-17 所示。

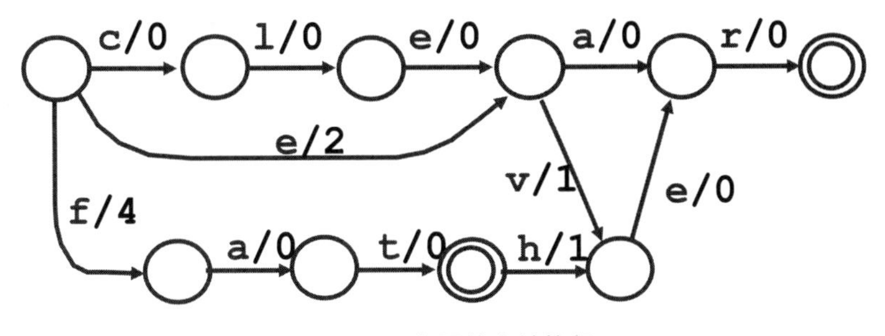

图 4-17　有限状态转换机

为了构建最小完美散列，需要把排好序的单词{clear, clever, ear, ever, fat, father}映射到序号(0, 1, 2, ...)。当遍历的时候，把经过的值加起来，例如 father 在 f 命中 4 并且在 h 命中 1，因此它的输出是 5。

根据构词规则识别“二氧化锰”这样的化学专有名词。化学物质的成词语素如下。

- 化学元素名：溴、氧、氯、碳、硫、磷……；锑、银、铜、锡、铁、锰……
- 化学功能名：酸、胺、脂、酮、酰、烷、酚、酊、羟……
- 化学介词：化、合、代、聚、缩、并、杂、联……
- 特定词头：亚、过、偏、原、次、高、焦、连……
- 各类符号：阿拉伯数字、罗马数字、汉文数字、天干、希腊字母、英文字母、标点符号。

把成词语素定义成枚举类型：

```
public enum ChemistryType {
    element, //化学元素，例如：溴、氧、氯、碳、硫、磷
    function, //化学功能，例如：酸、胺、脂、酮、酰
    prep, //化学介词，例如：化、合、代、聚、缩、并、杂、联
    prefix, //前缀，例如：亚、过、偏、原、次、高、焦、连
    number; //数字
}
```

有限状态转换：

```
public class FST {
    int startState;  //开始状态编号
    HashMap<Integer, HashMap<ChemistryType, Integer>> transitions =
      new HashMap<Integer, HashMap<ChemistryType, Integer>>();
    HashSet<Integer> finalStates = new HashSet<Integer>(); //结束状态集合

    public FST(ChemistryType... types) {
        int stateId = 1;
        startState = stateId;

        int currentState = startState;
        for(ChemistryType t : types) {
            int nextState = currentState + 1;
            HashMap<ChemistryType, Integer> value =
              new HashMap<ChemistryType, Integer>();
            value.put(t, nextState);
            transitions.put(currentState, value);
            currentState = nextState;
        }
        finalStates.add(currentState);
    }

    public String trans(String sentence, int offset) {
        int atomCount = sentence.length();
        int i = offset;
        Integer currentState = startState;
        StringBuilder wordBuffer = new StringBuilder();

        while (i <atomCount) {
            char c = sentence.charAt(i);
            i++;
            ChemistryType input = getType(c);
            if(input == null)
                break;
            currentState = next(currentState, input);
```

```
            if (currentState == null)
                break;
            wordBuffer.append(c);
        }
        if(isFinal(currentState))
            return wordBuffer.toString();
        return null;
    }
}
```

例如“二氧化锰”的成词规则是“汉文数字+化学元素名+化学介词+化学元素名”。用一个有限状态转换对象识别这类名词：

```
FST fst =
  new FST(ChemistryType.number, ChemistryType.element,
          ChemistryType.prep, ChemistryType.element);

String sentence = "二氧化锰溶液";
int offset = 0;
String n = fst.trans(sentence, offset); //得到“二氧化锰”这个化学名词
```

可以使用 FST 存储键/值对。

FST 的操作包括：合并、级联和组合等。

术语：Union(合并)。Concatenation(级联)。Composition(组合)。Closure(闭包)。

可以把标准 Trie 树看成是有限状态转换机，接收字符，转换出来的也是字符，如图 4-18 所示。

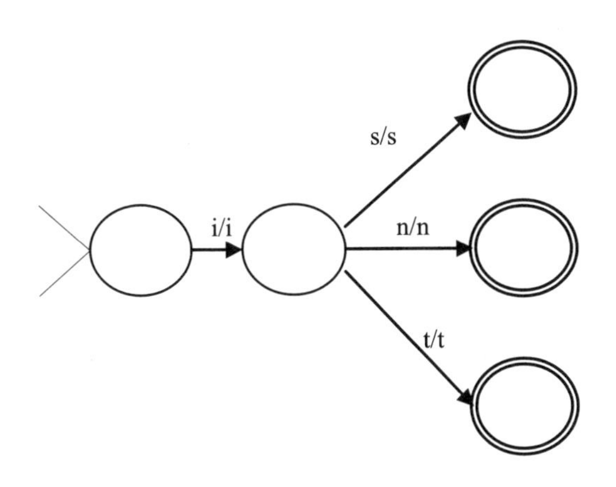

图 4-18　标准 Trie 树中的有限状态转换机

4.3　本 章 小 结

幂集构造的方法把 NFA 转换成 DFA，然后再用 Hopcroft 算法最小化 DFA。最小化除了 Hopcroft 算法，还有 Brzozowski 算法以及 Huffman 算法。

从字符串到接收器叫作 FSA。从字符串到转换器叫作 FST。

第5章 数据结构

复杂的机器往往有一些固定的结构，例如齿轮和链条。

DNA 是双螺旋结构。衣服上的拉链是一个左右咬合的结构。数据之间也有一些常用的结构。我们从最简单的链式结构开始介绍。

术语：Data Struct(数据结构) 数据结构是计算机存储、组织数据的方式。

5.1 链　　表

假设单词的长度不确定。在老鹰捉小鸡的游戏中，扮演小鸡的小朋友串在一起。串在一起的队伍可以看成一个链表。如果不熟悉单链表，可以想象有几个灯笼，要把灯笼串起来。Node 类表示了一个灯笼的构造。每个灯笼下面有个钩子，钩住下一个灯笼上的柄，这样形成一串灯笼。灯笼的结构是数据本身和下面的钩子。

```
final class Node { //内部节点类
   public char element; //每个节点存储词中的一个字符
   public Node next; //下一个节点对象的引用

   public Node(char item) { //构造方法
      this.element = item;
      next = null;
   }
}
```

Node 结构中的 next 属性是 Node 类型的。这样并不会导致嵌套死循环。因为 next 本身只是一个 Node 类型的引用而已。next 就是专门用来钩灯笼的钩子。如果要存任意类型的元素，也可以定义成泛型。Node 类的定义中引用了它自己，它是递归定义的。一个使用场景是，节点 a 中的 next 属性值是空，而节点 b 中的 next 属性值是 a：

```
Node a = new Node('a'); //节点 a 中的 next 属性值是空
Node b = new Node('b');
b.next = a;            //节点 b 中的 next 属性值是 a
```

要把第一个灯笼提在手里，也就是记录第一个节点，这叫作链表的头节点。老鹰捉小鸡的游戏中的母鸡是链表的头。

```
public class LinkedList { //可以从前往后遍历单词中所有的字符
```

```
    private Node head; //记录第一个节点

    public LinkedList() { //构造方法
        head = null;
    }
}
```

最简单的实现方法是把旧灯笼串挂在新灯笼下面，再把新的灯笼提在手里：

```
public void add(char item) { //把一个字符放到链表的开头
    Node newNode = new Node(item);
    newNode.next = head;
    head = newNode; //让newNode成为链表新的头
}
```

也可以新来一个小朋友，就排到队伍的最后：

```
public void add(char item) { //把一个字符放到链表的结尾
    Node newNode = new Node(item); //存储新字符的节点作为结尾

    Node current = head; //当前节点
    Node prev = null; //当前节点的上一个节点
    while (current != null) { //一直找到结尾处
        prev = current;
        current = current.next;
    }

    if (prev == null) {
        head = newNode;
    } else
        prev.next = newNode;
}
```

Node定义成LinkedList的内部类。

如何按倒序重新组织单链表中的节点？这个问题也叫作单链表反转。实现方法是：遍历当前链表，每次都把遍历到的节点放到新链表的开头。实现代码如下：

```
static Node reverse(Node x) {
    Node c = x; //用于遍历当前链表
    Node r = null; //用于指向新链表的第一个节点
    while(c != null) {
        Node t = c.next; //暂存要遍历的下一个节点
        c.next = r; //让当前节点的下一个节点是反转链表的第一个节点
        r = c; //更新反转链表的第一个节点
        c = t; //更新当前链表的当前节点
    }
    return r;
}
```

5.2 树 算 法

都是从一个根发源的分支叫作树。比如汉族的根是传说中的“炎黄部落”。汉语词典

中的词可以表示成一个词典搜索树。网页也可以用 DOM 树表示。树往往都有一个表示树中节点的 Node 类。词典搜索树中，往往一个字符对应一个节点，而网页 DOM 树则一个标签对应一个节点。

正如树干只有一个，树中的根节点是唯一的。与地上长的树不一样，一般把根节点画在上面，而把叶子节点画在下面。

手机上可以输入姓名查找通信录。在手机上输入第一个字符“张”，就可以提示出所有姓张的姓名。可以用树算法实现这样的前缀匹配。在搜索框输入“大”这个字，会提示您是否要找“大话西游”或“大师”等词。

5.2.1　标准 Trie 树

假如需要做一个英文电子词典，可以使用标准 Trie 树来存储这个词典，也就是很多英文单词。在介绍标准 Trie 树之前，先看下怎么用单链表存储一个单词。前面说过，对于单链表，可以想象有几个灯笼，每个灯笼下面有个钩子，钩住下一个灯笼上的柄，这样形成一串灯笼。例如要写 GOOD 这个单词，在每个灯笼上写一个字母。第一个灯笼写上“G”，第二个灯笼上写“O”，第三个灯笼上写“O”，第四个灯笼上写“D”。这就是一个词组成的单链表，如图 5-1 所示。

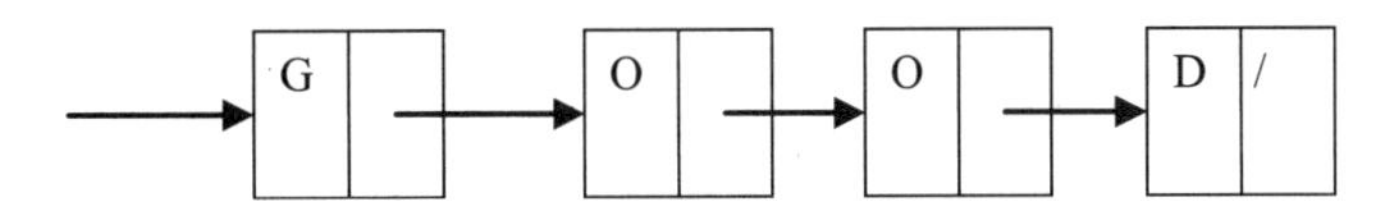

图 5-1　存储一个词的单链表

把单词看成是字符的序列，也就是字符组成的链表。使用一个单向链表(linked list)保存一个单词。链表中的每个节点对象保存一个字符，同时保存下一个对象的引用：

```
class Node { //内部节点类
   public char element; //每个节点存储词中的一个字符
   public Node next; //下一个节点对象的引用

   public Node(char item) { //构造方法
      this.element = item;
      next = null;
   }
}
```

WordLinkedList 只记录一个头节点：

```
public class WordLinkedList { //可以从前往后遍历单词中所有的字符
   private Node root = null; //记录第一个节点，也就是根节点
}
```

头节点存储单词中的第一个字符，第二个节点存储单词中的第二个字符，依次类推。存储一个词的实现如下：

```
public void add(String key) { //放入一个单词
   if (root == null) { //如果根节点不存在，则创建它
      root = new Node(key.charAt(0));
   }
```

```
    Node parNode = root; //父节点
    for (int i=1; i<key.length(); i++) { //从前往后逐个放入字符
        char c = key.charAt(i);
        Node currNode = new Node(c); //当前节点
        parNode.next = currNode; //当前节点作为父节点的孩子节点
        parNode = currNode; //父节点向下移动
    }
}
```

在后面的实现中，循环次数无法事先确定，所以要用到 while 循环。为了熟悉 while 循环，把 for 循环改用 while 循环实现如下：

```
int charIndex = 0; //查询词中已经处理到的位置
if (root == null) { //如果根节点不存在，则创建它
    root = new Node(key.charAt(charIndex));
}
Node parNode = root; //父节点
while (true) { //中间会有退出循环的地方
    charIndex++; //增加已经处理到的位置
    if (charIndex == key.length()) { //每个字符都已经放入单词链表
        return; //退出循环
    }
    char currentChar = key.charAt(charIndex); //得到当前字符
    Node currNode = new Node(currentChar); //当前节点
    parNode.next = currNode; //当前节点作为父节点的孩子节点
    parNode = currNode; //父节点向下移动
}
```

从输入字符串中查找单词：

```
public boolean find(String input) {
    Node curNode = root; //当前节点
    int i = 0; //输入串的位置
    while (curNode!=null && i<input.length()) {//从前往后一个字符一个字符地匹配
        if(curNode.element != input.charAt(i))
            return false;
        //节点和字符位置同步前进一次
        curNode = curNode.next;
        i++;
    }
    return true; //找到
}
```

输出 WordLinkedList 内部状态的实现如下：

```
public String toString() { //输出链表中的内容
    StringBuilder buf = new StringBuilder(); //字符串缓存
    Node current = root; //当前节点
    while (current != null) {
        buf.append(current.element); //节点中存储的字符
        buf.append('\t');
        current = current.next; //当前节点向下移
    }
    return buf.toString();
}
```

测试这个链表：

```
public static void main(String args[]) {
    WordLinkedList w = new WordLinkedList(); //新建一个词的单链表对象
    w.add("good");  //加入词
    System.out.println(w.toString()); //输出单链表中的内容
}
```

两个词“印度”和“印度尼西亚”可以共用一个链表。“度”和“亚”这两个节点是可以结束的节点。其他的节点则不是可以结束的节点。在节点类增加结束标志：

```
class Node { //内部节点类
    public char element; //每个节点存储词中的一个字符
    public Node next; //下一个节点对象的引用
    public int freq; //结束标志，如果大于 0，则表示可以结束
}
```

查找链表的过程中，判断节点是否可以结束：

```
public boolean find(String input) {
    Node curNode = root; //当前节点
    int i = 0;
    boolean findIt = false;
    while (curNode!=null && i<input.length()) { //从前往后匹配
        if (curNode.element != input.charAt(i))
            return false;
        else if (curNode.freq > 0) { //遇到可以结束的节点
            findIt = true; //找到
        } else {
            findIt = false; //没找到
        }

        //节点和字符位置同步前进一次
        curNode = curNode.next;
        i++;
    }
    if(i==input.length() && findIt)
        return true;
    return false; //没找到
}
```

测试这个链表：

```
public static void main(String args[]) throws Exception {
    WordLinkedListFreq c = new WordLinkedListFreq();
    c.add("印度"); //增加一个词
    c.add("印度尼西亚"); //增加一个相同前缀的词
    System.out.println(c.toString()); //输出链表内容
    System.out.println(c.find("印度")); //找到这个词
    System.out.println(c.find("印度尼西")); //没有找到这个词
    System.out.println(c.find("印度尼西亚")); //找到这个词
    System.out.println(c.find("印度尼西亚的")); //没有找到这个词
}
```

类似的例子还有 GO 和 GOOD 这两个单词。如果要增加 gmail 这个词，就要生长出树

权，链表变成树。

把词表中所有的词组成的链表列在一起，发现其中有些节点可以共用。例如，三个英文单词 is、in、it 组成的链表如图 5-2 左边所示。

三个链表有相同的前缀节点 i，则把 i 统一用一个节点表示。合并节点 i 以后，因为存在一个节点连接多个节点的情况，所以在边上说明接收字符。这样方便接收不同的字符后走向不同的后续节点。如图 5-2 所示是合并节点的过程。

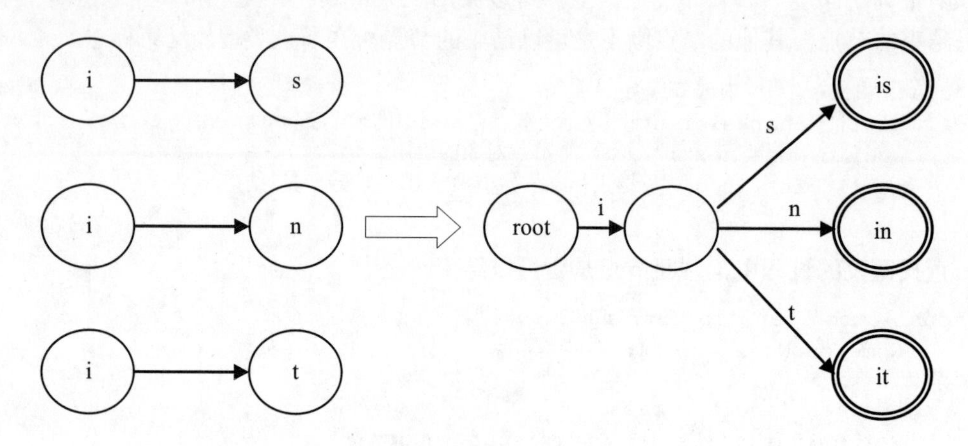

图 5-2　从链表到 Trie 树

共享同一个前缀节点就好像一个家族有 3 个兄弟，共同用一个祭拜祖先的祠堂。标准 Trie 树也可以看成是链表表示的 DFA 求并集的结果。

合并后的节点需要有分叉指向不同的后续节点。需要根据当前接收到的字符来选择一个后续节点。这实际上是一个字符到节点的映射。所以可以用散列表来存储这个映射关系：

```
Map<Character, TrieNode> next = new HashMap<Character, TrieNode>();
```

这样合并成的树叫作 Trie 树。如果一个词是另外一个词的前缀。例如词表中包括 gold 和 go。则需要知道 go 也是一个词。匹配到节点 o 也可以结束。所以结束节点不一定是叶节点。o 对应的节点不是叶节点，但是却是结束节点。标准 Trie 树中的每个词都有一个对应的结束节点：

```
class TrieNode {
    private Map<Character, TrieNode> next =
      new HashMap<Character, TrieNode>();
    boolean final; //判断这个节点是否为结束节点
}
```

Node 类中往往存一个 val 值，根据 val 是否为空值，来判断是否为结束节点。结束节点的 val 是非空的值。如果图形化表示 Trie 树，结束节点往往用图 5-2 中的双圈表示。Trie 树的节点类定义如下：

```
class TrieNode {
    private Map<Character, TrieNode> next =
      new HashMap<Character, TrieNode>();
    private String val; //终止节点中存储的值
    protected boolean isFinal() { //判断是否为结束节点
```

```
        return (val != null);
    }
}
```

可以往一个 TrieNode 节点上增加和得到后续节点：

```
static final class TrieNode {
   private int val; //终止节点中存储的值
   //孩子节点组成的数组，类似散列表中的数组
   private Map<Character, TrieNode> next =
     new HashMap<Character, TrieNode>();

   public TrieNode getChild(char c) { //根据当前字符得到后续节点
      return next.get(c); //查找散列表
   }

   public void addChild(char c, TrieNode n) { //增加一个字符对应的后续节点
      next.put(c, n); //散列表增加一个键/值对
   }
}
```

Trie 树的结束节点中可以存储表示原词的字符串。这样做是为了每次匹配上同一个词后都返回同样的一个字符串，不用重新创建新字符串了。此外，结束节点还可以存储对应词相关的一些信息。例如，可以用一个链表存储一个词所有可能的词性。

标准 Trie 树的实现如下：

```
public class StandardTrie {
   private TrieNode root = new TrieNode(); //根节点
}
```

增加一个词到词典树的方法：

```
//放入键/值对
public void put(String key, int val) {
   key = key.toLowerCase(); //小写化
   TrieNode currNode = root; //当前节点
   for (int i=0; i<key.length(); ++i) { //从前往后找键中的字符
      char c = key.charAt(i);
      TrieNode newNode = currNode.getChild(c);
      if (newNode==null) { //这个节点不存在
         newNode = new TrieNode(); //当前节点向下移动
         currNode.addChild(c, newNode); //创建新的孩子节点
      }
      currNode = newNode;  //当前节点向下移动
   }
   currNode.val = val; //设置值
}
```

查找词典树，得到一个词对应的值：

```
//得到键对应的值
public int get(String key) {
   TrieNode currNode = root; //当前节点
   for (int i=0; i<key.length(); ++i) { //从前往后找键中的字符
      char c = key.charAt(i); //根据当前字符往下查找
```

```
        currNode = currNode.getChild(c); //得到一个字符对应的孩子节点
        if (currNode == null)  //找到头了
            return 0;
    }
    return currNode.val; //返回键对应的值
}
```

构建词典 Trie 树的测试方法：首先创建一个根节点，然后创建每个词对应的一些子节点。代码如下：

```
public static void main(String args[]) { //测试类
    StandardTrie trie = new StandardTrie();  //创建一个标准 Trie 树
    trie.put("China", 1);  //往 Trie 树放入单词
    trie.put("crawl", 2);
    trie.put("crime", 3);
    trie.put("ban", 4);
    trie.put("english", 6);
    trie.put("establish", 6);
    trie.put("eat", 8);

    System.out.println(trie.get("eat")); //输出 8
}
```

假设要存储忽略大小写的英文词表。英文单词中的每个字符都是 26 个小写英文字母中的一个，则 TrieNode 中根据字符找孩子节点的散列表还可以改进：

```
Map<Character, TrieNode> next = new HashMap<Character, TrieNode>();
```

对于小写英文字母来说，Character 的取值在 97 到 122 之间：

```
for (char c='a'; c<='z'; ++c)
    System.out.println((int)c); //输出 97 到 122 的值
```

因为键的取值可以映射到 97 到 122 之间的 26 个数，所以这个散列表不用考虑如何解决冲突。用一个长度是 26 的数组来代替散列表 next。Trie 树的节点类定义改成如下的形式：

```
private static class TrieNode {
    private int val; //终止节点中存储的值
    //孩子节点组成的数组，类似散列表中的数组
    private TrieNode[] next = new TrieNode[26];
}
```

需要根据字符得到数组下标，也就是一个整数。根据输入字符比 a 这个字符大多少，来决定数组下标，也就是散列码。两个字符可以相减，实际使用它们的 Unicode 编码相减。这样就得到了一个用来做散列码的整数。例如‘c’-‘a’=2。下面的代码计算输入字符 c 和字母 a 的差别：

```
char c = 'c';
System.out.println(c - 'a');
```

因为字符 a 的 Unicode 编码是 97，字符 c 的 Unicode 编码是 99，所以输出 2。计算给定字符桶的位置的代码如下：

```
static int indexFor(char c) { //计算桶的位置
    return (c - 'a'); //根据输入字符比 a 这个字符大多少
```

```
}
```

增加根据给定字符查找当前节点的子节点的方法(getChild)：

```
private static final class TrieNode {
   private TrieNode[] next = new TrieNode[26];

   static int indexFor(char c){ //计算桶的位置
      return (c - 'a'); //根据输入字符比 a 这个字符大多少
   }

   public TrieNode getChild(char c){ //根据当前字符得到后续节点
      return next[indexFor(c)]; //查找散列表
   }
}
```

用 TrieNode 的 addChild 方法增加一个字符对应的后续节点：

```
public void addChild(char c,TrieNode n) { //增加一个字符对应的后续节点
   next[indexFor(c)] = n; //散列表增加一个键/值对
}
```

不存在冲突的散列表叫作完美散列。如果数组中每个元素都放了键，就叫作最小完美散列。TrieNode 中的散列因为不存在冲突，所以是完美散列。如果数据是从 a~z 所有的字符，则这个散列就是最小完美散列。

树的第一层包括所有单词的第一个字符，树的第二层包括所有单词的第二个字符，依此类推，标准 Trie 树的最大高度是词典中最长单词的长度。

例如，如下单词序列组成的词典(as　at　be　by　he　in　is　it　to)会生成如图 5-3 所示的标准 Trie 树。

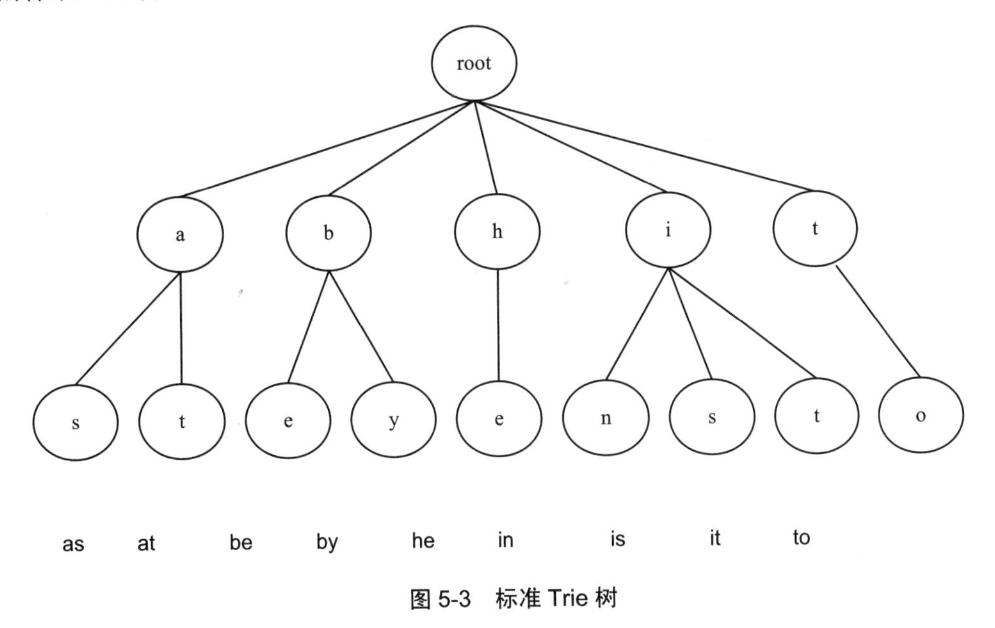

图 5-3　标准 Trie 树

英文单词 Trie 树的实现如下：

```
public class TrieEnglish {
```

```
    private TrieNode root = new TrieNode(); //根节点

    private static class TrieNode {
        private int val; //终止节点中存储的值
        //孩子节点组成的数组，类似散列表中的数组
        private TrieNode[] next = new TrieNode[26];
    }

    //放入键/值对
    public void put(String key, int val) {
        key = key.toLowerCase(); //小写化
        TrieNode currNode = root; //当前节点
        for (int i=0; i<key.length(); ++i) { //从前往后找键中的字符
            char c = key.charAt(i);
            TrieNode newNode = currNode.next[c - 'a'];
            if (newNode == null) { //这个节点不存在
                currNode.next[c - 'a'] = new TrieNode(); //创建新的孩子节点
                currNode = currNode.next[c - 'a']; //当前节点向下移动
            } else {
                currNode = newNode; //当前节点向下移动
            }
        }
        currNode.val = val; //设置值
    }

    //得到键对应的值
    public int get(String key) {
        TrieNode currNode = root; //当前节点
        for (int i=0; i<key.length(); ++i) { //从前往后找键中的字符
            char c = key.charAt(i); //根据当前字符往下查找
            currNode = currNode.next[c - 'a'];
            if (currNode == null) //找到头了
                return 0;
        }
        return currNode.val; //返回键对应的值
    }

    public static void main(String args[]) { //测试类
        TrieEnglish trie = new TrieEnglish(); //创建一个 Trie 树
        trie.put("as", 1); //往 Trie 树放入单词
        trie.put("at", 2);
        trie.put("be", 3);
        trie.put("by", 4);
        trie.put("he", 6);
        trie.put("in", 6);
        trie.put("is", 8);

        System.out.println(trie.get("is")); //输出 8
    }
}
```

因为英文单词 Trie 树中的每个节点有个长度是 26 的孩子节点数组，所以叫作 26 路树。英文单词 Trie 树中的节点通过链接索引隐含定义了字符，如图 5-4 所示。

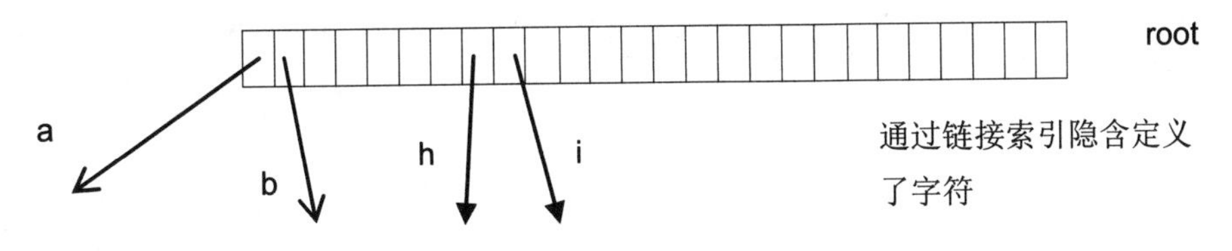

图 5-4　英文单词 Trie 树中的节点

用标准 Trie 树存储电话号码也与存英文词表的实现类似。有时候，需要根据用户给出的固定电话号码查找所属的区域。例如，01088888888 是北京的电话号码，因为 010 是北京的区号。固定电话号码都是以区号开始的多位数字，可以通过给定电话号码的前缀找出对应的地区。

可以使用标准 Trie 树算法快速查找电话号码前缀。因为只存储 0 到 9 的数字，所以每个 TrieNode 对象有 10 个孩子节点。例如，0 3 7 1 这个区号有 3 个节点对应，也就是说，有三个 TrieNode 对象。第一个对象叫作 N_3，第二个对象叫作 N_7，第三个对象叫作 N_1。电话号码 Trie 树中存储键/值对，这里的键是区号，值是对应的地区。电话区号 0371 和 010 形成的 Trie 树如图 5-5 所示。

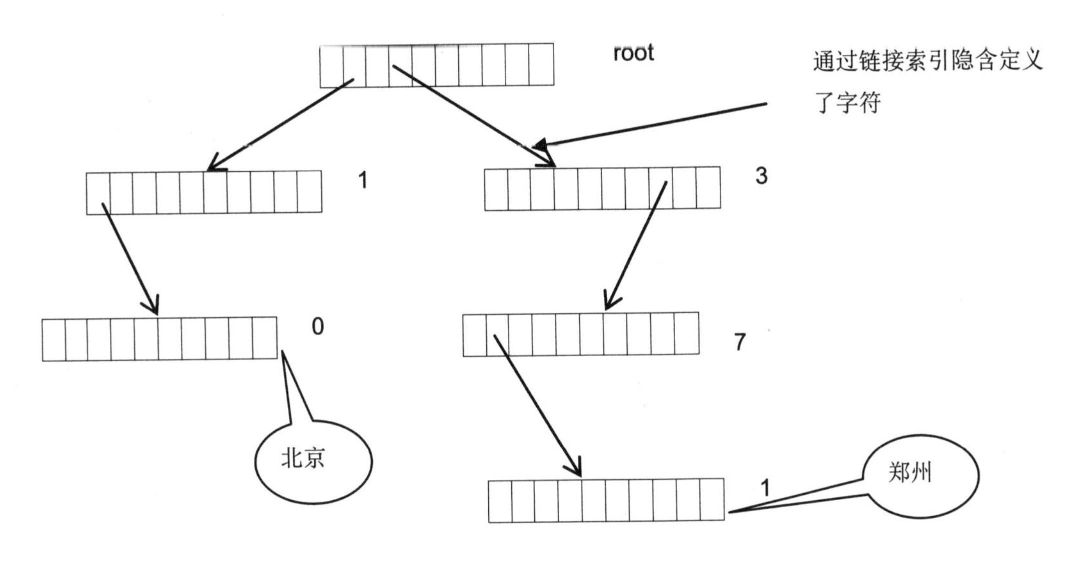

图 5-5　电话号码组成的标准 Trie 树

Trie 树的节点类定义如下：

```
public static final class TrieNode {
    protected TrieNode[] next = new TrieNode[10]; //对应 10 个数字
    protected String area; //电话所属地区信息
}
```

把一个电话区号和对应的地区加入标准 Trie 树的方法如下：

```
private TrieNode root = new TrieNode(); //根节点

private void addTel(String word, String area) { //电话号码和对应地区
    TrieNode currentNode = root; //当前节点
```

```
    for (int i=1; i<word.length(); i++) { //从前往后一个字符一个字符地加入
        char c = word.charAt(i);
        int ind = c - '0'; //得到散列码
        if (null == currentNode.next[ind]) { //如果对应的节点不存在就创建
            currentNode.next[ind] = new TrieNode();
        }
        currentNode = currentNode.next[ind];
    }
    currentNode.area = area; //设置节点值
}
```

查询的过程对于查询词来说，从前往后一个字符一个字符地匹配。对 Trie 树来说，是从根节点往下匹配的过程。从给定电话号码搜索前缀的方法如下：

```
//同时遍历输入串和树
public String search(String tel) {
    TrieNode curNode = root; //当前节点
    for (int i=1; i<tel.length(); i++) { //从前往后一个字符一个字符地匹配
        curNode = curNode.next[(tel.charAt(i) - '0')];
        if(curNode == null) return null;
        if (null != curNode.area) { //如果这个节点可以结束
            return curNode.area; //返回对应的区域
        }
    }
    return null; //没找到
}
```

可以把 Trie 树看成是有限状态机。每个节点就是一个状态。输入事件是字符串，当前节点是有限状态机的当前状态。area 属性不是空，就代表是结束状态。代码如下：

```
public static final class TrieNode {
    protected String area;  //电话所属地区信息

    protected boolean isFinal() { //判断是否为结束节点
        return (area != null);
    }
}
```

测试这个电话号码 Trie 树：

```
TelTrie tel = new TelTrie(); //创建电话号码 Trie 树
tel.addTel("0535", "烟台");  //增加电话前缀和对应的地区
tel.addTel("010", "北京");
tel.addTel("0532", "青岛");

System.out.println(tel.search("0535-32445")); //输出烟台
System.out.println(tel.search("05666")); //输出 null
```

标准 Trie 树支持如下的操作：

- void put(String key, Value val)：存放键/值对。
- Value get(String key)：返回给定键对应的值。
- boolean contains(String key)：判断是否包含给定的键。

英文单词 Trie 树是 26 路 Trie 树，而电话号码 Trie 树是 10 路 Trie 树。如果一个节点中

包括对 R 个节点的引用，就叫作 R 路 Trie 树。

遍历 Trie 树中的单词就是遍历树中的可结束节点。

5.2.2　链表 Trie 树

为了节省空间，把兄弟节点放入一个链表中。词表{baby, bachelor, badge, jar}建立的链表 Trie 树如图 5-6 所示。

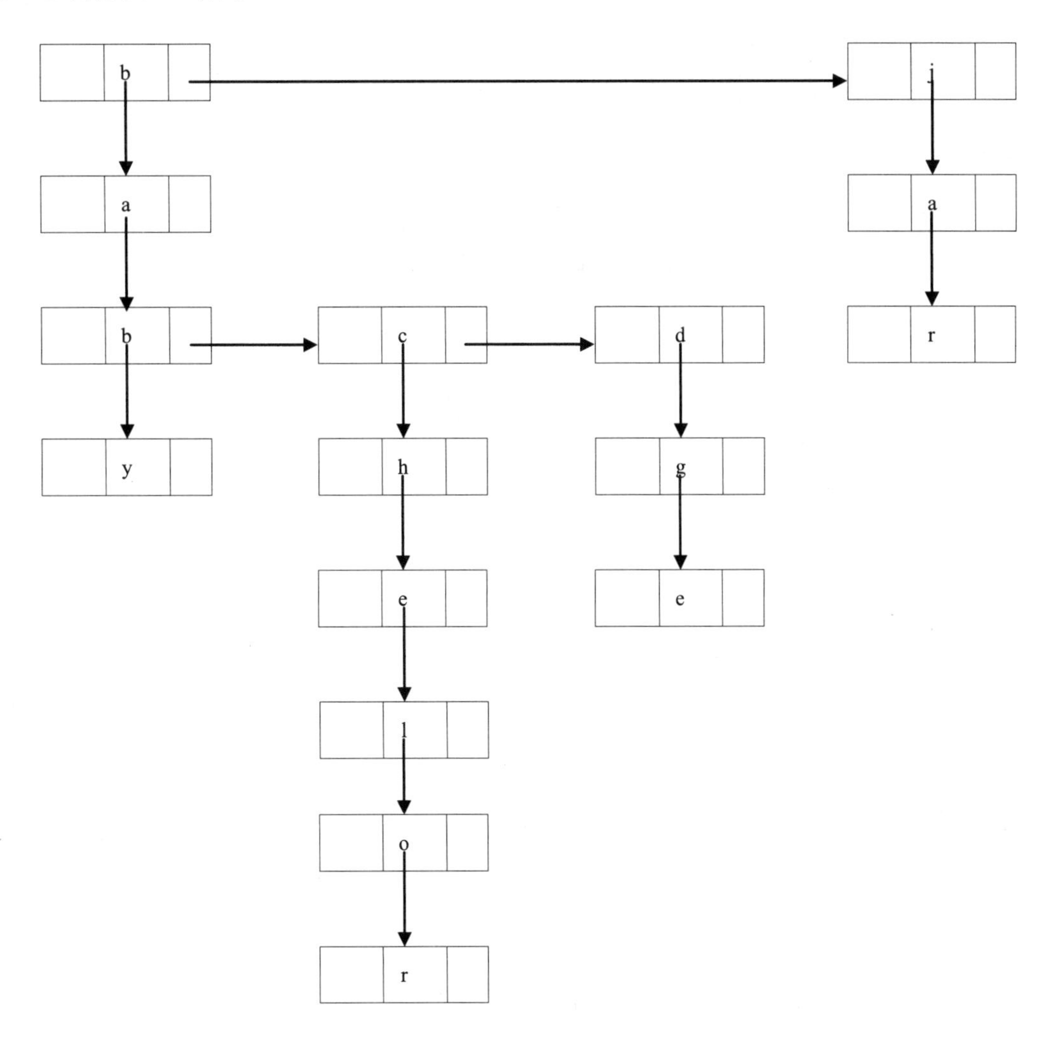

图 5-6　链表 Trie 树

链表 Trie 树中节点的定义如下：

```
public static final class Node {
    public Node firstChild;   //第一个孩子
    public char value;        //字符值
    public Node nextSibling;  //下一个兄弟
}
```

增加词的同时，维护链表的有序性：

```
private boolean add(
  Node root, String word, int offset) { //增加词中间指定位置的一个字符
    if (offset == word.length())
       return false;
    int c = word.charAt(offset);

    //首先找到节点应该在的位置
    Node last=null, next=root.firstChild;
    while (next != null) {
       if (next.value < c) {
          //没有找到，就继续找
          last = next;
          next = next.nextSibling;
       } else if (next.value == c) {
          //找到了，增加词中剩下的字符到节点
          return add(next, word, offset + 1);
       }
       //因为链表的顺序，找到这里还没找到，就说明找不到了
       else
          break;
    }

    //没找到，创建一个新的节点，然后插入到链表
    Node node = new Node(c);
    if (last == null) {
       //插入节点到链表的开始位置
       root.firstChild = node;
       node.nextSibling = next;
    } else {
       //把节点插入到 last 和 next 之间
       last.nextSibling = node;
       node.nextSibling = next;
    }

    //增加剩下的字符
    for (int i=offset+1; i<word.length(); i++) {
       node.firstChild = new Node(word.charAt(i));
       node = node.firstChild;
    }
    return true;
}
```

从链表 Trie 树查找指定词的过程如下：

```
private boolean find(Node root, String word, int offset) {
    if (offset == word.length())
       return true;
    int c = word.charAt(offset);

    //Search for node to add to
    Node next = root.firstChild;
    while (next != null) {
       if (next.value < c)
          next = next.nextSibling;
       else if (next.value == c)
```

```
            return find(next, word, offset+1);
        else
            return false;
    }
    return false;
}
```

5.2.3　二叉搜索树

经常需要从一堆数中找是否存在指定的一个数。可以通过一系列比较最终得出结论。两个数比较的结果有三种：小于、等于或者大于。可以把比当前数小的值放在当前数左边，比当前数小的值放在当前数的右边。把当前数放在节点中，小的数放在节点左边的子树中，大的数放在节点右边的子树中。这样，每个节点最多只有左右两个分叉。这样的节点组成的树叫作二叉树。

每个节点有左边孩子节点和右边孩子节点。左边的孩子节点看作根节点的树叫作左子树。右边的孩子节点看作根节点的树叫作右子树。向左走还是向右走的结果可能不一样，左孩子和右孩子是区别对待的，分别放在 Node 对象的 left 和 right 属性中。二叉树中，节点之间的关系定义如下：

```
public class Node {
    public Node left; //左子节点
    public Node right; //右子节点
}
```

二叉搜索树(Binary Search Tree，BST)是一个专门用来查找的二叉树。例如要查找一些字符，则树中的每个节点存储一个字符。一个节点的左子树仅包含小于这个节点的字符。一个节点的右子树仅包含大于这个节点的字符。

在这里，把标准 Trie 树中相同前缀的分叉字符组织成一个二叉搜索树。例如词表{as, at, be, by, he, in, is, it, of, on, or, to}中的首字母是 6 个字符{a, b, h, i, o, t}。图 5-7 就是这 6 个字符组成的二叉搜索树。

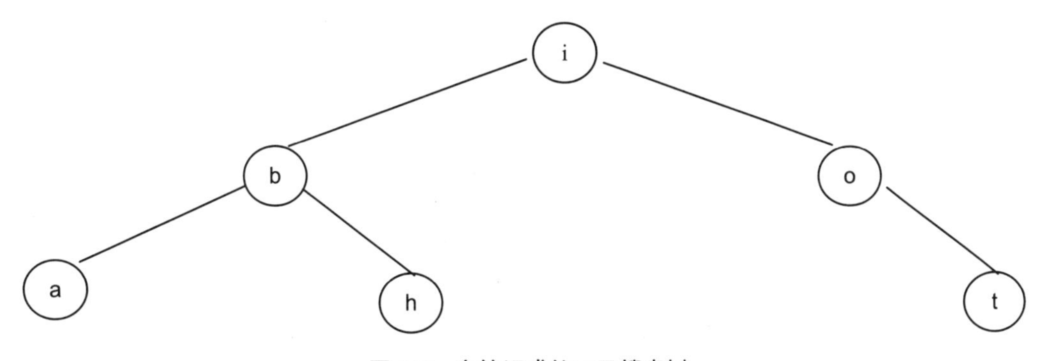

图 5-7　字符组成的二叉搜索树

b 比 i 小，所以 b 节点是 i 节点的左孩子。o 比 i 大，所以 o 节点是 i 节点的右孩子，依次类推。

二叉搜索树中的节点完整定义如下：

```
public class BSTNode {
    public char element; //节点中的字符
    public BSTNode left; //左子节点
    public BSTNode right; //右子节点

    public BSTNode(char theElement) { //构造方法
        element = theElement;
        left = right = null;
    }
}
```

增加一个字符到二叉搜索树。假设这个字符叫作 key，首先新建一个与这个字符对应的节点。如果树是空的，则把新建节点 n 放到根节点上。与根节点比较，如果当前字符小，则往左子树找，否则往右子树找，依次类推，最后把 n 挂到一个合适的地方。也就是把 n 作为某个节点的孩子。代码如下：

```
BSTNode rootNode;  //根节点

public void add(char key) { //增加一个字符
    BSTNode n = new BSTNode(key);  //新建一个节点
    BSTNode x = rootNode; //当前节点
    BSTNode y = null;   //当前节点的父节点

    while (x != null) { //一直找到叶子节点
        y = x; //因为 y 是 x 的父节点，所以 y 往下走一层
        if (n.element < x.element) {
            x = y.left;
        } else {
            x = y.right;
        }
        //每执行一次循环，x 和 y 都往树下走一层
        //循环不变式：y 是 x 的父节点
    }
    if (y == null) { //如果树是空的，则把新建节点放到根节点上
        rootNode = n;
    } else if (n.element < y.element) {
        y.left = n;   //新节点放到父节点的左边
    } else {
        y.right = n;  //新节点放到父节点的右边
    }
}
```

搜索一个字符是否在树中，也就是找到这个字符在二叉搜索树中对应的节点。假设这个字符叫作 key，从根节点开始找起。如果 key 比当前节点对应的字符小，则找当前节点的左子树，否则找当前节点的右子树。例如要找 h 这个字符，首先从根节点 i 开始。因为 h 比 i 小，所以往左找，遇到 b。因为 h 比 b 大，所以往右找。到最后遇到要找的字符 h，返回 true，表示找到了。如图 5-8 所示。

如果采用非递归的写法，则找当前节点的左子树就是把当前节点的左孩子作为新的当前节点。找当前节点的右子树就是把当前节点的右孩子作为新的当前节点。例如输入字母 i，则返回根节点。如果没找到，则返回空值。

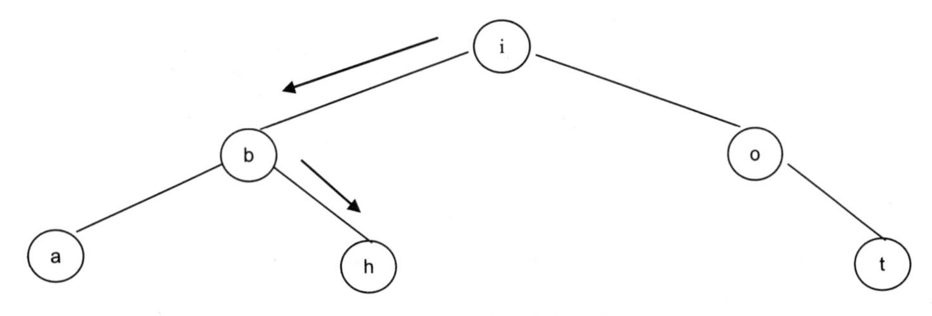

图 5-8　二叉搜索树查找过程

查找二叉搜索树中对应节点的实现代码如下：

```
public BSTNode getNode(char key) {  //返回一个字符对应的节点
    BSTNode node = rootNode;  //当前节点
    while (node != null) {
        if (key == node.element) {  //找到了
            return node;  //返回当前节点
        }
        if (key < node.element) {  //往左找
            node = node.left;
        } else {   //往右找
            node = node.right;
        }
    }
    return null; //树中不存在这个字符
}
```

find 方法调用 getNode 方法来查找某个字符是否存在：

```
public boolean find(char key) {
    BSTNode n = getNode(key); //查找对应的节点
    if(n != null) //存在对应的节点表示已经找到了
        return true;
    return false; //否则表示没找到
}
```

测试二叉搜索树。放入数据，然后再查询：

```
BinarySearchTree bst = new BinarySearchTree();
bst.add('i'); //放入数据
bst.add('b');
bst.add('o');
bst.add('a');

System.out.println(bst.find('a'));  //存在
System.out.println(bst.find('b'));  //不存在
```

单支树结构的查找效率退化成了顺序查找。为了减少比较次数，加快查找速度，需要构建平衡的二叉搜索树。平衡的二叉搜索树就是任何节点的左子树和右子树高度最多相差一个的二叉搜索树。

按照平衡的顺序插入，则得到的二叉搜索树就是平衡的。通过选择一个排序后的数组的中间值，并把它作为开始节点，可以创建一个平衡的二叉树。再次以有序的字符序列(a, b,

h, i, o, t)为例。首先选择序列的中间值 i 放入树，构建一个包含字母 i 的根节点。对于 i 的左子树，选择序列(a, b, h)的中间值 b 放入树，作为 i 的左孩子。对 i 的右子树，选择序列(o, t)的中间值 o 放入树，作为 i 的右孩子，依次类推。这样得到平衡的顺序 i, b, o, a, h, t(生成的二叉搜索树如图 5-8 所示)。

宽度遍历二叉树。从顶层到底层，从左到右，依次遍历：

```
public ArrayList<Character> toArray() { //按层次返回树中的元素
    ArrayList<Character> ret = new ArrayList<Character>();
    ArrayDeque<BSTNode> queue = new ArrayDeque<BSTNode>();
    queue.add(rootNode); //把根节点加入队列
    while(!queue.isEmpty()) {
        BSTNode current = queue.pop();
        ret.add(current.element);
        if(current.left != null)
            queue.add(current.left); //左孩子加入队列
        if(current.right != null)
            queue.add(current.right); //右孩子加入队列
    }
    return ret;
}
```

测试宽度遍历二叉树，先放入三个字符，然后输出遍历结果：

```
BinarySearchTree bst = new BinarySearchTree();
bst.add('i');
bst.add('a');
bst.add('z');

ArrayList<Character> nodes = bst.toArray();
for(Character c : nodes) {
    System.out.println(c);
}
```

输出结果是：i a z。

中序遍历二叉树：

```
public void iterativeInOrder(Node node) {
    if (node == null) {
        return;
    }
    Stack<Node> stack = new Stack<Node>();
    while (!stack.isEmpty() || node!=null) {
        if (node != null) {
            stack.push(node);
            node = node.left;
        } else {
            node = stack.pop();
            visit(node);
            node = node.right;
        }
    }
}
```

把二叉树保存到文件的方法：给每个节点分配一个 ID，并用这个节点编号来记录节点

之间的引用关系，保存二叉树的文件格式如下：

```
[node-id value left-node-id right-node-id]
```

然后用广度优先搜索的方法遍历树并得到二叉树的文件格式。

当想要重建树时，创建一个“ID→节点”的映射，实际上是一个节点数组。

然后读取该文件，当读取一条记录时，创建该节点，并根据左孩子节点的编号从节点数组上为其分配左孩子节点。根据右孩子节点的编号从节点数组上为其分配右孩子节点。因为节点数组中已经保留了事先创建出来的节点对象，所以可以这样做。

复制一个与原来的二叉树一样的树，并行遍历原来的树和正在创建中的树：

```
public Node clone() {
    if(null == root)
        return null;
    Queue<Node> queue = new LinkedList<Node>(); //遍历旧树用的队列
    queue.add(root);
    Node n;

    Queue<Node> q2 = new LinkedList<Node>();  //遍历新树用的队列
    Node fresh;
    Node root2 = new Node(root.data);
    q2.add(root2);
    while(!queue.isEmpty()) {
        n = queue.remove();
        fresh = q2.remove();
        if(null != n.left) {
            queue.add(n.left);
            fresh.left = new Node(n.left.data);
            q2.add(fresh.left);
        }
        if(null != n.right) {
            queue.add(n.right);
            fresh.right = new Node(n.right.data);
            q2.add(fresh.right);
        }
    }
    return root2;
}
```

5.2.4　数组形式的二叉树

链接形式的二叉搜索树每个节点存储两个辅助链接，这意味着额外的内存开销。考虑把二叉搜索树存到数组中，得到用数组表示的二叉搜索树，如图 5-9 所示。

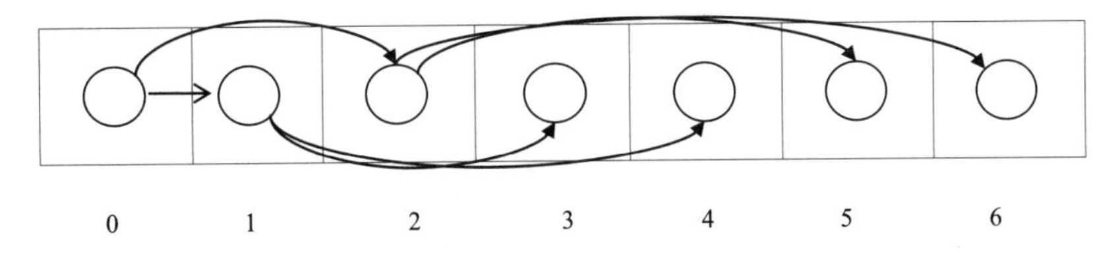

图 5-9　以数组形式存储的二叉搜索树节点关系图

一个具体的例子如图 5-10 所示。

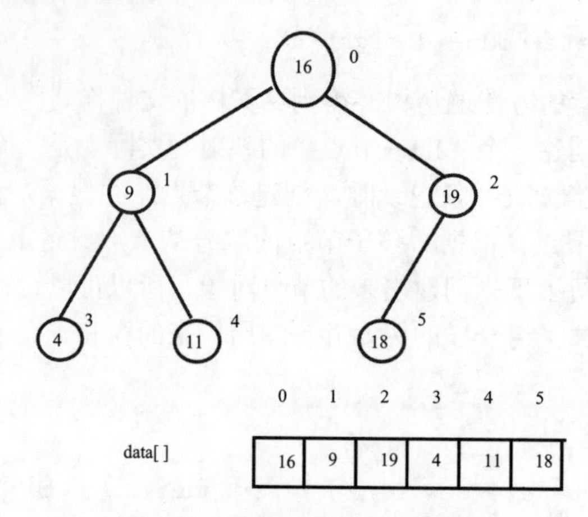

图 5-10 数组形式的二叉搜索树

二叉搜索树中的元素直接按层存在数组中。data[0]左边的子元素是 data[1]，右边的子元素是 data[2]。data[1]的左子元素是 data[3]，右子元素是 data[4]。data[2]的左子元素是 data[5]，右子元素是 data[6]。则 data[i]的左子元素是 data[2i+1]，右子元素是 data[2i+2]。如图 5-11 和图 5-12 所示。

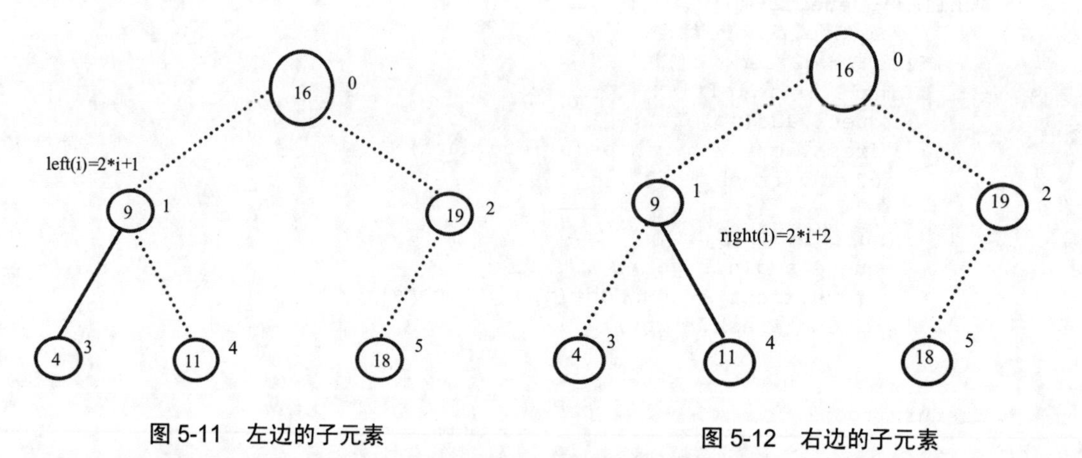

图 5-11 左边的子元素

图 5-12 右边的子元素

如果要简化计算，第一个位置可以不用，则根节点位于 data[1]，data[1]的左子元素是 data[2]，右子元素是 data[3]。则 data[i]的左子元素是 data[2i]，右子元素是 data[2i+1]。假设树已经建立好了，输出其结构。

用数组表示二叉搜索树的 ArrayTree 类实现如下：

```
public class ArrayTree {
    int max = 16;
    int[] data = new int[max]; //建立一棵最深为 4 的二叉树

    public void add(int e) { //增加元素
        int index = 1; //从根节点开始找，根节点编号是 1
        while(data[index] != 0) { //该位置不是空
            if(e < data[index]) { //判断要向左找，还是向右找
                index *= 2; //左子树
```

```
            } else {
                index = index*2 + 1; //右子树
            }
        }
        data[index] = e; //把数据放到数组
    }

    public boolean find(int e) { //查找元素
        int index = 1; //从根节点开始找，根节点编号是 1
        while(data[index] != 0) { //该位置不是空
            if(e < data[index]) { //判断要向左找，还是向右找
                index *= 2; //左子树
            } else if(e == data[index]) { //找到了
                return true;
            } else {
                index = index*2 + 1; //右子树
            }
        }
        return false; //没找到
    }
}
```

测试这个用数组存数据的二叉搜索树：

```
ArrayTree at = new ArrayTree();
at.add(4); //增加数据
at.add(2);
at.add(6);
at.add(1);
at.add(3);
at.add(5);
at.add(7);

System.out.println(at.find(7)); //查找
```

如果各层的节点数已经满了，则这样的二叉树叫作满二叉树，如图 5-13 所示。

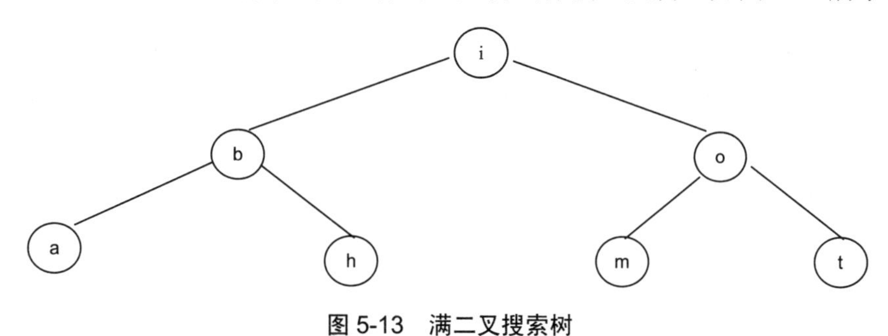

图 5-13　满二叉搜索树

深度为 2 的满二叉树有 3 个节点，而且底层有 2 个节点。深度为 3 的满二叉树有 7 个节点，而且底层有 4 个节点。深度为 m 的满二叉树，有 2^m-1 个节点，而且底层有 2^{m-1} 个节点。如果集合的元素数量不能正好构成满二叉树，例如不是 3 个元素，或者 7 个元素，则只能空出底层最右边的连续 n 个节点。

如果在一棵满二叉树上删去最右边的连续 n 个节点，就得到一棵完全二叉树。所谓完全二叉树，就是二叉树除最底层外，其他各层都已经完全填满节点，最底层所有的节点都连续集中在最左边。

因为不需要节点对象，所以占用内存少。如果是完全二叉搜索树，则数组实现的二叉搜索树的查询速度比折半查找快。

术语：Complete Binary Tree(完全二叉树)　完全二叉树是效率很高的数据结构。

生成完全二叉搜索树。如果两边的元素不能正好相等，也就是说不能得到满二叉树，则让左侧的元素比右侧多一些，这样就能得到完全二叉搜索树。例如，图 5-14 中，左边有 3 个元素，右边有 2 个元素。

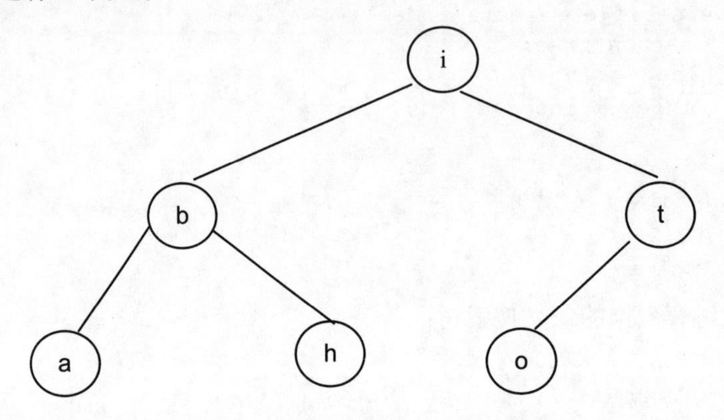

图 5-14　完全二叉搜索树

任意给定一个数组，如何把它组织成数组形式的完全二叉树？对于固定数量的元素，都有一个分配模式。当总共有 2 个元素时，选择左边 1 个元素，右边没有，也就是第 1 个元素作为根节点。当总共有 6 个元素时，选择左边 3 个元素，右边 2 个元素，也就是第 3 个元素作为根节点。这样，有一个指定中间元素的数组。int[] roots = {0, 0, 1, 1, 2, 3, 3, …}。roots[num]中记录了根节点位于第几个元素。通过 getRoot(num)方法计算出根节点位于第几个元素。

getRoot 的计算方法是：首先计算完全二叉树的深度。然后再看最底层节点中有几个在根节点的左边。非底层节点数加上位于根节点左边的底层节点数就是根节点所在位置。

代码如下：

```
/**
 * 取得完全二叉搜索树根节点所在位置
 * @param num 节点数
 * @return 根节点编号
 */
static int getRoot(int num) {
    int n = 1; //计算满二叉树的节点数
    while (n <= num) {
        n = n << 1;
    }
    int m = n >> 1;
    int bottom = num - m + 1;  //底层实际节点总数，就是num-(m-1)
    int leftMaxBottom = m >> 1; //假设是满二叉树的情况下，左边节点最大数量
```

```
    if (bottom > leftMaxBottom) { //左边已经填满
        bottom = leftMaxBottom;
    }

    int index = bottom; //左边的底层节点数
    if(m > 1) { //加上内部的节点数
        index += ((m >> 1) - 1);
    }
    return index;
}
```

例如，对于下面的数据，测试哪一个作为根节点：

```
int[] data = {1, 3, 4, 5, 6};
System.out.println(data[getRoot(data.length)]); //输出 5
```

把 5 作为根节点，这样才能得到一个完全二叉树。

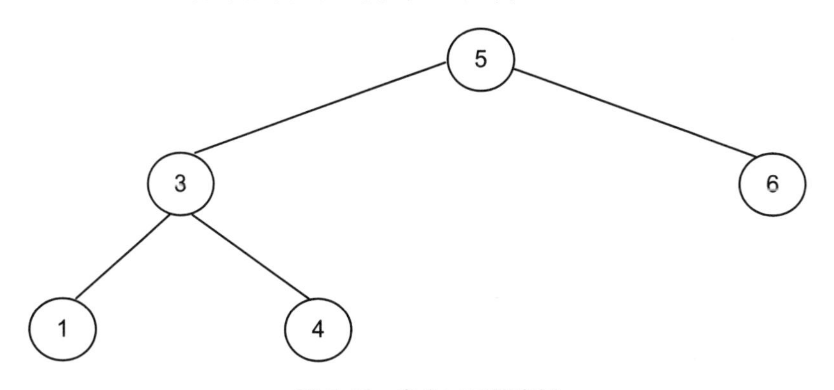

图 5-15　完全二叉搜索树

完全二叉搜索树的任何一个非叶节点的左子树和右子树也都是完全二叉搜索树。所以对于左边的元素和右边的元素，可以不断地调用 getRoot 方法。

如果要把一个已经生成好的链表形式的二叉树转换成数组形式存放。可以采用宽度优先遍历树的方法。采用队列存储节点。

以数组形式存放二叉树。

首先定义要处理的开始和结束区域：

```
static class Span {
    int start; //开始区域
    int end; //结束区域

    public Span(int s, int e) {
        start = s;
        end = e;
    }
}
```

可以先把所有的元素排好序，然后用宽度优先的方法遍历树。

```
int[] data = {1, 3, 4, 5, 6}; //完全二叉树中要存储的数据
Arrays.sort(data);
```

```
int pos = 1; //已经处理的位置，第一个位置空出来
int[] ret = new int[data.length+1]; //完全二叉树数组
ArrayDeque<Span> queue = new ArrayDeque<Span>(); //采用队列存储子数组
queue.add(new Span(0, data.length));
while(!queue.isEmpty()) {
   Span current = queue.pop();
   int rootId =
    getRoot(current.end - current.start) + current.start; //根节点编号
   ret[pos] = data[rootId];
   pos++;
   if(rootId > current.start)
      queue.add(new Span(current.start, rootId));
   rootId++;
   if(rootId < current.end)
      queue.add(new Span(rootId, current.end));
}

//输出完全二叉树数组中的内容
for (int i : ret) {
   System.out.print(i + "\t"); //输出结果: 5  3  6  1  4
}
```

使用数组形式存储元素的完全二叉树：

```
public class CompleteTree { //完全二叉树
   int[] data; //完全二叉树的元素存在数组中

   public CompleteTree(int[] d) { //构造方法
      data = d;
   }

   public boolean find(int e) { //查找元素
      int index = 1; //从根节点开始找，根节点编号是 1
      while(index < data.length) { //该位置不是空
         if(e < data[index]) { //判断要向左找，还是向右找
            index = index<<1 ; //左子树，左移 1 位比乘以 2 速度快
         } else if(e == data[index]) { //找到了
            return true;
         } else {
            index = (index<<1) + 1; //右子树，加法比位移操作有更高的优先级
         }
      }
      return false; //没找到
   }
}
```

测试数组形式的完全二叉树查询速度：

```
CompleteTree tree = new CompleteTree(ret);

boolean findIt = false;
//开始计时
long startTime = System.currentTimeMillis();
for(int i=0; i<10000000; ++i)
   findIt = tree.find(7);
```

```
long endTime = System.currentTimeMillis(); //计时结束
System.out.println("时间花费:" + (endTime - startTime)); //122
System.out.println(findIt);
```

查询完全二叉树的时间花费是 122 毫秒，与折半查找的 174 毫秒比较起来，数组形式的完全二叉树查找速度更快。而且它不比折半查找占用更多的内存。

5.2.5　三叉 Trie 树

R 路 Trie 树的每个叶节点都有 R 个空链接。而且实际的标准 Trie 树可能参差不齐。如图 5-16 所示的 Trie 树存储的单词有{go, god, gold, good, google}：

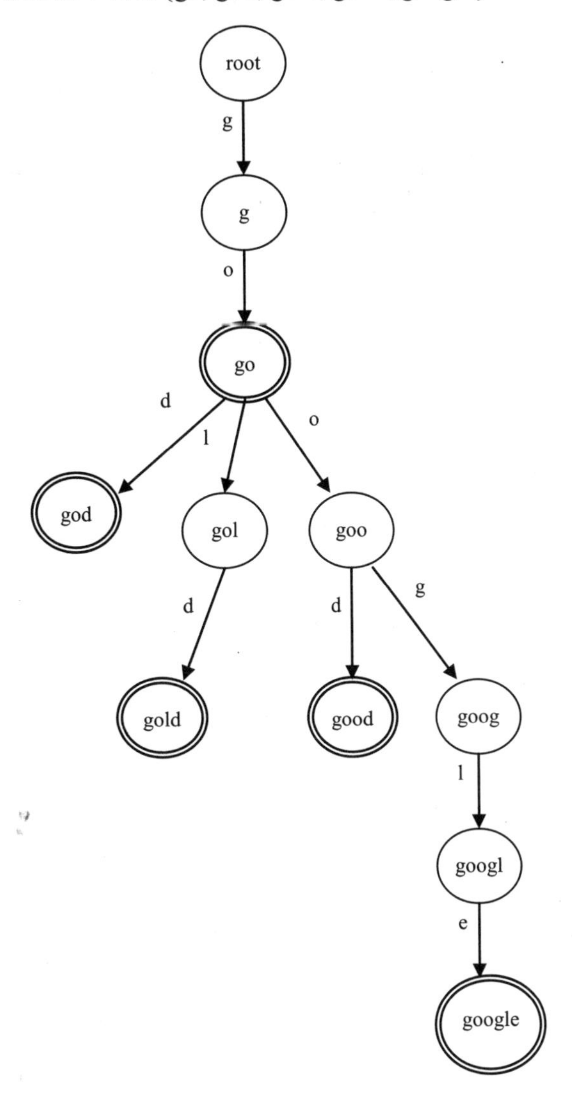

图 5-16　不完全的标准 Trie 树

如果要存三个中文词{电灯，电话，电线}。因为每个中文字符的编码范围在几千以上，所以采用标准 Trie 树太浪费内存。

为了节省内存，使用二叉搜索树代替按字符找孩子的散列表。词表中所有单词的首字母组成一个二叉搜索树，相同首字母的第二个字母组成另外一些二叉搜索树，分别挂在对应的首字母节点下面，依次类推。所有单词的第 n 个字都位于平行的二叉搜索树中，也就是把这些二叉搜索树按层叠加在一起。

二叉搜索树中的节点有左孩子和右孩子节点，这样的树比二叉搜索树中的节点多了一个相等孩子节点的引用。因为节点最多有三个分叉，所以叫作三叉 Trie 树(TernarySearchTrie，TST)。三叉 Trie 树中的节点叫作 TSTNode。例如，图 5-17 是 is、in、it 三个单词组成的三叉 Trie 树。

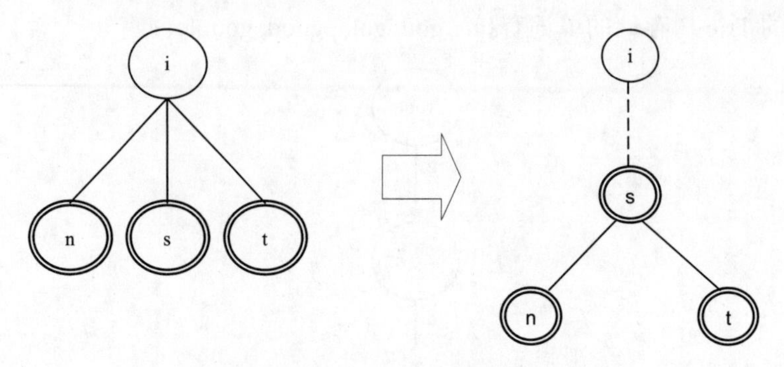

图 5-17　从标准 Trie 树到三叉 Trie 树

{电灯，电话，电线}组成的三叉 Trie 树没有浪费内存空间，如图 5-18 所示。

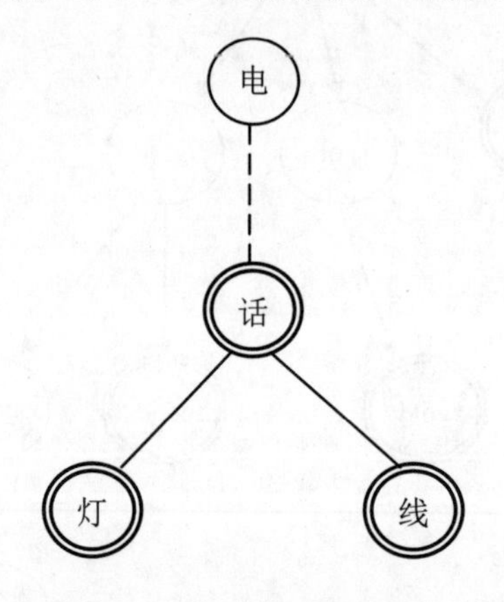

图 5-18　中文单词组成的三叉 Trie 树

存储英文单词的 26 路 Trie 树的每个叶节点有 26 个空链接。三叉 Trie 树的每个叶节点只有 3 个空链接。把这个节点类叫作 TSTNode。

TSTNode 中有 5 个值：

- 一个词对应的值。
- 一个字符，叫作 splitChar。
- 一个左节点的引用。
- 一个中节点的引用。
- 一个右节点的引用。

TST 的节点类 TSTNode 定义成 TernarySearchTrie 的内部类。TSTNode 相当于把标准 Trie 树和二叉搜索树的节点组合起来，它的实现如下：

```
private static final class TSTNode {
    private Object val = null; //节点的值
    private TSTNode left; //左边节点
    private TSTNode mid; //中间节点，相当于标准 Trie 树的 next 属性
    private TSTNode right; //右边节点
    private char splitChar; //本节点表示的字符

    /**
    * 构造方法
    *
    *@param c  该节点表示的字符
    */
    private TSTNode(char c) {
        this.splitChar = c;
    }
}
```

abc 和 abd 两个词组成的三叉 Trie 树怎么画？d 画在 c 右下边。d 虽然和 c 是同事，是 b 的下属，但消息通过 c 传达。c 是个代理人。如图 5-19 所示。

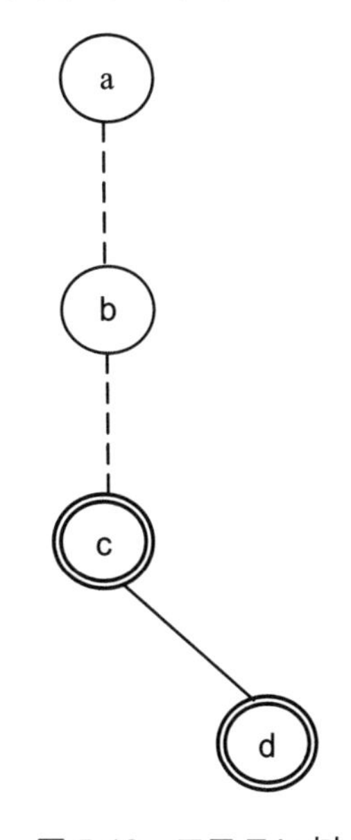

图 5-19 三叉 Trie 树

老大直接管理 R 个下属。老大说我直接管的人太多了，顾不过来，直接管一个领班好了。他直接管的领班作为中间的孩子。但是领班还有同事，作为左边和右边的孩子。如果他是领班，则他的头儿(老大)把所有要下达的消息都传递给他，他的同事通过他得到头儿的指示。如果他不是领班，则他的头儿不直接传递消息给他，要通过他的同事才能得到他的头儿的指示。

找到一个节点的所有孩子节点：

```
public static final class TSTNode {
```

```
    public TSTNode left; //左边节点
    private TSTNode mid; //中间节点
    public TSTNode right; //右边节点
    public char splitChar; //本节点表示的字符

    public ArrayList<TSTNode> children() { //找到当前节点的所有孩子节点
        if(mid == null)
            return null;
        ArrayList<TSTNode> ret = new ArrayList<TSTNode>();
        ret.add(mid);
        TSTNode currentNode = mid;
        Deque<TSTNode> nodeQueue = new ArrayDeque<TSTNode>();
        nodeQueue.add(currentNode);

        while(!nodeQueue.isEmpty()) {
            currentNode = nodeQueue.poll();
            if(currentNode.left != null) {
                ret.add(currentNode.left);
                nodeQueue.add(currentNode.left);
            }
            if(currentNode.right != null) {
                ret.add(currentNode.right);
                nodeQueue.add(currentNode.right);
            }
        }
        return ret;
    }
}
```

也可以把一个节点所有的孩子节点放入一个二叉搜索树。节点类TSTNode修改成：

```
public static final class TSTNode {
    public TSTNode left; //左边节点
    private TSTNode mid; //中间节点
    public TSTNode right; //右边节点
    public char splitChar; //本节点表示的字符

    //得到孩子节点组成的二叉搜索树
    public BinarySearchTree children() {
        if(mid == null)
            return null;
        return new BinarySearchTree(this.mid);
    }
}
```

二叉搜索树实现如下：

```
public class BinarySearchTree {
    BSTNode rootNode;

    public BinarySearchTree(TSTNode key) {
        rootNode = new BSTNode(key);
        add(rootNode, key);
    }

    private void add(BSTNode r, TSTNode key) {
```

```
            if(key.left != null) {
                r.left = new BSTNode(key.left);
                add(r.left, key.left);
            }
            if(key.right != null) {
                r.right = new BSTNode(key.right);
                add(r.right, key.right);
            }
        }
    }
```

测试这个方法：

```
TernarySearchTrie stringTrie = new TernarySearchTrie();
stringTrie.add("is"); //增加一个词
stringTrie.add("in");
stringTrie.add("it");

//节点 i 的孩子节点组成一个二叉搜索树
BinarySearchTree bst = stringTrie.root.children();
System.out.println(bst.toArray()); //输出[s, n, t]
```

通过选择一个排序后的词表的中间值，并把它作为开始节点，可以创建一个平衡的三叉树。再次以有序的单词序列(as at be by he in is it of on or to)为例。首先把关键字 is 作为中间值并且构建一个包含字母 i 的根节点。它的直接后继节点包含字母 s 并且可以存储任何与 is 有关联的数据。对于 i 的左树，选择 be 作为中间值并且创建一个包含字母 b 的节点，字母 b 的直接后继节点包含 e。该数据存储在 e 节点。对于 i 的右树，按照逻辑，选择 on 作为中间值，并且创建 o 节点以及它的直接后继节点 n。最终的三叉树如图 5-20 所示。

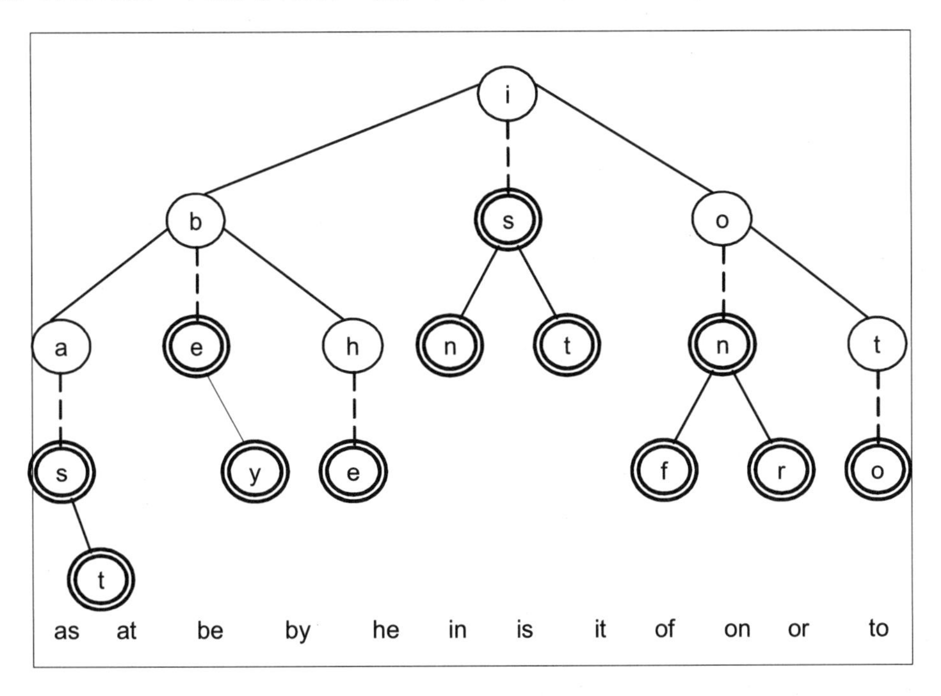

图 5-20　单词组成的三叉 Trie 树

可以看到，一个节点的所有兄弟节点就是一个如图 5-7 所示的二叉搜索树。

垂直的虚线代表一个父节点下面的直接后继节点。只有父节点和它的直接后继节点才能形成一个数据单元的关键字；i 和 s 形成关键字 is，但是 i 和 b 不能形成关键字，因为它们之间仅用一条斜线相连，不具有直接后继关系，而是兄弟关系。这里的 i 是单词 is 的第一个字符，b 则是单词 be 的第一个字符。

图 5-20 中，带圈的节点为终止节点，如果查找一个词以终止节点结束，则说明三叉树包含这个词。从根节点开始查找单词。用 splitChar 中的值来命名节点。以搜索单词 is 为例，向下到相等的孩子节点 s，在两次比较后找到 is。查找 ax 时，执行三次比较到达首字符 a，然后经过两次比较到达第二个字符 x，返回结果是 ax 不在树中。

查找过程中，需要记住两个状态：从上往下遍历树时，要记住树中的当前节点；从前往后匹配关键词时，要记住已经匹配到了哪个字符，把这个字符叫作当前字符。查找 ax 的过程如下：

当前节点 i → b → a s → t

当前字符 a x

把当前节点叫作 currentNode，当前字符叫作 currentChar。

从 TST 查找一个词的过程如下：

```
public TSTNode getNode(String key) {
    int len = key.length();
    TSTNode currentNode = root; //匹配过程中的当前节点的位置
    int charIndex = 0; //当前要比较的字符在查询词中的位置
    char currentChar = key.charAt(charIndex); //当前要比较的字符
    int charComp;

    while (true) {
        if (currentNode == null) { //没找到
            return null;
        }

        //比较查询词中的字符与节点中的字符
        charComp = currentChar - currentNode.splitChar;
        if (charComp == 0) { //查询词中的字符与节点中的字符相等
            charIndex++;
            if (charIndex == len) { //找到了
                return currentNode;
            }
            currentChar = key.charAt(charIndex);
            currentNode = currentNode.mid;
        } else if (charComp < 0) { //查询词中的字符小于节点中的字符
            currentNode = currentNode.left;
        } else { //查询词中的字符大于节点中的字符
            currentNode = currentNode.right;
        }
    }
}
```

如果使用标准 Trie 树存储中文这样的大字符集，树节点中按字符找孩子的散列表需要的空间很大。这样太浪费存储空间。

存储下面这些词形成的三叉 Trie 树如图 5-21 所示。

大　大学　大学生　活动　生活　中　中心　心

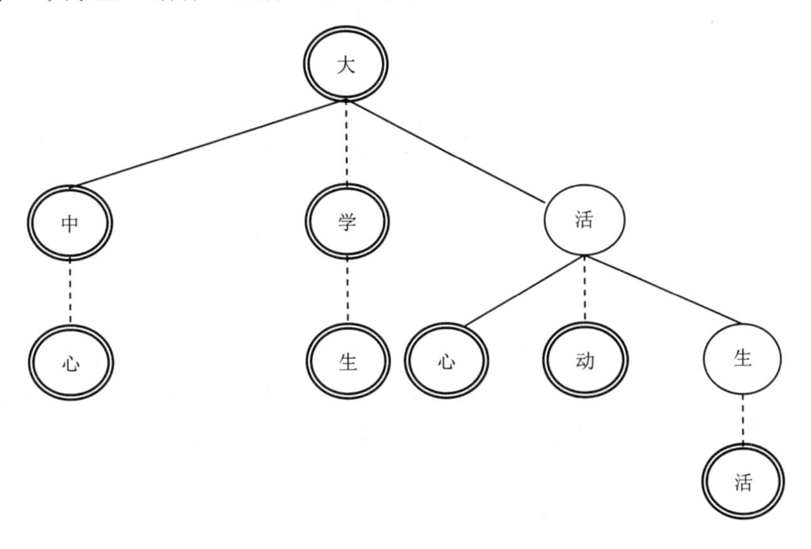

图 5-21　中文单词组成的三叉 Trie 树

每个词都有一个对应的结束节点。首先找到它，或者创建出对应的结束节点。增加一个词到三叉 Trie 树的方法如下：

```
//创建一个词相关的节点并返回对应的可结束节点
public TSTNode getOrCreateNode(String key) {
    int charIndex = 0; //当前要比较的字符在查询词中的位置
    char currentChar = key.charAt(charIndex); //当前要比较的字符
    TSTNode currentNode = root; //当前节点
    if (root == null) { //创建根节点
        root = new TSTNode(currentChar);
    }
    while (true) {
        //存在循环不变式：当前节点和当前字符位于同一层
        //比较词的当前字符与节点的当前字符
        int compa = currentChar - currentNode.splitChar;
        if (compa == 0) { //词中的字符与节点中的字符相等
            charIndex++;
            if (charIndex == key.length()) { //已经创建完毕
                return currentNode;
            }
            currentChar = key.charAt(charIndex);
            if (currentNode.mid == null) {
                currentNode.mid = new TSTNode(currentChar);
            }
            currentNode = currentNode.mid; //向下找
        } else if (compa < 0) { //词中的字符小于节点中的字符
            if (currentNode.left == null) {
                currentNode.left = new TSTNode(currentChar);
            }
            currentNode = currentNode.left; //向左找
        } else { //词中的字符大于节点中的字符
```

```
                if (currentNode.right == null) {
                    currentNode.right = new TSTNode(currentChar);
                }
                currentNode = currentNode.right; //向右找
            }
        }
    }
```

测试 getOrCreateNode 方法：

```
TernarySearchTrie t = new TernarySearchTrie();
String key = "大学生";
TSTNode n = t.getOrCreateNode(key);
System.out.println(n.toString());
```

可以接收任意长度英文字符串的三叉 Trie 树。形式化的写法是[A-Z]+，是一个闭包运算。如果要匹配 n、s、t 三个字符任意组成的任意长度的字符串，就可以写成[nst]+。因为兄弟的 mid 属性指向老大，所以叫作 Trie 图。图 5-22 显示了[nst]+ Trie 图。

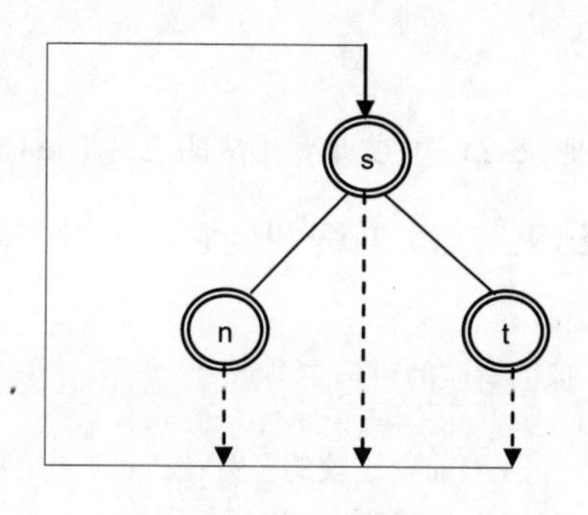

图 5-22　Trie 图

先写个简单的，遍历所有的第一层节点，遍历根节点的所有兄弟节点。然后把一个子树上的某个根节点的所有兄弟节点的 mid 属性都指向它们的老大。遍历一个节点的所有左右兄弟节点的代码如下：

```
public ArrayList<TSTNode> getBrothers(TSTNode currentNode) {
    ArrayList<TSTNode> ret = new ArrayList<TSTNode>();

    /*用于存放节点数据的队列*/
    Deque<TSTNode> queueNode = new ArrayDeque<TSTNode>();
    queueNode.addFirst(currentNode);

    /*广度优先遍历所有树节点，将其加入至数组中*/
    while (!queueNode.isEmpty()) {
        /*取出队列第一个节点*/
        currentNode = queueNode.pollFirst();
        ret.add(currentNode);

        /*处理左子节点*/
        if (currentNode.left != null) {
            queueNode.addLast(currentNode.left);
        }
```

```
        /*处理右子节点*/
        if (currentNode.right != null) {
            queueNode.addLast(currentNode.right);
        }
    }
    return ret; //返回遍历出来的节点序列
}
```

使用泛型的标准 Trie 树节点：

```
public class TrieNode<T> { //把 T 看成一个类型的代词
    private char nodeKey; //键
    private T nodeValue;  //值的类型不固定
    private Boolean terminal; //表示是否结束节点
    private HashMap<Character, TrieNode<T>> next =
      new HashMap<Character, TrieNode<T>>();
}
```

使用泛型的三叉 Trie 树节点：

```
public class TSTNode<T> {
    protected TSTNode left; //左孩子节点
    protected TSTNode mid;  //中间孩子节点
    protected TSTNode right; //右孩子节点

    public char splitChar; //本节点表示的字符

    protected T nodeValue;  //节点中存储的值类型不固定
}
```

例如节点中存储词和词所有可能的类型：

```
public class WordEntry {
    public String term; //节点对应的字符串
    public POSLink types; //节点数据
}
```

使用泛型版本的 TrieNode 的例子：

```
//让 nodeValue 是 WordEntry 类型
TrieNode<WordEntry> stringTrie = new TrieNode<WordEntry>();
```

或者在 TernarySearchTrie 中定义泛型类型 T：

```
//增加词
public void add(String key, T val) {
    TSTNode currentNode = getOrCreateNode(key);
    currentNode.nodeValue = val;
}
//查找词
public T find(String key) {
    TSTNode currentNode = getNode(key);
    if(currentNode==null) {
        return null;
    }
    return currentNode.nodeValue;
}
```

测试三叉 Trie 树。放入键/值对，然后根据键取出对应的值：

```
//使用泛型版本的 TernarySearchTrie 创建存储字符串的三叉 Trie 树
TernarySearchTrie<String> stringTrie = new TernarySearchTrie<String>();
stringTrie.add("is", "is"); //增加一个词
stringTrie.add("in", "in");
stringTrie.add("it", "it");
System.out.println(stringTrie.find("in")); //输出 in
System.out.println(stringTrie.find("ax")); //输出 null
```

创建存储整数的三叉 Trie 树：

```
//键仍然是字符串，而值是整数，例如整数是一个词对应的词频
TernarySearchTrie<Integer> intTrie = new TernarySearchTrie<Integer>();
intTrie.add("ham", new Integer(10));

System.out.println(intTrie.find("ham"));  //输出 10
System.out.println(intTrie.find("hamm"));  //输出 null
```

广度优先遍历三叉 Trie 树：

```
TSTNode currentNode = root; //从根节点开始遍历

//用于存放节点的队列
Deque<TSTNode> queueNode = new ArrayDeque<TSTNode>();
queueNode.addFirst(currentNode);

//广度优先遍历树中所有节点，将其加入数组中
while (!queueNode.isEmpty()) {
    //取出队列中的第一个节点
    currentNode = queueNode.pollFirst();
    //输出这个节点的分隔字符
    System.out.println(currentNode.splitChar);
    //处理当前节点的左子节点
    if (currentNode.left != null) {
        queueNode.addLast(currentNode.left);
        System.out.println("left node is " + currentNode.left.splitChar);
    } else {
        System.out.println("left node is null");
    }
    //处理当前节点的中间子节点
    if (currentNode.mid != null) {
        queueNode.addLast(currentNode.mid);
        System.out.println("middle node is " + currentNode.mid.splitChar);
    } else {
        System.out.println("middle node is null");
    }
    //处理当前节点的右子节点
    if (currentNode.right != null) {
        queueNode.addLast(currentNode.right);
        System.out.println("right node is " + currentNode.right.splitChar);
    } else {
        System.out.println("right node is null");
    }
}
```

通过广度优先遍历的方式计算三叉 Trie 树的节点数量：

```
public int nodeNums() {
    TSTNode currNode = root;
    if (currNode == null)
        return 0;
    int count = 0;
    /*用于存放节点数据的队列*/
    Deque<TSTNode> queueNode = new ArrayDeque<TSTNode>();
    queueNode.addFirst(currNode);
    /*广度优先遍历所有树节点，将其加入至数组中*/
    while (!queueNode.isEmpty()) {
        /*取出队列第一个节点*/
        currNode = queueNode.pollFirst();
        /*处理左子节点*/
        if (currNode.left != null) {
            count++;
            queueNode.addLast(currNode.left);
        }
        /*处理中间子节点*/
        if (currNode.mid != null) {
            count++;
            queueNode.addLast(currNode.mid);
        }
        /*处理右子节点*/
        if (currNode.right != null) {
            count++;
            queueNode.addLast(currNode.right);
        }
    }
    return count;
}
```

用数组存放三叉 Trie 树。如果当前节点是 i，则左孩子是 i*3+1，中间的孩子是 i*3+2，右孩子 i*3+3，如图 5-23 所示。

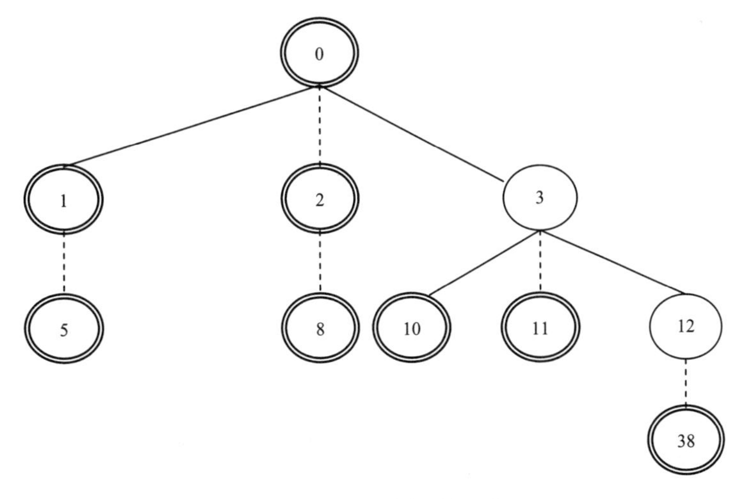

图 5-23　三叉 Trie 树的数组表示法

5.2.6 三叉 Trie 树交集

两个三叉 Trie 树做交集，返回的是两个 Trie 树都包含的词。实现方法是同步遍历这两个三叉 Trie 树。状态对 StatePair 的定义如下：

```
public class StatePair {
    public TSTNode s1;
    public TSTNode s2;
    public String word;
}
```

把一个三叉 Trie 树节点的孩子放在一个二叉搜索树(BinarySearchTree)中：

```
/**
 * 当前 Trie 树和输入的 Trie 树做交集
 * @param t 输入的 Trie 树
 * @return 两个 Trie 树都包含的词
 */
public ArrayList<String> intersect(TernarySearchTrie t) {
    ArrayList<String> match = new ArrayList<String>(); //映射结果
    Stack<StatePair> stack = new Stack<StatePair>(); //存储状态对的堆栈

    TSTNode newRoot1 = new TSTNode(' ');
    newRoot1.mid = this.root; //当前树的根节点

    TSTNode newRoot2 = new TSTNode(' ');
    newRoot2.mid = t.root; //输入树的根节点

    stack.add(new StatePair("", newRoot1, newRoot2)); //状态对
    while (!stack.isEmpty()) { //堆栈内容不是空
        StatePair stackValue = stack.pop(); //弹出堆栈
        //取出第一个 Trie 树中当前节点对应的孩子
        BinarySearchTree chilren1 = stackValue.s1.children();

        //取出第二个 Trie 树中当前节点对应的孩子
        BinarySearchTree chilren2 = stackValue.s2.children();
        ArrayList<Character> ret = intersection(chilren1, chilren2);
        if (ret == null)
            continue;
        for (Character edge : ret) { //遍历每个有效的输入
            //向下遍历树
            TSTNode state1 = stackValue.s1.child(edge);
            TSTNode state2 = stackValue.s2.child(edge);
            if (state1!=null && state2!=null) {
                String prefix = stackValue.word+edge; //前缀字符串
                stack.add(new StatePair(prefix,state1, state2)); //压入堆栈
                if (state2.isTerminal() && state1.isTerminal()) {
                    //是可以结束的节点
                    match.add(prefix);  //找到一个单词
                }
            }
        }
    }
```

```
    return match; //返回两个 Trie 树都包含的词
}
```

例如，下面的两个三叉 Trie 树中包含两个相同的词：

```
TernarySearchTrie trie1 = new TernarySearchTrie();
trie1.add("is"); //增加一个词
trie1.add("in");
trie1.add("it");

TernarySearchTrie trie2 = new TernarySearchTrie();
trie2.add("is"); //增加一个词
trie2.add("apple");
trie2.add("in");

ArrayList<String> ret = trie2.intersect(trie1); //两个 Trie 树做交集
System.out.println(ret); //输出 is 和 in 这两个单词
```

5.2.7 Trie 树词典

中文词典除了记录词本身，还可以记录词性以及词频。可以把词典放在一个文件中，每行一个词。词典样例如下：

```
合理:ad:4
合照:n:0:hezhao
```

从文件中加载词典到词典类：

```
FileReader fileread = new FileReader(fileName); //读入文件
BufferedReader read = new BufferedReader(fileread);
String line; //存储读入的一行
while ((line=read.readLine()) != null) { //逐行读入文件
    StringTokenizer st = new StringTokenizer(line, ":"); //切分成单词和词性等
    String key = st.nextToken(); //单词文本
    String code = st.nextToken(); //词性
    int frq = Integer.parseInt(st.nextToken()); //单词频率

    TSTNode endNode = getOrCreateNode(key); //找到或者创建词相关的结束节点

    if (endNode.data == null)   { //新词
        WordEntry word = new WordEntry(key, frq);
        endNode.data = word;
    } else {
        endNode.data.freq += frq; //增加词频
    }
    n += frq;  //统计词典中的词频总数
}
```

为了避免每次使用词典都要重新从文件中加载，所以在静态块中加载词典：

```
public class Dictionary {
    private static TSTNode root;   //根节点

    static { //加载词典
```

```
        String fileName = "SDIC.txt";  //词典文件名

        try {
            FileReader fileRead = new FileReader(fileName);
            BufferedReader read = new BufferedReader(fileRead);
            String line;
            try {
                while ((line = read.readLine()) != null){ //按行读入文件
                    StringTokenizer st = new StringTokenizer(line, "\t");
                    String key = st.nextToken();

                    TSTNode currentNode = createNode(key);
                    currentNode.nodeValue = key;
                }
            } catch (IOException e) {
                e.printStackTrace();
            }
        } catch (FileNotFoundException e) {
            e.printStackTrace();
        }
    }
}
```

如果每次程序启动的时候都重新生成树的结构，这样就做了重复的工作。每增加一个词对应的若干节点，都要从根节点开始找，构建树的速度慢，可想而知。所以把这棵树保存到一个文件，以后可以直接从文件生成树。即序列化与反序列化。

可以对树中的每个节点编号，并根据编号存储节点之间的引用关系。对于完全的三叉 Trie 树来说，只需要记录某个孩子节点是否存在即可。可以用数组存放完全三叉 Trie 树。如果当前节点编号是 i，则左孩子是 i*3+1，中间的孩子是 i*3+2，右孩子是 i*3+3。但是词典 Trie 树往往不是完全三叉 Trie 树，所以要记录某个孩子节点的编号，而且要给每个孩子节点编号。

把 Trie 树转换成 DFA，然后再把这个 DFA 保存到文件。三叉 Trie 树表示的 DFA 根据比较字符进入相等状态或者小于状态或者大于状态。每行描述一个状态，格式如下：

```
本状态的编号:小于状态的编号:相等状态的编号:大于状态的编号:比较字符
```

文本文件中，每行描述一个节点。第一列是本节点的编号，第二列是左边的孩子节点的编号，第三列是中间孩子节点的编号，第四列是右边孩子节点的编号。最后写入节点本身存储的数据，包括分隔字符和结束标志。

例如：

```
0#1#2#3#有
1#4#5#6#基
2#7#8#9#道
3#10#11#12#羚
4#13#14#15#决
5#16#17#18#诺
```

采用广度优先的方式遍历树中的每个节点，同时对每个节点编号。没有孩子节点的分支节点编号设置为-1。代码如下：

```
TSTNode currentNode = rootNode; //从根节点开始遍历树

int currNodeId = 0; //当前节点编号从 0 开始
int leftNodeId; //当前节点的左孩子节点编号
int middleNodeId; //当前节点的中间孩子节点编号
int rightNodeId; //当前节点的右孩子节点编号
int maxNodeId = currNodeId; //节点编号的最大值

Deque<TSTNode> queueNode = new ArrayDeque<TSTNode>(); //存放节点对象的队列
queueNode.addFirst(currentNode);

Deque<Integer> queueNodeIndex =
  new ArrayDeque<Integer>(); //存放节点编号的队列
queueNodeIndex.addFirst(currNodeId);

FileWriter filewrite = new FileWriter(filePath);
BufferedWriter writer = new BufferedWriter(filewrite);
StringBuilder lineInfo = new StringBuilder(); //记录每一个节点信息的行缓存

while (!queueNodeIndex.isEmpty()) { //广度优先遍历所有树节点，将其加入至队列中
    currentNode = queueNode.pollFirst();
      //取出队列中第一个节点，同时把它从队列删除

    currNodeId = queueNodeIndex.pollFirst();

    //处理左子节点
    if (currentNode.left != null) {
        maxNodeId++;
        leftNodeId = maxNodeId;
        queueNode.addLast(currentNode.left);
        queueNodeIndex.addLast(leftNodeId);
    } else {
        leftNodeId = -1; //没有左孩子节点
    }

    //处理中间子节点
    if (currentNode.mid != null) {
        maxNodeId++;
        middleNodeId = maxNodeId;
        queueNode.addLast(currentNode.mid);
        queueNodeIndex.addLast(middleNodeId);
    } else {
        middleNodeId = -1; //没有中间的孩子节点
    }

    //处理右子节点
    if (currentNode.right != null) {
        maxNodeId++;
        rightNodeId = maxNodeId;
        queueNode.addLast(currentNode.right);
        queueNodeIndex.addLast(rightNodeId);
    } else {
        rightNodeId = -1; //没有右边的孩子节点
    }
```

```
        lineInfo.delete(0, lineInfo.length()); //清空缓存

        lineInfo.append(Integer.toString(currNodeId) + "#"); //写入当前节点的编号

        lineInfo.append(Integer.toString(leftNodeId) + "#");
          //写入左孩子节点的编号

        lineInfo.append(Integer.toString(middleNodeId) + "#");
          //写入中孩子节点的编号

        lineInfo.append(Integer.toString(rightNodeId) + "#");
          //写入右孩子节点的编号

        lineInfo.append(currentNode.splitChar); //写入当前节点的分隔字符
        lineInfo.append("\r\n"); //一个节点的信息写入完毕

        writer.write(lineInfo.toString());
    }

    writer.close();
    filewrite.close();
```

因为当前节点要指向后续节点，所以一开始就预先创建出来所有的节点，然后再逐个填充每个节点中的内容，并搭建起当前节点和孩子节点之间的引用关系。读入树结构的代码如下：

```
TSTNode[] nodeList =
  new TSTNode[nodeCount]; //首先创建出节点数组，然后再填充内容

//为了方便设置节点之间的引用关系，一开始就预先创建出来所有的节点
for (int i=0; i<nodeList.length; ++i) {
    nodeList[i] = new TSTNode();
}

while ((lineInfo=reader.readLine()) != null) { //读入一个节点相关的信息
    StringTokenizer st = new StringTokenizer(lineInfo, "#"); //#分隔

    int currNodeIndex = Integer.parseInt(st.nextToken()); //获得当前节点编号
    int leftNodeIndex = Integer.parseInt(st.nextToken()); //获得左子节点编号

    int middleNodeIndex = Integer.parseInt(st.nextToken());
      //获得中子节点编号

    int rightNodeIndex = Integer.parseInt(st.nextToken());
      //获得右子节点编号

    TSTNode currentNode = nodeList[currNodeIndex]; //获得当前节点
    if (leftNodeIndex >= 0) { //从节点数组中取得当前节点的左孩子节点
        currentNode.loNode = nodeList[leftNodeIndex];
    }
    if (middleNodeIndex >= 0) { //从节点数组中取得当前节点的中孩子节点
        currentNode.eqNode = nodeList[middleNodeIndex];
    }
```

```
    if (rightNodeIndex >= 0) { //从节点数组中取得当前节点的右孩子节点
        currentNode.hiNode = nodeList[rightNodeIndex];
    }

    char splitChar = st.nextToken().charAt(0); //获取分隔字符值
    currentNode.splitChar = splitChar; //设置分隔字符值
}
```

或者首先创建叶节点，然后再往上创建，最后直到根节点。实际中，使用二进制格式的文件，这样速度更快。

5.2.8 平衡 Trie 树

生活习惯好，生命自然就平衡了。生活习惯不好，到医院看病，可以调节到平衡。

一棵树如果长斜了，就不平衡。

程序中不平衡的问题是，从根节点到最远的叶节点距离很远。这样会增加查找这个词所需要的比较次数。

AVL 树或者红黑树是动态调节到平衡。还可以对静态集合调整平衡。树是否平衡，取决于单词的读入顺序。如果按排序后的顺序插入，则生成方式最不平衡。单词的读入顺序对于创建平衡的三叉搜索树很重要，但对于二叉搜索树就不是太重要。通过选择一个排序后的数据单元集合的中间值，并把它作为开始节点，我们可以创建一个平衡的三叉树。可以写一个专门的过程来生成平衡的三叉树词典。

取得平衡的单词排序类似于对扑克洗牌。假想有若干张扑克牌，每张牌对应一个单词，先把牌排好序，然后取最中间的一张牌，单独放着。剩下的牌分成了两摞。左边一摞牌中也取最中间的一张放在取出来的那张牌后面。右边一摞牌中也取最中间的一张放在取出来的牌后面，依次类推。

```
/**
 * 在调用此方法前，先把词典数组 input 排好序
 * @param result 写入的平衡序的词典
 * @param input 排好序的词典数组
 * @param offset 偏移量
 * @param n 长度
*/
static void outputBalanced(
  ArrayList<String> result, ArrayList<String> input, int offset, int n) {
    int m;
    if (n < 1) {
        return;
    }
    m = n >> 1; //m=n/2

    String item = input.get(m + offset);
    result.add(item); //把词条写入到结果

    outputBalanced(result, input, offset, m); //输出左半部分
    outputBalanced(result, input, offset+m+1, n-m-1); //输出右半部分
}
```

测试这个方法：

```
ArrayList<String> result = new ArrayList<String>();
ArrayList<String> input = new ArrayList<String>();
input.add("0");
input.add("1");
input.add("2");
input.add("3");
input.add("4");
input.add("5");
input.add("6");
input.add("7");
input.add("8");
input.add("9");
Collections.sort(input); //先排序
outputBalanced(result, input, 0, input.size()); //然后把数据组织成平衡的顺序
for(String r : result) {
    System.out.println(r);
}
```

严格来说，应该是取所有词的首字，然后对首字集合排序，取中间的字作为 Trie 树的根节点。

经常用的东西放在手边，不经常用的放在稍远一点的地方，这叫作概率平衡。

5.2.9 B 树

有三个数的 B 树节点，如图 5-24 所示。可以把 B 树看成二叉搜索树的扩展版本。

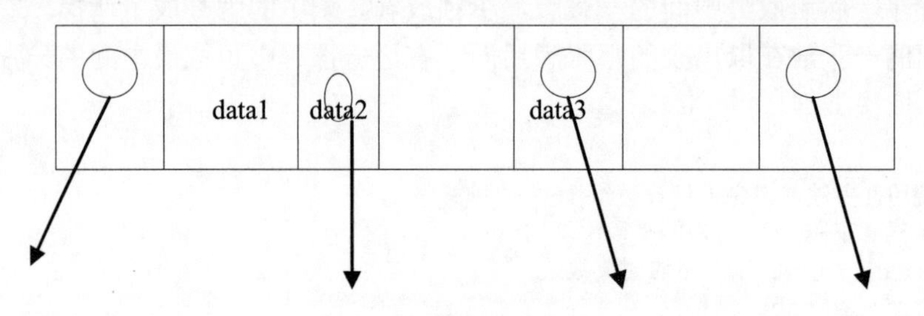

图 5-24 B 树中的节点

如果一个搜索树的节点太多了，内存放不下，则可以考虑把数据组织成 B+树。文件中如何记录节点之间的引用关系？用节点在文件中的位置来代表节点。存储 B+树的文件相当于 HashMap<Long, Node>。根据长整数的位置找节点的伪代码如下：

```
long key = nodePostion;  //节点存放位置
RandomAccessFile.seek(key);  //找到节点所在位置
Node node = RandomAccessFile.readNode(); //读入节点
```

B+树的值仅存在于叶节点中。

查询 B+树时，根节点位于内存，而叶节点位于硬盘的文件中。

可以使用 RandomAccessFile 存储叶节点。把 B 树分割成几个数据块，每个数据块中包括一些"键-值"对，在任何一个时刻，只需要加载一个数据块到内存中。BlockFile 类就像 HashMap <Integer, byte[]>。

B+树有一个节点的大小，对应于文件系统的块大小。

B+树的每个内部节点含有 n 个键和 n+1 个孩子指针，以及一些头信息。一个孩子指针即为文件中包含孩子节点的块的索引。

如果头需要 h 个字节，各个键需要 k 个字节，每个孩子指针需要 4 个字节，那么这个节点需要 h+k*n+4*(n+1) = (k+4)n+4+h 个字节。如果块大小是 b 个字节，那么每个节点最多包含(b-h-4)/(k+4)个键。

例如，如果头需要 5 个字节，键是一个 IP 地址(k 是 4)，块大小是 1024 字节。那么一个节点能包含(1024-9)/8 = 126 个键。反过来，如果键是一个 60 个字符组成的域名，那么一个总节点能包含最多(1024-9)/64 = 15 个子节点。

序列化的 B+树前面是索引结构页，后面存放叶子节点页，也就是数据节点页。加载从根节点开始的若干层索引节点到内存中。

B+树的实现可参考：

```
http://sourceforge.net/projects/bplusdotnet
```

Java 实现的 B+树用到的功能有：让比较操作可以直接在字节数组上进行。例如 Unboxed 的子类可以直接比较字节数组的大小。UnboxedFloat 不需要创建 Float 对象，就能直接比较对应的字节数组表示的值的大小。

5.3　双数组 Trie

标准 Trie 树可以看成是一种确定有限状态机(DFA)。Trie 树中的每个节点代表 DFA 的一个状态。树上的每条边表示一个转换。

一个简单的 Trie 树的例子如图 5-25 所示。

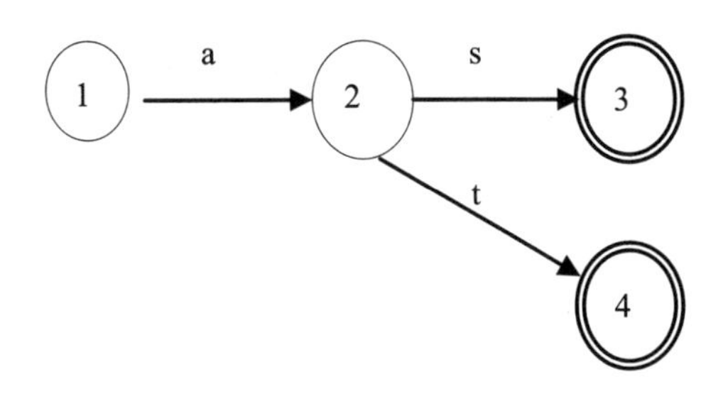

图 5-25　词表{as, at}组成的 Trie 树

这个 Trie 树的状态转移表用二维数组表示如下：

状态/输入	a	s	t
1	2	*	*
2	*	3	4
3	*	*	*
4	*	*	*

DFA 形式的 Trie 树实现代码如下：

```
public class TrieDFA {
    int[][] next ; //状态转移矩阵

    //设置状态转移函数
    public void setTrans(int s, char c, int t) {
        next[s-1][c-'a'] = t;
    }

    public TrieDFA() { //构造DFA形式的Trie树
        next = new int[4][26]; //4个状态，26个字母
        setTrans(1, 'a', 2);
        setTrans(2, 's', 3);
        setTrans(2, 't', 4);
    }

    public boolean find(String word) {  //看一个词是否在词表中
        int s = 1;
        for (int i=0; i<word.length(); ++i) { //从前往后找键中的字符
            char c = word.charAt(i); //根据当前字符往下查找
            int t = next[s-1][c-'a']; //得到当前字符的目标转换
            if (t == 0) //找到头了
                return false;
            s = t;
        }
        return true; //没有判断这个状态是否可以结束
    }
}
```

把二维数组next转换成一维数组，方法是：把二维数组中的元素按顺序存入一维数组。具体来说：

```
元素 #0: next[0][0]
元素 #1: next[0][1]
元素 #2: next[0][2]
...
元素 #25: next[0][25]
元素 #26: next[1][0]
元素 #27: next[1][1]
```

二维数组和一维数组对应的代码如下：

```
int[][] next2D = new int[4][26];
int[] next1D = new int[4 * 26]; //行的数量×列的数量

//取得二维数组2D中的元素[3][25]，它也是最后一个元素
int elem2D = next2D[3][25];
//得到一维数组中的元素[3*26+25]，也就是最后一个元素
int elem1D = next1D[3*26 + 25];
```

从二维数组索引号得到一维数组的索引号的代码如下：

```
static int getIndex(int x, int y) {
    return x*26 + y;
}
```

使用 getIndex 方法得到一维数组的索引号：

```
int x = 3;  //行编号
int y = 25; //列编号
elem1D = next1D[getIndex(3, 25)];
```

next 数组中的元素很多是 0。压缩表示状态转移表的一个方法是：每个源状态对应一个字符状态对组成的链表：

```
base[0]=0;
base[1]=
```

图 5-26 表示了包含 pool、prize、preview 的一个 DFA。

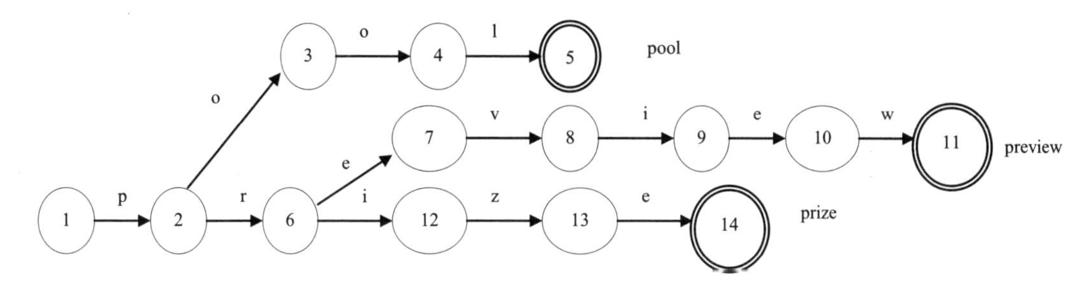

图 5-26　Trie 树用 DFA 表示的图

每个圆圈都表示一个状态，比如状态 1，状态之间的边表示状态 1 遇到字符 p 就变成状态 2。用双圈画的状态表示可以成功结束的状态，也就是表示匹配上了一个单词。

用二维数组表示这个 DFA 的转移函数。二维数组 next 的每一行代表一个状态，每一列代表一个输入符号。例如，第 0 行代表从状态 1 转移出去的状态，第 0 列代表接收字符‘a’以后的状态，第 1 列代表接收字符‘b’以后的状态，……，依此类推。

Trie 树的状态转换表如下：

源状态 s	接收字符 c	目标状态 t
1	p	2
2	o	3
2	r	6
3	o	4
4	l	5
6	e	7
6	i	12
7	v	8
8	i	9
9	e	10
10	w	11
12	z	13
13	e	14

next 数组的值设置方法是：创建一个 26 长度的数组，设置第'p'列的值是 2。如果匹配英文单词，next 数组是 26 列，如果匹配汉字，next 数组有几千列。

把 next 做成一维数组，每个状态转向的目标状态都存放在一个区域。通过与状态相关的偏移量来查找这个区域的开始位置，把这个偏移量数组叫作 base。这样需要 base 和 next 两个数组来定义转移函数，如图 5-27 所示。

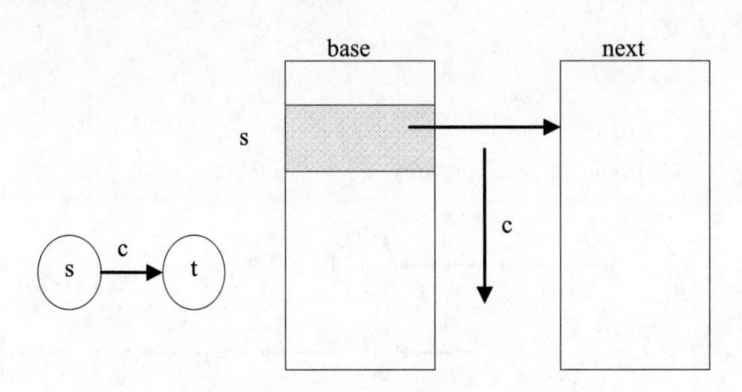

图 5-27　用两个一维数组表示的 Trie 树

next 数组中的元素很多是 0。可以压缩 next 数组，一些状态首尾的空区可以给其他状态存数据。注意，base[s]表示的 next 中的开始区域并不一定已经存了 s 出发的目标状态，也可能是 s-1 的目标状态，或者是 s+1 的目标状态。压缩 next 数组，允许区域重叠，也就是两个以上的开始状态共享 next 数组中的同一个区域。增加与 next 数组对应的 check 数组，判断 next 数组中的对应位置是属于哪个状态。这个算法用到了 base、next、check 三个数组，如图 5-28 所示，所以叫作三数组 Trie。比如状态 1 接受“a,c,e”，那么可以找一个“base”值。可以把这个“base”值理解成这个状态的 Hash 值。然后把 next 数组中的三个位置：base、base+2、base+4 分配给状态 1。

```
check[base] = 1;
check[base+2] = 1;
check[base+4] = 1;
```

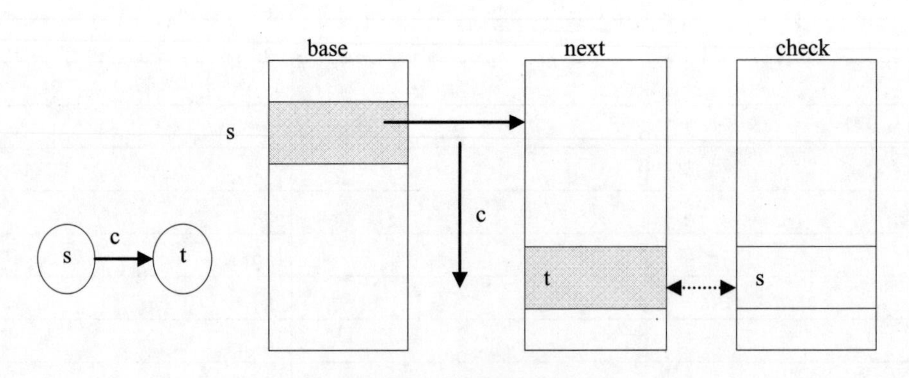

图 5-28　三数组 Trie

压缩 next 数组的代码如下：

```
//把二维数组形式的 DFA 转换成三个数组表示的 Trie
```

```
static TripleArray compress(TrieDFA trieDFA) {
   ArrayList<Integer> base = new ArrayList<Integer>();  //偏移量数组
   base.add(0);
   ArrayList<Integer> next = new ArrayList<Integer>();  //状态转移表数组
   ArrayList<Integer> check = new ArrayList<Integer>(); //检查数组

   int fillNum = 0; //转移状态已经占用的长度
   for (int i=0; i<trieDFA.next.length; ++i) {
      int[] stateRow = trieDFA.next[i];
      int start = 0; //找到第一个不是零的元素

      for (; start<stateRow.length; ++start) {
         if (stateRow[start] != 0)
            break;
      }

      int end = stateRow.length - 1; //找到最后一个不是零的元素

      for (; end>=0; end--) {
         if (stateRow[end] != 0)
            break;
      }
      if (end < 0) {
         base.add(fillNum);  //无效数据，只是用来填充 base 值
         continue;
      }
      int span = end - start + 1;  //数据区间长度
      base.add(fillNum - start);

      fillNum += span;
      for (int target=start; target<=end; ++target) {
         next.add(stateRow[target]);
         check.add(i + 1);
      }
   }
   return new TripleArray(base, next, check);  //根据动态数组构造出三数组
}
```

根据三个动态数组构造出 TripleArray：

```
public TripleArray(ArrayList<Integer> b, ArrayList<Integer> n,
  ArrayList<Integer> c) {
   base = new int[b.size()];
   next = new int[n.size()];
   check = new int[c.size()];

   for (int i=0; i<base.length; ++i)
      base[i] = b.get(i);

   for (int i=0; i<next.length; ++i)
      next[i] = n.get(i);

   for (int i=0; i<check.length; ++i)
      check[i] = c.get(i);
}
```

对于从状态 s 到 t 以字符 c 作为输入的转换，三数组 Trie 中保持的条件是：

```
check[base[s] + c] = s;
next[base[s] + c] = t;
```

用三数组表示的词表{"as", "at"}：

```
public class TripleArray {
    int[] base;  //记录状态相关的转移表在 next 数组中的开始位置，偏移量
    int[] next; //状态转移表
    int[] check;  //检查 check[base[s]+c]==s 是否成立

    public TripleArray() {  //构造三数组 Trie 树
        base = new int[3];
        next = new int[3];
        check = new int[3];

        //状态 1 相关的转移信息
        base[1] = 0;  //状态 1 相关的转移信息存在 next 数组从 0 开始的位置
        next[0] = 2;  //状态 1 接收字符 a 以后转移到状态 2
        check[0] = 1; //表示这个位置已经被状态 1 占用了

        //状态 2 相关的转移信息
        base[2] = -17;
          //'a'-'s'+1  状态 2 相关的转移信息存在 next 数组从-17 开始的位置

        check[1] = 2; //next[1]用来存储状态 2 的目标状态
        next[1] = 3;  //状态 2 接收字符 s 后转移到状态 3

        check[2] = 2;  //next[2]用来存储状态 2 的目标状态
        next[2] = 4;  //状态 2 接收字符 t 后转移到状态 4
    }
}
```

三数组的查找过程如下：

```
public boolean find(String word) {
    int s = 1;  //状态编号
    for (int i=0; i<word.length(); ++i) { //从前往后找键中的字符
        if (s >= base.length)
            return false;
        int offset = base[s];
        char c = word.charAt(i); //根据当前字符往下查找
        int pos = offset + c - 'a';
        if (pos<0 || pos>=next.length)
            return false;
        if (check[pos] != s)
            return false;
        int t = next[pos]; //得到从源状态经过当前字符后的目标状态
        if (t == 0) //找到头了
            return false;
        s = t;  //目标状态编号赋值给源状态编号
    }
    return true;
}
```

为了方便序列化，减少需要序列化的对象，把 next 数组的内容直接放到 base 数组中。这样就只剩下 base 和 check 数组了，如图 5-29 所示。

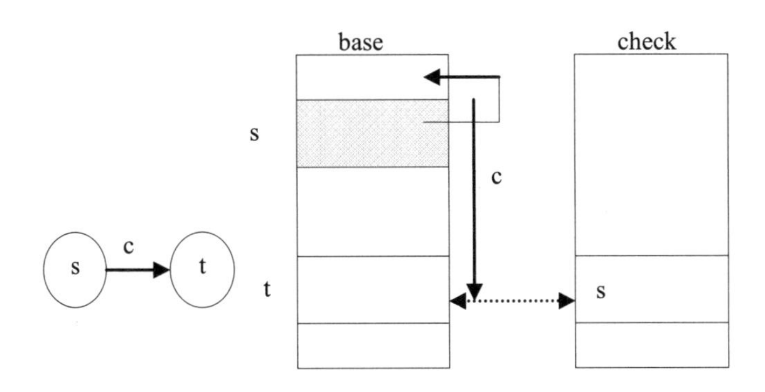

图 5-29　base 和 check 数组

汉字编码点很稀疏，为了存放汉字组成的词，不能再依靠简单的压缩状态转移区域中前后的空白区域，还要交叉存放状态转移区域。可以把稍小的区域存放在大的区域中。

5.4　队　　列

去银行办事经常要排很长的队。一般都要讲究先来后到。先放进去的元素先出来，叫作队列。把羽毛球从一端放进羽毛球筒，又可以从另外一端取出来。所以羽毛球筒也可以看成是队列。

队列提供两个方法：增加元素的 add(e)方法，取出元素的 remove()方法。

5.4.1　链表实现的队列

因为一般不知道要放入多少元素到队列，所以往往用链表实现一个队列。首先有个节点类，记录元素之间的相对位置：

```
private class Node {
    private Item item; //存储的队列元素
    private Node next; //下一个节点的引用
}
```

因为需要从队列尾部增加节点，从队列头部取出元素，所以队列包含记录头部和尾部节点对象的属性：

```
public class Queue<Item> implements Iterable<Item> {
    private Node first;    // 队列头
    private Node last;     // 队列尾
}
```

新加的元素放到最后，所以从尾部增加节点。add 方法增加一个元素到队列：

```
public void add(Item item) { //把 item 增加到队列
    Node x = new Node(); //创建一个节点
```

```
    x.item = item;
    if (isEmpty()) { first=x; last=x; } //放入第一个元素
    else { last.next=x; last=x; } //放入更多的元素
}
```

从队列头部取出元素。remove()方法取出元素的实现如下：

```
public Item remove() {
    if (isEmpty())
        throw new RuntimeException("Queue underflow"); //向下溢出
    Item item = first.item; //取出首节点中的值
    first = first.next; //删除第一个节点
    if (isEmpty()) last = null;   //避免非法状态
    return item;
}
```

5.4.2 优先队列

在医院排队时，为了更快地治疗急症病人，往往允许急症病人优先，不再是先来后到，这样的队列叫作优先队列。使用优先队列 java.util.PriorityQueue 的例子如下：

```
PriorityQueue<Integer> intQueue =
  new PriorityQueue<Integer>(); //存放整数的优先队列

intQueue.add(1); //放入元素到优先队列
intQueue.add(10);
intQueue.add(8);
intQueue.add(12);
intQueue.add(4);
intQueue.add(54);

while (intQueue.size() > 0)
    System.out.print(intQueue.remove() + ", ");//取得并删除优先队列中最大的元素

//输出：1, 4, 8, 10, 12, 54,
```

每个节点对象有个距离。优先级依赖于节点对象的 compareTo()方法，例如一个表示节点的类 Node。

```
public class Node implements Comparable<Node> {
    int distance; //距离

    @Override
    public int compareTo(Node o) {
        return (this.distance - o.distance);
    }
}
```

优先队列往往采用一种叫作堆(Heap)的数据结构来实现。堆其实是一个二叉树，所以又叫作二叉堆(Binary Heap)。

把优先级最小的元素放在堆的顶部，这样的堆叫作最小堆(MinHeap)。最小堆的父亲节点的值比左右两个孩子的值都小。如果反过来，把优先级最大的元素放在堆的顶部，这样

的堆叫作最大堆(MaxHeap)。

IndexMinPQ 是一个按整数编号访问其中元素的优先队列。使用它的代码如下：

```
IndexMinPQ<Integer> indexMinPQ = new IndexMinPQ<Integer>(7);
int distance = 1;
int position = 3;  //位置，也就是编号
indexMinPQ.insert(position, distance);
if(indexMinPQ.isEmpty()) {
   System.out.println("indexMinPQ 是空");
   return;
}

int start = indexMinPQ.delMin();  //最短距离对应的节点编号
distance = indexMinPQ.currentKey;  //取得优先队列中的最小值，也就是最短距离
```

堆虽然是一个二叉树，但是，因为是完全二叉树，所以可以使用数组实现堆，而不需要元素之间的引用。所谓完全二叉树，就是二叉树除最底层外，其他各层都已经完全填满节点，最底层所有的节点都连续集中在最左边。一个二叉堆如图 5-30 所示。PriorityQueue 也是采用这样的数组实现的。

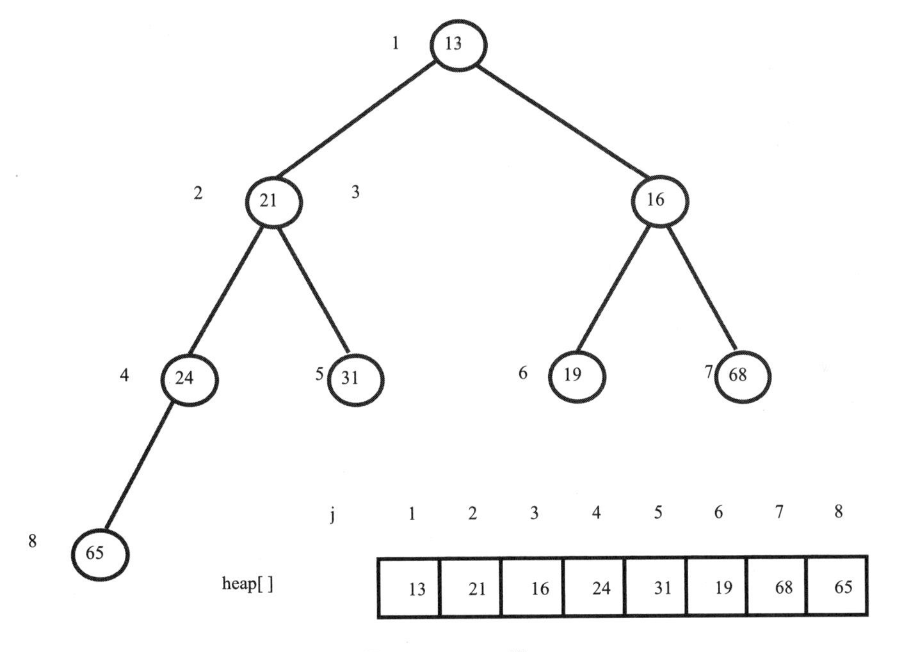

图 5-30　二叉堆

增加一个元素到堆，就是重建堆的过程。例如，增加一个元素 14 到堆。首先把它增加到最底层，然后看它能上浮到哪里，如图 5-31 和 5-32 所示。

增加一个元素到堆，必须调用一个建堆的方法 upHeap：

```
private final void upHeap() {
    int i = size;
    T node = heap[i];               //保存底层的节点
    int j = i >>> 1;
    while (j>0 && lessThan(node,heap[j])) {
```

```
            heap[i] = heap[j];              //父节点往下交换
            i = j;
            j = j >>> 1;
        }
        heap[i] = node;                     //安装上保存的节点
    }
```

用 add(element)方法调用 upHeap。

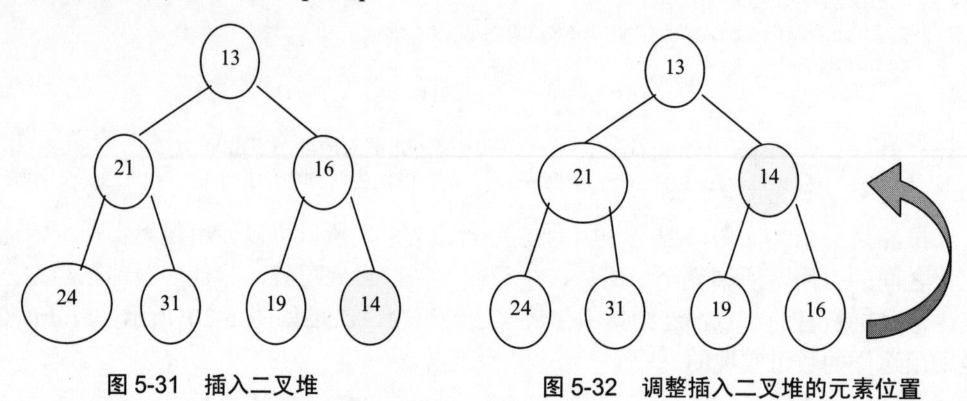

图 5-31　插入二叉堆　　图 5-32　调整插入二叉堆的元素位置

从最小堆中取得最小的元素就需要从堆中删除根节点，这叫作 downHeap。pop()方法调用 downHeap。

移出最小元素的过程是：首先取出第一个元素，然后把底层元素放到顶层，如图 5-33 和 5-34 以及 5-35 所示。

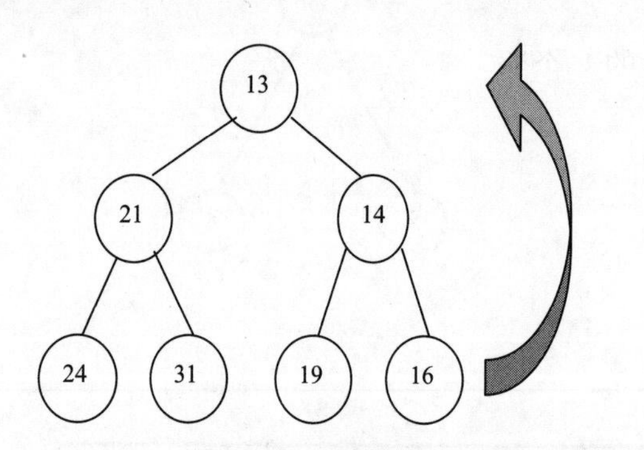

图 5-33　删除元素

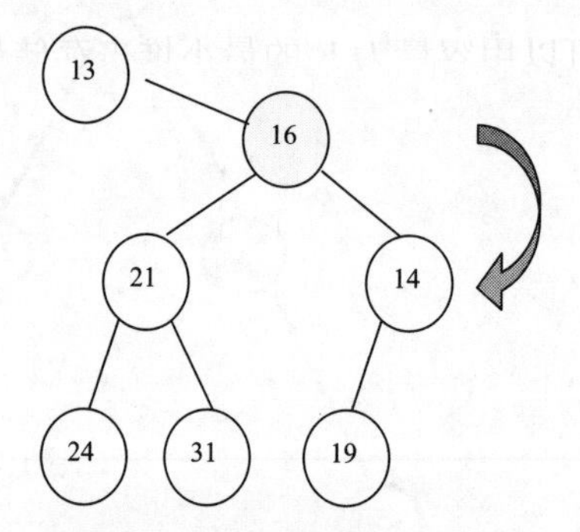

图 5-34　把底层元素放到顶层

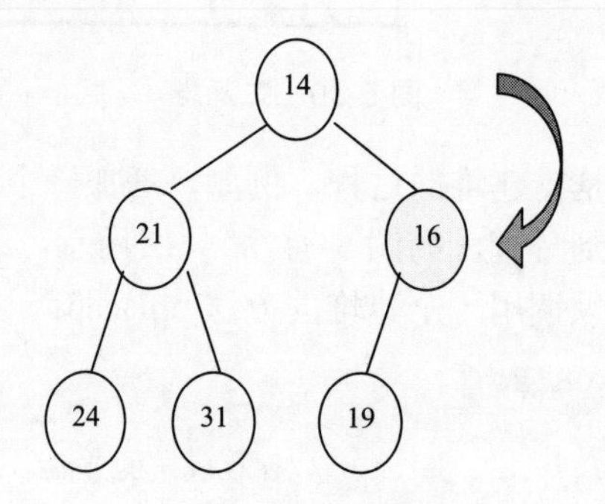

图 5-35　调整堆

代码如下：

```
private final void downHeap() {
    int i = 1;
    T node = heap[i];                  //保存顶层的节点
    int j = i << 1;                    //发现更小的孩子
    int k = j + 1;
    if (k<=size && lessThan(heap[k],heap[j])) {
        j = k;
    }
    while (j<=size && lessThan(heap[j],node)) {
        heap[i] = heap[j];             //把孩子往上交换
        i = j;
        j = i << 1;   //i 的值乘以 2
        k = j + 1;
        if (k<=size && lessThan(heap[k],heap[j])) {
            j = k;
        }
    }
    heap[i] = node;                    //安装保存的节点
}
```

5.4.3　找出前 k 个最大的元素

假设医院只能同时服务 k 个病人，则需要找出最急需治疗的 k 个病人。在提取一篇文档的关键词时，需要从文档中的很多词中找出权重最大的 k 个词。可以把这样的问题抽象为假设有 10000 个无序元素组成的数组，希望用最快的速度，挑选出其中前 10 个最大的。

可以用容量为 k 的最小堆来存储最大的 k 个数。最小堆的堆顶元素就是最大 k 个数中最小的一个。每次新考虑一个数 x，如果 x 比堆顶的元素 y 小，则不需要改变原来的堆，因为这个元素比最大的 k 个数小。如果 x 比堆顶元素大，那么用 x 替换堆顶的元素 y。在 x 替换堆顶元素 y 之后，x 可能破坏最小堆的要求：每个节点都比它的父亲节点大，需要调整堆中元素的位置来维持堆的性质。

用一个最小堆记录权重最大的 k 个元素：

```
public class PatientQueue                  //存放病人的堆
  extends AbstractPriorityQueue<Patient> {
    public PatientQueue(int count) { //初始化数组大小
        super();
        initialize(count); //堆的容量
    }

    @Override
    protected boolean lessThan(Patient a, Patient b) {
        return a.level < b.level;
    }
}
```

可以重用淘汰下来的对象。insertWithOverflow(Object)方法方便对象重用：

```
//增加一个对象，返回一个淘汰下来的对象(如果有的话)
public T insertWithOverflow(T element) {
```

```
    if (size < maxSize) { //增加元素，并返回空
        add(element);
        return null;
    } else if (size>0 && !lessThan(element,heap[1])){ //新元素与堆顶元素比较
        //调整堆，并返回移出最小堆的元素
        T ret = heap[1];
        heap[1] = element;
        updateTop();
        return ret;
    } else { //不需要调整堆
        return element;
    }
}
```

返回最急需治疗的k个病人的主要代码如下：

```
int[] patients = {1,1,2,3,1,2,1}; //病人紧急程度
PatientQueue pq = new PatientQueue(3); //堆的大小是3
Patient p = null;
for(int i=0; i<patients.length; ++i) {
    if(p == null) {
        p = new Patient(i,patients[i]);  //新建对象
    } else {  //为对象重新赋值
        p.level = patients[i];
        p.no = i;
    }
    p = pq.insertWithOverflow(p); //把病人放入最小堆
}
System.out.println(pq.size()); //输出3
System.out.println(pq.top()); //输出堆中最不紧急的病人
//输出最紧急的3个病人
while(pq.size() > 0)
    System.out.println(pq.pop());
```

5.5 堆　　栈

在自助餐厅中，平叠着堆放很多盘子。只有取走最上面的一个盘子，才能取下面的一个盘子。弹匣中的子弹，先压进去的子弹位于弹匣底部。最后压进去的子弹位于弹匣顶部，并且首先发射出来。停在死胡同里的车子，最先进去的车要最后才能开出来。

只能从顶部放入或者取出元素的数据结构叫作堆栈。堆栈是一个线性表，可以用链表或者数组来实现。堆栈顶部叫作栈顶，底部叫作栈底。简单的数组堆栈如图5-36所示。

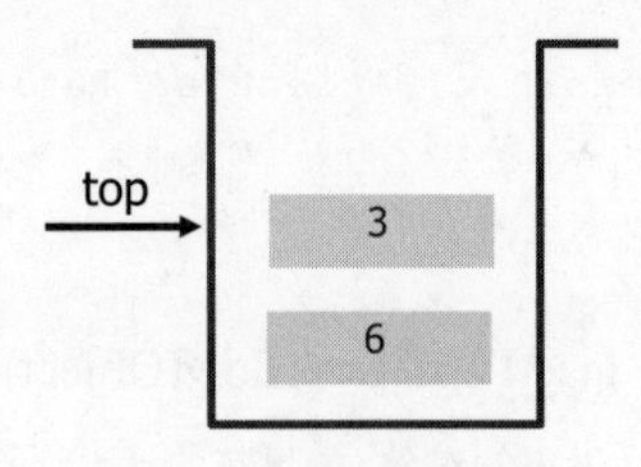

图5-36　简单的数组堆栈

数组实现的堆栈有一个存储元素的数组，和一个记录堆栈顶部位置的整数。这个整数 top 类似油箱储油量指示器。0 刻度叫作栈底，指针所指的刻度叫作栈顶。

放入和取出整数的堆栈类叫作 ArrayStackInt，这里的 ArrayStack 表示采用数组实现的堆栈，而后面的 Int 则表示专门存放整数的堆栈。ArrayStackInt 最主要的方法是入栈 push 和弹栈 pop。完整的实现如下：

```
public class ArrayStackInt {  //存放整数的堆栈
    private int data[];  //存储元素的数组
    private int top; //指向堆栈顶部

    public ArrayStackInt(int capacity) { //初始化堆栈
        data = new int[capacity]; //创建存储元素的数组
        top = -1; //堆栈为空时，指向-1
    }
    public boolean isEmpty(){ //判断堆栈是否为空
        return top == -1;
    }
    public void push(int i){ //入栈
        if(top+1 < data.length) //如果仍然有空间
            data[++top] = i;
    }
    public int pop() { //弹栈
        if(isEmpty())
            return 0;
        return data[top--];
    }
}
```

测试 ArrayStackInt 的功能。除了构造器，要把所有 3 个方法都测试到：

```
//创建一个 ArrayStackInt 对象
ArrayStackInt s = new ArrayStackInt(10); //初始化堆栈容量为 10
for (int i=0; i<10; i++) { //放入 10 个整数
    int j = (int)(Math.random()*100); //随机生成一个整数
    s.push(j);
    System.out.println("push: " + j);
}
while (!s.isEmpty()) {  //取出所有元素
    System.out.println("pop: " + s.pop());
}
```

为了支持存储任意数据类型，把 ArrayStackInt 改造成支持泛型。要点是把 data 数组转换成抽象的数据类型 T。因为不能创建一个 T 类型的数组，所以首先创建一个 Object 类型的数组，然后再把它当成 T 类型的数组来使用。ArrayStack 的实现代码如下：

```
public class ArrayStack<T> {
    private T data[];  //存储元素的数组
    private int top; //指向堆栈顶部

    public ArrayStack(int capacity) { //初始化堆栈
        //实例化一个 Object 数组，然后转化为一个泛型数组
        data = (T[])new Object[capacity];
        top = -1;  //堆栈为空时，指向-1
```

```
    }
    public boolean isEmpty() { //判断堆栈是否为空
        return top == -1;
    }
    public void push(T i){ //入栈
        if(top+1 < data.length) //如果仍然有空间
            data[++top] = i;
    }
    public T pop() { //弹栈
        if(isEmpty())
            return null;
        return data[top--];
    }
}
```

5.6 双端队列

Java 自带的 Stack 类采用扩展 Vector 类的方式实现。Vector 类是线程安全的，对于不需要线程安全的使用场景来说，会有性能损失。应该优先使用 ArrayDeque 来实现堆栈。

乒乓球筒两端都可以放入和取出球，所以叫作双向队列。Deque 也就是一个双向队列。

在堆栈模式下，Deque 接口提供下列方法：

```
boolean push(e)
E pop()
E element()
boolean isEmpty()
```

在队列模式下，Deque 接口提供下列方法：

```
boolean add(e)
E remove()
E element()
boolean isEmpty()
```

这两种模式的区别是：堆栈模式的 pop 和 push 操作同一头，而队列模式的 add 和 remove 则是操作两头。要取出来的元素可以通过 element 方法得到。这两种操作模式的比较如图 5-37 所示。

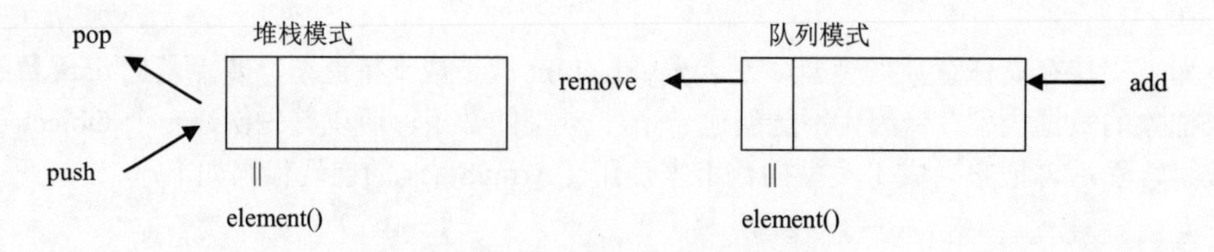

图 5-37 Deque 的两种应用模式

在一个有效的 Deque 实现中，没有区别列表中的"头"和"尾"。ArrayDeque 中的 pop 方法等价于 removeFirst，push 方法等价于 addFirst。

假设有一辆前后都可以上下人的公交车。最开始的时候，车是空的，人员一直往后坐，

当后面已经满了的时候，假设前排已经有些人下了，有座位空出来，所以前面的位置不坐就浪费了。只有当一辆车已经满员了才增加新的车。

设想一个像 Deque 一样的数组。最简单的想法是，它允许任意范围的正和负的下标。例如，假设从空数组容量 40 开始，增加 30 个元素，得到如图 5-38 所示的结果。

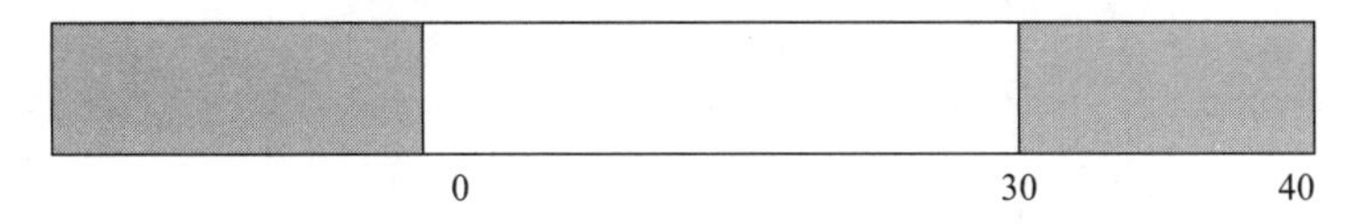

图 5-38　数组实现的 Deque(一)

在 5 次 removeLast 和 3 次 addFirst 操作后，如果允许负的数组下标，则得到如图 5-39 所示的结果。

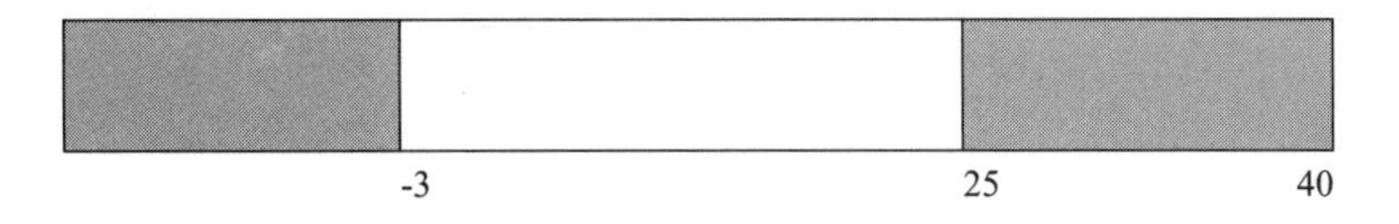

图 5-39　数组实现的 Deque(二)

为了创建有效的负下标，而不是实际的负下标，让数组形成一个环，移虚拟的下标-1、-2、...到数组的尾部，如图 5-40 所示。

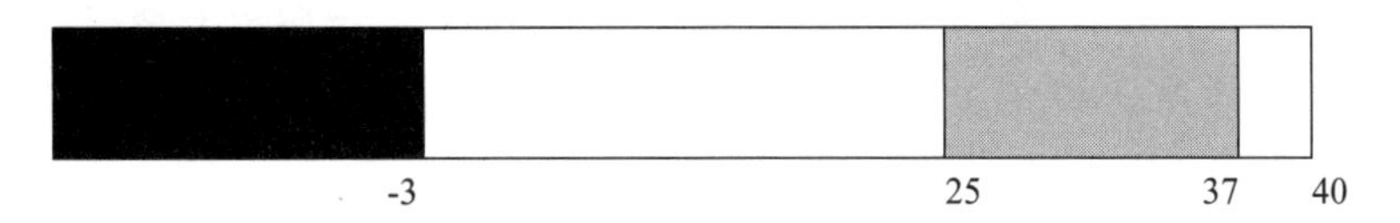

图 5-40　数组实现的 Deque(三)

通过增加容量，负下标映射成非负下标，例如：

```
-1 ->  -1 + 40 = 39
-2 ->  -2 + 40 = 38
-3 ->  -3 + 40 = 37
```

为了创造环绕效果，写自己的增加和减少操作：

```
private int inc(int i) { return (i == capacity-1)? 0 : i+1; }
private int dec(int i) { return (i == 0)? capacity-1 : i-1; }
```

还需要一个 head 标志来识别内容的开始位置，用 tail 标志来识别内容的结束位置：

- head：getFirst、addFirst、removeFirst 操作后的数据在数组中的位置。
- tail：getLast、addLast、removeLast 操作后的数据在数组中的位置。

在上面的例子中，有如下的值：

```
head = 37
tail = 25
```

用一个圆圈连接数组的两端。因为数组中的位置可以循环使用，所以叫作循环数组。如图 5-41 所示。

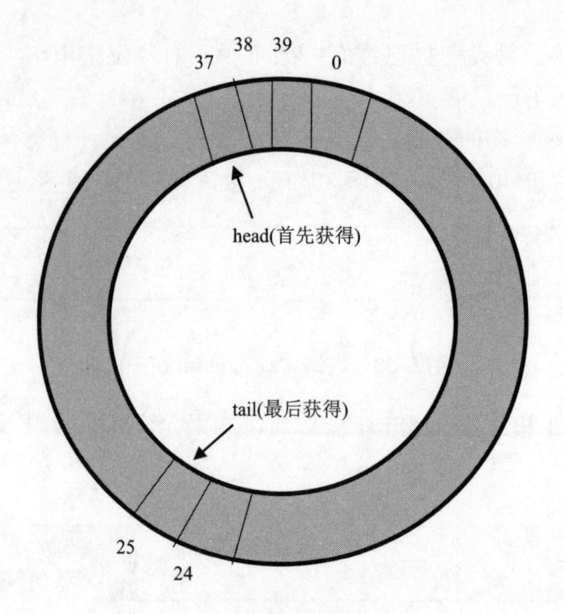

图 5-41　循环数组实现的 Deque

循环数组把数据从 head 存到 tail。如果 head 比 tail 小，那就是最简单的存法。如果 head 比 tail 大，就是数据超过了数组界限，然后再从数组开头存到 tail，也就是说，数据就是存在数组的两头。

ArrayDeque 的空和满状态通过 head 和 tail 相等来描述。使用 size 参数来区别它们：

- 空：size == 0 和 head == tail。
- 满：size == capacity 和 head == tail。

与 ArrayList 一样，当增加一个新元素到一个满的 ArrayDeque 时，必须扩大容量，也就是当 size == capacity 时，需要扩大容量。如果不满，最多存储数组长度减 1 的元素，则可以去掉 size 这个参数。

所以考虑增加容量的方法。

因为 head 标志可以指向任何位置，所以可以把 head 改成 0，而 tail 等于旧的容量。

最容易的方法是拷贝元素，从 head, head+1, ..., tail-1(使用按容量取模的算术)到新数组中的位置 0 ~ capacity-1，然后重置 head=0、tail=旧的容量。增加容量的方法实现如下：

```
private void increaseCapacity(int new_capacity) {
    if (new_capacity <= capacity) {
        return;
    }
    E[] new_data = (E[])new Object[new_capacity];
    int index = low;
    for (int i=0; i<capacity; ++i) { //逐个放入旧数组中的数据到新数组
        new_data[i] = data[index];
        index = inc(index);
    }
    low = 0;
    high = capacity;
    data = new_data;
    capacity = new_capacity;
}
```

模运算%比位运算&慢。如果保证数组的容量是 2 的 n 次方，就可以不用取模运算，而用按位与运算代替取模运算。2 的 n 次方减 1 正好是一个用二进制表示全是 1 的数。例如让 head 的取值位于 0 到 elements.length 之间，就是取 head 的低位。让 head 按位与这个数：

```
head = head & (elements.length - 1); //这里的&就是按位与
```

例如：

```
int head = 10; //二进制表示是 1010
int len = 8;
head = head & (len - 1); //这里的&就是按位与
System.out.println(head);
```

或者：

```
int head = -1;  //-1 的补码是 1 按位取反后加 1
int len = 8;
head = head & (len-1); //这里的&就是按位与
System.out.println(head);  //输出 7
```

和取模的结果一样，前提是 len 是 2 的 n 次方。按位与以后，把高位的数去掉了，只留下了低位的数。

在前面增加一个元素的实现方法如下：

```
public void addFirst(E e) {
    elements[head=(head-1) & (elements.length-1)] = e;
    if (head == tail) //看是否已经满了
        doubleCapacity(); //新容量翻倍
}
```

假设旧数组 head 值是 p，p 就是一个隔板，把元素隔成左右两部分。如果把 p 向左移一个位置，则数组最左边的元素溢出到数组最右边。也就是说，隔板左边消失了一个元素，隔板右边多了一个元素。如图 5-42 所示。

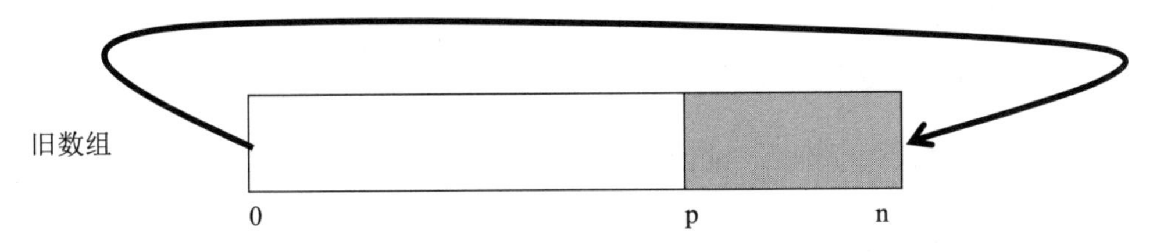

图 5-42　数组最左边的元素溢出到数组最右边

新数组如果 head=0、tail=旧的容量，则新数组可以看成由旧数组的两部分拼接而成。开始部分从 p 开始，长度是 n−p。后续部分从 0 开始，长度是 p。如图 5-43 所示。

容量翻倍的写法如下：

```
private void doubleCapacity() {
    assert head == tail;
    int p = head;
    int n = elements.length;
    int r = n - p; //p 右边的元素个数
    int newCapacity = n << 1;
```

```
    if (newCapacity < 0)
        throw new IllegalStateException("对不起，循环数组太大了");
    Object[] a = new Object[newCapacity];
    System.arraycopy(elements, p, a, 0, r); //复制p右边的元素到新数组前面
    System.arraycopy(elements, 0, a, r, p); //复制p左边的元素到新数组后面
    elements = (E[])a;
    head = 0;  tail = n;
}
```

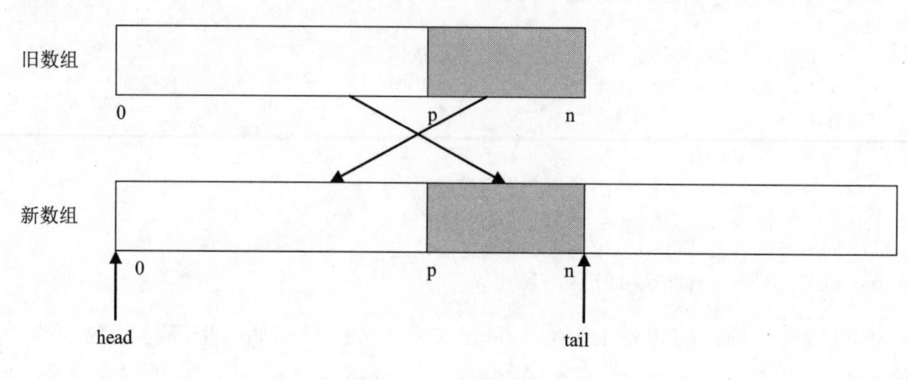

图 5-43　容量翻倍

5.7　散　列　表

话说宋江在水浒聚集一百零八将，然后排座次。宋江坐第一把交椅，卢俊义坐第二把交椅，吴用坐第三把交椅，依次往下。可以把 108 个座位看成是一个数组，而每个头领映射到一个座位。宋江映射到第一个位置，卢俊义映射到第二个位置，吴用映射到第三个位置，依次往下。这样的映射叫作最小完美散列。即使有的座位有空缺，也可以叫作完美散列。但是，如果两个人争同一个位置，就是有冲突，就不能叫作完美散列了。

术语：Perfect Hash(完美散列)　良好的散列可以尽量避免重复。

经常需要根据键快速查找值。例如超市 POS 机根据条形码查询商品详细信息。这里，条形码就是键，而商品详细信息就是值。例如，在人才管理系统中，键就是姓名，值就是他的简历。浏览器访问互联网，需要根据用户输入的域名找到网站主机的 IP 地址。域名到 IP 地址的对应关系往往会用到散列表。

快速查找基于一个基本的事实：即使数组很大，按数组下标找一个元素也很快，例如 int[i]。只需要一个 iaload 指令就可以按下标找到数组中的一个元素。

iaload 指令从一个整型数组中检索一个条目放到栈顶。iaload 从栈顶弹出一个整数 i 和一个数组引用 arr。然后压入 arr[i]的值到栈顶。

例如，得到 x[1]的值，这里 x 是一个存在局域变量 1 中的整数数组：

```
aload_1          ;压入一个整数数组入栈
iconst_1         ;压入整数 1 入栈
iaload           ;从数组中得到位于索引位置 1 的整数，栈顶元素现在是 x[1]
```

数组中存放了键对应的值，所以把这个数组叫作 table——表。

5.7.1　快速查找的散列表

化学中经常用到的元素周期表可以表示成一个字符串数组：

```
String[]  elementSymbol = { "null","H", "He","Li", "Be", "B", "C", "N", "O",
"F", "Ne","Na", "Mg", "Al", "Si", "P", "S", "Cl", "Ar","K", "Ca", "Sc", "Ti",
"V", "Cr", "Mn", "Fe", "Co", "Ni", "Cu", "Zn", "Ga", "Ge", "As", "Se", "Br",
"Kr","Rb", "Sr", "Y", "Zr", "Nb", "Mo", "Tc", "Ru", "Rh", "Pd", "Ag", "Cd",
"In", "Sn", "Sb", "Te", "I", "Xe","Cs", "Ba", "La", "Ce", "Pr", "Nd", "Pm",
"Sm", "Eu", "Gd", "Tb", "Dy", "Ho", "Er", "Tm", "Yb", "Lu", "Hf", "Ta", "W",
"Re", "Os", "Ir", "Pt", "Au", "Hg", "Tl", "Pb", "Bi", "Po", "At", "Rn","Fr",
"Ra", "Ac", "Th", "Pa", "U", "Np", "Pu", "Am", "Cm", "Bk", "Cf", "Es", "Fm",
"Md", "No", "Lr", "Rf", "Db", "Sg", "Bh", "Hs", "Mt" };
```

因为数组的下标从 0 开始，而氢元素的原子量是 1，所以第一个值空缺。这里实际上存储了一个键值对。键是整数表示的原子量，而值是元素的名称。例如，elementSymbol[1]的值是“H”。把这样的键/值对叫作 HashMap，这里叫作 ElementHashMap：

```
public class ElementHashMap { //查元素的散列表
   String[] elementSymbol = { "null", "H", "He", "Li", "Be", "B", "C", "N",
"O", "F", "Ne", "Na", "Mg", "Al", "Si", "P", "S", "Cl", "Ar", "K", "Ca", "Sc",
"Ti", "V", "Cr", "Mn", "Fe", "Co", "Ni", "Cu", "Zn", "Ga", "Ge", "As", "Se",
"Br", "Kr", "Rb", "Sr", "Y", "Zr", "Nb", "Mo", "Tc", "Ru", "Rh", "Pd", "Ag",
"Cd", "In", "Sn", "Sb", "Te", "I", "Xe", "Cs", "Ba", "La", "Ce", "Pr", "Nd",
"Pm", "Sm", "Eu", "Gd", "Tb", "Dy", "Ho", "Er", "Tm", "Yb", "Lu", "Hf", "Ta",
"W", "Re", "Os", "Ir", "Pt", "Au", "Hg", "Tl", "Pb", "Bi", "Po", "At", "Rn",
"Fr", "Ra", "Ac", "Th", "Pa", "U", "Np", "Pu", "Am", "Cm", "Bk", "Cf", "Es",
"Fm", "Md", "No", "Lr", "Rf", "Db", "Sg", "Bh", "Hs", "Mt" };

   public String get(int i) { //根据原子量，取得元素名称
      return elementSymbol[i];
   }
}
```

每个 elementSymbol 数组下标对应的元素叫作桶，elementSymbol 数组的长度就是桶的个数。把这个长度叫作 TABLE_SIZE。这里把要存储的元素组织成一个桶数组。

考虑一种更复杂的情况，需要根据一个整数找到对应的字符串。键的取值空间可能很大，内存空间不能存放特别大的数组，也就是说，桶的数量不可能特别多。

当键是一个取值范围很大的整数时，就需要把键映射成为一个小的整数。例如 13 位的纳税人计算机编码。一种简单的方法是，把整数根据尾数散列到 10 个桶中。可以通过取模操作来得到尾数。

根据键得到桶的位置的方法一般叫作 indexFor(key)。indexFor 方法的实现如下：

```
public int indexFor(int key) { //返回一个 0 到 TABLE_SIZE-1 之间的整数
   return key % TABLE_SIZE;  //取模运算
}
```

为了通用化，键定义成对象类型。通过一个散列方法将键转换成为一个整数，通过这个整数得到桶的位置。调用键对象上的散列的方法叫作 hashCode()。例如：

```
public int indexFor(K key) {
   return key.hashCode() % TABLE_SIZE;  //调用键对象上的散列方法计算桶的位置
}
```

把 indexFor 方法叫作散列函数。例如根据地区查它对应的电话号码。假设 indexFor("北京")=0，indexFor("上海")=1，indexFor("深圳")=4。散列函数把键映射到桶的过程如图 5-44 所示。

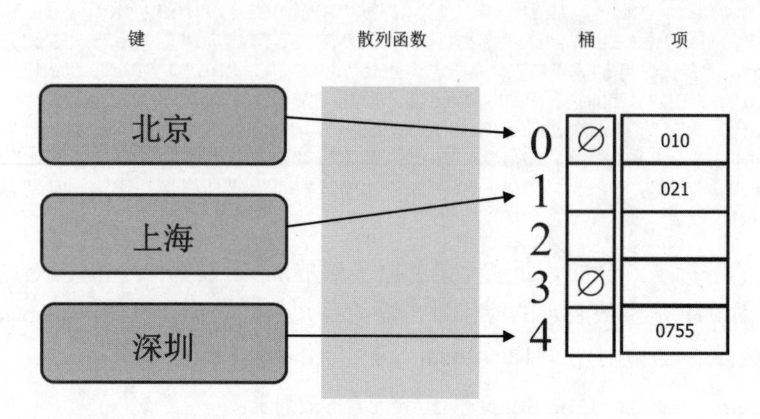

图 5-44 散列函数把键映射到桶的过程

企业办事人员根据 13 位的纳税人计算机编码分到 10 个不同的窗口办事，如果对应的窗口前面已经有一个人在办事，则需要在后面排队。

为了方便沟通，企业给每个新入职的员工一个公司邮箱账号，一般根据姓名来决定这个账号，例如分配给罗刚的邮箱账号是 luogang@lietu.com，这里以拼音化作为散列函数。后来又来了一个同名的同事，分配的邮箱账号是 luoganga@lietu.com，再后来，同名的同事分配的邮箱账号是 luogangb@lietu.com，依次类推。

当多个键对应一个桶时，就发生冲突了。例如，indexFor("深圳")是 4，而且 indexFor("重庆")的结果也是 4。深圳和重庆两个键对象冲突了，如图 5-45 所示。

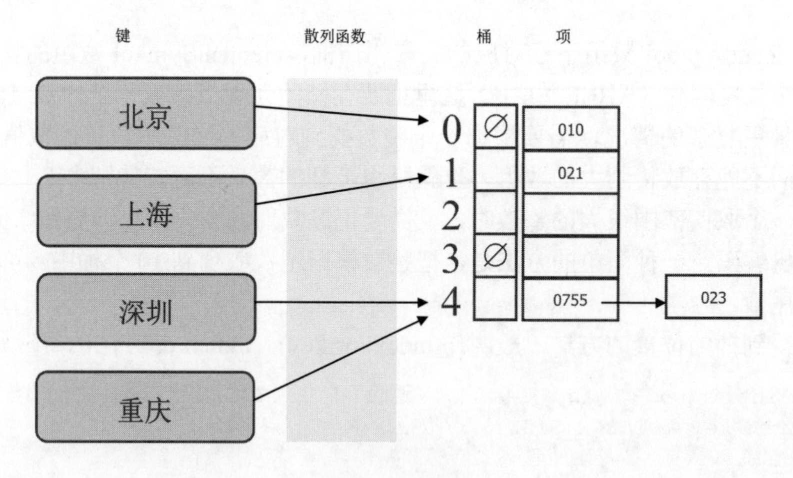

图 5-45 冲突

散列函数计算结果相同的不同键叫作同义键。要选一个好的散列函数，让冲突尽量少

发生。如果所有的键都用一个桶，则退化成了链表方式的线性查找。

需要保留原始存入的键对象，用作冲突后的比较验证，确定是找到那个键了。每个桶中可以存放一些[键, 值]节点，把这样的节点定义成 Entry 类：

```
private final class Entry { //一般作为散列表类的内部类
    private K key;  //键
    private V data; //值

    private Entry(K key, V data) { //构造方法
        this.key = key;
        this.data = data;
    }
}
```

把同义键仍然放入同一个桶，最简单的就是放入一个链表中。这叫作链表法解决冲突。这样一个桶就是一个 Entry 对象组成的链表：

```
LinkedList<Entry>[] table; //散列表
```

例如，10 个位置就有 10 个链表，如图 5-46 所示。

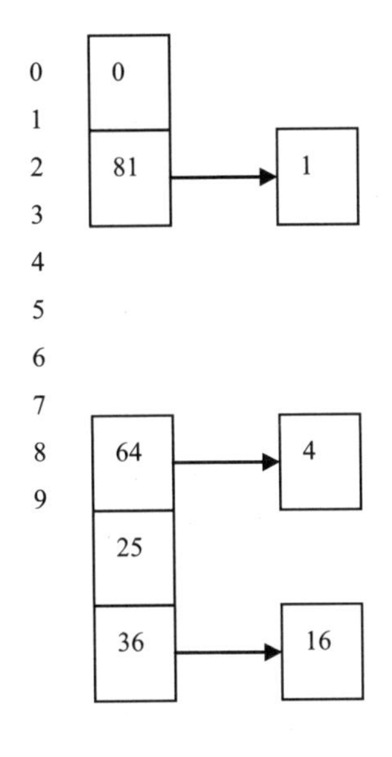

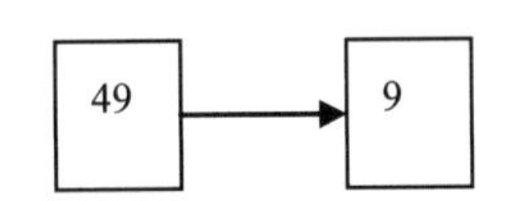

图 5-46　链表法解决冲突的散列表

通过键对象的 equals 方法来判断存储的键就是要找的：

```
public V get(K key) { //取出键对应的值
    int pos = indexFor(key); //返回桶所在的位置
    LinkedList<Entry> values = table[pos]; //有冲突的 Entry 对象都取出来
    for (Entry e : values) { //遍历同一个桶中的元素
```

```
        if (e.key.equals(key)) //如果用 equals 方法检验相等，就算找到这个键对象
            return e.data;
    }
    return null; //没找到 key
}
```

以链表解决冲突的散列表实现 put 和 get 方法：

```
public class SimpleHashTable<K, V> {
    private final static int TABLE_SIZE = 10; //数组大小
    private LinkedList<Entry>[] table; //表
    public SimpleHashTable() { //构造方法
        table = new LinkedList[TABLE_SIZE]; //创建数组
        for (int j=0; j<TABLE_SIZE; j++)
            table[j] = new LinkedList<Entry>();  //初始化每个桶中的链表
    }
    //返回一个 0 到 TABLE_SIZE-1 之间的整数
    public int hash(K key) {
        return key.hashCode() % TABLE_SIZE;  //取模运算
    }
    public void put(K key, V x) { //放入键/值对
        Entry e = new Entry(key, x); //新建一个条目
        int pos = hash(key); //得到桶位置
        table[pos].add(e); //得到桶对应的链表，并增加元素
    }
    public V get(K key) { //取出键对应的值
        int pos = hash(key);
        LinkedList<Entry> values = table[pos]; //得到桶对应的链表
        for (Entry e : values) { //遍历每个同义对象
            if (e.key.equals(key)) //键相等就算找到
                return e.data; //返回键对象对应的值
        }
        return null; //没找到键
    }
}
```

这里的 table[0]就是第一个椅子。如果有 108 个椅子，则数组长度是 108。

测试散列表。放入字符串和对应的整数：

```
SimpleHashTable<String,Integer> map = new SimpleHashTable<String,Integer>();
map.put("宋江", 1);  //放入
System.out.println(map.get("宋江")); //取出
```

SimpleHashTable 只是一个散列表的简单实现版本，性能不够好，接下来介绍 Java 类库中的散列表实现 java.util.HashMap 对性能方面的改进。

5.7.2 HashMap

java.util.HashMap 也是使用了链表法解决冲突。为了方便把元素追加到尾部，LinkedList 中包含头节点和尾节点的引用。而冲突的节点只需要增加到链表头部即可。为了节省内存，不使用 LinkedList，而使用只有一个头节点的引用的单链表。

术语：HashMap(散列表) 也叫哈希表，是根据关键码值而直接进行访问的数据结构。

$w_k \in prev(Node_i)$ HashMap 中的 Entry 类能够作为一个链表使用：

```
static class Entry<K, V> { //每个 Entry 对象存储了一个键/值对
    final K key;  //键
    V value;    //值
    Entry<K, V> next; //指向下一个冲突的键/值对
}
```

Entry 类是 HashMap 中的一个内部类。HashMap 类就是一个 Entry 数组：

```
public class HashMap<K, V> {
    Entry[] table; //链表元素组成的表
}
```

HashMap 类中，查找过程用一个 for 循环来实现，它的简化版本如下：

```
public V get(Object key) { //根据键返回对应的值
    int hash = hash(key.hashCode());
    for (Entry<K,V> e = table[indexFor(hash, table.length)]; e!=null;
      e=e.next) {
        Object k = e.key;
        if (key.equals(k)) //键相等就说明找到了
            return e.value;
    }
    return null; //没找到
}
```

HashMap 里面的元素位置尽量分布均匀些。hashCode 返回 int，要把 int 转换到一个小的整数取值空间。首先想到的就是把 HashCode 按数组长度取模，这样一来，元素的分布相对来说是比较均匀的。SimpleHashTable 正是这样做的。但是，模运算%比位运算&慢。例如，空间的大小是 2 的 4 次方时，可以通过位运算方便地取低 4 位：

```
int h = 0xfe07;
int pos = h & 0xf;  //取得 HashCode 的低 4 位
```

HashMap 中取得桶位置的处理方法如下：

```
static int indexFor(int h, int length) {
    return h & (length-1);  //表的长度正好是 2 的 n 次方
}
```

为了避免额外的空间浪费，HashMap 中的数组初始化大小都是 2 的 n 次方。根据初始值计算数组实际大小，这个数是比给定数大的最小的 2 的幂。例如，不小于 10 的 2 的幂最小数是 16：

```
//找到一个 2 的幂 >= initialCapacity
int capacity = 1;
while (capacity < initialCapacity)
    capacity <<= 1;
table = new Entry[capacity];
```

如果遇到下面这样的散列码就糟了：

```
10101100110101010101111010111111
01111100010111011001111010111111
11000000010100000001111010111111
```

这三个散列码不一样，但是区别都在高位，没有在低位体现出来。不怕神一样的对手，就怕猪一样的队友。需要防御性的编程来减少冲突发生。

这样只取低4位作为桶的位置，怕区分度不够。

所以，在把散列码10101100110101010101111010111111的低4位作为下标之前，把散列码用hash方法再处理一下。通过向下移位操作，把高位的变化反映到低位上，防止低位没区别的散列码冲突。这个hash方法的实现如下：

```
static int hash(int h) {
    h ^=(h>>>20)^(h>>>12); //通过混淆两次向下位移的结果提高低位区分度
    return h^(h>>>7)^(h>>>4); //再次通过混淆两次向下位移的结果提高低位区分度
}
```

这里对小于16的HashCode不做任何处理，正好与默认的初始容量16对应。比如，50个不同人，有很大可能性存在两人的生日相同的，但是，如果再根据生肖区分下，就基本上不会冲突了。

一个对象通过三步最终被安排到合适它的位置。首先通过hashCode()返回一个尽量不冲突的int，然后hash()把区别扩散到低位，最后indexFor()取得低位，一共三个方法。找到桶编号的三部曲如图5-47所示。

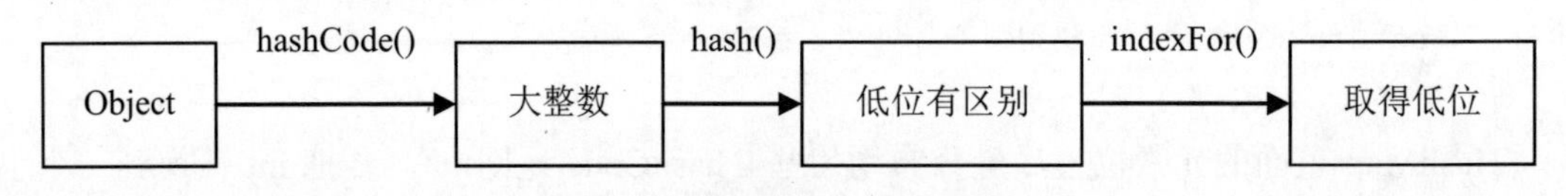

图5-47　找到桶编号的三部曲

为了加快查找过程，把调用hash()后的散列码缓存到Entry对象。因此Entry类的实现如下：

```
static class Entry<K, V> {
    final K key;
    V value;
    Entry<K, V> next;
    final int hash;  //hash()后的散列码
}
```

查找过程利用缓存的散列码来加快比较过程。比较过程增加两个必要条件：equals方法相等，则缓存的散列码必定相等。如果两个对象的引用相等，则调用equals方法必定相等。

```
public V get(Object key) {
    int hash = hash(key.hashCode());  //得到hash()后的散列码
    for (Entry<K,V> e=table[indexFor(hash,table.length)]; //得到表中对应的桶
      e!=null; e=e.next) {
        Object k;
        //首先判断缓存的散列码
        if (e.hash==hash && ((k=e.key)==key || key.equals(k)))
            return e.value;
    }

    return null;
}
```

放入键/值对时，如果键已经有了，则替换掉它对应的值。put 方法还可以根据键对象是否相等，来替换已经放入的键/值对：

```
public void put(K key, V value) {
    int bucketIndex = IndexFor(key); //根据键对象，得到桶的位置
    Entry<K, V> entry = table[bucketIndex]; //找到桶对应的单链表

    if (null != entry) {
        bool done = false;
        while (!done) {
            if (key.equals(entry.key)) {  //根据 Equals 方法判断两个对象是否相等
                entry.value = value; //找到了就替换键对应的值
                done = true;
            } else if (entry.next == null) {
                entry.next = new Entry<K, V>(key, value); //没找到就增加
                done = true;
            }
            entry = entry.next;
        }
    } else {
        //这个桶里啥都没装，所以把一个新项目推进去
        table[bucketIndex] = new Entry<K, V>(key, value);
    }
}
```

装的东西不能太满，否则怕冲突太多，影响性能。已经加入的键/值对数量和数组长度比例叫作加载因子，默认是 0.75。如果加载的元素多了，导致加载因子超过 0.75，则会把数据数组加长。如果每次新加一个元素，则数组容量翻倍增长。因为数组长度必须是 2 的 n 次方，如果 16 个长度溢出了，就增加到 32 个长度。在数组扩容之后，要把原来已经散列过的元素取出，重新散列一遍，因为数组长度扩大了，得到的散列位置可能与原来不同。

```
/**
 * 把所有的项目从当前表转移到新表
 */
void transfer(Entry[] newTable) {
    Entry[] src = table; //原表
    int newCapacity = newTable.length; //新表的长度
    for (int j=0; j<src.length; j++) { //遍历原表中的每个桶
        Entry<K,V> e = src[j];
        if (e != null) {
            src[j] = null; //释放这个桶占用的空间
            do {
                Entry<K,V> next = e.next; //记录要处理的下一个项目
                int i = indexFor(e.hash, newCapacity);
                  //调用 indexFor 方法得到新的桶位置

                e.next = newTable[i];  //把新链表的头节点挂到当前项目的后面去
                newTable[i] = e; //当前项目作为新链表的头节点
                e = next; //继续处理下一个项目
            } while (e != null); //直到已经处理完这个桶中的项目
        }
    }
}
```

有没有用二叉树做桶的散列表呢？没听说过。这应该比用链表解决冲突性能高。最常见的优化在散列函数的选择上，如果能做到完美散列，就没有冲突了。有些时候能做到没有冲突或者冲突很少发生，这时候就不用考虑冲突后的优化了。

5.7.3 应用散列表

统计一个中文字符串中每个单词出现的次数。如果有 n 个不同的词，则每个词都有一个自己的计数器。因为每个词只有一个计数器，所以建一个词到计数器的映射 map，以 map 中的 key 作为词，value 统计这个词出现的次数。例如：

```
北京 -> 2
上海 -> 3
深圳 -> 2
```

HashMap 可以快速查找到指定词对应的计数器。其中的 put 方法设定一个键对应的值，如果键/值对不在 HashMap 中，则会增加这个键/值对，如果键/值对已经存在了，则会更新这个键对应的值。get 方法根据键查找对应的值，如果没有找，到就返回空值。此外还可以遍历所有的键/值对。测试方法如下：

```
HashMap<String, Integer> words = new HashMap<String, Integer>();

words.put("北京", 2); //放入
System.out.println(words.get("北京")); //取出

//Entry 对象封装了键/值对
for (Entry<String, Integer> e : words.entrySet()) { //for-each 循环遍历
    String key = e.getKey(); //键
    Integer val = e.getValue(); //值
    System.out.println(key + ":" + val);
}
```

英文根据空格分成一个个的词。试图从散列表得到新词对应的计数器，如果还没有，就设置为 1，如果有就加 1，然后更新这个词对应的计数器。代码如下：

```
String inputStr = "有/意见/分歧/。/有/分歧/。";
//存储词和对应的频率
HashMap<String, Integer> wordCount = new HashMap<String, Integer>();

StringTokenizer st = new StringTokenizer(inputStr,"/"); //正斜线分隔单词
while (st.hasMoreTokens()) {
    String word = st.nextToken(); //取得一个词

    Integer counter = wordCount.get(word); //得到这个词的出现次数
    if (counter == null) { //第一次看到这个词，设置频率为 1
        counter = 1;
    } else { //这个词的出现次数加 1
        counter++;
    }
    //把这个词新的计数放回
    wordCount.put(word, counter);
}
```

```
//输出词和对应的频率
for (Entry<String, Integer> e : wordCount.entrySet()) {
    System.out.println(e.getKey() + " : " + e.getValue());
}
```

每次加入一个词的计数到散列表，散列表中的总词频加 1。也就是说，总会有一个词对应的计数器加 1。

对放入 HashMap 中的元素会自动拆箱。会把 Integer 转换成 int 基本数据类型：

```
HashMap<String, Integer> words = new HashMap<String, Integer>(1000);
public int get(String word) {
    return words.get(word); //如果 word 没找到，就抛出异常
}
```

修改 get 方法：

```
public int get(String word) {
    Integer freq = words.get(word);
    if(freq==null) //需要判断空值
        return 1;
    return freq;
}
```

为了避免放入同样的两个键对象。通过 equals 方法判断两个对象是否有相同的效益。例如，两瓶同样品牌和型号的饮料的饮用效果都是相同的。equals 方法判断这个对象和传入的对象内部状态是否相同。散列表不会放入两个 equals 方法相同的对象。equals 方法在 Object 类中有定义，但自定义的对象往往需要重写 equals 方法。

散列表首先调用 hashCode 方法得到键对象的散列码，如果两个不同对象的散列码相同，这时候，就发生使用同一个桶的冲突。就好像去一个窗口办理业务，发现前面已经有人了，这时候需要在后面排队。如果有冲突，再调用 equals 方法判断对象的内部状态是否相同，如果不相同，才放入散列表。因此，作为键的数据类型，要同时重写 equals 方法和 hashCode 方法。

例如需要以词的搭配关系作为键：

```
public class WordBigram {
    public String left; //左边的词
    public String right; //右边的词

    public WordBigram(String l, String r) {
        left = l;
        right = r;
    }

    public String toString() {
        return left + "@" + right;
    }
}
```

Object 中默认的 hashCode()方法每次都会生成不同的 hashCode。例如：

```
System.out.println(new WordBigram("中国","北京").hashCode());//输出随机数 33263331
System.out.println(new WordBigram("中国","北京").hashCode());//输出随机数 6413875
```

这不是我们想要的。相等的键对象返回的 hashCode 必须相等。否则就找不到放进 HashMap 的键了。自己写的散列函数必须始终为相同的键返回相同的散列码。

Object 中默认的 equals 方法就是==，而不是比较字符串中的每个字符。这也不是我们想要的。所以这两个方法都重写了。

```
@Override
public int hashCode() {
   return left.hashCode()^right.hashCode();
}

@Override
public boolean equals(Object o) {
   if (o instanceof WordBigram) {
      WordBigram that = (WordBigram)o;
      if (that.left.equals(this.left) && that.right.equals(this.right)) {
         return true;
      }
   }
   return false;
}
```

对于字符串对象来说，equals 方法和 hashCode 方法都会用到其中的 value 属性。value 属性存储字符串对应的字符数组。

用一个 HashMap 存取两个词的搭配信息：

```
//存放二元连接及对应的频率
HashMap<WordBigram, Integer> bigrams = new HashMap<WordBigram, Integer>();
//存入一个二元连接及对应的频率
bigrams.put(new WordBigram("中国", "北京"), 10);
//获取一个二元连接对应的频率
int freq = bigrams.get(new WordBigram("中国", "北京"));
System.out.println(freq); //输出 10
```

搜索引擎中的缓存往往采用 HashMap 实现。为了在缓存中作为键，查询类实现 hashCode 和 equals 方法：

```
public class TermQuery {
   String term; //查询词
   float boost; //这个词在整个查询中的重要度

   @Override
   public boolean equals(Object o) {
      if (!(o instanceof TermQuery))
         return false;
      TermQuery other = (TermQuery)o;
      return (this.boost==other.boost) && this.term.equals(other.term);
   }

   @Override
   public int hashCode() {
      return Float.floatToIntBits(boost)^term.hashCode();
   }
}
```

char 可以直接转换成为 int，但字符串需要实现 hashCode 方法。每一位字符都以不同的方式影响最终的散列码。Java 内部的实现如下：

```
public int hashCode() {
    int h = hash;
    if (h == 0) {
        int off = offset; //有效的开始位置
        char val[] = value; //字符串内部的值
        int len = count; //长度

        for (int i=0; i<len; i++) {
            h = 31*h + val[off++]; //原值乘 31 然后再加上当前字符的值
        }
        hash = h;
    }
    return h;
}
```

因此下面的输出结果是同样的：

```
System.out.println("宋江".hashCode());        //754228
System.out.println(31*(int)'宋' + (int)'江');   //754228
```

放入散列表的对象一般是存放数据类的实例，这样的类叫作 POJO 类。

5.7.4　开放式寻址

术语：Open address(开放式寻址)　开放寻址法是解决散列表发生碰撞的方法之一。

链表法解决冲突因为使用不连续的内存而降低了性能。另外一种解决冲突的方法是：按先来后到的方法，按顺序放元素。先来先服务，第一个散列过去的值放在原位。把这个位置叫作基地址。如果基地址对应的桶已经被占了，则按顺序放到下一个最近的空位置。

停止寻找的条件是找到这个值或者遇到一个空位置。没有找到就是找到了空位置或者找到头了。如果所有键的散列码都是零，则退化成顺序查找。

找了一圈，又回来了，才算是找到头了，而不是只找到数组的结尾处。所以，这里把散列表看成是一个循环链表。

插入数据时，如果找到数组的最后一个位置仍然没找到，则越过结尾，回到表头继续找。如果仍然没有找到空位置，则说明散列表已经满了，需要进行溢出处理。查询时，用一个计数器，看是否已经找过一圈。找位置的代码如下：

```
//如果找到了，则返回指定键所在的位置，否则返回-1
private int indexFor(Object key) {
    int count = 0; //计数器，看比较过了多少个元素
    int i = hash(key);

    //如果没有全部比较完，而且没有用到这个位置
    while (count<data.length && hasBeenUsed[i]) {
        if (key.equals(keys[i]))
            return i;
        count++;
        i = nextIndex(i); //如果找到结束位置了，则继续从头开始找
```

```
    }
    return -1;
}
```

开放式寻址类 OpenAddressHash 的示例代码如下：

```
public class OpenAddressHash {
    private int manyItems; //散列表中的项目数量
    private Object[] keys; //存放键
    private Object[] data; //存放值
    private boolean[] hasBeenUsed; //这个位置是否已经用过了

    /**
    * 用指定容量初始化一个空表
    **/
    public OpenAddressHash(int capacity) {
        keys = new Object[capacity];
        data = new Object[capacity];
        hasBeenUsed = new boolean[capacity]; //自动初始化成 false
    }

    /**
    *判断一个给定的键是否在表中
    **/
    public boolean containsKey(Object key) {
        return indexFor(key) != -1;
    }

    //如果找到了，则返回指定键所在的位置，否则返回-1
    private int indexFor(Object key) {
        int count = 0; //计数器，看比较过了多少个元素
        int i = hash(key);

        //如果没有全部比较完，而且这个位置已经用到了，就继续往下找
        while (count<data.length && hasBeenUsed[i])
        { //还没有用到这个位置，就不找了

            if (key.equals(keys[i]))
                return i;
            count++;
            i = nextIndex(i); //如果找到结束位置了，则继续从头开始找
        }
        return -1;
    }

    public Object get(Object key)  { //得到一个键对应的值对象
        int index = indexFor(key);

        if (index == -1)
            return null;
        else
            return data[index];
    }

    private int hash(Object key)  { //返回值是一个合法的数组下标
```

```
        return Math.abs(key.hashCode()) % data.length;
    }

    //下一个索引位置通常是 i+1。但是如果已经找到头了，就必须从数组的开始位置开始找起
    private int nextIndex(int i) {
        if (i+1 == data.length)
            return 0; //从数组的开始位置开始找起
        else
            return i+1;
    }

    /**
    *  增加一个新元素到散列表，使用指定的键
    *  如果表中已经有这个键，则它对应的值用 element 替换，然后返回被替换的值对象
    **/
    public Object put(Object key, Object element) {
        int index = indexFor(key);
        Object answer;

        if (index != -1) {  //键已经在散列表中
            answer = data[index];
            data[index] = element;
            return answer;
        } else if (manyItems < data.length) {  //键不在散列表中
            index = hash(key);
            while (keys[index] != null) //可以重用没有被占用的 kyes
                index = nextIndex(index);
            keys[index] = key;
            data[index] = element;
            hasBeenUsed[index] = true;
            manyItems++;
            return null;
        }
        else {  //散列表已经满了
            throw new IllegalStateException("表已经满了");
        }
    }

    /**
    * 根据键对象删除一个键/值对
    **/
    public Object remove(Object key) {
        int index = indexFor(key);
        Object answer = null;

        if (index != -1)   { //只是把对应的内容置为空，而不会修改 hasBeenUsed 标志
            answer = data[index];
            keys[index] = null;
            data[index] = null;
        }

        return answer; //返回被删除的值
    }
}
```

这种方法叫作线性探查法。用线性探查法解决冲突时，会有越解决冲突越多的问题。如果第一次运气不好，位置被占了，接下来的位置有更大的可能被占，因为有两个桶位置的元素在争夺这一个空位置。如果运气更不好，这两个位置都满了，则越往后，会有越多的桶位置的元素争夺同一个空位置。

就好像连环撞车事件。第一次被前面的车撞了以后，还可能被后面的车再撞。

当表中 i, i+1, ..., i+k 的位置上已有节点时，一个散列地址为 i, i+1, ..., i+k+1 的节点都将插入在位置 i+k+1 上。把这种散列地址不同的节点争夺同一个后继散列地址的现象称为聚集或堆积(Clustering)。第一次运气不好，要有重新再来过的机会。再次散列。

```
int code =187;
int inc = code|1;
System.out.println(inc);
```

就是把一个数变成奇数，这样增加值肯定不会是 0 了。

开放式寻址比链式寻址更省内存，机器学习算法项目 Mahout(http://mahout.apache.org/)采用了开放式寻址的散列表。

5.7.5 布隆过滤器

假设有很多地方要去，则大致估计下一个地方是否已经去过就可以了，不要求准确。虽然仍然可以使用 HashSet 来实现，但是占用的内存空间较大。

例如，在开发网络爬虫应用时，有上亿个 URL 地址需要记录。而哈希表的存储效率一般只有 50%。

可以把所有的键都映射到同一片内存区域，这样占用的内存更少。通过抽样查找内存区域中的若干位来判断一个键是否已经存在。这种方法叫作布隆过滤器。

布隆过滤器的实现方法是：利用内存中的一个长度是 m 的位数组 B，对其中所有位都置 0，如图 5-48 所示。

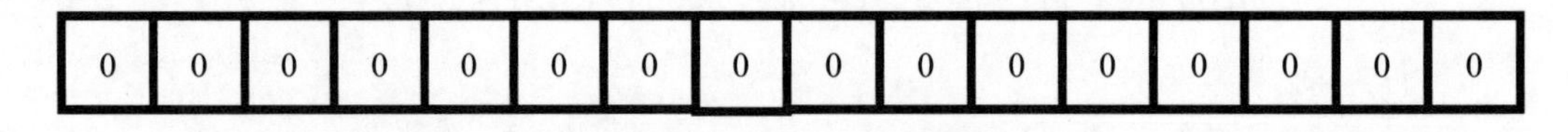

图 5-48 位数组 B 的初始状态

为了降低冲突的可能性，实行多次散列。对每个遍历过的 URL 根据 k 个不同的散列函数执行散列，每次散列的结果都是不大于 m 的一个整数 a。根据散列得到的数，在位数组 B 对应的位上置 1，也就是让 B[a]=1。图 5-49 为放入 3 个 URL 后位数组 B 的状态，这里 k=3。

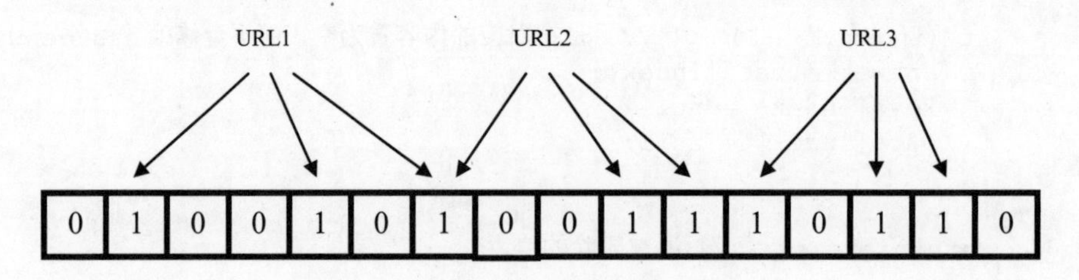

图 5-49 放入数据后位数组 B 的状态

每次插入一个 URL 时，执行 k 次散列，只有当全部位都已经置 1 了，才认为这个 URL 已经遍历过。

用布隆过滤器(Bloom Filter)判断 URL 地址是否已经访问过。首先让布隆过滤器记住这些地址。然后再查询新发现的 URL 地址。查询项目可能与已经插入的项目冲突。

BloomFilter(http://code.google.com/p/java-bloomfilter/)实现了布隆过滤器。下面是使用布隆过滤器的一个例子：

```
//创建一个 100 位的布隆过滤器，优化成包含 4 个项目
BloomFilter<String> urlSeen = new BloomFilter<String>(100, 4);
//增加内容到布隆过滤器
urlSeen.add("www.lietu.com");
urlSeen.add("www.sina.com");
urlSeen.add("www.qq.com");
urlSeen.add("www.sohu.com");
//测试布隆过滤器是否记得这个项目
if (urlSeen.contains("www.lietu.com")) {
    System.out.println("已经存在的概率 "
      + (1 - urlSeen.expectedFalsePositiveProbability()));
} else {
    System.out.println("一定不存在");
}
```

也可以让 BloomFilter.add 方法返回布尔值。如果要增加的项目已经存在了，则返回 true，如果是新加入的项目，则返回 false。

布隆过滤器如果返回时不包含某个项目，那肯定就是没往里面增加过这个项目，如果返回时包含某个项目，但其实可能没有增加过这个项目，所以有误判的可能。对爬虫来说，使用布隆过滤器的后果是可能导致漏抓网页。如果要检查的大部分项目都已经在布隆过滤器中，则会放大误判所产生的影响。如果想知道需要使用多少位才能降低错误概率，可以从表 5-1 的存储项目和位数比率估计布隆过滤器的误判率。

表 5-1　布隆过滤器的误判率

比率(items:bits)	误判率
1:1	0.63212055882856
1:2	0.39957640089373
1:4	0.14689159766038
1:8	0.02157714146322
1:16	0.00046557303372
1:32	0.00000021167340
1:64	0.00000000000004

为每个 URL 分配两个字节就可以达到千分之几的冲突。例如一个比较保守的实现，为每个 URL 分配了 4 个字节，项目和位数比是 1:32，误判率是 0.00000021167340。对于 5000 万数量级的 URL，布隆过滤器只占用了 200MB 的空间，并且排重速度超快，一遍下来不到两分钟。

BloomFilter 类中实现的把对象映射到位集合 bitset 的方法如下：

```
public void add(byte[] bytes) {
    int[] hashes = createHashes(bytes, k); //生成k个散列码
    //设置k位
    for (int hash : hashes)
        bitset.set(Math.abs(hash % bitSetSize), true);
    numberOfAddedElements++;
}
```

增加一个新项目到布隆过滤器。不能再删除这个项目。这个实现方法计算了 k 个相互独立的散列值，因此误判率较低。BloomFilter 类中判断是否包含指定项目的代码如下：

```
public boolean contains(byte[] bytes) {
    int[] hashes = createHashes(bytes, k); //生成k个散列码
    for (int hash : hashes) {
        //如果任何一位是零，就认为该元素没见过
        if (!bitset.get(Math.abs(hash % bitSetSize))) {
            return false;
        }
    }
    return true;
}
```

在字处理软件中，需要检查一个英语单词是否拼写正确，也就是要判断它是否在已知字典的布隆过滤器中。在 FBI 中，要检查一个嫌疑人的名字是否已经在嫌疑名单组成的布隆过滤器上。一个像 Gmail、Hotmail 和 Yahoo 那样的公众电子邮件(E-mail)提供商，总是需要过滤来自发送垃圾邮件的人的垃圾邮件。一个办法就是用布隆过滤器记录下那些发垃圾邮件的 E-mail 地址。由于那些发送者不停地在注册新的地址，全世界少说也有几十亿个发垃圾邮件的地址，用布隆过滤器能节省大量内存。

guava 里面有 bloom filter 的一份实现，不到 400 行。guava 是 Google 自己写的一份 JDK 库。下载地址在 http://code.google.com/p/guava-libraries/。可以只用 guava 的 collection 包，当然，最好是参考 HBase 的 bbf 实现。

5.7.6 SimHash

查找相似的文档或者图像需要散列码反映出对象的多个局域特征。假设可以得到对象的一系列的特征，每个特征有不同的重要度。

计算对象对应的 SimHash 值的方法，是把每个特征的散列值叠加到一起，形成一个 SimHash。计算过程如图 5-50 所示。

图中第一个特征的散列码是 100110，第一个特征的重要度是 w_1。第一个特征的散列码对应的数组是{w_1, -w_1, -w_1, w_1, w_1, -w_1}。

第二个特征的散列码是 110000，第二个特征的重要度是 w_2。第二个特征的散列码对应的数组是{w_2,w_2,-w_2,-w_2,-w_2,-w_2}。

第 n 个特征的散列码是 001001。第 n 个特征的重要度是 w_n。第 n 个特征的散列码对应的数组是{-w_n,-w_n,w_n,-w_n,-w_n,w_n}。

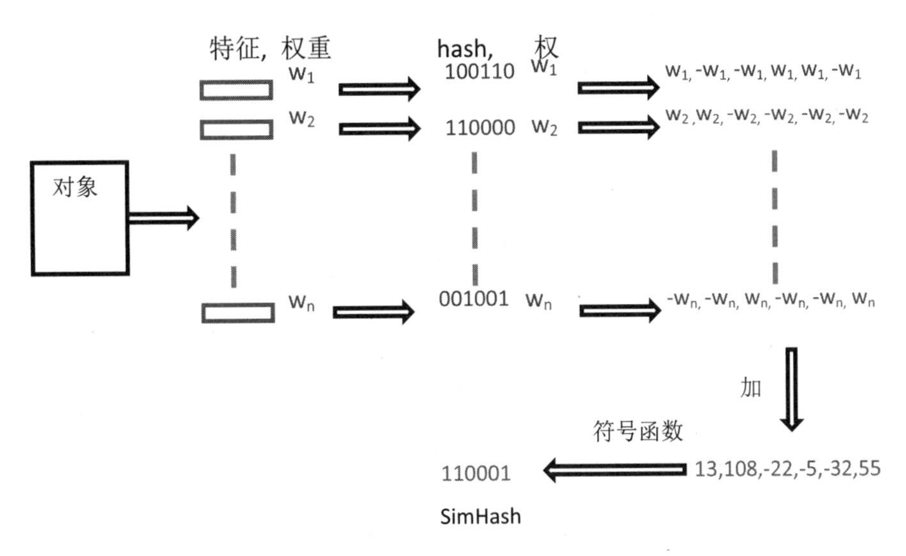

图 5-50　SimHash 计算过程

按列相加后，得到：

```
w1+w2+...-wn=13
-w1+w2+...-wn=108
-w1-w2+...+wn=-22
w1-w2+...-wn=-5
w1-w2+...-wn=-32
-w1-w2+...+wn=-55
```

最后得到数组{13, 108, −22, −5, −32, 55}。用符号函数转换数组{13, 108, −22, −5, −32, 55}，把正数变成 1，负数变成 0。这样就得到了 SimHash 码 110001。

可以把特征权重看成每类特征在 SimHash 结果的每一位上的投票权。权重大的特征的投票权大，权重小的特征投票权小。所以权重大的特征更有可能影响对象的 SimHash 值中的很多位，而权重小的特征影响最终的 SimHash 值位数很少。举一个极端的例子，例如某个特征的权重是 1，其他都是 0，则对象的 SimHash 就完全是这个特征的散列码。

有钱人通过广告宣传和到选区与选民互动，可以更多地影响选举结果。但是，如果他的意见和大多数人不一致，则最终的结果仍然会与他的意见相去甚远。

假定 SimHash 的长度为 64 位，对象的 SimHash 计算过程如下。

首先初始化一个长度为 64 的整数数组，因为把这个数组当成直方图(Histogram)来用，所以叫作 hist。该数组的每个元素都是 0。

然后对于对象中的每个特征循环做如下处理：取得每个特征的 64 位的 hash 值。如果这个 hash 值的第 i 位是 1，则将数组的第 i 个数加上该特征的权重；反之，如果 hash 值的第 i 位是 0，则将数组的第 i 个数减去该特征的权重。

这样即可完成对一个对象中所有特征的处理，数组中的某些数为正，某些数为负。SimHash 值的每一位与数组中的每个数对应，将正数对应的位设为 1，负数对应的位设为 0，就得到 64 位的 0/1 值的位数组，即最终的 SimHash。

输入特征和权重数组，返回 SimHash 的代码如下：

```
public static long simHash(String[] features, int[] weights) {
    int[] hist = new int[64]; //创建直方图

    for(int i=0; i<features.length; ++i) {
        long featureHash = stringHash(features[i]); //生成特征的hash码
        int weight = weights[i];
        /*更新直方图*/
        for (int c=0; c<64; c++)
            hist[c] += (featureHash&(1<<c))==0? -weight : weight;
    }

    /*从直方图计算位向量*/
    long simHash = 0;
    for (int c=0; c<64; c++) {
        long t = ((hist[c]>=0)? 1 : 0);
        t <<= c;
        simHash |= t;
    }

    return simHash;
}
```

5.8 图

功能性地图由顶点和边构成。例如城市是点，而公路是边。可以把每个网页看成一个节点，网页间的链接关系是有向边。比如说，人和人之间的关系。人可以抽象成顶点，而人之间的关系则可以用边表示。例如宋江做押司时救过晁盖，而林冲在攻打曾头市时救回了受伤的晁盖，宋江喝慢性毒酒死了，他同时也给李逵喝了同样的酒，所以宋江最后毒死了李逵，如图5-51所示。

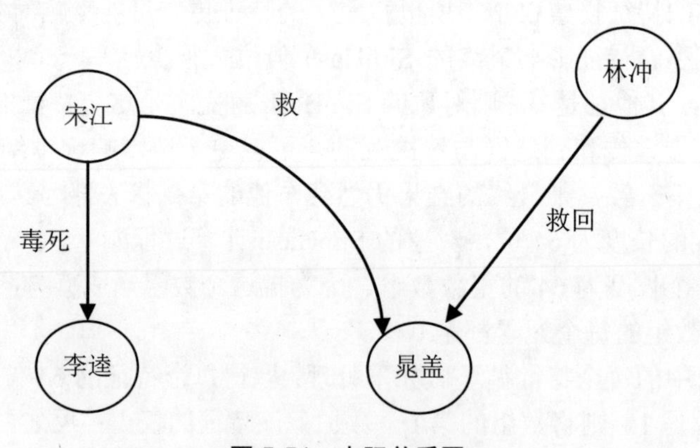

图5-51 人际关系图

一个IT企业中有成千上万个应用，各个应用之间都是相互依赖的，一个用户请求进来后，会调用一系列应用，比如JavaScript脚本调用Tomcat中的Web服务、Tomcat调Java、Java调Linux等。这样，所有的应用形成了一个有向图。

5.8.1　表示图

在把输入串切分成词的过程中，可以用一个图来显示出一个字符串所有可能的切分。

如果待切分的字符串有 m 个字符，考虑每个字符左边和右边的位置，则有 m+1 个点对应，点的编号从 0 到 m。例如“有意见分歧”这句话对应 6 个点，如图 5-52 所示。

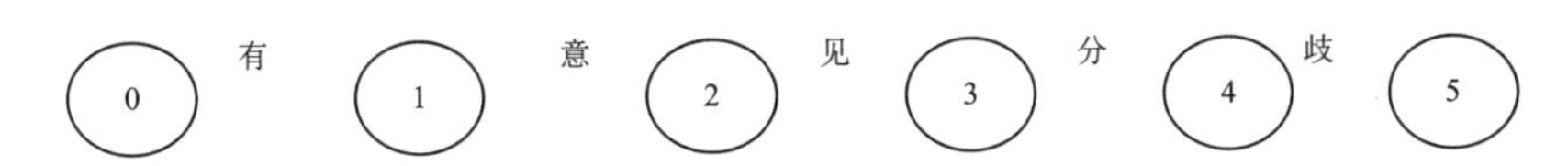

图 5-52　切分词图中的点

一句话中所有可能的词组成一个图，叫作切分词图，例如“有意见分歧”这句话组成的切分词图如图 5-53 所示。

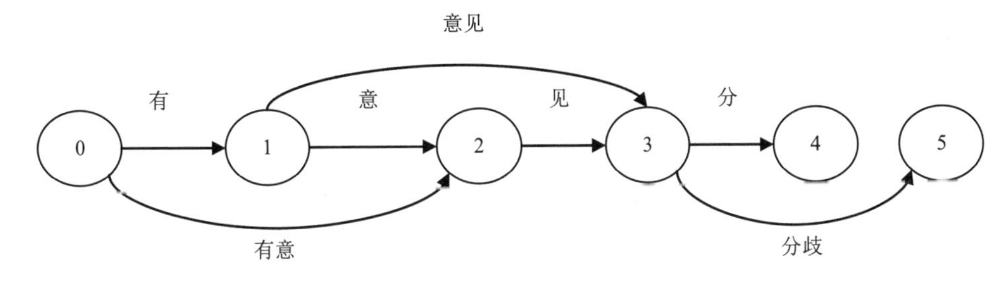

图 5-53　中文分词切分路径

词有开始位置和结束位置，所以边是有向的，所以是有向图。每个词出现的频率不一样，所以边是有权重的。

词图有两种方法。邻接矩阵表示法和邻接链表表示法。例如用 CnToken 表示一条边：

```
public class CnToken {
    public String termText;  //代表边的词
    public int start;   //开始位置，也就是开始点的编号
    public int end;   //结束位置，也就是结束点的编号
    public int freq;  //边的权重

    public CnToken(int vertexFrom, int vertexTo, int f, String word) {
        start = vertexFrom;
        end = vertexTo;
        termText = word;
        freq = f;
    }

    public String toString() {
        return "text:"+termText+" start:"+start+" end:"+end+" cost:"+freq;
    }
}
```

邻接矩阵(Adjacency Matrix)用数组表示一个图。第一维表示一个节点出发的边。第二维表示一个节点结束的边。例如，adj[i]表示从节点 i 发出的边。adj[i][j]表示从节点 i 发出，到节点 j 结束的边。

这样就是一个二维数组。如果有 n 个节点，则第一维的长度是 n，第二维的长度也是 n。

```
public class AdjMatrix { //邻接矩阵
   CnToken adj[][]; //边组成的矩阵

   public AdjMatrix(int verticesNum) { //构造方法，输入顶点数量
      adj = new CnToken[verticesNum][verticesNum];
   }

   public void addEdge(CnToken newEdge) { //增加一个边
      adj[newEdge.start][newEdge.end] = newEdge;
   }

   public CnToken getEdge(int s, int e) { //得到边
      return adj[s][e];
   }
}
```

输出 AdjMatrix 中的内容：

```
public String toString() {
   StringBuilder temp = new StringBuilder();  //存储字符串的缓冲区

   for (CnToken[] it : adj) {  //遍历第一个维度
      if (it == null) {
         continue;
      }

      for (CnToken itr : it) { //遍历第二个维度
         if (itr != null) {
            temp.append(itr.toString());
            temp.append("\t");
         }
      }
      temp.append("\n");
   }

   return temp.toString();
}
```

测试邻接矩阵。首先构建 AdjMatrix 对象，然后放入边，最后输出整个图的结构：

```
String sentence = "有意见分歧";
int len = sentence.length(); //字符串长度
AdjMatrix g = new AdjMatrix(len + 1); //存储所有被切分的可能的词

//第一个节点结尾的边
g.addEdge(new CnToken(0, 1, 1.0, "有"));

//第二个节点结尾的边
g.addEdge(new CnToken(0, 2, 1.0, "有意"));
g.addEdge(new CnToken(1, 2, 1.0, "意"));

//第三个节点结尾的边
g.addEdge(new CnToken(1, 3, 1.0, "意见"));
```

```
g.addEdge(new CnToken(2, 3, 1.0, "见"));

//第四个节点结尾的边
g.addEdge(new CnToken(3, 4, 1.0, "分"));

//第五个节点结尾的边
g.addEdge(new CnToken(3, 5, 1.0, "分歧"));

System.out.println(g.toString());
```

输出结果：

```
text:有 start:0 end:1 cost:1.0  text:有意 start:0 end:2 cost:1.0
text:意 start:1 end:2 cost:1.0  text:意见 start:1 end:3 cost:1.0
text:见 start:2 end:3 cost:1.0
text:分 start:3 end:4 cost:1.0  text:分歧 start:3 end:5 cost:1.0
```

同一个节点结束的边可以通过一个一维数组访问。adj[i]表示到节点 i 结束的词。第一个维度存结束的节点编号，第二个维度存开始的节点编号。例如 adj[2]表示节点 2 结束的词{"有意", "意"}。这样的表示方法叫作逆邻接矩阵(Inverse Adjacency Matrix)。代码如下：

```
public class AdjMatrix { //逆邻接矩阵
    public int verticesNum;  //顶点数量
    CnToken adj[][];

    public AdjMatrix(int verticesNum) { //构造方法：分配空间
        this.verticesNum = verticesNum;
        adj = new CnToken[verticesNum][verticesNum];
        adj[0][0] = new CnToken(0, 0, 0, "Start", null, null);
    }

    public void addEdge(CnToken newEdge) { //加一条边
        adj[newEdge.end][newEdge.start] = newEdge;
    }

    public CnToken getEdge(int start, int end) { //取得从 start 到 end 的边
        return adj[end][start];
    }

    public CnToken[] getPrev(int end) { //取得 end 结尾的前趋词
        return adj[end];
    }
}
```

测试逆邻接矩阵。首先构建 AdjMatrix 对象，然后放入边，最后输出整个图的结构：

```
String sentence = "有意见分歧";
int len = sentence.length(); //字符串长度
IAdjMatrix g = new IAdjMatrix(len + 1); //存储所有被切分的可能的词

//第一个节点结尾的边
g.addEdge(new CnToken(0, 1, 1.0, "有"));

//第二个节点结尾的边
g.addEdge(new CnToken(0, 2, 1.0, "有意"));
```

```
g.addEdge(new CnToken(1, 2, 1.0, "意"));

//第三个节点结尾的边
g.addEdge(new CnToken(1, 3, 1.0, "意见"));
g.addEdge(new CnToken(2, 3, 1.0, "见"));

//第四个节点结尾的边
g.addEdge(new CnToken(3, 4, 1.0, "分"));

//第五个节点结尾的边
g.addEdge(new CnToken(3, 5, 1.0, "分歧"));

System.out.println(g.toString());
```

对于切分词图来说，因为开始节点总是比结束节点的位置小，所以实际上不需要用到n×n的空间，如图5-54所示。

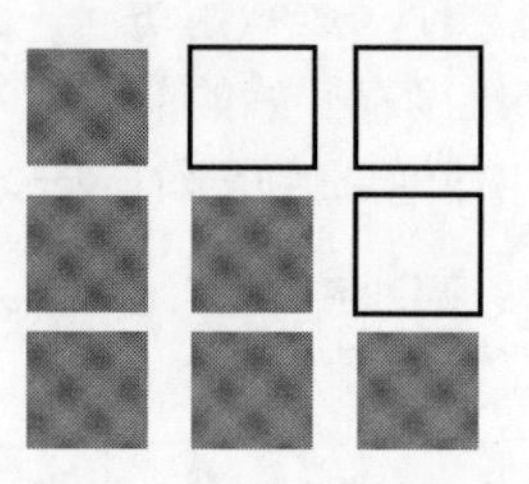

图5-54　切分词图需要的空间

用一维数组表示，第一个节点使用的长度是n-1，第二个节点使用的长度是n-2，第i个节点使用的长度是n-i。这个一维数组的总长度不超过n×n/2。

邻接链表表示的图由一个链表数组组成。用一个单向链表把所有指向一个节点的边串起来，然后把所有顶点对应的链表都放在一个数组中。例如，图5-52表示的切分词图可以用逆邻接表存储成图5-55的形式。

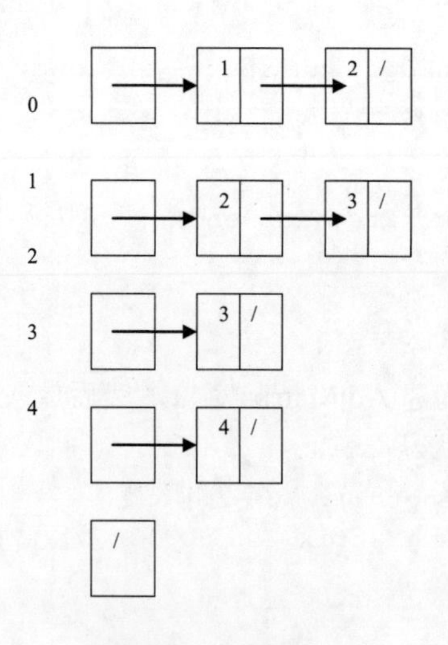

图5-55　邻接表

例如，第一个链表表示0-1和0-2两条边。

首先实现一个单向链表 TokenLinkedList 类。每个节点保存下一个节点的引用。节点类作为 TokenLinkedList 的内部类：

```
public static class Node { //链表中的节点
    public CnToken item;  //链表中的元素
    public Node next; //记录下一个元素

    Node(CnToken item) { //构造方法
        this.item = item;
        next = null;
    }
}
```

TokenLinkedList 类只需要记录一个头节点，其他的节点通过头节点的引用得到：

```
public class TokenLinkedList {
    public Node head = null; //链表的头

    public void put(CnToken item) { //增加一个词到节点
        Node n = new Node(item); //新建一个节点
        n.next = head; //原来的头节点放在这个新节点后
        head = n; //新节点放在链表头
    }
}
```

队伍排好后，从头开始报数，一直到最后一位。链表形成后，也采用类似的方法遍历其中的元素。TokenLinkedList 的 toString 方法实现了遍历链表中的元素：

```
public String toString() { //输出链表中所有的元素
    StringBuilder buf = new StringBuilder();
    Node cur = head;  //从头开始

    while (cur != null) { //如果当前节点不是空就往下遍历
        buf.append(cur.item.toString());
        buf.append('\t');
        cur = cur.next; //找下一个节点
    }

    return buf.toString();
}
```

这样的遍历方法暴露了链表中的实现细节，需要更好的封装。用一个迭代器封装，这样能支持 for-each 循环。TokenLinkedList 实现了 Iterable<CnToken>接口，实现了接口中定义的 iterator 方法：

```
public Iterator<CnToken> iterator() { //迭代器
    return new LinkIterator(head); //传入头节点
}
```

LinkIterator 是一个专门负责迭代的类。它的实现如下：

```
private class LinkIterator implements Iterator<CnToken> {  //用于迭代的类
    Node itr;

    public LinkIterator(Node begin) { //构造方法
```

```
        itr = begin; //遍历的开始节点
    }

    public boolean hasNext() { //是否还有更多的元素可以遍历
        return itr != null;
    }

    public CnToken next() { //向下遍历
        if (itr == null) {
            throw new NoSuchElementException();
        }
        Node cur = itr;
        itr = itr.next;
        return cur.item;
    }

    public void remove() {
        throw new UnsupportedOperationException(); //不支持这个操作
    }
}
```

迭代器写起来虽然麻烦，但是外部调用方便。为了让程序有更好的可维护性，专门写个迭代器是值得的。测试这个单向链表：

```
CnToken t1 = new CnToken(2, 3, 2.0, "见");  //创建词
CnToken t2 = new CnToken(1, 3, 3.0, "意见");
CnTokenLinkedList tokenList = new CnTokenLinkedList(); //创建单向链表
tokenList.put(t1); //放入候选词
tokenList.put(t2);
for(CnToken t : tokenList) { //遍历链表中的词
    System.out.println(t);
}
```

例如，图 5-51 表示的切分词图可以用逆邻接表存储成图 5-56 的形式。

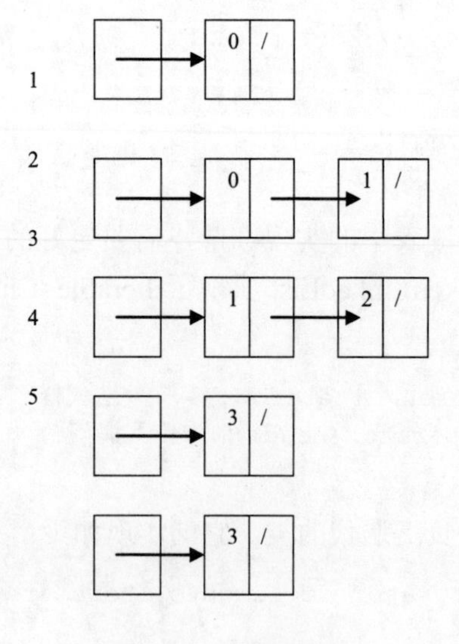

图 5-56　逆邻接表

单向链表的数组组成一个逆向邻接表：

```
public class AdjList {
    private TokenLinkedList list[]; //AdjList 的图结构

    public AdjList(int verticesNum) {  //构造方法：分配空间
        list = new TokenLinkedList[verticesNum];

        //初始化数组中所有的链表
        for (int index=0; index<verticesNum; index++) {
            list[index] = new TokenLinkedList();
        }
    }

    public int getVerticesNum() {
        return list.length;
    }

    public void addEdge(CnToken newEdge) { //增加一个边到图中
        list[newEdge.end].put(newEdge);
    }

    //返回一个迭代器，包含以指定点结尾的所有的边
    public Iterator<CnToken> getAdjacencies(int vertex) {
        TokenLinkedList ll = list[vertex];
        if(ll == null)
            return null;
        return ll.iterator();
    }

    public String toString() { //输出逆向邻接表
        StringBuilder temp = new StringBuilder();
        for (int index=0; index<verticesNum; index++) {
            if(list[index] == null) {
                continue;
            }
            temp.append("node:");
            temp.append(index);
            temp.append(": ");
            temp.append(list[index].toString());
            temp.append("\n");
        }
        return temp.toString();
    }
}
```

测试逆向邻接表：

```
String sentence = "有意见分歧";
int len = sentence.length(); //字符串长度
AdjList g = new AdjList(len+1); //存储所有被切分的可能的词

//第一个节点结尾的边
g.addEdge(new CnToken(0, 1, 1.0, "有"));
```

```
//第二个节点结尾的边
g.addEdge(new CnToken(0, 2, 1.0, "有意"));
g.addEdge(new CnToken(1, 2, 1.0, "意"));

//第三个节点结尾的边
g.addEdge(new CnToken(1, 3, 1.0, "意见"));
g.addEdge(new CnToken(2, 3, 1.0, "见"));

//第四个节点结尾的边
g.addEdge(new CnToken(3, 4, 1.0, "分"));

//第五个节点结尾的边
g.addEdge(new CnToken(3, 5, 1.0, "分歧"));

System.out.println(g.toString());
```

输出结果:

```
node:0:
node:1: text:有 start:0 end:1 cost:1.0
node:2: text:意 start:1 end:2 cost:1.0 text:有意 start:0 end:2 cost:1.0
node:3: text:见 start:2 end:3 cost:1.0 text:意见 start:1 end:3 cost:1.0
node:4: text:分 start:3 end:4 cost:1.0
node:5: text:分歧 start:3 end:5 cost:1.0
```

切分词图有邻接表和邻接矩阵两种表示方法。同一个节点结束的边可以通过一个一维数组访问。这样的表示方法叫作逆邻接矩阵:

```
public class AdjMatrix { //逆邻接矩阵
    CnToken adj[][];

    public AdjMatrix(int verticesNum) { //构造方法:分配空间
        adj = new CnToken[verticesNum][verticesNum]; //顶点数量
        adj[0][0] = new CnToken(0, 0, 0, "Start", null, null);
    }

    public void addEdge(CnToken newEdge) { //加一条边
        adj[newEdge.end][newEdge.start] = newEdge;
    }

    public CnToken getEdge(int start, int end) {
        return adj[end][start];
    }

    public CnToken[] getPrev(int end) { //取得end结尾的前趋词
        return adj[end];
    }
}
```

测试逆邻接矩阵 AdjMatrix:

```
String sentence = "有意见分歧";
int len = sentence.length(); //字符串长度
AdjMatrix g = new AdjMatrix(len + 1); //存储所有被切分的可能的词
```

```
//第一个节点结尾的边
g.addEdge(new CnToken(0, 1, 1.0, "有"));

//第二个节点结尾的边
g.addEdge(new CnToken(0, 2, 1.0, "有意"));
g.addEdge(new CnToken(1, 2, 1.0, "意"));

//第三个节点结尾的边
g.addEdge(new CnToken(1, 3, 1.0, "意见"));
g.addEdge(new CnToken(2, 3, 1.0, "见"));

//第四个节点结尾的边
g.addEdge(new CnToken(3, 4, 1.0, "分"));

//第五个节点结尾的边
g.addEdge(new CnToken(3, 5, 1.0, "分歧"));

System.out.println(g.toString());
```

5.8.2　遍历图

互联网中有海量的网页信息，它们是通过超级链接进行相互跳转的，这些超级链接把网页组成了一张很大的网，如图 5-57 所示。网络爬虫的抓取原理，就是从互联网中的一个网页开始，根据网页中的超级链接，逐个抓取网页中链接的其他网页。

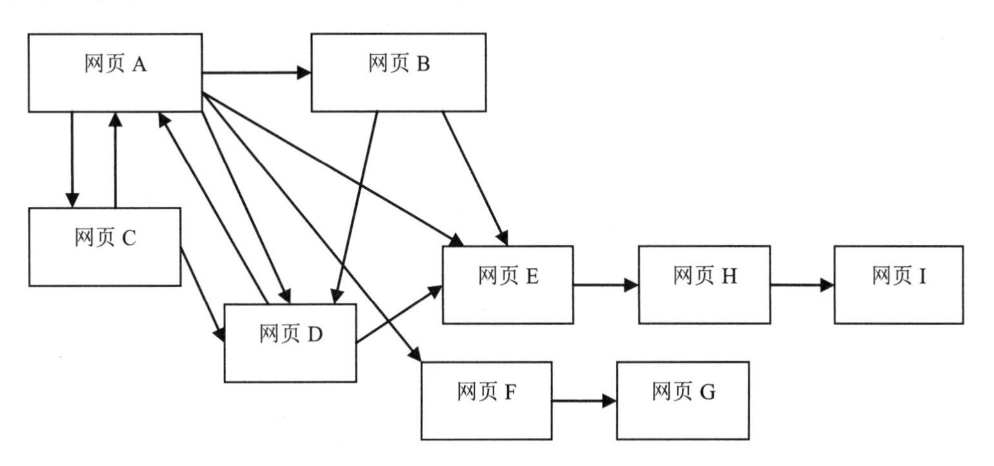

图 5-57　互联网网页链接图

网页通过超级链接相互链接，组成了一个庞大的无形的网，信息量浩瀚无边，网络爬虫不可能抓取所有的网页信息。所以，使用网络爬虫抓取网页时，要遵循一定的原则，主要有广度优先原则和最佳优先原则。

广度优先是指网络爬虫会先抓取起始网页中链接的所有网页，然后再选择其中的一个链接网页，继续抓取在此网页中链接的所有网页。这是最常用的方式，这个方法也可以让网络爬虫并行处理，提高其抓取速度。

我们以图 5-58 中的图为例，来说明广度遍历的过程。

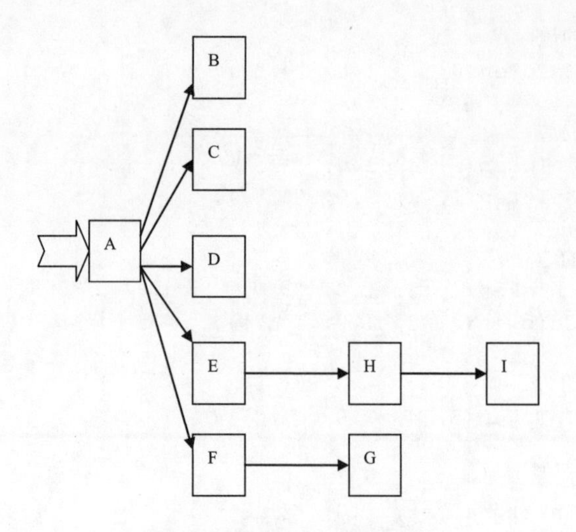

图 5-58 网络爬虫遍历的图

例如在图 5-58 中，A 为种子节点，则首先遍历 A(第一层)，接着是 BCDEF(第二层)，接着遍历 GH(第三层)，最后遍历 I(第四层)。

广度优先遍历使用一个队列来实现 Todo 表，先访问的网页先扩展。针对图 5-58，广度优先遍历的执行过程如表 5-2 所示。

表 5-2 广度优先遍历的过程

Todo 队列	Visited 集合
a	null
b c d e f	a
c d e f	a b
d e f	a b c
e f	a b c d
f h	a b c d e
h g	a b c d e f
g i	a b c d e f h
i	a b c d e f h g
null	a b c d e f h g i

广度优先遍历中的队列可以使用链表 LinkedList 来实现。也可以采用 ArrayDeque 来实现。不像 LinkedList 给每个插入的元素分配一个节点，ArrayDeque 中所有的元素存在于一个大数组中，如果满了，就重新分配空间。

庄子曾说：“吾生也有涯，而知也无涯，以有涯随无涯，殆已”。在学习和工作的时候，需要要分辨事情的轻重缓急，否则一味蛮干，最终结果只能是——“殆已”。对于浩瀚无边的互联网而言，网络爬虫涉及到的页面确实只是冰山一角。因此，需要以最小的代价(硬件、带宽)获取到最大的利益(数量最多的重要的网页)。

为了先抓取重要的网页，可以采用最佳优先爬虫策略。最佳优先爬虫策略也称为“页

面选择问题”(Page Selection)，通常，这样可以保证在有限带宽条件下，尽可能地照顾到重要性高的网页。

如何实现最佳优先爬虫呢？最简单的方式，是可以使用优先级队列(Priority Queue)来实现 Todo 表，这样，每次选出来扩展的 URL 就是具有最高重要性的网页。在队列中，先进入的元素先出，但是在优先队列中，优先级高的元素先出队列。

比如，假设图 5-58 的节点重要性 D>B>C>A>E>F>I>H，则整个遍历过程如表 5-3 所示。

表 5-3　最佳优先遍历过程

Todo 优先级队列	Visited 集合
A	null
B,C,D,E,F	A
B,C,E,F	A,D
C,E,F	A,B,D
E,F	A,B,C,D
F,H	A,B,C,D,E
H,G	A,B,C,D,E,F
H	A,B,C,D,E,F,G
I	A,B,C,D,E,F,H,G
null	A,B,C,D,E,F,H,I

5.9　大　数　据

队列或者堆栈如果存的数据太多，会抛出内存溢出异常，需要解决内存溢出问题。利用本地文件保证内存不溢出。基于文件的堆栈实现思路如下：

- 用 push()把一个对象序列化成二进制序列，并追加到文件末尾。
- 用 pop()从文件末尾反序列化对象。然后，从文件末尾删除反序列化的部分。

5.10　本 章 小 结

标准 Trie 树是散列表和链表的混合体。遇到不同的字符后走不同的分叉，所以标准 Trie 树的每个节点中都存在一个字符到后续节点的散列表。采用类似前缀压缩的方式压缩了链表中相同前缀的节点。而三叉 Trie 树是二叉搜索树和标准 Trie 树的混合体。这样做是为了节省空间。为什么现成的 HashMap 不用，一定要用 Trie 树呢？因为可以在给定的字符串上从前往后按字找，找到哪里算哪里。

二叉搜索树可以用链接的数据结构表示，也可以用数组表示。

可以把 Trie 树转换成 DFA，甚至可以把二叉树转换成 DFA。

本章介绍了从链表到标准 Trie 树的演化过程。链表里加几个指向下一个节点的引用，就是树了。可以用递归算法查找树。而用非递归算法实现效率更高。

第6章 算法

看到一个药方，如果不知道它的搭配原理，则无法更有效地使用它。例如：治疗感冒的麻黄汤组成是：麻黄三两，桂枝二两，甘草一两，杏仁七十个。组成方剂的药物可按其在方剂中所起的作用分为君药、臣药、佐药、使药，称为君、臣、佐、使。麻黄发汗解表为君药，桂枝助麻黄发汗解表为臣药，杏仁助麻黄平喘为佐药，甘草调和诸药为使药。一方之中，君药必不可缺，而臣、佐、使三药则可酌情配置或删除。

一个程序，如果不了解它使用的算法，光看代码并不能真正理解为什么写成这样。所以算法是软件的 DNA。

术语: Algorithm(算法)　是指解题方案的准确而完整的描述，是解决问题的一系列清晰指令。

6.1 贪婪法

贪婪法就是一直试到不再满足条件为止。贪婪这个词让人想起《渔夫和金鱼的故事》中的那个老太婆。故事中的老太婆总是不满足，向小金鱼提出了一个又一个的要求。老太婆无休止的追求变成了贪婪，从最初的清苦，继而拥有辉煌与繁华，最终又回到从前。这个故事告诉我们，贪婪法并不是最优的方法，但却是人们经常使用的简单方法。

如果要把中文文本切分成一个个的词，可以每次都找最长的词来切分，这是中文分词中的贪婪法。正向最大长度匹配的分词方法实现起来很简单。每次从词典找与待匹配串前缀最长匹配的词，如果找到匹配词，则把这个词作为切分词，把待匹配串减去该词，如果词典中没有词匹配上，则按单字切分。

例如，Trie 树结构的词典中包括如下所示的 8 个词语：

大　大学　大学生　活动　生活　中　中心　心

为了形成平衡的 Trie 树，把词先排序，排序后为：

中　中心　大　大学　大学生　心　活动　生活

按平衡方式生成的词典 Trie 树如图 6-1 所示，其中粗黑显示的节点可以作为匹配终止节点。

输入“大学生活动中心”，首先匹配出“大学生”，然后匹配出“活动”，最后匹配出“中心”。

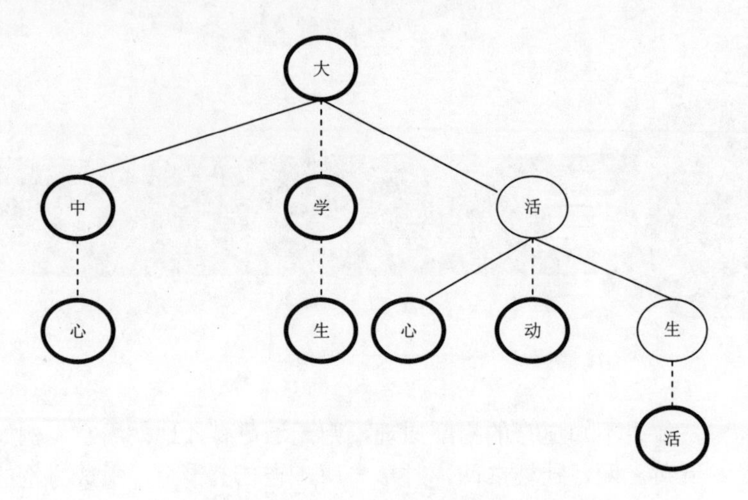

图 6-1 按平衡方式生成的词典 Trie 树

切分过程如表 6-1 所示。

表 6-1 正向最大长度匹配切分过程

已匹配上的结果	待匹配串
NULL	大学生活动中心
大学生	活动中心
大学生/活动	中心
大学生/活动/中心	NULL

最后的分词结果为“大学生/活动/中心”。

在最大长度匹配的分词方法中，需要用到从指定字符串返回指定位置的最长匹配词的方法。例如，当输入串是“大学生活动中心”时，则返回“大学生”这个词，而不是返回“大”或者“大学”。从 Trie 树搜索最长匹配单词的方法如下：

```
public String maxMatch(String key, int offset) { //输入字符串和匹配的开始位置
    String ret = null; //用来存储候选最长匹配词
    if (key==null || rootNode==null || "".equals(key)) {
        return ret;
    }
    TSTNode currentNode = rootNode;
    int charIndex = offset;
    while (true) {
        if (currentNode == null) {
            return ret;
        }
        int charComp = key.charAt(charIndex) - currentNode.spliter;

        if (charComp == 0) {
            charIndex++;

            if(currentNode.data != null) {
                ret = currentNode.data; //候选最长匹配词
            }
```

```
        if (charIndex == key.length()) {
            return ret; //已经匹配完
        }
        currentNode = currentNode.eqNode;
    } else if (charComp < 0) {
        currentNode = currentNode.loNode;
    } else {
        currentNode = currentNode.hiNode;
    }
  }
}
```

测试maxMatch方法：

```
String sentence = "大学生活动中心"; //输入字符串
int offset = 0; //匹配的开始位置
String ret = dic.maxMatch(sentence, offset);  //最大长度匹配
System.out.println(sentence + " match:" + ret); //输出句子以及匹配出来的最长词
```

输出结果是：

```
大学生活动中心 match:大学生
```

匹配英文后仍然继续匹配Trie，看哪一个匹配更长。选择更长的匹配。这样，匹配“U盘”这样的词也没问题。

正向最大长度分词的实现代码如下：

```
public void wordSegment(String sentence) { //传入一个字符串作为要处理的对象
    int senLen = sentence.length(); //首先计算出传入的字符串的字符长度
    int i = 0; //控制匹配的起始位置

    while(i < senLen) { //如果 i 小于此字符串的长度就继续匹配
        String word = dic.maxMatch(sentence, i); //正向最大长度匹配
        if(word != null) { //已经匹配上
            //下次匹配点在这个词之后
            i += word.length();
            //如果这个词是词库中的，那么就打印出来
            System.out.print(word + " ");
        } else { //如果在词典中没有找到匹配上的词，就按单字切分
            word = sentence.substring(i, i+1);
            //打印一个字
            System.out.print(word + " ");
            ++i; //下次匹配点在这个字符之后
        }
    }
}
```

6.2 分 治 法

一块快要过期的蛋糕，一个人吃不完，每个人分一块，很快就吃完了。这就是分而治之的方法。

有一次，孙权送来了一头巨象，曹操想知道这头象的重量，询问属下，都不能说出称象的办法。曹冲想了个主意：把象放到大船上，在水面所达到的地方做上记号，再让船装载其他东西，称一下这些东西，然后把这些东西的总重量加起来，就是大象的重量。

首先把大象的重量等价转化成为一堆石头的重量，然后再分别称石头的重量，这也叫作分而治之。

又如，导演张小刚拍电影，要找到演员，分别派两个星探找男主角和女主角。这也可以看成是分治法。可以使用分治法，从已经排好序的数组中查找一个数。

分治法的另外一个例子：剥芋头皮，横着从中间切开，然后分别剥掉两头的皮。这是一种自顶向下的解决方法。

分治法将问题划分成一些独立的子问题，递归地求解每个子问题，然后合并子问题的解而得到原问题的解。通常，这些子问题与原问题很相似。可以通过强力法解决足够小的子问题。例如，Arrays.java 里的排序算法，当数组长度小于 7 时用插入排序，否则用快速排序或者归并排序。

术语：divide and conquer method(分治法)　分治法的基本思想是将一个问题分解为一些规模较小的子问题，这些子问题相互独立，且与原问题性质相同。

6.3 动态规划

有一个笑话：“从前，有个财主给他的儿子找了一个老师，第一天老师划了一横，说这是一个“一”字，第二天老师划了两横，说这是一个“二”字，到了第三天，财主儿子想今天老师一定会教“三”字，就预先在纸上划了三横，果然这天先生划了三横，说这是“三”字。于是财主儿子就得出了一个结论：第四天、第五天、……一定是四横、五横……所以就对财主说：“爸爸，你用不着请老师了，我什么都会了。”于是财主很高兴，就把老师给辞退了。过了几天，财主要请一个姓万的亲戚吃饭，就叫儿子写请帖，可是等了半天，也不见儿子出来，财主就亲自到房间去催，只见儿子趴在地上，满头大汗，一见到财主就抱怨说：“什么不好姓，干嘛姓万，从大清早到现在，我才划了五百多横呢。”

故事中财主儿子所使用的其实是一种自底向上的归纳解决方法。可以用数学归纳法证明一个命题。例如数学上证明与自然数 n 有关的命题的一种方法，必须包括两步：验证当 n 取第一个自然数值，即 n=1 时，命题正确；假设当 n 取某一自然数 k 时命题正确，以此推出当 n=k+1 时这个命题也正确，从而就可断定命题对于从 1 开始的所有自然数都成立。

这只是一个真假判断。有时候需要算一个最优的值。还有时候要寻找最优的解决方案。

分治法将问题划分成一些独立的子问题，递归地求解每个子问题，然后合并子问题的解而得到原问题的解。如果各子问题是不独立的，则分治法要做许多不必要的工作，重复地解公共的子问题，此时虽然仍然可用分治法，但一般用动态规划法较好。简单地说，分治法中的各子问题独立，而在动态规划中各子问题重叠。

穷举法往往计算速度慢，动态规划首先采用自顶向下的方法，把对复杂问题的求解分解成简单的步骤。首先是对问题的分解，让问题的最优解只取决于其子问题的最优解。

动态规划算法在实际计算时，采用自底向上的方式计算答案。计算一个对子问题的答

案后，把它存储到一个表中。后续的计算检查这个表，避免重复工作。

数学归纳法中，从 k 推 k+1 的情况，在动态规划中叫作循环等式。

动态规划算法的设计可以分为如下 4 个步骤。

(1) 描述最优解的结构。

(2) 通过循环等式递归定义最优解的值。

(3) 按自底向上的方式计算最优解的值。

(4) 由计算出的结果构造出一个最优解。

6.4　在中文分词中使用动态规划算法

英文语句中，词之间有空格，例如“Hello world”。而中文语句中，词之间没有空格，例如“北京欢迎你”。先建立中文分词的概率模型，然后再求解它。

一个题库有 10000 道选择题，考虑其中的一个选择题 C 出现的概率 P(C) = 1/10000。有两个选项 S_1 和 S_2。有 7 人选 S_1，有 3 人选 S_2。则：

$$P(S_1|C) = 7/10 = 0.7 \qquad P(S_2|C) = 3/10 = 0.3$$

从统计思想的角度来看，分词问题的输入是一个字串 $C = c_1, c_2, \ldots, c_n$，输出是一个词串 $S = w_1, w_2, \ldots, w_m$，其中 $m \leqslant n$。对于一个特定的字符串 C，会有多个切分方案 S 对应，分词的任务就是在这些 S 中找出一个切分方案 S，使得 P(S|C)的值最大。也就是对输入字符串切分出最有可能的词序列。

例如对于输入字符串 C“有意见分歧”，有 S_1 和 S_2 两种切分可能：

```
S1:  有/  意见/  分歧/
S2:  有意/  见/  分歧/
```

计算条件概率 $P(S_1|C)$和 $P(S_2|C)$，然后根据 $P(S_1|C)$和 $P(S_2|C)$的值来决定选择 S_1 还是 S_2。形式化的写法是：

$$Seg(c) = \arg\max_{S \in G} P(S|C) = \arg\max_{S \in G} \frac{P(C|S)P(S)}{P(C)}$$

这里的 G 表示切分词图。待切分字符串 C 中的某个子串构成一个词 W，把这个词看成是从开始位置 i 到结束位置 j 的一条有向边。把 C 中的每个位置看成点，词看成边，可以得到一个有向图，这个图就是切分词图 G。

任何一个词序列 S 都可以看成是切分词图中从开始节点到结束节点的一条路径。

因为 $P(C \cap S) = P(S|C)*P(C) = P(C|S)*P(S)$，所以有 $P(S|C) = \dfrac{P(C|S) \times P(S)}{P(C)}$。

这也叫作贝叶斯公式。

其中 P(C)是字串在语料库中出现的概率。比如说语料库中有 1 万个句子，其中有一句是“有意见分歧”，那么 P(C)=P(“有意见分歧”)=万分之一。P(C)只是一个用来归一化的固定值。从词串恢复到汉字串的概率只有唯一的一种方式，所以 P(C|S)=1。因此，比较 $P(S_1|C)$和 $P(S_2|C)$的大小变成比较 $P(S_1)$和 $P(S_2)$的大小。形式化的写法是：

$$Seg(c) = \arg\max_{S \in G} P(S)$$

概率语言模型分词的任务是：在全切分所得的所有结果中求某个切分方案S，使得P(S)为最大。那么，如何计算P(S)呢？

$$P(S)=P(w_1,w_2,...,w_m)$$

为了简化计算，假设每个词之间的概率是上下文无关的，则：

$$P(S)=P(w_1,w_2,...,w_m)\approx P(w_1)\times P(w_2)\times ...\times P(w_m)$$

例如：

$$P(S_1)=P(\text{有},\text{意见},\text{分歧})\approx P(\text{有})\times P(\text{意见})\times P(\text{分歧})$$

其中，对于不同的切分方案S，m的值是不一样的，一般来说m越大，P(S)会越小。也就是说，分出的词越多，概率越小。这符合实际的观察，如最大长度匹配切分往往会使得m较小。

很小的数连乘起来怕向下溢出，乘出来的结果直接变成0了。因为函数y=log(x)，当x增大，y也会增大，所以是单调递增函数。为了解决向下溢出的问题，计算的时候取对数。

$$P(S)=P(w_1,w_2,...,w_m)\approx P(w_1)\times P(w_2)\times ...\times P(w_m)\approx \log P(w_1)+\log P(w_2)+...+\log P(w_m)$$

这里的∝是正比符号。

计算任意一个词出现的概率：

$$P(w_i)=\frac{w_i\text{在语料库中的出现次数}n}{\text{语料库中的总词数}N}$$

因此$\log P(w_i)=\log(Freq_w)-\log N$

因为词的概率小于1，所以取log后logP(w)是负数。因为P(S)小于1，所以这样算出来的log(P(S))会是一个负数。

这个P(S)的计算公式也叫作基于一元模型的计算公式，它综合考虑了切分出的词数和词频。一般来说，词数少，词频高的切分方案概率更高。考虑一种特殊的情况：所有词的出现概率相同，则最大概率分词退化成最少词切分方法。

如何找到概率最大的词串，也就是一个句子的最佳切分方案？自顶向下分析。整个字符串的最佳切分方案依赖于它的子串的最佳切分方案。到节点$Node_i$为止的字符串就是待切分字符串C的一个子串。子串的最佳切分方案对应的概率，称为这个子串的最大概率。

考虑S的子串的最大概率和$P(S_{max}$(“有意见分歧”))之间的关系。把“有意见分歧”的最佳切分方案写作S_{max}(“有意见分歧”)，则有$P(S_{max}$(“有意见分歧”))= $P(S_{max}$(“有意见”)) * P(分歧)。因为如果存在一个非最佳切分方案S’(“有意见”)，使得$P(S_{max}$(“有意见分歧”))= P(S’(“有意见”))*P(分歧)，那么$P(S_{max}$(“有意见”))*P(分歧)会比$P(S_{max}$(“有意见分歧”))还要大。所以，$P(S_{max}$(“有意见分歧”))只能是$P(S_{max}$(“有意见”))*P(分歧)。

如果待切分的字符串有m个字符，考虑每个字符左边和右边的位置，则有m+1个点对应，点的编号从0到m。例如“有意见分歧”这句话对应6个点，如图6-2所示。

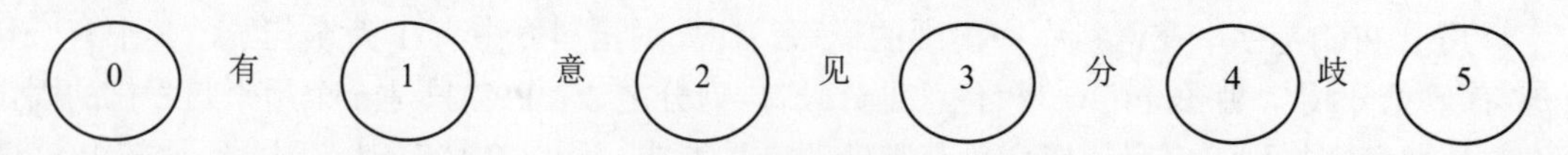

图6-2　节点概率

节点之间用词关联起来。如果一个词w的结束节点是i，就称w为i的前趋词。比如上面的例子中，“有”这个词就是节点 1 的前趋词，“意见”和“见”都是节点 3 的前趋词。

结束节点相同的词组成这个结束节点的前趋词集合。例如节点 3 的前趋词集合是{“见”,“意见”}。每个节点都有个前趋词的集合。把节点 5 的前趋词集合叫作 prev(5)。prev(5)={分歧}。

到节点 i 为止的最大概率称为节点 i 的概率。比如说 P(S)的最大概率就是节点 5 的概率。如果当前节点只有一个前趋词，则当前的节点概率=前趋节点的概率×前趋词的概率。如果一个节点有多个前趋词，就要取前面的节点概率和前趋词概率乘积的最大值：

$$P(m) = \text{argmax}(P(\text{节点 } m \text{ 的前趋节点}) \times P(\text{节点 } m \text{ 的前趋词}))$$

把找到的前趋节点叫作节点 m 的最佳前趋节点。例如，节点 5 的最佳前趋节点是节点 3。

找节点概率的伪代码如下：

```
遍历节点 i 前趋词的集合 prev(i) {
    计算 P(前趋词节点)*P(前趋词)，也就是候选节点概率
    if (这个候选节点概率是到目前为止最大的节点概率) {
        把这个候选节点概率当作节点概率
        候选节点概率最大的开始节点作为节点 i 的最佳前趋节点
    }
}
```

例如，对于图 6-3 所示的切分词图，节点 5 的概率 P(5)=P(3)*P(分歧)，也就是 P(前趋词节点)*P(前趋词)。P(5)依赖 P(3)。节点 3 的前趋词的集合={见，意见}。P(3)依赖 P(1)和 P(2)。节点 2 的前趋词的集合={意，有意}。P(2)依赖 P(1)和 P(0)。到最后，P(0)=1。

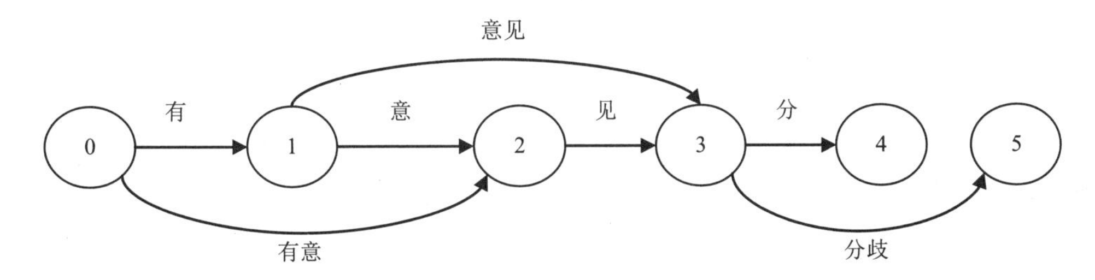

图 6-3　中文分词切分词图

计算后续节点概率的问题分解成计算前面节点的概率，这就是分治法：

```
public double bestPrev(int i) {
    if(i == 0)
        return 0.0; //退出递归调用的条件

    //用来存放前趋词的集合
    ArrayList<WordEntry> prevWords = new ArrayList<WordEntry>();

    double maxProb = minValue; //候选节点概率
    int maxNode = 0; //候选最佳前趋节点

    //从词典中查找前趋词的集合
    dic.matchAll(text, i-1, prevWords);
```

```
    //根据前趋词集合挑选最佳前趋节点
    for (WordEntry word : prevWords) {
        double wordProb = Math.log(word.freq) - Math.log(dic.totalFreq);
        int start = i - word.word.length(); //候选前趋节点
        double nodeProb =
          bestPrev(start) + wordProb; //递归调用计算候选节点概率

        if (nodeProb > maxProb) { //概率最大的算作最佳前趋
            maxNode = start;
            maxProb = nodeProb;
        }
    }
    prevNode[i] = maxNode; //最佳前趋节点
    return maxProb;
}
```

计算节点概率的依赖关系如下：

```
P(5) -> P(3) -> P(1)
P(5) -> P(3) -> P(2) -> P(1)
```

分治法会重复计算 P(1)，如图 6-4 所示。

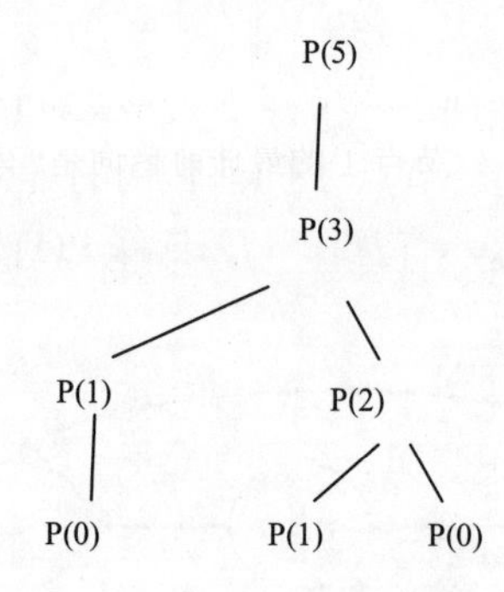

图 6-4　计算中文分词问题的分解图

为了避免重复计算节点概率，把 P(n)的计算结果保存到数组。除了保存节点概率的数组，还有个数组保存最佳前趋词 bestPrevWords(i)：

```
String[] bestPrevWords = new String[nodeNum]; //最佳前趋词
double[] nodeProbs = new double[nodeNum]; //节点概率
```

这样，bestPrevWords[i]就是 bestPrevWords(i)，nodeProbs[i]就是 P(i)。

为了避免重复计算节点概率，采用动态规划求解切分方案。

动态规划算法的关键是写出循环等式，也就是说，当前的节点概率要根据之前的节点概率算出来：

$$P(Node_i) = P_{max}(w_1, w_2, ..., w_i) = \max_{w_j \in prev(Node_i)} (P(StartNode(w_j))) * P(w_j)$$

如果 W_j 的结束节点是 $Node_i$，就称 W_j 为 $Node_i$ 的前趋词。这里的 $prev(Node_i)$就是节点 i 的前趋词集合。比如上面的例子中，候选词“有”就是节点 1 的前趋词，“意见”和“见”都是节点 3 的前趋词。

这里的 StartNode(w_j)是 w_j 的开始节点，也是节点 i 的前趋节点。

因此切分的最大概率 max(P(S))就是 P($Node_m$)=P(节点 m 的最佳前趋节点)×P(节点 m 的最佳前趋词)。在动态规划求解的过程中，并没有先生成所有可能的切分路径 S_i，而是做前向累积计算，求出值最大的 P(S_i)后，利用回溯的方法直接输出 S_i。前向累积的过程就好像搓麻绳，每搓一段都会打个结。关键看这个节是怎么打出来的。

按节点编号，从前往后计算如下。

P($Node_0$)就是开始位置，因为是必须有的，所以概率是 1。

$$P(Node_0)=1$$

P($Node_1$)就是第一个字符作为词出现的概率：

$$P(Node_1)= P(有)=0.018$$
$$P(Node_2)= max(P(Node_1)*P(意),\ P(Node_0)*P(有意))=0.0005$$
$$P(Node_3)= max(P(Node_1)*P(意见),\ P(Node_2)*P(见))=0.018*0.001=0.000018$$
$$P(Node_4)= P(Node_3)*P(分)$$
$$P(Node_5)= P(Node_3)*P(分歧)=0.000018*0.0001=0.0000000018$$

节点 5 的最佳前趋词是“分歧”，节点 3 的最佳前趋词是“意见”，节点 1 的最佳前趋词是“有”：

```
String[] bestPrevWords = new String[6]; //最佳前趋词
//最佳前趋词中的数据要通过动态规划计算出来，先直接赋值，模拟计算结果
bestPrevWords[1] = "有"; //节点 1 的最佳前趋词是"有"
bestPrevWords[2] = "有意"; //节点 2 的最佳前趋词是"有意"
bestPrevWords[3] = "意见"; //节点 3 的最佳前趋词是"意见"
bestPrevWords[4] = "分"; //节点 4 的最佳前趋词是"分"
bestPrevWords[5] = "分歧"; //节点 5 的最佳前趋词是"分歧"
```

切分路径上的节点是从后往前发现的，但是却要从前往后返回切分结果。通过回溯发现最佳切分路径的实现代码如下：

```
//根据最佳前趋节点数组回溯求解词序列
Deque<String> path = new ArrayDeque<String>(); //最佳词序列
int i = text.length();
while (bestPrevWords[i] != null) {
    System.out.println(bestPrevWords[i]);
    path.push(bestPrevWords[i]); //压栈
    i = i - bestPrevWords[i].length();
}

System.out.println("切分结果 ");
for (String word : path) {
    System.out.print(word + " / ");
}
```

封装成一个方法：

```
public Deque<String> bestPath() {
    Deque<String> path = new ArrayDeque<String>(); //最佳词序列
    int i = text.length();
    while (bestPrevWords[i] != null) {
        path.push(bestPrevWords[i]); //压栈
```

```
        i = i - bestPrevWords[i].length();
    }
    return path;
}
```

为了计算词的概率，需要在词典中保存所有词的总次数，以及每个词出现的次数。

需要从词典中查找指定节点的前趋词集合。例如，节点 3 的前趋词集合是{"意见", "见"}。因为要从后往前找字符串中的词，所以使用后缀 Trie 树。

因为要同时返回词和词类型，所以定义一个 WordEntry 类：

```
public class WordEntry {
    public String word; //词
    public int freq; //词频

    public WordEntry(String w, int f) {
        word = w;
        freq = f;
    }
}
```

查找指定节点的所有前趋词实现如下：

```
public void matchAll(String sentence, int offset,
  ArrayList<WordEntry> ret) {
    ret.clear(); //清空返回数组中的词
    if ("".equals(sentence) || root==null || offset<0)
        return;

    TSTNode currentNode = root; //从根节点开始遍历
    int charIndex = offset;
    while (true) {
        //当前节点为空，说明词典中找不到对应的词，则返回单个字符
        if (currentNode == null) {
            if(ret.size() == 0)
                ret.add(
                 new WordEntry(sentence.substring(offset, offset+1), 1));
            return;
        }
        int charComp = sentence.charAt(charIndex) - currentNode.splitChar;

        if (charComp == 0) {
            if (currentNode.data != null) {
                ret.add(currentNode.data) ; //候选最长匹配词
            }
            if (charIndex <= 0) {
                if(ret.size() == 0)
                    ret.add(new WordEntry(
                      sentence.substring(offset, offset+1), 1));
                return; //已经匹配完
            }
            charIndex--; //继续往前找
            currentNode = currentNode.eqNode;
        } else if (charComp < 0) {
            currentNode = currentNode.loNode;
        } else {
```

```
            currentNode = currentNode.hiNode;
        }
    }
}
```

首先按节点从左到右计算最佳前趋节点。把计算结果保存在最佳前趋词数组和节点概率数组中：

```
String[] bestPrevWords = new String[nodeNum]; //最佳前趋词
double[] nodeProbs = new double[nodeNum]; //节点概率
```

然后回溯找出最佳切分方案。

找出最大概率的切分路径计算流程如下：

```
public Deque<String> split() {
    int nodeNum = text.length() + 1; //节点数量
    bestPrevWords = new String[nodeNum]; //最佳前趋词数组
    double[] nodeProbs = new double[nodeNum]; //节点概率

    //用来存放前趋词的集合
    ArrayList<WordEntry> prevWords = new ArrayList<WordEntry>();

    //求出每个节点的最佳前趋节点
    for (int i=1; i<nodeProbs.length; i++) {
        double maxProb = minValue; //候选节点概率
        String bestPrevWord = null; //候选最佳前趋词

        //从词典中查找前趋词的集合
        dic.matchAll(text, i - 1, prevWords);

        if (prevWords.size() == 0) { //词典中找不到对应的词，则将单个字符返回
            String word = text.substring(i-1, i);
            prevWords.add(new WordEntry(word, 1));
        }

        //根据前趋词集合挑选最佳前趋节点
        for (WordEntry word : prevWords) {
            double wordProb = Math.log(word.freq) - Math.log(dic.totalFreq);
            int start = i - word.term.length(); //候选前趋节点
            double nodeProb = nodeProbs[start] + wordProb; //候选节点概率

            if (nodeProb > maxProb) { //概率最大的算作最佳前趋
                bestPrevWord = word.term;
                maxProb = nodeProb;
            }
        }

        nodeProbs[i] = maxProb; //节点概率
        bestPrevWords[i] = bestPrevWord; //最佳前趋词
    }

    return bestPath(); //根据最佳前趋词返回切分出来的词序列
}
```

6.5 本章小结

标准 Trie 树是散列表和链表的混合体。而三叉 Trie 树是二叉搜索树和标准 Trie 树的混合体。

如果要把数组看成环形的，需要 head 和 tail 两个指针。如果只是一个栈，进出都只通过一个口子，可以只用一个指针指向堆栈顶部就行了，例如 ArrayStackInt 的实现。但是这个类是自己写的，不是 Java 自带的。往往用 Java 自带的 ArrayDeque。

ArrayDeque 就是一个环形数组的实现。只是方法内部简单地用 ArrayDeque 就行了，不比 ArrayStackInt 慢多少。

计算分治法往往可以用多线程加快计算速度。

数据达到 300 万，就内存溢出了。外部排序是指大文件的排序，待排序的记录存储在外存储器上，在排序过程中，需要多次进行内存和外存之间的交换。对外存文件中的记录进行排序后的结果仍然被放到原有文件中。外存磁盘文件能够随机存取任何位置上的信息，所以在数组上采用的各种内部排序方法都能够用于外部排序。但考虑到要尽量减少访问外存的次数，故归并排序方法最适合于外部排序。

动态规划算法往往用来求解最优化问题。对中文分词来说，就是要给输入的句子找一个最优的切分方案。切分方案的约束条件是字符串，目标函数是概率。

第7章 最长匹配分词

中文分词就是对中文断句，这样能消除文字的部分歧义。分出来的词往往来自词表。词典就是现成的词表。例如《现代汉语大词典》或者一些行业词典。也可以从加工后的语料库得到词表，例如“人民日报语料库”。中文分词最简单的方法是：直接匹配词表，返回词表中最长的词。

如果按句子切分文本，则可以把输入文本预切分成句子。可以使用 java.text.BreakIterator 把文本分成句子。BreakIterator.getSentenceInstance 返回按标点符号的边界切分句子的实例。简单的分成句子的方法是：

```
String stringToExamine = "可那是什么啊？1946 年，卡拉什尼科夫开始设计突击步枪。在这种半自动卡宾枪的基础上设计出一种全自动步枪，并送去参加国家靶场选型试验。样枪称为AK-46，即 1946 年式自动步枪。";

//根据中文标点符号切分
BreakIterator boundary =
  BreakIterator.getSentenceInstance(Locale.CHINESE);
//设置要处理的文本
boundary.setText(stringToExamine);
int start = boundary.first(); //开始位置
for (int end=boundary.next(); end!=BreakIterator.DONE;
  start=end,end=boundary.next()) {
    //输出子串，也就是一个句子
    System.out.println(stringToExamine.substring(start, end));
}
```

程序输出：

```
可那是什么啊？
1946 年，卡拉什尼科夫开始设计突击步枪。
在这种半自动卡宾枪的基础上设计出一种全自动步枪，并送去参加国家靶场选型试验。
样枪称为 AK-46，即 1946 年式自动步枪。
```

可以模仿 BreakIterator，把分词接口设计成从前往后迭代访问的风格。通过调用 next 方法返回下一个切分位置：

```
public class Segmenter {
    public int next() { //得到下一个词，如果没有则返回-1
        //返回最长匹配词，如果没有匹配上，则按单字切分
    }
}
```

或者直接返回下一个词：

```
Segmenter seg = new Segmenter("大学生活动中心"); //切分文本
String word;
do {
   word = seg.nextWord(); //返回一个词
   System.out.println(word);
} while (word != null);
```

7.1 正向最大长度匹配法

假如要切分“印度尼西亚地震”这句话，希望切分出“印度尼西亚”，而不希望切分出“印度”这个词。正向找最长词是正向最大长度匹配的思想。倾向于写更短的词，除非必要，才用长词表述，所以倾向于切分出长词。

正向最大长度匹配的分词方法实现起来很简单。每次从词典找与待匹配串前缀最长匹配的词，如果找到匹配词，则把这个词作为切分词，待匹配串减去该词，如果词典中没有词匹配上，则按单字切分。例如，Trie 树结构的词典中包含如下 8 个词语：

大　大学　大学生　活动　生活　中　中心　心

输入“大学生活动中心”，首先匹配出开头的最长词“大学生”，然后匹配出“活动”，最后匹配出“中心”。切分过程如图 7-1 所示。

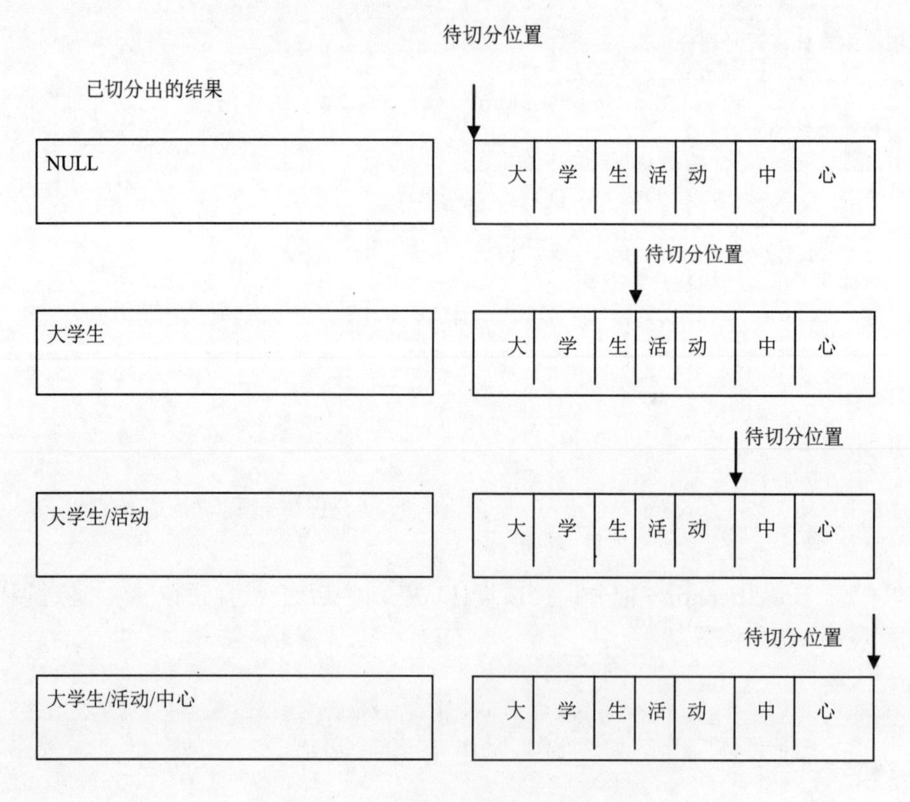

图 7-1　正向最大长度匹配切分过程

最后分词结果为“大学生/活动/中心”。

在分词类 Segmenter 的构造方法中输入要处理的文本。然后通过 nextWord 方法遍历单词。有个 text 变量记录切分文本。offset 变量记录已经切分到哪里。分词类基本实现如下：

```
public class Segmenter {
    String text = null; //切分文本
    int offset; //已经处理到的位置

    public Segmenter(String text) {
        this.text = text; //更新待切分的文本
        offset = 0; //重置已经处理到的位置
    }

    public String nextWord() { //得到下一个词，如果没有则返回 null
        //返回最长匹配词，如果没有匹配上，则按单字切分
    }
}
```

为了避免重复加载词典，在这个类的静态方法中加载词典：

```
private static TSTNode root; //根节点是静态的

static { //加载词典
    String fileName = "WordList.txt"; //词典文件名
    try {
        FileReader fileRead = new FileReader(fileName);
        BufferedReader read = new BufferedReader(fileRead);
        String line; //读入的一行
        try {
            while ((line=read.readLine()) != null) { //按行读
                StringTokenizer st = new StringTokenizer(line, "\t");
                String key = st.nextToken(); //得到词
                TSTNode endNode = createNode(key); //创建词对应的结束节点并返回
                //设置这个节点对应的值，也就是把它标记成可以结束的节点
                endNode.nodeValue = key;
            }
        } catch (IOException e) {
            e.printStackTrace();
        } finally {
            read.close(); //关闭读入流
        }
    } catch (FileNotFoundException e) {
        e.printStackTrace();
    } catch (IOException e) {
        e.printStackTrace();
    }
}
```

为了形成平衡的 Trie 树，把词典中的词先排序，排序后为：

```
中  中心  大  大学 大学生  心  活动  生活
```

按平衡方式生成的词典 Trie 树如图 7-2 所示，其中粗黑表示的节点可以做为匹配终止节点。

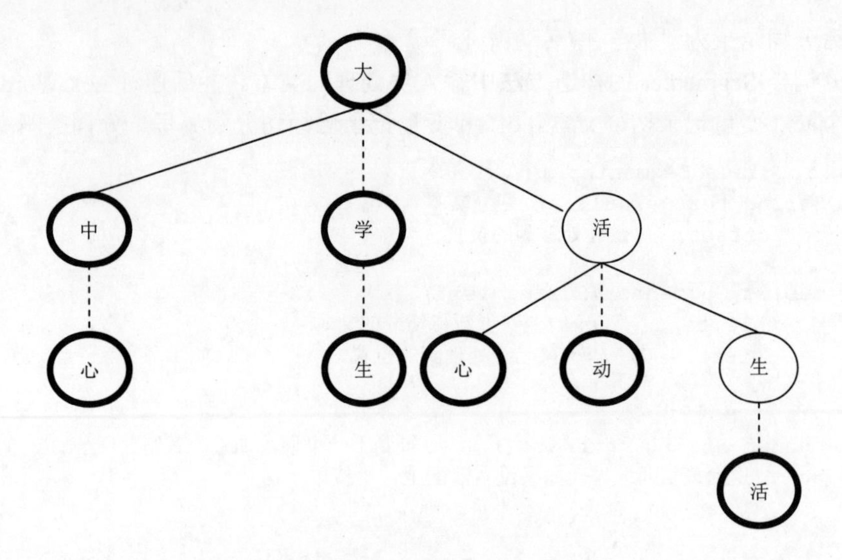

图 7-2　按平衡方式生成的词典 Trie 树

在最大长度匹配的分词方法中，需要用到从待切分字符串返回从指定位置(offset)开始的最长匹配词的方法。例如，当输入串是“大学生活动中心”时，则返回“大学生”这个词，而不是返回“大”或者“大学”。匹配的过程就好像一条蛇爬上一棵树。例如当 offset=0 时，找最长匹配词的过程如图 7-3 所示。树上有个当前节点，输入字符串有个当前位置。图中用数字标出了匹配过程中第一步、第二步和第三步中当前节点和当前位置分别到了什么位置。

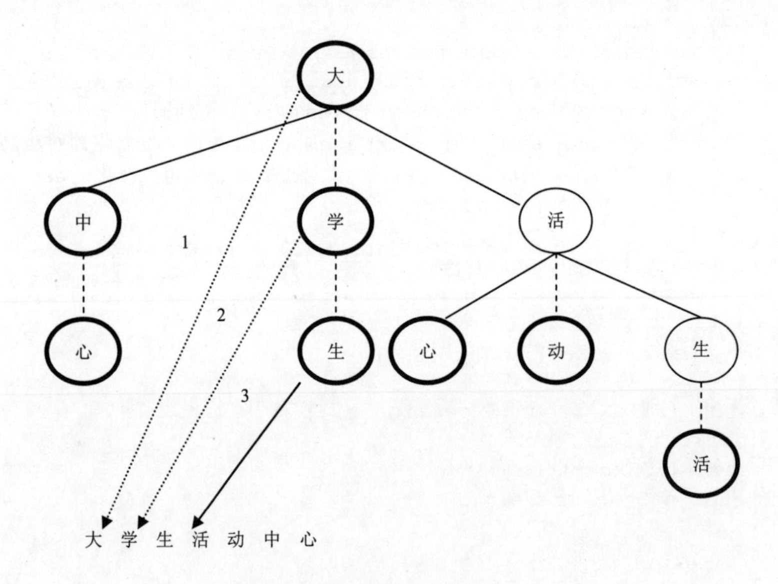

图 7-3　找最长匹配词

从 Trie 树搜索最长匹配单词的方法如下：

```
public String nextWord() { //得到下一个词
    String word = null;  //候选最长词
```

```
    if (text==null || root==null) {
        return word;
    }
    if (offset >= text.length()) //已经处理完毕
        return word;
    TSTNode currentNode = root; //从根节点开始
    int charIndex = offset; //待切分字符串的处理开始位置
    while (true) {
        if (currentNode == null) { //已经匹配完毕
            if(word == null) { //没有匹配上，则按单字切分
                word = text.substring(offset, offset+1);
                offset++;
            }
            return word; //返回找到的词
        }
        int charComp =
          text.charAt(charIndex) - currentNode.splitChar; //比较两个字符
        if (charComp == 0) {
            charIndex++; //找字符串中的下一个字符

            if (currentNode.nodeValue != null) {
                word = currentNode.nodeValue; //候选最长匹配词
                offset = charIndex;  //设置偏移量
            }
            if (charIndex == text.length()) {
                return word; //已经匹配完
            }
            currentNode = currentNode.mid;
        } else if (charComp < 0) {
            currentNode = currentNode.left;
        } else {
            currentNode = currentNode.right;
        }
    }
}
```

测试分词：

```
Segmenter seg = new Segmenter("大学生活动中心"); //切分文本
String word; //保存词
do {
    word = seg.nextWord(); //返回一个词
    System.out.println(word);  //输出单词
} while (word != null); //直到没有词
```

返回结果：

```
大学生
活动
中心
null
```

可以给定一个字符串，枚举出所有的匹配点。以“大学生活动中心”为例，第一次调用时，offset 是 0，第二次调用时，offset 是 3。因为采用了 Trie 树结构查找单词，所以与用 HashMap 查找单词的方式比较起来，这种实现方法代码更简单，而且切分速度更快。

正向最大长度切分方法虽然容易实现，但是精度不高。以“有意见分歧”这句话为例，正向最大长度切分的结果是“有意/见/分歧”，逆向最大长度切分的结果是“有/意见/分歧”。因为倾向于把长词放在后面，所以逆向最大长度切分的精确度稍高。

7.2 逆向最大长度匹配法

逆向最大长度匹配法英文即 reverse directional maximum matching method，或 backward maximum matching method。

从输入串的最后一个字往前匹配词典。输入“大学生活动中心”，首先匹配出“中心”，然后匹配出“活动”，最后匹配出“大学生”。切分过程如图 7-4 所示。

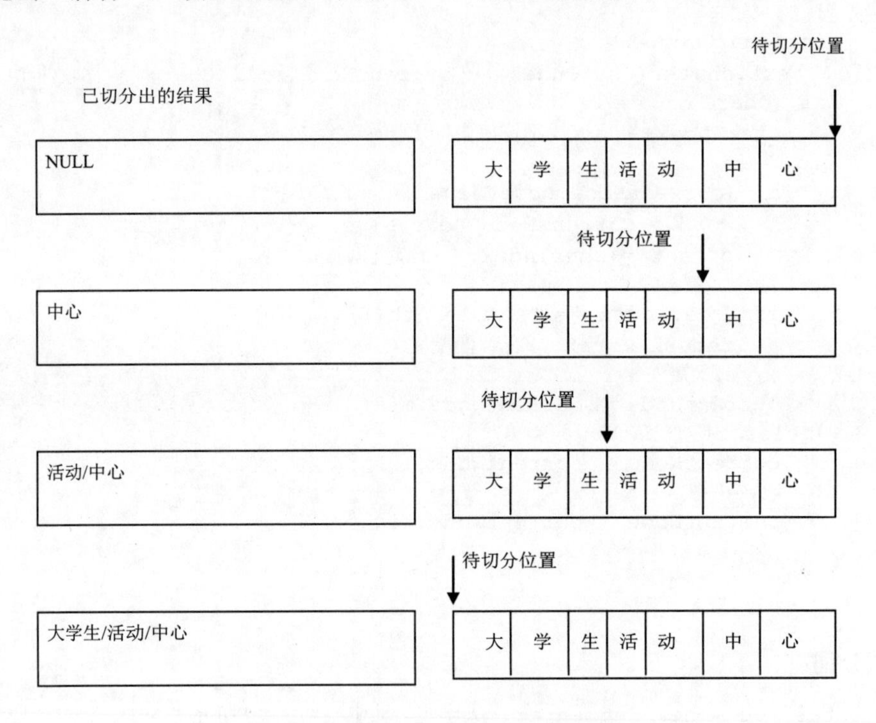

图 7-4 逆向最大长度匹配切分过程

正向最大长度匹配使用标准 Trie 树，又叫作前缀树(prefix tree)。逆向最大长度匹配法使用中文后缀树(suffix tree)。因为匹配待切分字符串的时候是从后往前匹配，所以词典树中，最后一个字符放在树的第一层。例如，[大学生]这个词，[生]放在树的第一层。把词倒挂到 Trie 树上，如图 7-5 所示。

从后往前，逐字增加一个词到后缀树。例如“大学生”这个词，首先增加“生”这个字，然后增加“学”这个字，最后增加“大”这个字。

首先看一下如何从后往前输出一个单词：

```
String input = "大学生";
for (int i=input.length()-1; i>=0; i--) { //从最后一个字开始遍历
    System.out.println(input.charAt(i));
}
```

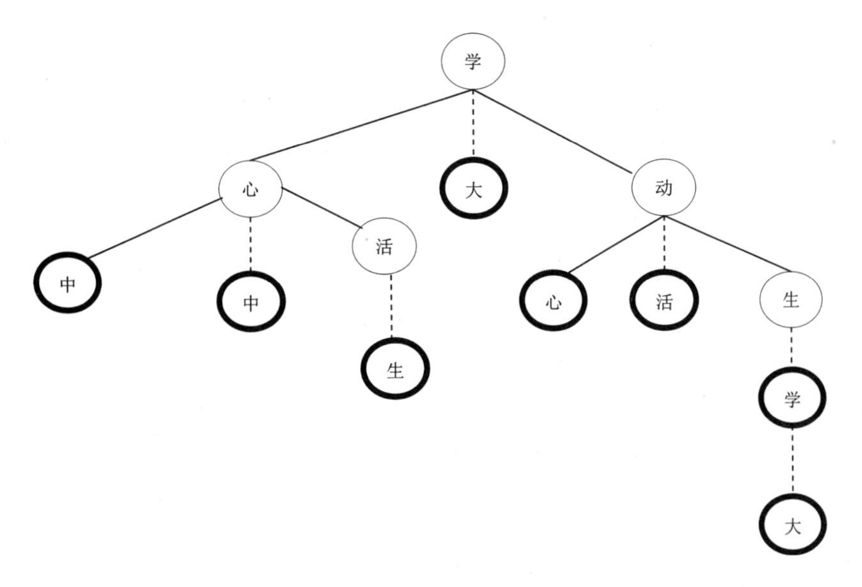

图 7-5　逆 Trie 树词典

后缀树的 createNode 方法从后往前增加一个词的字符节点，实现如下：

```
//创建一个词相关的节点并返回对应的叶节点
//也就是在后缀树上创建 key 对应的节点。输入的词仍然是正常顺序
public static TSTNode createNode(String key) {
    int charIndex = key.length() - 1;
     //从 key 的最后一个字符开始作为当前字符放入 Trie 树
    char currentChar = key.charAt(charIndex); //当前要比较的字符
    if (root == null) {
        root = new TSTNode(currentChar);
    }
    TSTNode currentNode = root;
    while (true) {
        //比较词的当前字符与节点的当前字符
        int compa = currentChar - currentNode.splitChar;
        if (compa == 0) { //词中的字符与节点中的字符相等
            charIndex--; //更新位置
            if (charIndex < 0) { //判断是否已经到头了
                return currentNode; //创建完毕，退出循环
            }
            currentChar = key.charAt(charIndex); //更新当前字符
            if (currentNode.mid == null) { //向下的孩子不存在，创建它
                currentNode.mid = new TSTNode(currentChar);
            }
            currentNode = currentNode.mid; //向下找
        } else if (compa < 0) { //词中的字符小于节点中的字符
            if (currentNode.left == null) { //创建左边的节点
                currentNode.left = new TSTNode(currentChar);
            }
            currentNode = currentNode.left; //向左找
        } else { //词中的字符大于节点中的字符
            if (currentNode.right == null) { //创建右边的节点
                currentNode.right = new TSTNode(currentChar);
            }
```

```
                currentNode = currentNode.right; //向右找
            }
        }
    }
```

有的词是由一个词根和一个词缀构成的。例如，前缀“老、第、阿”等，后缀“子、头”等。如：阿姨、老师、帽子、房子。如果相同前缀的词多，则采用正向 Trie 树比较合适，如果相同后缀的词多，则采用逆向 Trie 树比较合适。

逆 Trie 树词典和正向的 Trie 树词典的 creatTSTNode 代码也是对称的。字符位置 charIndex--和 charIndex++是对称的。词的开始位置和结束位置也是对称的。

如果词典中有“心中”和“中”两个词，那么在三叉 trie 树中“中”那个节点下要放两个值吗？“心中”这个值不作为“中”这个节点的值，而是作为“心”这个节点的值。“心”这个节点是节点“中”的孩子节点。

```
dic.addWord("心中", "中心");
dic.addWord("中", "中");
```

词典内部的处理方式与 addWord 的参数个数无关。dic.addWord(Sring word){}这样定义方法就可以了，不需要两个参数。增加一个词的调用方法的正确写法如下：

```
dic.addWord("中心");
```

匹配的时候是从后往前匹配。匹配“大学生活动中心”，先找到[心]这个字符，然后再找到[中]。直到树走到头了，或者遍历完整个句子才返回。

逆向最大长度匹配中查找词典的方法如下：

```
public String backWord() { //得到下一个词
    String word = null;
    if (text==null || root==null) {
        return word;
    }
    if (offset < 0) return word;

    TSTNode currentNode = root;
    int charIndex = offset;
    while (true) {
        if (currentNode == null) { //已经匹配完毕
            if(word == null){ //没有匹配上，则按单字切分
                word = text.substring(offset, offset+1);
                offset--;
            }
            return word;
        }
        int charComp = text.charAt(charIndex) - currentNode.splitChar;

        if (charComp == 0) {
            charIndex--;

            if (currentNode.nodeValue != null) {
                word = currentNode.nodeValue; //候选最长匹配词
                offset = charIndex;
            }
```

```
            if (charIndex < 0) {
                return word; //已经匹配完
            }
            currentNode = currentNode.mid;
        } else if (charComp < 0) {
            currentNode = currentNode.left;
        } else {
            currentNode = currentNode.right;
        }
    }
}
```

测试查找词的方法：

```
String sentence = "大学生活动中心";

int offset = sentence.length() - 1; //从句子的最后一个位置开始往前匹配
char[] ret = dic.matchLong(sentence.toCharArray(), offset);
System.out.print(
  sentence + " match:" + String.valueOf(ret)); //输出匹配结果：中心
```

计算树中所有节点的数量：

```
protected int numNodes() { //返回树中的节点总数
    return recursiveNodeCalculator(rootNode, 0);
}

/**
 *  以递归的方式访问每个节点，计算节点数量
 *
 *@param  currentNode  当前节点
 *@param  numNodes2     目前为止节点的数量
 *@return              本节点及以下节点的节点数量
 */
private int recursiveNodeCalculator(TSTNode currentNode, int numNodes2) {
    if (currentNode == null) {
        return numNodes2;
    }
    //输入当前节点数 numNodes2，返回新的节点数 numNodes
    int numNodes = recursiveNodeCalculator(currentNode.left, numNodes2);
    //输入当前节点数 numNodes，返回新的节点数 numNodes
    numNodes =  recursiveNodeCalculator(currentNode.mid, numNodes);
    //输入当前节点数 numNodes，返回新的节点数 numNodes
    numNodes =  recursiveNodeCalculator(currentNode.right, numNodes);
    numNodes++;
    return numNodes;
}
```

测试计算节点数量的方法：

```
String dicFile = "WordList.txt"; //中文单词文件
TernarySearchTrie dic =
  new TernarySearchTrie(dicFile); //根据词典构建 Trie 树
System.out.print(dic.numNodes()); //输出 55893
```

所有的中文单词用逆向方式存储需要 55893 个节点，用正向方式存储需要 55109 个节

点。词尾用字比较分散，词首用字比较集中。

如果不考虑相等孩子的节点数，只计算首节点数：

```
protected int headNodes() {
    return recursiveHeadNode(root, 0);
}

private int recursiveHeadNode(TSTNode currentNode, int numNodes2) {
    if (currentNode == null) {
        return numNodes2;
    }
    int numNodes = recursiveHeadNode(currentNode.left, numNodes2);
    numNodes = recursiveHeadNode(currentNode.right, numNodes);
    numNodes++;
    return numNodes;
}
```

逆向 Trie 树的首节点数是 4029。正向 Trie 树的首节点数是 4092。词的尾字意义更专一，有更好的消除歧义效果。

在电影《本杰明・巴顿传》中，时间逆转后，在前线阵亡的士兵可以重新返回家乡。所以逆向做事情，有时候有意想不到的好处。例如“有意见分歧”这句话，正向最大长度切分的结果是“有意/见/分歧”，逆向最大长度切分的结果是“有/意见/分歧”。因为汉语的主干成分后置，所以逆向最大长度切分的精确度稍高。另外一种最少切分的方法是使每一句中切出的词数最小。

7.3 处理未登录串

切分结果中，英文和数字要连在一起，不管这些英文串或者数字串是否在词典中。例如“Twitter 正式发布音乐服务 Twitter#Music”这句话，即使词典中没有 Twitter 这个词，切分出来的结果也应该把 Twitter 合并在一起。另外，对于像[ATM 机]这样英文和汉字混合的词也要合并在一起。

吃苹果时，比发现苹果中有一条虫更糟糕的是，发现里面只有半条虫。如果“007”在词表中，则会把“0078999”这样的数字串切分成多段。为了把一些连续的数字和英文切分到一起，需要区分全数字组成的词和全英文组成的词。如果匹配上了全数字组成的词，则继续往后看还有没有更多的数字。如果匹配上了全英文组成的词，则继续往后看还有没有更多的字母。

匹配数字的方法 matchNumber 实现代码如下：

```
private int matchNumber(String sentence, int offset) {
    int i = offset;
    while (i < sentence.length()) {
        char c = sentence.charAt(i);
        if (c>='0' && c<='9') { //遇到是数字的字符
            ++i;
        } else { //遇到不是数字的字符
            return i;
        }
```

```
    }
    return i;
}
```

matchEnglish 方法的实现与 matchNumber 类似，所以不再列出。可以把 matchNumber 和 matchEnglish 方法看成是一个简单的有限状态转换(FST)。

匹配数字的有限状态机如下：

```
Automaton num = BasicAutomata.makeCharRange('0', '9').repeat(1);
num.determinize(); //转换成确定自动机
num.minimize();  //最小化
```

匹配英文单词的有限状态机如下：

```
Automaton lowerCase = BasicAutomata.makeCharRange('a', 'z');
Automaton upperCase = BasicAutomata.makeCharRange('A', 'Z');
Automaton c = BasicOperations.union(lowerCase, upperCase);
Automaton english = c.repeat(1);
english.determinize();
english.minimize();
```

设置接收每个字符之后所处的状态。遇到英文类型的字符时，进入 English 状态，当处于 English 状态时，不切分词。使用有限状态转换 FST 得到一个单词。把这个既能够匹配英文，也能够匹配中文的有限状态转换叫作 FSTNumberEn，实现代码如下：

```
public class FSTNumberEn {
    final static int otherState = 1;  //其他状态
    final static int numberState = 2;  //数字状态
    final static int englishState = 3;  //英文状态
    final static char startChar = '0';  //开始字符
    int next[][];  //状态转换表
    //设置状态转移函数
    public void setTrans(int s, char c, int t) {
        next[s-1][c-startChar] = t;
    }
    public FSTNumberEn() {
        next = new int[3][127]; //3 个状态，127 个字符
        for(int i=(int)'0'; i<='9'; ++i) {
            setTrans(numberState, (char)i, numberState);
            setTrans(otherState, (char)i, numberState);
        }
        for(int i=(int)'a'; i<='z'; ++i) {
            setTrans(englishState, (char)i, englishState);
            setTrans(otherState, (char)i, englishState);
        }
        for(int i=(int)'A'; i<='Z'; ++i) {
            setTrans(englishState, (char)i, englishState);
            setTrans(otherState, (char)i, englishState);
        }
    }

    /**
     * 用有限状态转换匹配英文或者数字串
     * @param text
     * @param offset
```

```
    * @return 返回第一个不是英文或者数字的字符位置
    */
   public int matchNumOrEn(String text, int offset) {
      int s = otherState;  //原状态
      int i = offset;
      while (i < text.length()) {
         char c = text.charAt(i);
         int pos = c-startChar;
         if(pos>next[0].length)
            return i;
         int t = next[s-1][pos]; //接收当前字符之后的目标状态
         if (t == 0)  //找到头了
            return i;
         if(s!=t && i>offset)
            return i;
         i++;
         s = t;
      }
      return i;
   }
}
```

用自动机并运算来实现这个功能：

```
FSTUnion union = new FSTUnion(fstNum, fstN);
FST numberEnFst = union.union(); //FST 求并集
```

有些词是英文、数字或中文字符中的多种混合成词的，例如bb霜、3室、乐phone、touch4、MP3、T恤。以“我买了bb霜”为例，切分出来“bb霜”，因为这是一个普通词，所以本次匹配结束。

如果认为“G2000”是个品牌，不能被分成两个词“G”和“2000”。

用BitSet记录每个可能的切分点。后续按词表分词时，会用到这个BitSet来过滤掉一些不可能的切分点：

```
public BitSet endPoints; //可结束点
public BitSet startPoints; //可开始点
FST fst = FSTFactory.createSimple();
BitSet splitPoints = fst.getSplitPoints(sentence); //找出所有的可切分点
//...找到一个词
if(splitPoints.get(end)) { //检查结束位置是否在切分点上
   //在可切分点上才返回找到的词
}
```

FSTSGraph.seg(String sentence)方法输出原子切分词图和切分点数组。

词典树的一个匹配结果由一个或者多个匹配单元序列组成。匹配单元由FST产生的切分点序列所定义。如果“007”在词表中，因为输入串“0078999”中的切分节点约束，所以dic.matchLong方法不返回结果。词典树中的matchLong方法修改成如下：

```
public String matchLong(String key,int offset, BitSet endPoints) {
   String ret = null;
   if (key==null || rootNode==null || "".equals(key)) {
      return ret;
   }
```

```
    TSTNode currentNode = rootNode;
    int charIndex = offset;
    while (true) {
        if (currentNode == null) {
            return ret;
        }
        int charComp = key.charAt(charIndex) - currentNode.spliter;
        if (charComp == 0) {
            charIndex++;
            if(currentNode.data!=null && endPoints.get(charIndex)) {
                ret = currentNode.data; //候选最长匹配词
            }
            if (charIndex == key.length()) {
                return ret; //已经匹配完
            }
            currentNode = currentNode.mid;
        } else if (charComp < 0) {
            currentNode = currentNode.left;
        } else {
            currentNode = currentNode.right;
        }
    }
}
```

定制切分规则。例如，让“test123”作为一个整体，不切分开来。

getEnName 方法的实现代码如下：

```
public static Automaton getEnName() {
    Automaton b = BasicAutomata.makeCharRange('a', 'z');
    Automaton n = BasicAutomata.makeCharRange('0', '9');
    Automaton nameWord =
      BasicOperations.concatenate(b.repeat(1), n.repeat());
    nameWord.determinize();
    return nameWord;
}
```

使用它：

```
Automaton enName = AutomatonFactory.getEnName();
FST enNameFST = new FST(enName, PartOfSpeech.n.name());
union = new FSTUnion(union.union(), enNameFST);
```

整合原子切分的正向最大长度分词：

```
public String[] split(String sentence) {
    //原子切分
    SplitPoints splitPoints =
      fstSeg.splitPoints(sentence); //得到原子切分节点约束
    int senLen = sentence.length();
    ArrayList<String> result = new ArrayList<String>(senLen);
    int offset = 0; //用来控制匹配的起始位置的变量
    while (offset>=0 && offset<senLen) {
        String word =
          dic.matchLong(sentence, offset, splitPoints.endPoints);
        if (word != null)    { //已经匹配上
            //下次匹配点在这个词之后
```

```
            offset += word.length();
            result.add(word);
        } else { //如果在我们所处理的范围内一直都没有找到匹配上的词，就按原子切分
            int end = splitPoints.endPoints.nextSetBit(offset + 1);
            word = sentence.substring(offset, end);
            result.add(word);
            offset =
              splitPoints.startPoints.nextSetBit(offset + 1); //下次匹配点
        }
    }
    return result.toArray(new String[result.size()]);
}
```

识别“2016世界粉末冶金大会”这样的词：

```
Automaton a = BasicAutomata.makeCharRange('0', '9');
Automaton b = a.repeat(4);
Automaton end = BasicAutomata.makeString("世界粉末冶金大会");
Automaton num = BasicOperations.concatenate(b, end);
num.determinize();
FST fst = new FST(num, "org");
String s = "2016世界粉末冶金大会在哪里开";
int offset = 0;
Token t = fst.matchLong(s, offset);
System.out.println(t);
```

等效的正则表达式写法是：[0-9][0-9][0-9][0-9]世界粉末冶金大会。

7.4 开发分词

使用Java开发中文分词的基本流程是：首先写好核心的分词类，然后是单元测试类。可以先用少量测试数据验证代码正确性。然后设计词典文件格式。如果用概率的方法开发分词，还需要根据语料库统计相关数据，形成词典文件的最终版本。最后生成JAR文件，把词典文件和JAR文件部署到需要的环境中。

使用Ant把分词代码和词典打包成seg.jar。编译utf-8格式的Java文件：

```
<javac encoding="utf-8" srcdir="${src}" destdir="${bin}"
  classpathref="project.class.path" target="1.6" source="1.6" />
```

词典位于seg.jar中的dic目录下：

```
<target name="makeJAR" depends="init,compile">
    <jar destfile="${dist}/${jarfile}">
        <fileset dir="${bin}">
            <include name="**/*.class" />
        </fileset>
        <fileset dir="${base}">
            <include name="dic/" />
        </fileset>
    </jar>
</target>
```

总结中文分词的流程与结构，如图7-6所示。

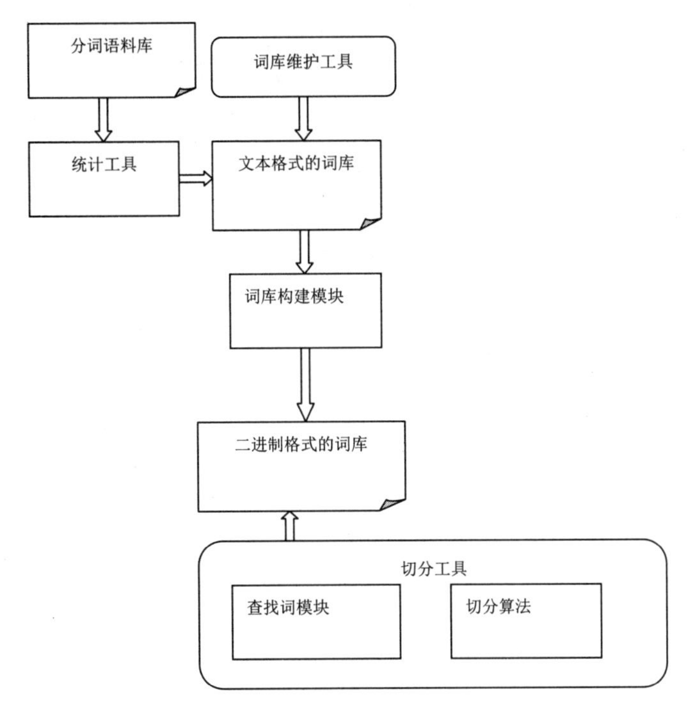

图 7-6　中文分词结构

把未登录串的识别整合进来，如图 7-7 所示。

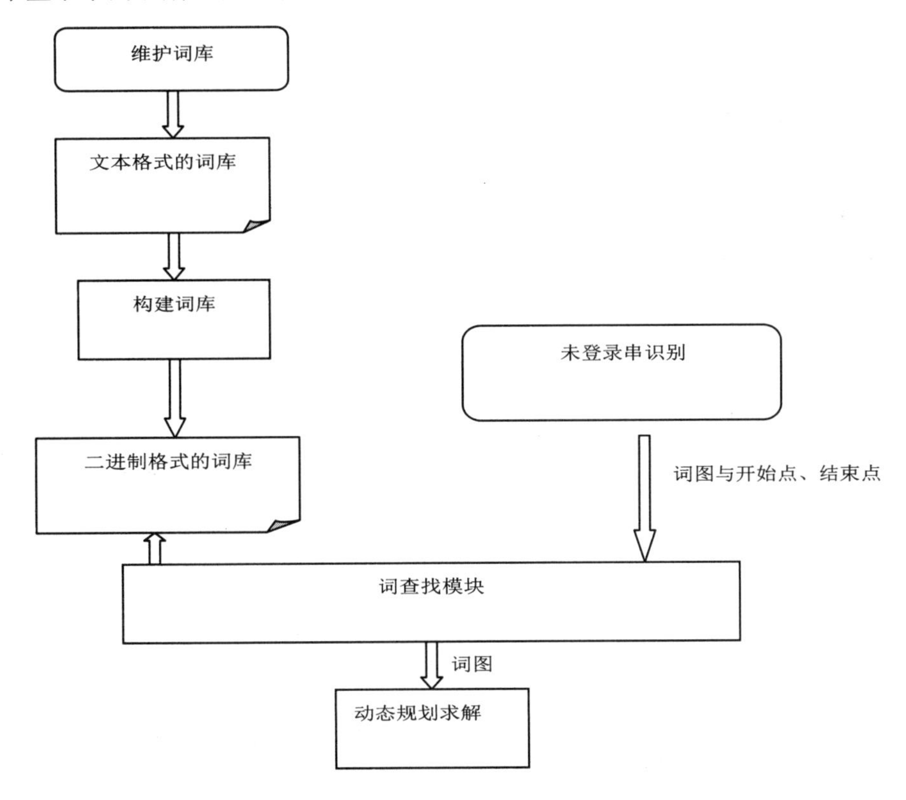

图 7-7　把未登录串的识别整合进来

7.5 本 章 小 结

本章介绍了从正向最大长度匹配分词方法到逆向最大长度匹配分词方法。使用有限状态机识别未登录串。通过位数组把未登录串识别结果整合到分词方法中。未登录串识别方法可用于识别和提取商品价格这样的常见需求。

第8章 概率语言模型的分词方法

两个词可以组合成一个词的情况叫作组合歧义。例如“上海/银行”和“上海银行”。最大长度匹配算法无法正确切分组合歧义。例如，会把“请在一米线外等候”错误地切分成“一/米线”而不是“一/米/线”。

对于输入字符串 C“有意见分歧”，有下面两种切分可能。

- S_1：有/ 意见/ 分歧/
- S_2：有意/ 见/ 分歧/

这两种切分方法分别叫作 S_1 和 S_2。如何评价这两个切分方案？哪个切分方案更有可能在语料库中出现，就选择哪个切分方案。

就好像一个学生给出了一个答案，好几个学生给出了不同的答案，需要有评估答案的方法。使用概率来评估切分方案的评估器叫作语言模型。

计算条件概率 $P(S_1|C)$和 $P(S_2|C)$，然后根据 $P(S_1|C)$和 $P(S_2|C)$的值来决定选择 S_1 还是 S_2。

因为联合概率 $P(C,S) = P(S|C)\times P(C) = P(C|S) \times P(S)$，所以有：

$$P(S \mid C)=\frac{P(C \mid S)\times P(S)}{P(C)}$$

这也叫作贝叶斯公式。P(C)是字串在语料库中出现的概率。比如说语料库中有 1 万个句子，其中有一句是“有意见分歧”，那么 P(C)=P(“有意见分歧”)=万分之一。

在贝叶斯公式中，P(C)只是一个用来归一化的固定值，所以实际分词时并不需要计算。

从词串恢复到汉字串的概率只有唯一的一种方式，所以 $P(C|S)=1$。因此，比较 $P(S_1|C)$和 $P(S_2|C)$的大小变成比较 $P(S_1)$和 $P(S_2)$的大小。也就是说：

$$\frac{P(S_1 \mid C)}{P(S_2 \mid C)}=\frac{P(S_1)}{P(S_2)}$$

因为 $P(S_1)$=P(有,意见,分歧) > $P(S_2)$=P(有意,见,分歧)，所以选择切分方案 S_1 而不是 S_2。

从统计思想的角度来看，分词问题的输入是一个字串 $C=C_1,C_2,\ldots,C_n$，输出是一个词串 $S=w_1,w_2,\ldots,w_m$，其中 $m\leqslant n$。对于一个特定的字符串 C，会有多个切分方案 S 对应，分词的任务就是在这些 S 中找出一个切分方案 S，使得 P(S|C)的值最大。P(S|C)就是由字符串 C 产生切分 S 的概率。最可能的切分方案是：

$$\begin{aligned}\text{BestSeg}(c) &= \arg\max_{S\in G} P(S \mid C) = \arg\max_{S\in G}\frac{P(C \mid S)P(S)}{P(C)} \\ &= \arg\max_{S\in G} P(S) = \arg\max_{w_1,w_2,\ldots,w_m\in G} P(w_1,w_2,\ldots,w_m)\end{aligned}$$

也就是对输入字符串切分出最有可能的词序列。

这里的 G 表示切分词图。待切分字符串 C 中的某个子串构成一个词 w，把这个词看成是从开始位置 i 到结束位置 j 的一条有向边。把 C 中的每个位置看成点，把词看成边，可以得到一个有向图，这个图就是切分词图 G。

概率语言模型分词的任务是：在全切分所得的所有结果中求某个切分方案 S，使得 P(S) 为最大。那么，如何来表示 P(S)呢？为了简化计算，假设每个词之间的概率是上下文无关的，则：

$$P(S)=P(w_1,w_2,...,w_m)\approx P(w_1)\times P(w_2)\times ...\times P(w_m)$$

其中，P(w)就是词 w 出现在语料库中的概率。例如：

$$P(S_1)=P(有,意见,分歧)\approx P(有)\times P(意见)\times P(分歧)$$

对于不同的 S，m 的值是不一样的，一般来说，m 越大，P(S)会越小。也就是说，分出的词越多，概率越小。这符合实际的观察，如最大长度匹配切分往往会使得 m 较小。

词表中的词往往很多，分摊到一个词的概率可能很小，所以 P(S)一般是通过很多小数值的连乘积算出来的。如果一个数太小，可能会向下溢出变成零。

例如 0.00000000000000000000000000001，double 类型表示不出如此小的数。因为函数 y=log(x)，当 x 增大时，y 也会增大，所以是单调递增函数。取对数后，表示一个小于 1 的正数的精确度加大了。

$$P(S)\approx P(w_1)\times P(w_2)\times ...\times P(w_m)\propto \log P(w_1)+\log P(w_2)+...+\log P(w_m)$$

这里的∝是正比符号。因为词的概率小于 1，所以取对数后是负数。最后算 logP(w)。

计算任意一个词出现的概率如下：

$$P(w_i)=\frac{w_i在语料库中的出现次数n}{语料库中的总词数N}$$

因此 $\log P(w_i)=\log(Freq_w)-\log N$ 。

如果词概率的对数值事前已经算出来了，则结果直接用加法就可以得到 logP(S)，而加法比乘法速度更快。

这个计算 P(S)的公式也叫作基于一元概率语言模型的计算公式。这种分词方法简称一元分词。它综合考虑了切分出的词数和词频。一般来说，词数少，词频高的切分方案概率更高。考虑一种特殊的情况：所有词的出现概率相同，则一元分词退化成最少词切分方法。

8.1 一元模型

假设语料库的长度是 10000 个词，其中“有”这个词出现了 180 次，则它的出现概率是 0.018。形式化的写法是：P(有)=0.018。

词语概率表如表 8-1 所示。

表 8-1 词语概率表

词 语	词 频	概 率
有	180	0.0180
有意	5	0.0005

续表

词　语	词　频	概　率
意见	10	0.0010
见	2	0.0002
分歧	1	0.0001

$P(S_1) = P(有) \times P(意见) \times P(分歧) = 1.8\times10^{-9}$

$P(S_2) = P(有意) \times P(见) \times P(分歧) = 1\times10^{-11}$

可得 $P(S_1) > P(S_2)$，所以选择 S_1 对应的切分。

为了避免向下溢出，取对数进行计算：

$\log P(S_1) = \log P(有) + \log P(意见) + \log P(分歧) = -20.135479172044292$

$\log P(S_2) = \log P(有意) + \log P(见) + \log P(分歧) = -20.72326583694641$

仍然是 $\log P(S_1) > \log P(S_2)$。

如何尽快找到概率最大的词串？整个字符串的切分方案，依赖于它的子串的切分方案。这里，BestSeg(有意见分歧)依赖于 BestSeg(有意见)，而 BestSeg(有意见)依赖于 BestSeg(有)和 BestSeg(有意)。

用切分词图中的节点来表示切分子任务。输入字符串的一个位置用一个节点编号表示。例如，String 类中的方法 subString(int start, int end)，可以把这里的 start 和 end 看成是节点的编号。如果 subString 方法返回的正好是一个词，则 start 是这个词开始节点的编号，end 是这个词结束节点的编号。例如，“有意见分歧”.subString(0,1)的值是“有”。从节点 0 到节点 1 是“有”这个词。从节点 1 到节点 2 是“意”这个词。

把 BestSeg(有意见分歧)对应的概率叫作节点 5 的概率，简写成 P(5)。可以把 P(0)到 P(5)之间的计算依赖关系用图 8-1 表示。

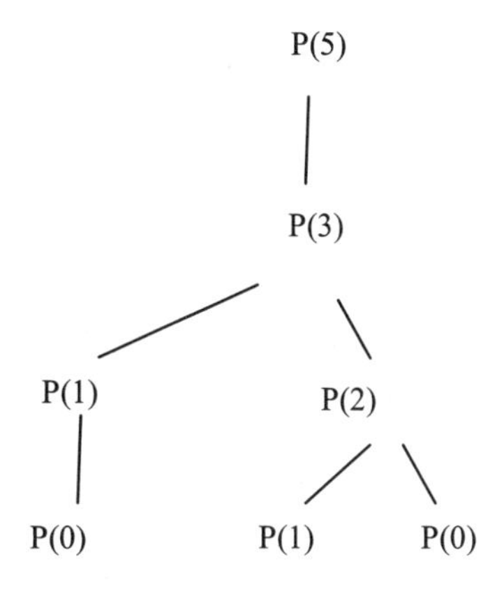

图 8-1　最大概率问题分解图

$P(5) = P(3)\times P(分歧)$

$P(3) = \max\{P(1)\times P(意见), P(2)\times P(见)\}$

$P(2) = \max\{P(1)\times P(意), P(0)\times P(有意)\}$

$P(1) = P(0)\times P(有)$

因为P(3)和P(2)都重复计算了P(1)，所以用动态规划求解，而不用分治法计算。

一个词的开始节点叫作结束节点的前趋节点。某个节点的若干个前趋节点组成一个前趋节点集合。例如，节点 2 的前趋节点集合包括“意”和“有意”两个词。节点 2 的前趋节点集合是{1, 0}。

词条长度超过 2 的例子。如“印度尼西亚地震了。”这个句子中，节点 5 的前趋节点集合包括“西亚”和“印度尼西亚”两个词。

如果词 W 的结束节点是 Node，就称 W 为 Node 的前趋词。例如，“意”这个词是节点 2 的前趋词，对应的前趋节点是 1。当前节点的概率是这个节点所有可能的前趋节点和前趋词的概率乘积的最大值。

$$P(\text{当前节点}) = \max\{P(\text{前趋节点})\times P(\text{前趋词})\}$$

节点 2 的概率有两种可能：P(1)×P(意)和 P(0)×P(有意)。

因为 P(0)×P(有意) > P(1)×P(意)，所以节点 2 的最佳前趋节点是 0。

然后算节点 3 4 5 ...。

p(3) = p(0)×p(有)×p(意)这样理解是错误的，节点概率只是两项的乘积。

节点 3 的概率是 p(2)×p(见)和 p(1)×p(意见)中的最大值。也就是说：

p(3) = max(p(2)×p(见), p(1)×p(意见))。

其中：

p(见) = word.freq / N。

p(0) = 1

p(1) = p(0)×p(有)

p(4) = p(3)×P(分)

如果按照前面的方法，5 应该在 4 的后头啊，而不应该直接就链接到 3 了？5 可以直接就链接到 3，因为有一个长度是 2 的词，字典里面有个“分歧”这个词。

p(5) = p(3)×P(分歧)

到节点 $Node_i$ 为止的最大概率称为节点 $Node_i$ 的概率。比如说，P(S)最大的概率就是节点 5 的概率。然后写出计算节点概率的循环等式，也就是说，当前的节点概率要根据先前的节点概率算出来。一个词就是从开始节点到结束节点所定义的边。如果把一个切分词看成一个标注，分词就是确定标注从哪里开始，在哪里结束。

如果 W_j 的结束节点是 $Node_i$，就称 W_j 为 $Node_i$ 的前趋词。比如上面的例子中，候选词“有”就是节点 1 的前趋词，“意见”和“见”都是节点 3 的前趋词。

节点概率就是找最大的(前趋节点×前趋词)概率。例如 $P(Node_5)$的前趋词只有一个“分歧”。所以，$P(Node_3)$×P(分歧) = $P(Node_5)$。

节点 i 的最大概率与节点 i 的前趋词集合有关。节点 i 的前趋词集合定义成 $prev(Node_i)$。$prev(Node_3)$={“意见”, “见”}。

计算节点概率的循环等式为：

$$P(Node_i) = P_{max}(w_1, w_2, ..., w_i) = \max_{w_j \in prev(Node_i)} (P(StartNode(w_j))) \times P(w_j)$$

这里的 $StartNode(w_j)$是 w_j 的开始节点，也是节点 i 的前趋节点。

因此切分的最大概率 max(P(S))就是 $P(Node_m)$=P(节点 m 的最佳前趋节点)×P(节点 m 的

最佳前趋词)。在动态规划求解的过程中，并没有先生成所有可能的切分路径 S_i，而是求出值最大的 $P(S_i)$后，利用回溯的方法直接输出 S_i。前向累积的过程就好像搓麻绳，每搓一段都会打个结。关键看这个节是怎么打出来的。

按节点编号，从前往后计算如下：

$P(Node_0) = 1$

$P(Node_1) = P(有) = 0.018$

$P(Node_2) = max(P(Node_1)\times P(意), P(有意)) = 0.0005$

$P(Node_3) = max(P(Node_1)\times P(意见), P(Node_2)\times P(见)) = 0.018\times 0.001 = 0.000018$

$P(Node_4) = P(Node_3)\times P(分)$

$P(Node_5) = P(Node_3)\times P(分歧) = 0.000018\times 0.0001 = 0.0000000018$

这里，假设“歧”不在词表中，所以 P(歧)=0。对于这样的零概率，不参与比较。

找到每个点的概率后，用什么机制进行切分呢？节点 5 的最佳前趋节点是 3，节点 3 的最佳前趋节点是 1，节点 1 的最佳前趋节点是 0。

通过回溯发现，最佳切分路径就是先找最后一个节点的最佳前趋节点，然后再找最佳前趋节点的最佳前趋节点，一直找到节点 0 为止：

```
for (int i=5; i>0; i=prevNode[i]) { //找最佳前趋节点的最佳前趋节点
    //把节点 i 加入分词节点序列
}
```

切分路径上的节点是从后往前发现的，但是，却要从前往后返回结果。所以把结果放入一个双端队列 ArrayDeque 中。

首先创建最佳前趋节点数组：

```
String sentence = "有意见分歧"; //待切分句子
int[] prevNode = new int[6]; //最佳前趋节点
```

然后最佳前趋节点中的数据要通过动态规划计算出来，先直接赋值模拟结果：

```
prevNode[1] = 0;
prevNode[2] = 0;
prevNode[3] = 1;
prevNode[4] = 3;
prevNode[5] = 3;
```

根据最佳前趋节点数组输出切分结果的实现代码如下：

```
ArrayDeque<Integer> path = new ArrayDeque<Integer>(); //记录最佳切分路径
//通过回溯发现最佳切分路径
for (int i=5; i>0; i=prevNode[i]) { //从右向左找最佳前趋节点
    path.addFirst(i);
}

//输出结果
int start = 0;
for (Integer end : path) {
    System.out.print(sentence.substring(start, end) + "/ ");
    start = end;
}
```

把求解分词节点序列封装成一个方法：

```
public ArrayDeque<Integer> bestPath() { //根据prevNode回溯求解最佳切分路径
  ArrayDeque<Integer> ret = new ArrayDeque<Integer>();
  for (int i=prevNode.length-1; i>0; i=prevNode[i]) { //从右向左找前趋节点
     ret.addFirst(i);
  }
  return ret;
}
```

把最佳前趋词数组及其操作方法封装成一个类：

```
public class WordList {
   WordEntry[] bestWords; //最佳前趋词

   public Deque<WordEntry> bestPath() { //根据最佳前趋节点数组回溯求解词序列
      Deque<WordEntry> path = new ArrayDeque<WordEntry>(); //最佳节点序列
      //从后向前回溯最佳前趋节点
      for (int i=bestWords.length; i>0; ) {
         WordEntry w = bestWords[i];
         path.push(w);
         i = i - w.word.length();
      }
      return path;
   }
}
```

从另外一个角度来看，计算最大概率等于求切分词图的最短路径。但是，这里没有采用 Dijkstra 算法，而采用动态规划的方法求解最短路径。

把每个节点计算的结果保存在数组中：

```
int[] prevNode = new int[text.length() + 1]; //最佳前趋节点数组
double[] prob = new double[text.length() + 1]; //节点概率
```

为了计算词的概率，需要在词典中保存所有词的总次数，这个值叫作 dic.n。词典返回的 WordEntry 对象中存放了词的频率：

```
public class WordEntry {
   public String word; //词
   public int freq; //词频
}
```

得到单词概率取对数 log(P(w))的方法：

```
double wordProb = Math.log(word.freq) - Math.log(dic.n); //单词概率
```

词典的 matchAll 方法返回前趋词集合。例如，“大学生”从最后的位置开始，包括的前趋词集合是{生，学生，大学生}。代码如下：

```
String txt = "大学生";
ArrayList<WordEntry> ret = new ArrayList<WordEntry>(); //存储前趋词集合
int offset = 3;

dic.matchAll(txt, offset, ret);
  //找字符串指定位置开始的前趋词集合，查找逆 Trie 树词典
```

遍历一个节点的前趋词集合中的每个词，找最佳前趋节点的过程如图 8-2 所示。

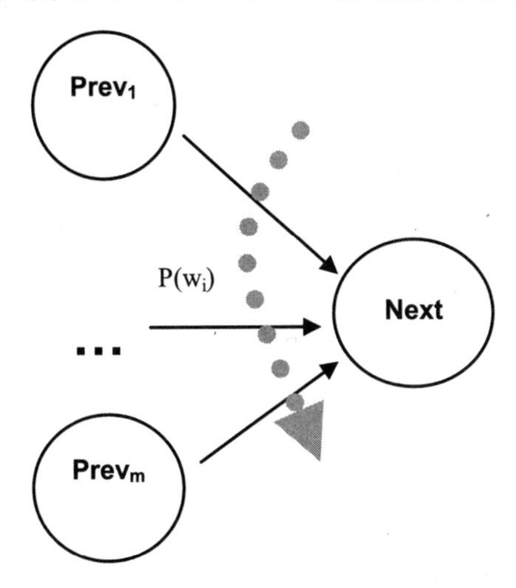

图 8-2　找最佳前趋节点的过程

找节点概率的伪代码如下：

```
遍历节点 i 前趋词的集合 prev(i) {
    计算 P(前趋词节点)*P(前趋词)，也就是候选节点概率
    if(这个候选节点概率是到目前为止最大的节点概率) {
        把这个候选节点概率当作节点概率
        候选节点概率最大的开始节点作为节点 i 的最佳前趋节点
    }
}
```

按节点从左到右找每个节点的最佳前趋节点，计算节点概率的代码如下：

```
//求出每个节点的最佳前趋节点
for (int i=1; i<prevNode.length; i++) {
    double maxProb = minValue; //候选节点概率初始值设为一个很小的负数
    int maxNode = 0; //候选最佳前趋节点

    //从词典中查找前趋词的集合
    dic.matchAll(text, i-1, prevWords);

    //根据前趋词集合挑选最佳前趋节点
    for (WordEntry word : prevWords) {
        double wordProb = Math.log(word.freq) - Math.log(dic.n); //单词概率
        int start = i - word.word.length(); //候选前趋节点
        double nodeProb = prob[start] + wordProb; //候选节点概率

        if (nodeProb > maxProb) { //概率最大的算作最佳前趋
            maxNode = start;
            maxProb = nodeProb;
        }
    }
    prob[i] = maxProb; //节点概率
    prevNode[i] = maxNode; //最佳前趋节点
}
```

这里是从前往后正向计算节点概率，除了正向求解，还可以从最后一个位置开始，从后往前逆向求解。

得到最佳前趋节点数组的值以后，再调用 bestPath()方法返回词序列结果：

```
public List<String> bestPath(){ //根据最佳前趋节点数组回溯求解词序列
    Deque<Integer> path = new ArrayDeque<Integer>(); //最佳节点序列
    //从后向前回溯最佳前趋节点
    for (int i=text.length(); i>0; i=prevNode[i]) {
        path.push(i);
    }
    List<String> words = new ArrayList<String>(); //切分出来的词序列
    int start = 0;
    for (Integer end : path) {
        words.add(text.substring(start, end));
        start = end;
    }
    return words;
}
```

用 Trie 树存词典的类叫作 SuffixTrie。

SuffixTrie 相当于 Trie<String, WordEntry>，Trie 树存储键/值对。键是 String 类型，值是 WordEntry 类型。Trie 树中的可结束节点中保存 WordEntry 类的实例。Segmenter 类用动态规划的方法计算分词。

为了提高性能，对于未登录串，不再往回找前趋词，而是从前往后直接合并所有连续的英文或者数字串。

8.2 整合基于规则的方法

上面的计算中，假设相邻两个词之间是上下文无关的。但实际情况并不如此，例如，如果前面一个词是数词，后面一个词更有可能是量词。如果前后两个词都有词性，则可以利用词之间的搭配信息对分词决策提供帮助。

例如“菲律宾副总统欲访华为毒贩求情遭中方拒绝”这句话，其中“为毒贩求情”是一个常用的 n 元序列“<p><n><v>”。可以利用这个 3 元词序列避免把这句话错误地切分成“菲律宾 副总统 欲 访 华为 毒贩 求情 遭 中方 拒绝”。

如果匹配上规则，就为匹配上的这几个节点设置最佳前趋节点：

```
RuleSegmenter seg = new RuleSegmenter();
String pattern = "<p><n><v>";
seg.addRule(pattern);
String text = "为毒贩求情";
ArrayDeque<Integer> path = seg.split(text);
```

除了词类，规则中还可以带普通的词，例如“<adj>的<n>”，红色的花。“意见和建议”，<n>和<n>。

首先用邻接链表实现一元概率切分，然后再把基于规则的方法整合进来。

通过求解最佳后继词实现一元概率切分的过程：

```
String[] bestSucWords = new String[6]; //最佳后继词
bestSucWords[4] = "歧";
bestSucWords[3] = "分歧";
bestSucWords[2] = "见";
bestSucWords[1] = "意见";
bestSucWords[0] = "有";
Deque<String> path = new ArrayDeque<String>(); //最佳词序列
int i = 0;
while (bestSucWords[i] != null) {
   path.add(bestSucWords[i]);
   i = i + bestSucWords[i].length();
}
for(String w : path) {
   System.out.print(w + "/ ");
}
```

同步向前的状态对：

```
public static class StatePair {
   ArrayList<NodeType> path; //走过的词序列
   int s1; //词图中的状态，也就是位置
   TrieNode s2; //词性规则 Trie 树中的状态，也就是节点
   public StatePair(ArrayList<NodeType> p, int state1, TrieNode state2) {
      path = p;
      this.s1 = state1;
      this.s2 = state2;
   }
}
```

调用 GraphMatcher.intersect 方法做交集运算。

词性规则 Trie 树和词图做交集的例子如下：

```
String sentence = "从马上下来";
RuleSegmenter seg = new RuleSegmenter();
AdjList g = seg.getLattice(sentence); //得到切分词图
Trie rule = new Trie(); //规则 Trie 树
ArrayList<String> rhs = new ArrayList<String>();
rhs.add("p"); //介词
rhs.add("n"); //名词
rhs.add("f"); //方位词
rhs.add("v"); //动词
rule.addRule(rhs); //增加规则
int offset = 0;
//规则 Trie 树和切分词图做交集
GraphMatcher.MatchValue match = GraphMatcher.intersect(g, offset, rule);
System.out.println("匹配结果:" + match);
```

匹配词性规则 Trie 树：

```
for (int offset=0; offset<sentence.length(); ++offset) {
   //匹配规则 Trie 树
   GraphMatcher.MatchValue match =
     GraphMatcher.intersect(g, offset, rule);
   //如果匹配上规则，就为匹配上的这几个节点设置最佳前趋节点
   if (match != null) {
```

```
            System.out.println("匹配结果:" + match);
            for (NodeType n : match.posSeq) {
                sucNode[n.start] = n.end;
            }
            offset = match.end;
        }
    }
```

切分“长春市长中药店”两种可能的切分方案是“长春市/长中药店”和“长春市长/中药店”。都是名词搭配。采用细化的词类规则：“长春市”本来是地名。细化成[city]城市名。“长中药店”的词类细化成[store]店名。这样的词类细化可以看作语义细分。city+store这样的语义规则序列切分出“长春市/长中药店”这个正确结果。

例如“为毒贩求情”，根据同义词词林中的义项：

```
An04D01=毒贩 毒枭 贩毒者
```

得到：

```
"为<An04D01>求情"; //为+人+求情
```

A类表示人物。推广：

```
"为<A>求情"; //为+人+求情
```

这也叫作知识分词。因为这里采用了预设的知识库来提高分词准确度。需要考虑知识库的补充和更新。

增加产生式规则：

```
<p><An04D01><v> => 为<An04D01>求情
```

标注词性“为”成为介词，“求情”成为动词。

挖掘出模板，对齐。

8.3 表示切分词图

为了消除分词中的歧异，提高切分准确度，需要找出输入串中所有可能的词。可以把这些词看成一个切分词图。可以从切分词图中找出一个最有可能的切分方案。

把待切分字符串中的每个位置看成点，候选词看成边，可以根据词典生成一个切分词图。比如，“有意见分歧”这句话的切分词图如图8-3所示。

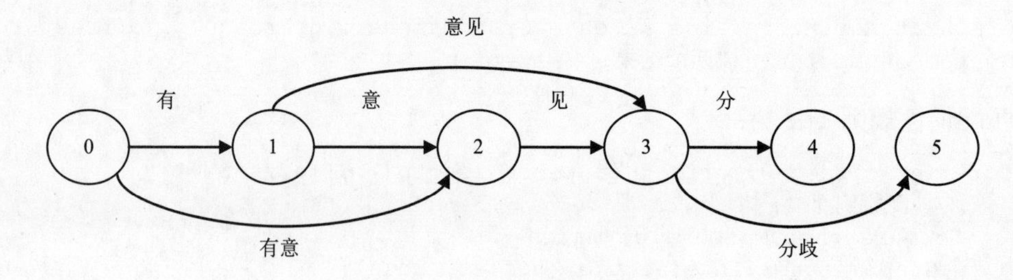

图8-3 中文分词切分词图

切分词图是一个有向正权重的图。词的概率作为边的权重。在“有意见分歧”的切分词图中，“有”这条边的起点是 0，终点是 1；“有意”这条边的起点是 0，终点是 2；依此类推。切分方案就是从源点 0 到终点 5 之间的路径。存在两条切分路径：

路径 1：0—1—3—5　　对应切分方案 S_1：有/ 意见/ 分歧/

路径 2：0—2—3—5　　对应切分方案 S_2：有意/ 见/ 分歧/

如果选择路径 1 作为切分路径，则{0, 1, 3, 5}是切分节点。还可以把切分节点分成确信节点和不确信节点。

切分词图中的边都是词典中的词，边的起点和终点分别是词的开始位置和结束位置。

例如，CnToken 类的定义如下：

```
public class CnToken {
    public String termText; //词
    public int start; //词的开始位置
    public int end; //词的结束位置
    public int freq; //词在语料库中出现的频率
    public CnToken(int vertexFrom, int vertexTo, String word) {
        start = vertexFrom;
        end = vertexTo;
        termText = word;
    }
}
```

分词时需要用动态规划的方法计算，需要找到有共同结束位置的词，也就是返回一个节点的所有前趋词集合。例如节点 3 的前趋词集合是{“见”, “意见”}。例如，图 8-3 表示的切分词图可以用逆邻接表存储成图 8-4 的形式。

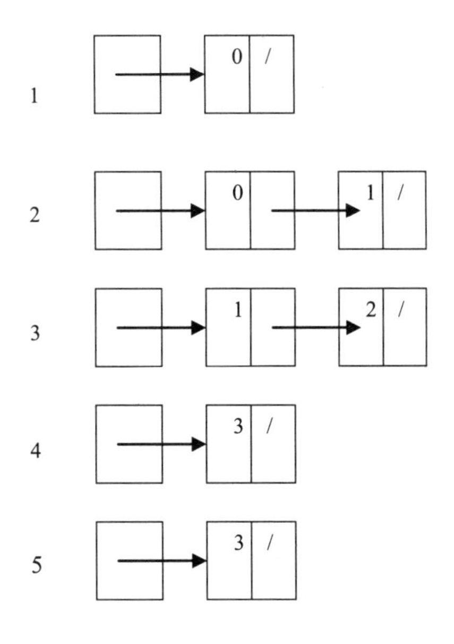

图 8-4　逆邻接表

例如第一个链表与节点 1 相关。第二个链表与节点 2 相关，节点 2 是结束节点，0 表示一个开始节点，1 表示另外一个开始节点。第二个链表表示“意”和“有意”两个词。

邻接表表示的切分词图由一个链表数组组成。首先实现一个单向链表 TokenLinkedList 类。每个节点保存下一个节点的引用。节点类作为 TokenLinkedList 的内部类：

```
public static class Node { //链表中的节点
    public CnToken item;  //链表中的元素
    public Node next; //记录下一个元素

    Node(CnToken item) { //构造方法
        this.item = item;
        next = null;
    }
}
```

TokenLinkedList 类只需要记录一个头节点。其他的节点通过头节点的引用得到：

```
public class TokenLinkedList {
    public Node head = null; //链表的头

    public void put(CnToken item) { //增加一个词到节点
        Node n = new Node(item); //新建一个节点
        n.next = head; //原来的头节点放在这个新节点后
        head = n; //新节点放在链表头
    }
}
```

队伍排好后，从头开始报数，一直到最后一位。链表形成后，也采用类似的方法遍历其中的元素。TokenLinkedList 的 toString 方法实现了遍历链表中的元素：

```
public String toString() { //输出链表中所有的元素
    StringBuilder buf = new StringBuilder();
    Node cur = head;  //从头开始

    while (cur != null) { //如果当前节点不是空就往下遍历
        buf.append(cur.item.toString());
        buf.append('\t');
        cur = cur.next; //找下一个节点
    }

    return buf.toString();
}
```

这样的遍历方法暴露了链表中的实现细节，需要更好地封装。用一个迭代器封装，这样能支持 for-each 循环。TokenLinkedList 实现了 Iterable<CnToken>接口，实现了接口中定义的 iterator 方法：

```
public Iterator<CnToken> iterator() { //迭代器
    return new LinkIterator(head); //传入头节点
}
```

LinkIterator 是一个专门负责迭代的类：

```
private class LinkIterator implements Iterator<CnToken> {  //用于迭代的类
    Node itr;

    public LinkIterator(Node begin) { //构造方法
```

```
        itr = begin; //遍历的开始节点
    }

    public boolean hasNext() { //是否还有更多的元素可以遍历
        return itr != null;
    }

    public CnToken next() { //向下遍历
        if (itr == null) {
            throw new NoSuchElementException();
        }
        Node cur = itr;
        itr = itr.next;
        return cur.item;
    }

    public void remove() {
        throw new UnsupportedOperationException(); //不支持这个操作
    }
}
```

迭代器写起来虽然麻烦，但是外部调用方便。为了让程序有更好的可维护性，专门写个迭代器是值得的。

测试这个单向链表：

```
CnToken t1 = new CnToken(2, 3, 2.0, "见");  //创建词
CnToken t2 = new CnToken(1, 3, 3.0, "意见");
CnTokenLinkedList tokenList = new CnTokenLinkedList(); //创建单向链表
tokenList.put(t1); //放入候选词
tokenList.put(t2);
for(CnToken t:tokenList) { //遍历链表中的词
    System.out.println(t);
}
```

在单向链表的基础上形成逆向邻接表：

```
public class AdjList {
    private TokenLinkedList list[]; //AdjList 的图结构

    public AdjList(int verticesNum) { //构造方法：分配空间
        list = new TokenLinkedList[verticesNum];

        //初始化数组中所有的链表
        for (int index=0; index<verticesNum; index++) {
            list[index] = new TokenLinkedList();
        }
    }

    public int getVerticesNum() {
        return list.length;
    }

    public void addEdge(CnToken newEdge) { //增加一个边到图中
        list[newEdge.end].put(newEdge);
    }
```

```
    //返回一个迭代器，包含以指定点结尾的所有的边
    public Iterator<CnToken> getAdjacencies(int vertex) {
        TokenLinkedList ll = list[vertex];
        if(ll == null)
            return null;
        return ll.iterator();
    }

    public String toString() { //输出逆向邻接表
        StringBuilder temp = new StringBuilder();
        for (int index=0; index<verticesNum; index++) {
            if(list[index] == null){
                continue;
            }
            temp.append("node:");
            temp.append(index);
            temp.append(": ");
            temp.append(list[index].toString());
            temp.append("\n");
        }
        return temp.toString();
    }
}
```

测试逆向邻接表：

```
String sentence = "有意见分歧";
int len = sentence.length(); //字符串长度
AdjList g = new AdjList(len+1); //存储所有被切分的可能的词

//第一个节点结尾的边
g.addEdge(new CnToken(0, 1, 0.0180, "有"));

//第二个节点结尾的边
g.addEdge(new CnToken(0, 2, 0.0005, "有意"));
g.addEdge(new CnToken(1, 2, 0.0100, "意"));

//第三个节点结尾的边
g.addEdge(new CnToken(1, 3, 0.0010, "意见"));
g.addEdge(new CnToken(2, 3, 0.0002, "见"));

//第四个节点结尾的边
g.addEdge(new CnToken(3, 4, 0.0001, "分"));

//第五个节点结尾的边
g.addEdge(new CnToken(3, 5, 0.0001, "分歧"));

System.out.println(g.toString());
```

输出结果：

```
node:0:
node:1: text:有 start:0 end:1 cost:1.0
node:2: text:意 start:1 end:2 cost:1.0  text:有意 start:0 end:2 cost:1.0
node:3: text:见 start:2 end:3 cost:1.0  text:意见 start:1 end:3 cost:1.0
```

```
node:4: text:分 start:3 end:4 cost:1.0
node:5: text:分歧 start:3 end:5 cost:1.0
```

切分词图有邻接表和邻接矩阵两种表示方法。同一个节点结束的边可以通过一个一维数组访问。这样的表示方法叫作逆邻接矩阵。代码如下：

```
public class AdjMatrix { //逆邻接矩阵
    public int verticesNum;
    CnToken adj[][];

    public AdjMatrix(int verticesNum) { //构造方法：分配空间
        this.verticesNum = verticesNum;
        adj = new CnToken[verticesNum][verticesNum];
        adj[0][0] = new CnToken(0, 0, 0, "Start", null, null);
    }

    public void addEdge(CnToken newEdge) { //加一条边
        adj[newEdge.end][newEdge.start] = newEdge;
    }

    public CnToken getEdge(int start, int end) {
        return adj[end][start];
    }

    public CnToken[] getPrev(int end) { //取得end结尾的前趋词
        return adj[end];
    }
}
```

测试方法：

```
String sentence = "有意见分歧";
int len = sentence.length(); //字符串长度
AdjMatrix g = new AdjMatrix(len + 1); //存储所有被切分的可能的词

//第一个节点结尾的边
g.addEdge(new CnToken(0, 1, 1.0, "有"));

//第二个节点结尾的边
g.addEdge(new CnToken(0, 2, 1.0, "有意"));
g.addEdge(new CnToken(1, 2, 1.0, "意"));

//第三个节点结尾的边
g.addEdge(new CnToken(1, 3, 1.0, "意见"));
g.addEdge(new CnToken(2, 3, 1.0, "见"));

//第四个节点结尾的边
g.addEdge(new CnToken(3, 4, 1.0, "分"));

//第五个节点结尾的边
g.addEdge(new CnToken(3, 5, 1.0, "分歧"));

System.out.println(g.toString());
```

对于切分词图来说，因为开始节点总是比结束节点的位置小，所以实际上不需要用到

n×n 的空间。例如 n=3 时，所需要的空间如图 8-5 所示。

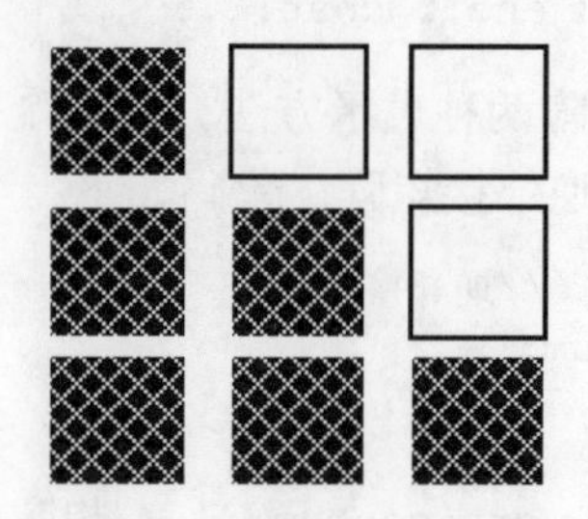

图 8-5　切分词图需要的空间

用一维数组表示，第一个节点使用的长度是 n−1，第二个节点使用的长度是 n−2，第 i 个节点使用的长度是 n−i。这个一维数组的总长度不超过 n×n/2。

8.4　形成切分词图

词典存放在三叉搜索树中。词典类就是三叉搜索树。其中的 matchAll 方法从词典中找出以某个字符串的前缀开始的所有词。假设“中”、“中华”、“中华人民共和国”这三个词都存在于当前的词典中。则以“中华人民共和国成立了”这个字符串前缀开始的词集合包括这三个词。

例如，对于图 8-6 所示的三叉树。输入“大学生活动中心”，首先匹配出“大”，然后匹配出“大学”，最后匹配出“大学生”。就是把三叉树上的信息映射到输入的待切分字符串。可以看成是两个有限状态机求交集的简化版本。输入串看成串行状态序列组成的有限状态机。另外，把词典树也看成一个有限状态机。

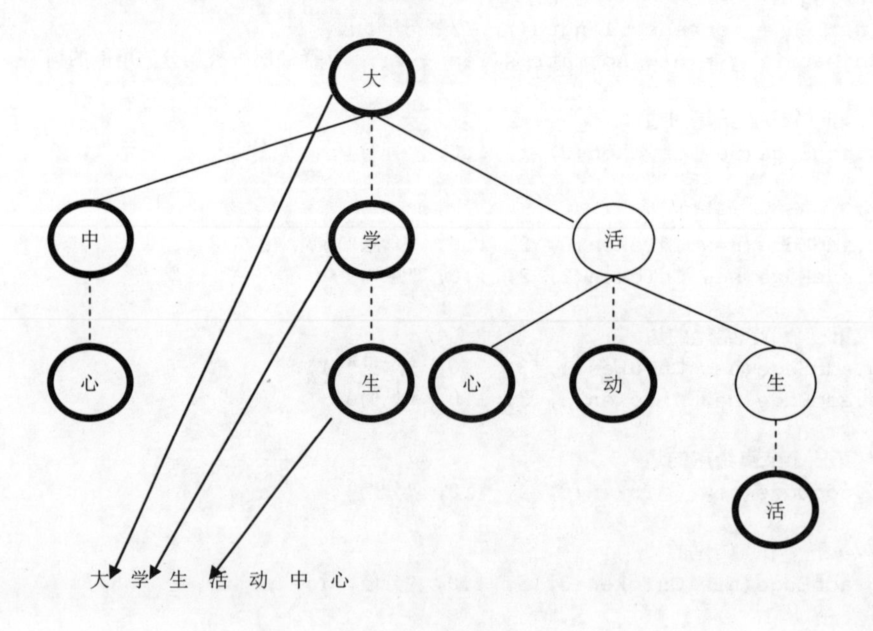

图 8-6　用三叉树全切分字符串

如果要找出指定位置开始的所有词，可把这些词放在动态数组中。因为与最长匹配 matchLong 方法不同，matchAll 方法返回所有的匹配词，所以叫作全匹配。下面是匹配后缀 Trie 树的方法：

```
//输入句子和匹配的开始位置，匹配上的词集合放在 ret 中
public void matchAll(String sentence, int offset,ArrayList<String> ret) {
    ret.clear(); //清空返回数组中的词

    if ("".equals(sentence) || root==null || offset<0)
        return;
    TSTNode currentNode = root;
    int charIndex = offset;
    while (true) {
        if (currentNode == null) {
            if(ret.size() == 0) //词典中找不到对应的词，则返回单个字符
                ret.add(sentence.substring(offset, offset+1));
            return;
        }
        int charComp = sentence.charAt(charIndex) - currentNode.splitChar;

        if (charComp == 0) {
            if (currentNode.data != null) {
                ret.add(currentNode.data) ; //候选最长匹配词
            }
            if (charIndex <= 0) {
                return; //已经匹配完
            }
            charIndex--; //继续往前找
            currentNode = currentNode.eqNode;
        } else if (charComp < 0) {
            currentNode = currentNode.loNode;
        } else {
            currentNode = currentNode.hiNode;
        }
    }
}
```

通过查词典形成切分词图的主体过程：

```
for(int i=0; i<len; ) {
    boolean match = dict.getMatch(sentence, i, wordMatch); //到词典中查询
    if (match) { //已经匹配上
        for (WordEntry word : wordMatch.values)
        { //把查询到的词作为边加入切分词图中
            j = i + word.length();
            g.addEdge(new CnToken(i, j, word.freq, word.term));
        }
        i = wordMatch.end;
    } else { //把单字作为边加入切分词图中
        j = i+1;
        g.addEdge(new CnToken(i, j, 1, sentence.substring(i, j)));
        i = j;
    }
}
```

逆向最大长度匹配是从最后一个字往前匹配，而全切分词图则是从第一个字符往前找前趋词集合。

8.5 数据基础

概率分词需要知道哪些是高频词，哪些是低频词。也就是：

$$P(w) = \frac{freq(w)}{\text{全部词的总次数}}$$

词语概率表是从语料库统计出来的。为了支持统计的中文分词方法，有分词语料库。分词语料库内容样例如下：

出国　中介　不能　做　出境游

8.5.1 文本形式的词表

从分词语料库加工出人工可以编辑的一元词典。一元词典中存储了一个词的概率。因为一元的英文叫法是 Unigram，所以往往把一元词典类叫作 UnigramDic。UnigramDic.txt 包含每行一个词及这个词对应的次数，并不存储全部词出现的总次数 totalFreq。totalFreq 通过把所有词的次数加起来实现。UnigramDic.txt 的样本如下：

```
有:180
有意:5
意见:10
见:2
分歧:1
大学生:139
生活:1671
```

一元词典 Trie 树如图 8-7 所示。

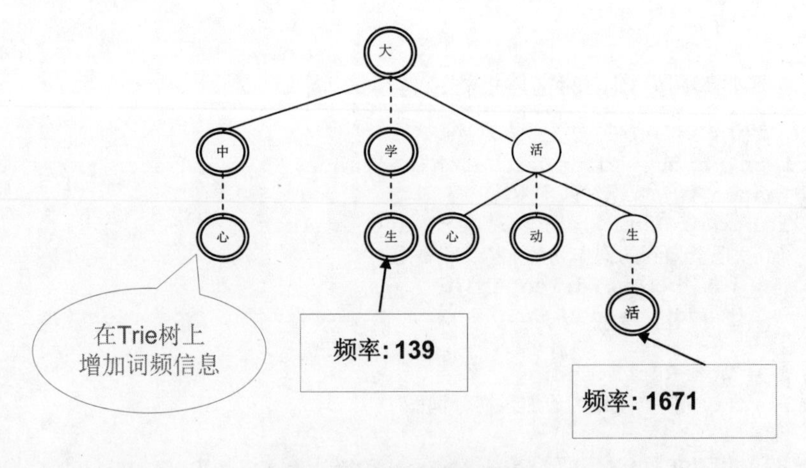

图 8-7　一元词典 Trie 树

根据 UnigramDic.txt 生成词典 Trie 树的主要代码如下：

```
while (((line=in.readLine()) != null)) {  //逐行读入词典文本文件
    StringTokenizer st = new StringTokenizer(line, "\t");
    String word = st.nextToken(); //词
    int freq = Integer.parseInt(st.nextToken()); //次数
    addWord(word, freq); //把词加入 Trie 树
    totalFreq += freq; //词的次数加到总次数
}
```

生成词典结构的二进制文件 UnigramDic.bin 的实现代码如下：

```
public static void compileDic(File file) {
    FileOutputStream file_output = new FileOutputStream(file);
    BufferedOutputStream buffer = new BufferedOutputStream(file_output);
    DataOutputStream data_out = new DataOutputStream(buffer);
    TSTNode currNode = root;
    if (currNode == null)
        return;

    int currNodeNo = 1; /*当前节点编号*/
    int maxNodeNo = currNodeNo;

    /*用于存放节点数据的队列*/
    Deque<TSTNode> queueNode = new ArrayDeque<TSTNode>();
    queueNode.addFirst(currNode);

    /*用于存放节点编号的队列*/
    Deque<Integer> queueNodeIndex = new ArrayDeque<Integer>();
    queueNodeIndex.addFirst(currNodeNo);

    data_out.writeInt(nodeCount); //Trie 树节点总数
    data_out.writeDouble(totalFreq); //词频总数

    Charset charset = Charset.forName("utf-8");

    /*广度优先遍历所有树节点，将其加入至数组中*/
    while (!queueNodeIndex.isEmpty()) {
        /*取出队列第一个节点*/
        currNode = queueNode.pollFirst();
        currNodeNo = queueNodeIndex.pollFirst();

        /*处理左子节点*/
        int leftNodeNo = 0; /*当前节点的左孩子节点编号*/
        if (currNode.left != null) {
            maxNodeNo++;
            leftNodeNo = maxNodeNo;
            queueNode.addLast(currNode.left);
            queueNodeIndex.addLast(leftNodeNo);
        }

        /*处理中间子节点*/
        int middleNodeNo = 0; /*当前节点的中间孩子节点编号*/
        if (currNode.mid != null) {
            maxNodeNo++;
            middleNodeNo = maxNodeNo;
            queueNode.addLast(currNode.mid);
```

```
            queueNodeIndex.addLast(middleNodeNo);
        }

        /*处理右子节点*/
        int rightNodeNo = 0; /*当前节点的右孩子节点编号*/
        if (currNode.right != null) {
            maxNodeNo++;
            rightNodeNo = maxNodeNo;
            queueNode.addLast(currNode.right);
            queueNodeIndex.addLast(rightNodeNo);
        }

        /*写入本节点的编号信息*/
        data_out.writeInt(currNodeNo);

        /*写入左孩子节点的编号信息*/
        data_out.writeInt(leftNodeNo);

        /*写入中孩子节点的编号信息*/
        data_out.writeInt(middleNodeNo);

        /*写入右孩子节点的编号信息*/
        data_out.writeInt(rightNodeNo);

        byte[] splitChar =
          String.valueOf(currNode.splitChar).getBytes("UTF-8");

        /*记录byte数组的长度*/
        data_out.writeInt(splitChar.length);

        /*写入splitChar*/
        data_out.write(splitChar);

        if (currNode.nodeValue != null) { /*是结束节点，data域不为空*/
            CharBuffer cBuffer = CharBuffer.wrap(currNode.nodeValue);
            ByteBuffer bb = charset.encode(cBuffer);

            /*写入词的长度*/
            data_out.writeInt(bb.limit());
            /*写入词的内容*/
            for (int i=0; i<bb.limit(); ++i)
                data_out.write(bb.get(i));
        } else { /*不是结束节点，data域为空*/
            data_out.writeInt(0); //写入字符串的长度
        }
    }
    data_out.close();
    file_output.close();
}
```

从二进制文件UnigramDic.bin创建Trie树：

```
public static void loadBinaryFile(File file) throws IOException {
    Charset charset = Charset.forName("utf-8"); //得到字符集
    InputStream file_input = new FileInputStream(file);
```

```
/*读取二进制文件*/
BufferedInputStream buffer = new BufferedInputStream(file_input);
DataInputStream data_in = new DataInputStream(buffer);

/*获取节点 id*/
nodeCount = data_in.readInt();

TSTNode[] nodeList = new TSTNode[nodeCount + 1];
//要预先创建出来所有的节点，因为当前节点要指向后续节点
for (int i=0; i<nodeList.length; i++) {
    nodeList[i] = new TSTNode();
}

/*读入词典中目前词的个数*/
totalFreq = data_in.readDouble();

for (int index=1; index<=nodeCount; index++) {
    int currNodeIndex = data_in.readInt(); /*获得当前节点编号*/
    int leftNodeIndex = data_in.readInt(); /*获得当前节点左子节点编号*/
    int middleNodeIndex = data_in.readInt(); /*获得当前节点中子节点编号*/
    int rightNodeIndex = data_in.readInt(); /*获得当前节点右子节点编号*/

    TSTNode currentNode = nodeList[currNodeIndex]; //获得当前节点
    /*获取 splitchar 值*/
    int length = data_in.readInt();
    byte[] bytebuff = new byte[length];
    data_in.read(bytebuff);
    currentNode.splitChar =
      charset.decode(ByteBuffer.wrap(bytebuff)).charAt(0);
    //获取字典中词的内容
    length = data_in.readInt();
    /*如果 data 域不为空则填充数据域*/
    if (length > 0) {
        bytebuff = new byte[length];
        data_in.read(bytebuff);
        String key = new String(bytebuff, "UTF-8"); /*记录每一个词语*/
        currentNode.nodeValue = key;
    }

    /*生成树节点之间的对应关系，左、中、右子树*/
    if (leftNodeIndex >= 0) {
        currentNode.left = nodeList[leftNodeIndex];
    }

    if (middleNodeIndex >= 0) {
        currentNode.mid = nodeList[middleNodeIndex];
    }

    if (rightNodeIndex >= 0) {
        currentNode.right = nodeList[rightNodeIndex];
    }
}
data_in.close();
```

```
    buffer.close();
    file_input.close();

    root = nodeList[1]; //设置根节点
}
```

二进制格式的词典文件中保存词的概率取对数后的值，而不是词频。所以不会保留词频总数。代码如下：

```
public class WordEntry {
    public String word; //词
    public double logProb; //词的概率取对数后的值，也就是log(P(w))
}
```

二进制格式的词典文件首先写入节点总数，然后再写每个节点的信息。

这样，一元模型的求节点概率的代码变成：

```
//求出每个节点的最佳前趋节点
for (int i=1; i<prevNode.length; i++) {
    double maxProb = minValue; //候选节点概率初始值设为一个很小的负数
    int maxNode = 0; //候选最佳前趋节点

    //从词典中查找前趋词的集合
    dic.matchAll(text, i-1, prevWords);

    //根据前趋词集合挑选最佳前趋节点
    for (WordEntry word : prevWords) {
        //词的概率取log，也就是原来的Math.log(word.freq) - Math.log(dic.n)
        double wordProb = word.logProb;
        int start = i - word.word.length(); //候选前趋节点
        double nodeProb = prob[start] + wordProb; //候选节点概率

        if (nodeProb > maxProb) { //概率最大的算作最佳前趋
            maxNode = start;
            maxProb = nodeProb;
        }
    }

    prob[i] = maxProb; //节点概率
    prevNode[i] = maxNode; //最佳前趋节点
}
```

8.5.2 数据库词表

为了方便在Web界面修改词库，可以把词保存到数据库中。创建词表的SQL语句如下：

```
create table AI_BASEWORD (  --基础词
    ID              VARCHAR(20)  not null,  --词ID
    PARTSPEECH      VARCHAR(20),  --词性
    WORD            VARCHAR(200),  --单词
    FREQ            INT,  --词频
    constraint PK_WORD_BASEWORD primary key (ID)
);
```

从 MySQL 数据库读出词的代码如下：

```
Properties properties = new Properties();
InputStream is =
  this.getClass().getResourceAsStream("/database.properties");
properties.load(is);
is.close();
String driver =
  properties.getProperty("driver"); //"com.mysql.jdbc.Driver";
String url = properties.getProperty("url");
  //"jdbc:mysql://192.168.1.11:3306/seg?
  //useUnicode=true&amp;characterEncoding=GB2312";

String user = properties.getProperty("user"); //"root";
String password = properties.getProperty("password"); //"lietu";
Driver drv = (Driver)Class.forName(driver).newInstance();
DriverManager.registerDriver(drv);
Connection con = DriverManager.getConnection(url, user, password);
String sql =("SELECT word, pos, freq FROM AI_basewords");
Statement stmt = con.createStatement();
ResultSet rs = stmt.executeQuery(sql);
while (rs.next()) {
    String key = rs.getString(1);
    String pos = rs.getString(2);
    int freq = rs.getInt(3);

    addWord(key, pos, freq);  //增加词表到词典树
}
rs.close();
stmt.close();
con.close();
```

8.6　改进一元模型

使用更多的信息可以改进一元分词。计算从最佳前趋节点到当前节点的转移概率时，考虑更前面的切分路径。在不改变其他的情况下，用条件概率 $P(w_i|w_{i-1})$的值代替 $P(w_i)$，所以这种方法叫作改进一元分词。

如果用最大似然法估计 $P(w_i|w_{i-1})$的值，则有 $P(w_i|w_{i-1}) = freq(w_{i-1},w_i)/freq(w_{i-1})$。假设在二元词表中 Freq(有,意见)=4，则 P(意见|有) ≈ freq(有,意见)/freq(有) = 4/4000 = 0.001。

可以从语料库中找出 n 元连接。例如，语料库中存在“北京/ 举行/ 新年/ 音乐会/”。则存在一元连接：北京、举行、新年、音乐会。存在二元连接：北京@举行，举行@新年，新年@音乐会。也可以从语料库统计前后两个词一起出现的次数。

因为数据稀疏导致“意见,分歧”等其他的搭配都没找到。$P(S_1)$和 $P(S_2)$都将是 0，无法通过比较计算结果找到更好的切分方案。这就是零概率问题。

使用 $freq(w_{i-1},w_i)/freq(w_{i-1})$来估计 $P(w_i|w_{i-1})$，使用 $freq(w_{i-2},w_{i-1},w_i)/freq(w_{i-2},w_{i-1})$来估计 $P(w_i|w_{i-2},w_{i-1})$。

因为这里采用了最大似然估计，所以把 $freq(w_{i-1},w_i)/freq(w_{i-1})$叫作 $P_{ML}(w_i|w_{i-1})$。

$$P_{li}(w_i \mid w_{i-1}) = \lambda_1 P_{ML}(w_i) + \lambda_2 P_{ML}(w_i \mid w_{i-1}) \\ = \lambda_1(freq(w_i)/N) + \lambda_2(freq(w_{i-1}, w_i)/freq(w_{i-1}))$$

这里的$\lambda_1+\lambda_2=1$，而且对所有的 i 来说，$\lambda_i \geqslant 0$。N 是语料库的长度。

对于$P_{li}(w_i \mid w_{i-2}, w_{i-1})$，有：

$$P_{li}(w_i \mid w_{i-2}, w_{i-1}) = \lambda_1 P_{ML}(w_i) + \lambda_2 P_{ML}(w_i \mid w_{i-1}) + \lambda_3 P_{ML}(w_i \mid w_{i-2}, w_{i-1})$$

这里$\lambda_1+\lambda_2+\lambda_3=1$，而对所有的 i 来说，$\lambda_i \geqslant 0$。下面证明为什么这三个数的和必须是 1。因为这个估计定义了分布：

$$\sum_{w \in v} P_{li}(w_i \mid w_{i-2}, w_{i-1}) \\ = \sum_{w \in v}[\lambda_1 P_{ML}(w_i) + \lambda_2 P_{ML}(w_i \mid w_{i-1}) + \lambda_3 P_{ML}(w_i \mid w_{i-2}, w_{i-1})] \\ = \lambda_1 \sum_{w \in v} P_{ML}(w_i) + \lambda_2 \sum_{w \in v} P_{ML}(w_i \mid w_{i-1}) + \lambda_3 \sum_{w \in v} P_{ML}(w_i \mid w_{i-2}, w_{i-1}) \\ = \lambda_1 + \lambda_2 + \lambda_3 = 1$$

根据平滑公式计算举例：

$$P'(w_i \mid w_{i-1}) = 0.3P(w_i) + 0.7P(w_i \mid w_{i-1})$$

因此有：$P(S_1)$ = P(有) × P′(意见|有) × P′(分歧|意见)

= P(有) × (0.3P(意见)+0.7P(意见|有)) × (0.3P(分歧)+0.7P(分歧|意见))

= 0.0180×(0.3×0.001+0.7×0.001)×(0.3×0.0001)

= 5.4×10^{-9}

$P(S_2)$ = P(有意) × P′(见|有意) × P′(分歧|见)

= P(有意) × (0.3P(见)+0.7P(见|有意)) × (0.3P(分歧)+0.7P(分歧|见))

= 0.0005×(0.3×0.0002) ×(0.3×0.0001)

= 9×10^{-13}

因此 $P(S_1)>P(S_2)$。相对基本的一元模型，改进的一元模型的区分度更好。

到 $Node_i$ 为止的最大概率称为 $Node_i$ 的概率。求解节点概率的循环等式是：

$$P(Node_i) = P_{max}(w_1, w_2, ..., w_i) = \max_{w_k \in prev(Node_i)} (P(StartNode(w_k))) \times P(w_k \mid BestPrev(StartNode(w_k)))$$

如果单词 w_k 的结束节点是 $Node_i$，就称 w_k 为 $Node_i$ 的前趋词。StartNode(w_k)是 w_k 的开始节点，也是节点 i 的前趋节点。BestPrev(StartNode(w_k))就是 w_k 的开始节点的最佳前趋词。如果要计算一个节点的节点概率，就要把这个节点所有的前趋词都代入 P(StartNode(w_k))×P(w_k|BestPrev(StartNode(w_k)))计算一遍，找最大的值作为节点概率，同时记录这个节点的最佳前趋词。S 的最佳切分方案就是节点 m 的最佳前趋词序列。

假设总统和副总统属于同一个竞选团队。总统定好后，同一个领导班子的副总统也确定了。想象在下跳棋，跳 2 次涉及 3 个位置。二元连接中的前后 2 个词涉及到 3 个节点，分别是一级前趋节点和二级前趋节点。二级前趋节点是一级前趋节点的最佳前趋节点，也就是说，二级前趋节点已经确定了。

把以节点 i 结束的词叫作节点 i 的一级前趋词，一级前趋词的开始节点的一级前趋词叫作节点 i 的二级前趋词。例如，节点 5 的一级前趋词是“分歧”，二级前趋词是“意见”。

根据最佳前趋节点数组，可以得到一个节点任意级的最佳前趋词。prevNode[i]就是节点 i 的一级最佳前趋节点，prevNode[prevNode[i]]就是节点 i 的二级最佳前趋节点。

举例说明用动态规划的算法计算改进一元模型的过程：

$P(Node_1)= P(有)$

$P(Node_2) = max(P(有意), P(Node_1)×P'(意|有))= 0.0005$

$P(Node_3) = max(P(Node_1)×P'(意见|有), P(Node_2)×P'(见|意))=1.8×10^{-5}$

$P(Node_5) = P(Node_3) × P'(分歧|意见) = 5.4×10^{-9}$

因为有些词作为开始词的可能性比较大，例如“在那遥远的地方”，“在很久以前”，这两个短语都以“在”这个词作为开始词。有些词作为结束词的可能性比较大，例如“从小学计算机”可以作为一个完整的句子来理解，“计算机”这个词作为结束词的可能性比较大。

因此，在实际的 n 元分词过程中，增加虚拟的开始节点(Start)和结束节点(End)，分词过程中考虑 P(在|Start)。因此，如果把“有意见分歧”当成一个完整的输入，分词结果实际是：“Start/ 有/ 意见/ 分歧/ End”。

第一个节点就是虚拟的开始节点，最佳前趋节点是它自己。这样，所有的节点都能回溯到任意多的最佳前趋节点。

使用一维数组记录当前节点的最佳前趋节点：

```
WordEntry[] preWords;
```

使用二元语言模型评估切分方案的概率。

动态规划的方法求解最佳切分方案的代码如下：

```
private static final WordEntry startWord =
  new WordEntry("start", 1000); //开始词
private static final double MIN_PROB = Double.NEGATIVE_INFINITY / 2;
public ArrayDeque<Integer> split(String sentence) {//输入字符串，返回切分方案
    int len = sentence.length() + 1; //字符串长度
    prevNode = new int[len]; //最佳前趋节点数组
    prob = new double[len]; //节点概率数组
    prob[0] = 0;  //节点 0 的初始概率是 1，取对数后是 0
    preWords = new WordEntry[len]; //最佳前趋词数组
    preWords[0] = startWord; //节点 0 的最佳前趋词是开始词

    ArrayList<WordEntry> wordMatch =
      new ArrayList<WordEntry>(); //记录一个词

    for (int i=1; i<len; ++i) { //查找节点 i 的最佳前趋节点
        double maxProb = MIN_PROB;
        int maxPrev = -1;
        WordType preToken = null;

        dic.matchAll(sentence, i - 1, wordMatch); //到词典中查询

        for (WordEntry t1 : wordMatch) { //遍历所有的前趋词，t1 就是 wi
            int start = i - t1.word.length();
            WordEntry t2 = preWords[start]; //根据一级前趋词找到二级前趋词
            //t2 就是 wi-1
            double wordProb = 0;
            int bigramFreq = getBigramFreq(t2, t1); //从二元词典找二元频率
            wordProb = lambda1 * t1.freq / dic.totalFreq
```

```
                + lambda2*(bigramFreq/t2.freq); //平滑后的二元概率

            double nodeProb =
              prob[start] + (Math.log(wordProb)); //候选节点概率
            if (nodeProb > maxProb){ //概率最大的算作最佳前趋
                maxPrev = start; //新的候选最佳前趋节点
                maxProb = nodeProb; //新的最大概率
                preToken = t1; //新的候选最佳前趋词
            }
        }

        prob[i] = maxProb; //记录节点 i 的概率
        prevNode[i] = maxPrev; //记录节点 i 的最佳前趋节点
        preWords[i] = preToken; //节点 i 的最佳前趋词
    }
    return bestPath(); //返回最佳切分路径
}
```

改进一元分词切分方法仍然有不足之处，例如，以“从中学到知识”为例：

```
P(3) = P(1) * P(中学)
```

节点 3 的最佳前趋节点是 1。P(4)有如下两种可能：

```
P(4) = P(3) * P(到|中学)
P(4) = P(3) * P(到|学)
```

节点 4 的一级最佳前趋节点是 3，节点 4 的二级最佳前趋节点是 2，不是节点 3 的一级最佳前趋节点 1。可以用三元分词来解决这个问题。

一元分词一个自由度，二元分词两个自由度，n 元分词 n 个自由度。

存在基于一元分词的伪二元分词，基于一元分词的伪三元分词，基于二元分词的伪三元分词，基于 m 元分词的伪 n 元分词。

8.7 二 元 词 典

往往把二元词典类叫作 BigramDic。把“开始”和“结束”当作两个特殊的词：

```
public class UnigramDic {
    public final static String startWord = "0START.0"; //虚拟的开始词
    public final static String endWord = "0END.0"; //虚拟的结束词
}
```

0START.0@欢迎——欢迎是开始词。

什么@0END.0——什么是一个结束词。

二元词表的格式是“前一个词@后一个词:这两个词组合出现的次数”，例如：

```
中国@北京:100
中国@北海:1
```

二元词表数量很大，至少有几十万条。所以要考虑如何快速查询。需要快速查找前后两个词在语料库中出现的频次。

可以把二元词表看成是基本词表的常用搭配。两个词的搭配到一个整数值的映射关系，可以用一个 HashMap 表示：

```
public class WordBigram {
    public String left; //左边的词
    public String right; //右边的词

    public WordBigram(String l, String r) {  //构造方法
        left = l;
        right = r;
    }

    @Override
    public int hashCode() { //散列码
        return left.hashCode() ^ right.hashCode();
    }

    @Override
    public boolean equals(Object o) { //判断两个对象是否相等
        if (o instanceof WordBigram) {
            WordBigram that = (WordBigram)o;
            if (that.left.equals(this.left)
              && that.right.equals(this.right)) {
                return true;
            }
        }
        return false;
    }

    public String toString() { //输出内部状态
        return left + "@" + right;
    }
}
```

键是 WordBigram 类型，而值是整数类型。用一个 HashMap 存取两个词的搭配信息：

```
//存放二元连接及对应的频率
HashMap<WordBigram, Integer> bigrams = new HashMap<WordBigram, Integer>();
//存入一个二元连接及对应的频率
bigrams.put(new WordBigram("中国", "北京"), 10);
//获取一个二元连接对应的频率
int freq = bigrams.get(new WordBigram("中国", "北京"));
System.out.println(freq); //输出 10
```

或者把相同前缀或者相同后缀的词放在一个小的散列表中。把二元词表看成是一个嵌套的映射。用一个嵌套的散列表来表示：

```
HashMap<String, HashMap<String, Integer>> bigrams =
  new HashMap<String, HashMap<String, Integer>>();
HashMap<String, Integer> val = new HashMap<String, Integer>();
val.put("北京", 10);
val.put("上海", 100);
bigrams.put("中国", val);
System.out.println(bigrams.get("中国").get("上海")); //输出 100
```

散列表存储一个 String 对象，不止 4 个字节，而 int 为 4 个字节。为了节省内存，给每个词编号，用整数代替。

这里的 HashMap 往往会有空位置，不是最小完美散列。为了节省内存，用折半查找来做，查找排好序的数组。这样可以节省内存。

一种实现方法是：可以在基本词典 Trie 树的可结束节点上再挂一个 Trie 树。但这样占用内存多。

另外一种方法是：给每个词编号。存储整数到整数的编号。用数组完全展开速度最快。如果有 N 个词，则可以通过如下方法取得某个二元连接的频率：

```
int N = 20000;
int w1 = 5; //前一个词的编号
int w2 = 8; //后一个词的编号

int[][] biFreq = new int[N][N];
int freq = biFreq[w1][w2]; //二元连接的频率
```

分词初始化时，先加载基本词表，对每个词编号，然后加载二元词表，只存储词的编号。二元词频用开放寻址的散列表也是一个方法。两个 int 混合到一起做 key，用 xor。

把搭配信息存放在词典 Trie 树的叶子节点上，可以看成是一个键/值对组成的数组，键是词编号，值是组合频率。用 BigramMap 表示。采用折半法查找 BigramMap 中的组合频率。

```
public class BigramMap {
    public int[] keys; //词编号
    public int[] vals; //组合频率
}
```

以存储“大学生,生活”为例，“生活”的词编号是 8，大学生的词编号是 5。假设“大学生,生活”的频率是 3。增加二元连接信息后的词典 Trie 树如图 8-8 所示。

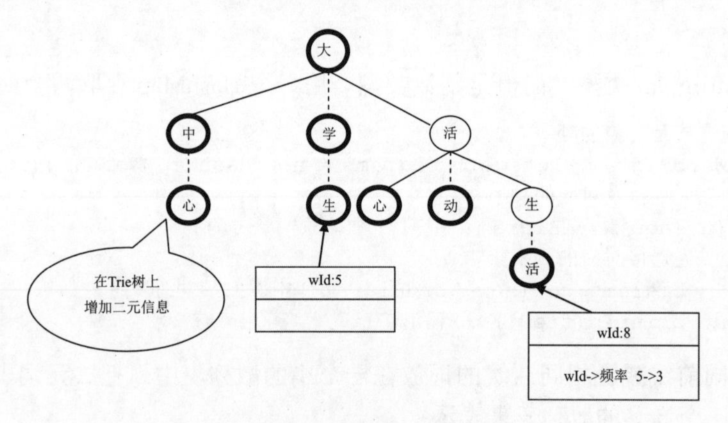

图 8-8 词典 Trie 树

首先加载基本词典，也就是一元词典，构建 Trie 树结构，然后加载二元词典，也就是在 Trie 树结构上挂二元连接信息。

加载基本词典，形成 Trie 树的结构：

```
public TSTNode rootNode;
public double n = 0; //统计词典中的总词频
```

```
public int id = 1; //存储每一个词的 id

public void loadBaseDictionay(String path) throws Exception {
    InputStream file = new FileInputStream(new File(path));
    BufferedReader read =
      new BufferedReader(new InputStreamReader(file,"GBK"));

    String line = null;
    String pos;
    while ((line=read.readLine()) != null) {
        StringTokenizer st = new StringTokenizer(line, ":");
        String key = st.nextToken(); //单词文本
        pos = st.nextToken();
        byte code = PartOfSpeech.values.get(pos); //词性编码
        int frq = Integer.parseInt(st.nextToken()); //单词频率

        if (rootNode == null) {
            rootNode = new TSTNode(key.charAt(0));
        }

        TSTNode currentNode = getOrCreateNode(key);

        /*新增节点*/
        if (currentNode.data == null) {
            WordEntry word = new WordEntry(key);
            /*给新增加词 id*/
            word.biEntry.id = id;
            id++; //增加词编号
            /*统计同一个词的各种词性及对应频率*/
            word.pos.put(code, frq);
            currentNode.data = word;
        } else {
            /*统计同一个词的各种词性及对应频率*/
            currentNode.data.pos.put(code, frq);
        }
        n += frq; //统计词典中的总词频
    }
}
```

加载二元词典。扫描二元连接词典，在词典 Trie 树中的每个词对应的节点上，加上前缀词编号对应的频率。是一个整数到整数的键/值对。

```
public void loadBigramDictionay(String path) throws Exception {
    String line = null;
    InputStream file = new FileInputStream(new File(path));

    BufferedReader read =
      new BufferedReader(new InputStreamReader(file, "GBK"));

    String strline = null;
    String prefixKey = null; //前缀词
    String suffixKey = null; //后缀词
    int id = 0; //记录单词的 id
    int frq = 0; //记录单词的频率
```

```
    TSTNode prefixNode = null; //前缀节点
    TSTNode suffixNode = null; //后缀节点

    while ((line=read.readLine()) != null) {
        StringTokenizer st = new StringTokenizer(line, ":");
        strline = st.nextToken();

        //求得@之前的部分
        prefixKey = strline.substring(0, strline.indexOf("@"));
        //求得@之后的部分
        suffixKey = strline.substring(strline.indexOf("@") + 1);

        //寻找后缀节点
        suffixNode = getNode(suffixKey);
        if ((suffixNode == null) || (suffixNode.data == null)) {
            continue;
        }

        //寻找前缀节点
        prefixNode = getNode(prefixKey);
        if ((prefixNode==null) || (prefixNode.data==null)) {
            continue;
        }

        id = prefixNode.data.biEntry.id; //记录前缀单词的 id
        frq = Integer.parseInt(st.nextToken()); //记录二元频率
        suffixNode.data.biEntry.put(id, frq);
    }
}
```

建立好词典后，查找二元频率的过程如下：

```
//从二元字典中查找上下两个词的频率，如果没有则返回 0
public int getBigramFreq(WordEntry prev, WordEntry next) {
    //从二元信息入口对象中找
    if ((next.biEntry!=null) && (prev.biEntry!=null))
        int frq = next.biEntry.get(prev.biEntry.id);

    if (frq < 0)
        return 0;
    return frq;
}
```

每次都是从根节点找，加载速度慢。所以把这棵树保存到一个文件，以后可以直接从文件生成树：

```
public class BigramDictioanry {
    static final String baseDic = "baseDict.txt"; //基本词典
    static final String bigramDic = "BigramDict.txt"; //二元词典
    static final String dataDic = "BigramTrie.dat"; //二进制文件
}
```

构造方法：

```
public BigramDictioanry(String dicDir) throws Exception {
    java.io.File dataFile = new File(dicDir + dataDic);
```

```
    if (!dataFile.exists()) { //先判断二进制文件是否存在，如果不存在则创建该文件
        //加载文本格式的基本词典
        loadBaseDictionay(dicDir + baseDic);

        //加载二元转移关系字典
        loadBigramDictionay(dicDir + bigramDic);

        //创建二进制数据文件
        createBinaryDataFile(dataFile);

    } else { //从生成的数据文件加载词典
        loadBinaryDataFile(dataFile);
    }
}
```

8.8　完全二叉数组

图 8-8 所示的词典 Trie 树的叶节点中存储了词编号和对应的频率。为了节省空间，把键和值都放在一个数组中。可以对数组排好序后，使用折半查找排序后的数组，也可以使用完全二叉树实现更快的查找。

图 8-9 所示的完全二叉树放到数组中：{5, 3, 78, 1, 4, 6}。为什么使用完全二叉树？为了不浪费数组中的空间。数组元素不是正好能构成满树，所以只能是完全二叉树。

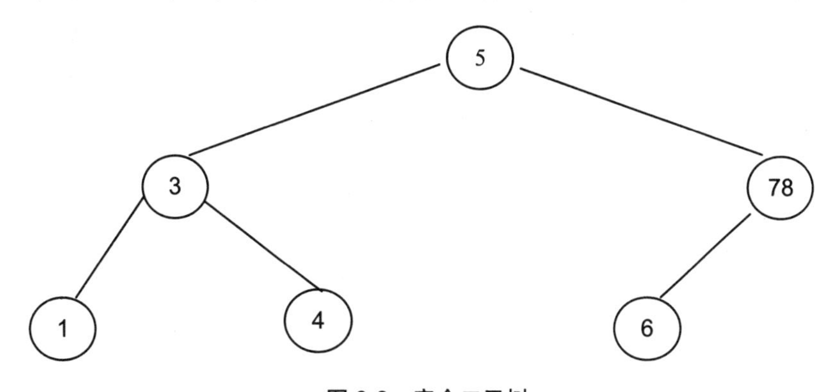

图 8-9　完全二叉树

数组形式存储的完全二叉树：

```
public class CompleteTree { //完全二叉树
    int[] keys; //词编号
    int[] vals; //组合频率
}
```

这里的数组 keys 和 vals 中的元素下标一一对应，也就是说 keys[i]和 vals[i]中的值对应，所以叫作平行数组。

根据给定的数组构建完全二叉树数组：

```
public CompleteTree(int[] k, int[] v) {
```

```
    buildArray(k, v);
}
```

根据键查询值的过程比折半查找快：

```
public int find(int data) { //查找元素
    int index = 1; //从根节点开始找，根节点编号是1
    while (index < keys.length) { //该位置不是空
        if (data < keys[index]) { //判断要向左找，还是向右找
            index = index << 1; //左子树
        } else if (data == keys[index]) { //找到了
            return vals[index]; //返回键对应的值
        } else {
            index = (index << 1) + 1; //右子树
        }
    }
    return -1; //没找到
}
```

完全二叉树比折半查找更快。

```
//对键数组排序，同时值数组也参考键数组调整位置
public static void sortArrays(int[] keys, int[] values) {
    int i, j;
    int temp;
    //冒泡法排序
    for (i=0; i<keys.length-1; i++) {
        //数组最后面已经排好序，所以逐渐减少循环次数
        for (j=0; j<keys.length-1-i; j++) {
            if (keys[j] > keys[j+1]) {
                temp = keys[j]; //交换键
                keys[j] = keys[j+1];
                keys[j+1] = temp;

                temp = values[j]; //交换值
                values[j] = values[j+1];
                values[j+1] = temp;
            }
        }
    }
}
```

可以先把所有的元素排好序，元素的编号从 0 开始。对于固定数量的元素，都有一个分配模式。也就是说，如果是一个完全树，则左边应该有多少元素，右边应该有多少元素。

当总共有两个元素时，选择左边 1 个元素，右边没有，也就是第 1 个元素作为根节点。当总共有 6 个元素时，选择左边 3 个元素，右边 2 个元素，也就是第 3 个元素作为根节点。

首先计算完全二叉树的深度，然后再看最底层节点中有几个在根节点的左边：

```
/**
 * 取得完全二叉搜索树编号
 * @param num 节点数
 * @return 根节点编号
 */
static int getRoot(int num) {
```

```
        int n = 1; //计算满二叉树的节点数
        while (n <= num) {
            n = n << 1;
        }
        int m = n >> 1;
        int bottom = num - m + 1;  //底层实际节点总数
        int leftMaxBottom = m >> 1; //假设是满二叉树的情况下，左边节点最大数量
        if (bottom > leftMaxBottom) { //左边已经填满
            bottom = leftMaxBottom;
        }

        int index = bottom; //左边的底层节点数
        if(m>1){ //加上内部的节点数
            index += ((m >> 1) - 1);
        }
        return index;
    }
```

例如，对于下面的数据，测试哪一个作为根节点：

```
int[] data = {1, 3, 4, 5, 6};
System.out.println(data[getRoot(data.length)]); //输出 5
```

把 5 作为根节点，这样才能得到一个完全二叉树，如图 8-10 所示。

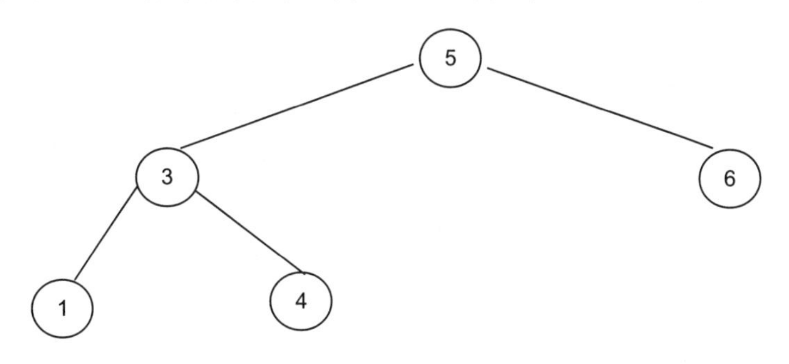

图 8-10　完全二叉搜索树

如果数组 data 中只有 5 个元素，则 data[3]作为根节点。

完全二叉搜索树的任何一个非叶节点的左子树和右子树也都是完全二叉搜索树。所以对于左边的元素和右边的元素，可以不断地调用 getRoot 方法。

如果要把一个已经生成好的链表形式的二叉树转换成数组形式存放，可以采用宽度优先遍历树的方法。要处理的数组范围记录在 Span 类中：

```
static class Span {
    int start; //开始区域
    int end; //结束区域

    public Span(int s, int e) { //构造方法
        start = s;
        end = e;
    }
}
```

构建完全二叉数组的过程类似宽度遍历树。首先把根节点放入队列，然后取出队列中

的节点，访问这个节点后，把它左边和右边的孩子节点放入队列。所以采用队列 ArrayDeque 存储要处理的数组范围 Span。构建完全二叉数组的实现代码如下：

```
public void buildArray(int[] keys, int[] values) {
    sortArrays(keys, values); //先对数组排序

    int pos = 0; //已经处理的位置
    this.keys = new int[keys.length]; //完全二叉树数组
    this.vals = new int[keys.length];
    ArrayDeque<Span> queue = new ArrayDeque<Span>(); //堆栈
    queue.add(new Span(0, keys.length)); //加入数组的整个长度
    while (!queue.isEmpty()) { //如果堆栈中还有元素
        Span current = queue.pop(); //取出元素
        int rootId = CompleteTree.getRoot(current.end - current.start)
          + current.start;
        this.keys[pos] = keys[rootId];
        this.vals[pos] = values[rootId];
        pos++;
        if (rootId > current.start)
           queue.add(new Span(current.start, rootId));
        rootId++;
        if (rootId < current.end)
           queue.add(new Span(rootId, current.end));
    }
}
```

先把同一个条目下的数放到一起，然后再按照方便查找的方式整理。

8.9 三元词典

三元分词要查找三元词典。三元词典的结构，可以在二元词典上继续改。还是键值对，多套一层。还是 BigramMap 那样，嵌套一层。

BigramMap 里增加一个 IDFreqs[]：

```
public class BigramMap {
   public int[] prevIds; //前缀词 id 集合
   public int[] freqs; //组合频率集合
   public IDFreqs[] prevGrams; //前缀元
   public int id; //词本身的 id
}
```

二级前趋词：

```
public class IDFreqs {
   int[] ids; //词编号
   int[] freqs; //次数
}
```

布隆过滤器存储 n 元连接。如果内存放不下，可以把 n 元连接存储在 B+树结构的嵌入式数据库中。

8.10 N 元模型

为了切分更准确，要考虑一个词所处的上下文。例如“上海银行间的拆借利率上升”。因为“银行”后面出现了“间”这个词，所以把“上海银行”分成“上海”和“银行”两个词。

一元分词假设前后两个词的出现概率是相互独立的，但实际不太可能。比如，沙县小吃附近经常有桂林米粉。所以这两个词是正相关。但是很少会有人把“沙县小吃”和“星巴克”相提并论。[羡慕][嫉妒][恨]这三个词有时候会连续出现。切分出来的词序列越通顺，越有可能是正确的切分方案。N 元模型使用 n 个单词组成的序列来衡量切分方案的合理性。

估计单词 w_1 后出现 w_2 的概率。根据条件概率的定义：

$$P(w_2 \mid w_1) = \frac{P(w_1, w_2)}{P(w_1)}$$

可以得到：$P(w_1,w_2) = P(w_1)\, P(w_2|w_1)$。

同理：$P(w_1,w_2,w_3) = P(w_1,w_2)\, P(w_3|w_1,w_2)$。

所以有：$P(w_1,w_2,w_3) = P(w_1)\, P(w_2|w_1)\, P(w_3|w_1,w_2)$。

更加一般的形式如下：

$$P(S) = P(w_1,w_2,...,w_n) = P(w_1)\, P(w_2|w_1)\, P(w_3|w_1,w_2) \ldots P(w_n|w_1w_2 \ldots w_{n-1})$$

这叫作概率的链规则。其中，$P(w_2|w_1)$表示 w_1 之后出现 w_2 的概率。如果词 w_1 和 w_2 独立出现，则 $P(w_2|w_1)$等价于 $P(w_2)$。

这样需要考虑在 n-1 个单词序列后出现单词 w 的概率。

直接使用这个公式计算 P(S)存在两个致命的缺陷：一个缺陷是参数空间过大，不可能实用化；另外一个缺陷是数据稀疏严重。例如，词汇量(V) = 20000 时，可能的二元(bigrams)组合数量有 400,000,000 个。可能的三元(trigrams)组合数量有 8,000,000,000,000 个。可能的四元(4-grams)组合数量有 1.6×10^{17} 个。

为了解决这个问题，我们引入了马尔科夫假设：一个词的出现仅仅依赖于它前面出现的有限的一个或者几个词。

如果简化成一个词的出现仅依赖于它前面出现的一个词，那么就称为二元模型(Bigram)。即：

$$\begin{aligned} P(S) &= P(w_1,w_2,...,w_n) = P(w_1)\, P(w_2|w_1)\, P(w_3|w_1,w_2) \ldots P(w_n|w_1w_2 \ldots w_{n-1}) \\ &\approx P(w_1)\, P(w_2|w_1)\, P(w_3|w_2) \ldots P(w_n|w_{n-1}) \end{aligned}$$

例如：$P(S_1)$ = P(有) P(意见|有) P(分歧|意见)。

如果简化成一个词的出现仅依赖于它前面出现的两个词，就称为三元模型(Trigram)。如果一个词的出现不依赖于它前面出现的词，叫作一元模型(Unigram)，也就是已经介绍过的概率语言模型的分词方法。

如果切分方案 S 是由 n 个词组成的，那么 $P(w_1)\, P(w_2|w_1)\, P(w_3|w_2) \ldots P(w_n|w_{n-1})$也是 n 项连乘积。无论采用一元模型还是二元模型，或者三元模型，都是 n 项连乘积。只不过二元以上模型是条件概率的连乘积。例如，对于切分“有意见分歧”来说，二元模型计算：P(有)

P(意见|有) P(分歧|意见)，三元模型计算：P(有) P(意见|有) P(分歧|有,意见)。

因为 $P(w_i|w_{i-1}) = freq(w_{i-1},w_i)/freq(w_{i-1})$，所以二元分词不仅用到二元词典，还需要用到一元词典。

8.11 N 元 分 词

二元切分词图简称二元词图，n 元切分词图简称 n 元词图。考虑如何得到二元词图。一个词的开始位置和结束位置组成的节点组合是二元词图中的点。前后两个词的转移概率作为边的权重。

“有意见分歧”这句话中节点的组合有{0,1}、{0,2}、{1,2}、{1,3}、{2,3}、{3,4}、{3,5}。得到的二元切分词图如图 8-11 所示。

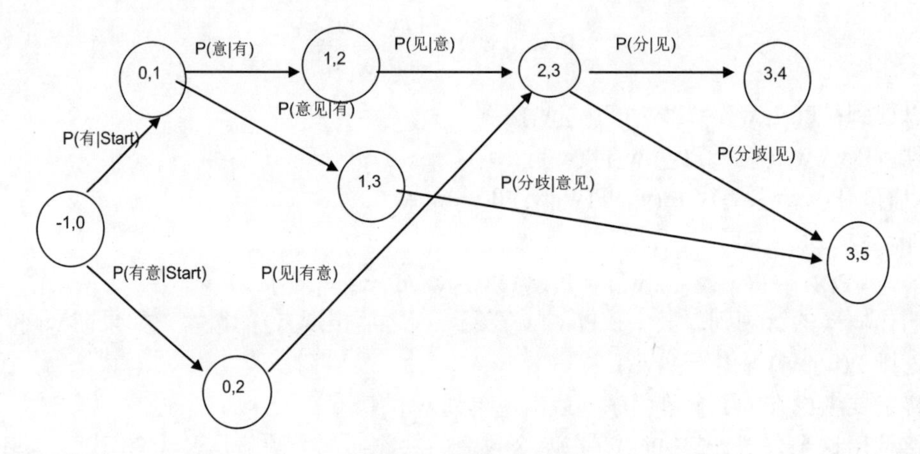

图 8-11　二元切分词图

切分方案“有/意见/分歧”对应切分路径{-1,0}→{0,1}→{1,3}→{3,5}，也就是对应概率乘积：P(有|Start)×P(意见|有)×P(分歧|意见)。切分方案“有意/见/分歧”对应切分路径{-1,0}→{0,2}→{2,3}→{3,5}，也就是对应概率乘积：P(有意|Start) × P(见|有意) × P(分歧|见)。

这个二元切分词图可以看成是以词为基础的，如图 8-12 所示。

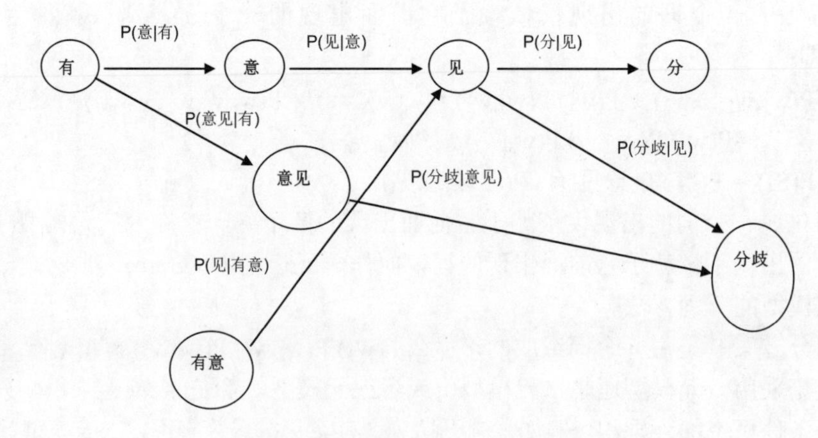

图 8-12　词表示的二元切分词图

相对于改进的一元分词，二元分词在分词路径上有更多的选择。一元分词中的每个节点有最佳前趋节点，而二元分词中的每个节点组合有最佳前趋节点组合。

根据最佳前趋节点找切分路径的 bestPath()方法如下：

```
public ArrayDeque<CnToken> bestPath() {  //根据最佳前趋节点找切分路径
   ArrayDeque<CnToken> seq = new ArrayDeque<CnToken>(); //切分出来的词序列
   //从右向左找最佳前趋节点
   for (CnToken t=endNode.bestPrev; t!=startNode; t=t.bestPrev) {
      seq.addFirst(t);
   }
   return seq;
}
```

动态规划找切分路径，从前往后设置每个节点的最佳前趋节点，然后调用 bestPath()方法找切分路径。例子代码如下：

```
Segmenter seg = new Segmenter();
seg.startNode = new CnToken(-1, 0, "start");  //开始词

CnToken w1 = new CnToken(0,1, "有");  //第一个词
w1.bestPrev = seg.startNode;   //设置第一个词的最佳前趋词

CnToken w2 = new CnToken(1, 3, "意见");  //第二个词
w2.bestPrev = w1;            //设置第二个词的最佳前趋词

CnToken w3 = new CnToken(3, 5, "分歧");  //第三个词
w3.bestPrev = w2;              //设置第三个词的最佳前趋词

seg.endNode = new CnToken(5, 6, "end");  //结束词
seg.endNode.bestPrev = w3;        //设置结束词的最佳前趋词

ArrayDeque<CnToken> words = seg.bestPath();  //找切分路径
for (CnToken word : words) {   //输出分词结果中的每个词
   System.out.print(word.termText + " ");
}
```

为了方便找指定词的前趋词集合，所有的词放入逆邻接链表。二元分词流程如下。

① 根据词表中的基本词得到逆邻接链表表示的二元切分词图。

② 从前往后遍历切分词图中的每个节点，计算这个节点的最佳前趋节点；每个节点都有个节点累积概率，还有前面节点到当前节点的转移概率。计算节点之间的转移概率过程中用到了词的二元转移概率。

③ 从最后一个节点向前找最佳前趋节点，同时把最佳切分词序列记录到队列。队列中的最佳切分词序列就是二元分词结果。

二元分词程序如下：

```
private CnToken startWord;  //开始词
private CnToken endWord;   //结束词

public ArrayDeque<CnToken> split(String sentence) {
   AdjList segGraph = getSegGraph(sentence); //得到逆邻接链表表示的切分词图
```

```
    for (CnToken currentWord : segGraph) { //从前往后遍历切分词图中的每个词
        //得到当前词的前趋词集合
        CnTokenLinkedList prevWordList =
          segGraph.prevWordList(currentWord.start);
        double wordProb = Double.NEGATIVE_INFINITY; //候选词概率
        CnToken minToken = null;
        for (CnToken prevWord : prevWordList) {
            double currentProb =
              transProb(prevWord, currentWord) + prevWord.logProb;
            if (currentProb > wordProb) {
                wordProb = currentProb;
                minToken = prevWord;
            }
        }
        currentWord.bestPrev = minToken; //设置当前词的最佳前趋词
        currentWord.logProb = wordProb; //设置当前词的词概率
    }

    ArrayDeque<CnToken> ret = new ArrayDeque<CnToken>();

    //从右向左找最佳前趋节点
    for (CnToken t=endWord; t!=startWord; t=t.bestPrev) {
        ret.addFirst(t);
    }
    return ret;
}
```

其中 transProb 方法计算前一个词转移到后一个词的概率：

```
//返回前后两个词的转移概率
private double transProb(CnToken prevWord, CnToken currentWord) {
    //首先得到二元转移次数
    double bigramFreq =
      getBigramFreq(prevWord.biEntry, currentWord.biEntry);

    if(bigramFreq == 0) { //根据词的长短搭配做平滑
        int preLen = prevWord.termText.length();
        int nextLen = currentWord.termText.length();
        if (preLen < nextLen) {
            bigramFreq = 0.01; //短词后接长词分值高
        } else if (preLen == nextLen) {
            bigramFreq = 0.004; //前后两个词长度一样，分值一般
        } else {
            bigramFreq = 0.0001; //长词后接短词，分值低
        }
    }

    double wordProb = lamda1*prevWord.freq/dict.totalFreq
      + lamda2*(bigramFreq/currentWord.freq); //平滑后的二元概率

    return Math.log(wordProb);
}
```

用图来表示动态规划计算二元分词的过程，如图 8-13 ~ 8-16 所示。

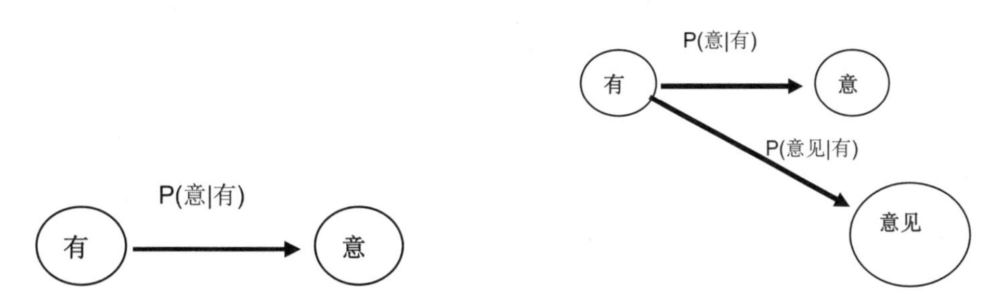

图 8-13　节点“意”的最佳前趋节点是节点“有”　图 8-14　节点“意见”的最佳前趋节点是节点“有”

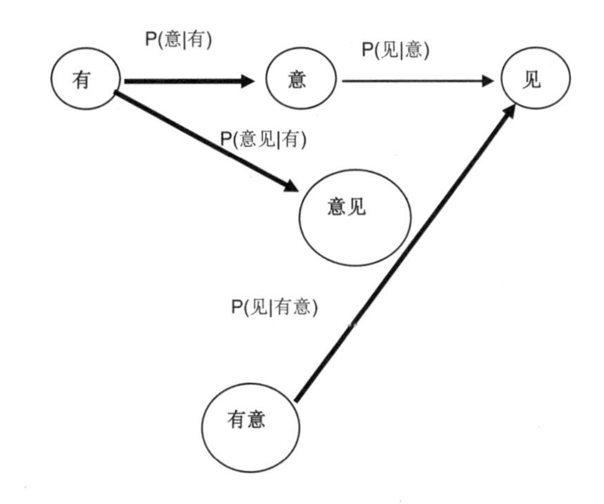

图 8-15　节点“见”的最佳前趋节点是节点“有意”

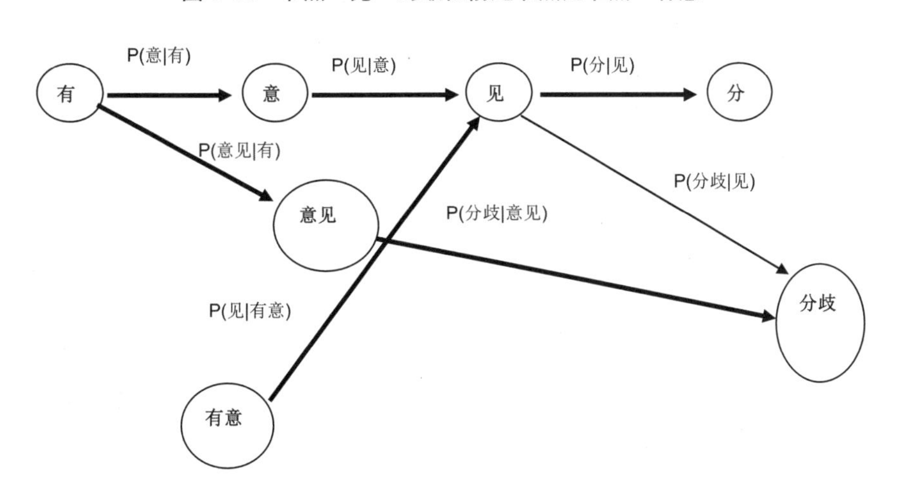

图 8-16　节点“分歧”的最佳前趋节点是节点“意见”

一元分词一个节点，二元分词两个节点组合，n 元分词 n 个节点组合。如果把词序列的概率看成马尔科夫过程，一元分词看成是一阶马尔科夫过程，计算 P(见)看成是节点 2 转移到节点 3 的概率，写成 P(2->3)。二元分词看成是二阶马尔科夫过程，计算 P(见|意)，看成是节点组合{1,2}转移到节点组合{2,3}的概率，写成 P({1,2}->3)。三元分词看成是三阶马尔科夫过程，计算 P(见|有,意)，看成是节点组合{0,1,2}转移到节点组合{1,2,3}的概率，写成

P({0,1,2}->3)。所有有效的 2 节点组合组成二元词图中的节点，所有有效的 3 节点组合组成三元词图中的节点，以此类推，所有有效的 n 节点组合组成 n 元词图中的节点。

词表示的三元切分词图如图 8-17 所示。

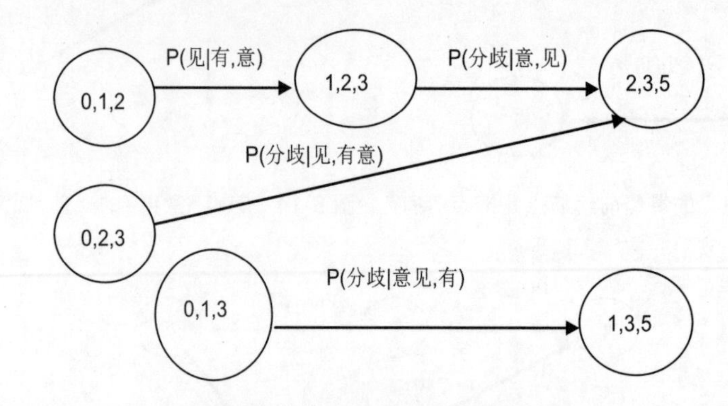

图 8-17　词表示的三元切分词图

三元词图中，组合节点{2,3,5}的前趋节点数量是 2，与二元词图中组合节点{2,3}的前趋节点数量是一样的，与一元词图中节点 2 的前趋节点数量也是一样的。组合节点{2,3,5}的前趋节点是{1,2,3}和{0,2,3}，组合节点{2,3}的前趋节点是{1,2}和{0,2}，节点 2 的前趋节点是 1 和 0。

在计算最佳节点序列的过程中，需要根据词或者位置得到节点。可以从切分词图即时生出节点。如果需要的节点还不存在，就创建这个节点。然后把已经创建的节点缓存起来：

```
HashMap<Node,Node> cache = new HashMap<Node,Node>();  //节点缓存

public Node getNode(int s, int m, int e, double p) {  //根据位置得到节点
    Node test = new Node(s, m, e, p);
    Node old = cache.get(test); //看是否已经创建过这个节点
    if(old != null)
        return old;  //如果已经创建过，就返回原来的节点
    //如果还没有创建过，就返回新的节点，并把新节点放入缓存
    cache.put(test, test);
    return test;
}

public Node getNode(CnToken t1, CnToken t2) {  //根据前后两个词得到节点
    Node test = new Node(t1, t2);
    Node old = cache.get(test);
    if(old != null)
        return old;
    cache.put(test, test);
    return test;
}
```

为了方便计算，三元分词设置虚拟结束节点 end@end。待切分句子的概率就是节点 end@end 的概率。三元分词中找最佳节点序列的代码如下：

```
public ArrayDeque<Node> split() { //返回最佳节点序列
    AdjList segGraph = getSegGraph(text); //得到切分词图
```

```
    for (Node currentNode : segGraph) { //从前往后遍历切分词图中的每个节点
        //得到当前节点的前趋节点集合
        Node[] prevNodes = segGraph.prevNodeSet(currentNode);
        double nodeProb = minValue; //侯选词概率
        Node minNode = null;
        if (prevNodes == null)
            continue;
        for (Node prevNode : prevNodes) {
            double currentProb =
              transProb(prevNode, currentNode) + prevNode.nodeProb;
            if (currentProb > nodeProb) {
                nodeProb = currentProb;
                minNode = prevNode;
            }
        }
        currentNode.bestPrev = minNode; //设置当前词的最佳前趋词
        currentNode.nodeProb = nodeProb; //设置当前词的词概率
    }

    ArrayDeque<Node> seq = new ArrayDeque<Node>(); //切分出来的节点序列

    //从右向左找最佳前趋节点
    for (Node t=endNode.bestPrev; t.start>-1; t=t.bestPrev) {
        seq.addFirst(t);
    }
    return seq;
}
```

如果没有词频这样的信息，仍然可以用词的长度来改进分词。长词后接短词有罚分，而短词后接长词则有加分。前后两个词的长短用二元连接概率同样的方式处理：

```
static final double lamda1 = 0.5;  //一元概率权重
static final double lamda2 = 0.5;  //二元概率权重

// 前后两个词的转移概率
private double transProb(CnToken prevWord, CnToken currentWord) {
    double biProb;  //二元转移概率
    int preLen = prevWord.termText.length();
    int nextLen = currentWord.termText.length();
    if (preLen < nextLen) {
        biProb = 0.2; //短词后接长词分值高
    } else if (preLen == nextLen) {
        biProb = 0.1;  //前后两个词长度一样分值一般
    } else {
        biProb = 0.0001; //长词后接短词分值低
    }

    return lamda1*prevWord.logProb + lamda2*Math.log(biProb);
}
```

对于拼音转换等歧义较多的情况，可以采用三元模型，例如：

```
P(设备|电机, 制造) > P(设备|点击, 制造)
```

在自然语言处理中，N 元模型可以应用于字符，衡量字符之间的搭配，或者词，衡量词之间的搭配。

应用于字符的例子：可以应用于编码识别，将要识别的文本按照 GB 码和 BIG5 码分别识别成不同的汉字串，然后计算其中所有汉字频率的乘积。取乘积大的一种编码。

在实践中用得最多的就是二元和三元了，而且效果很不错。高于四元的用得很少，因为训练它需要更庞大的语料，而且数据稀疏严重，时间复杂度高，精度却提高得不多。

8.12 生成语言模型

先有语料库，后有词典文件。如果输入串是“迈向　充满　希望　的　新　世纪”，则返回“迈向@充满”、“充满@希望”、“希望@的”、“的@新”、“新@世纪”5 个二元连接。再加上虚拟的开始词和结束词“0START.0@迈向”和“世纪@0END.0”。

如下的代码找到切分语料库中所有的二元连接串：

```
FileInputStream file = new FileInputStream(new File(fileName));
BufferedReader buffer =
  new BufferedReader(new InputStreamReader(file, "GBK"));
BufferedWriter result =
  new BufferedWriter(new FileWriter(resultFile, true));

String line;
while ((line=buffer.readLine()) != null) { //按行处理
    if (line.equals(""))
        continue;
    StringTokenizer st = new StringTokenizer(line, " " ); //空格分开

    String prev = st.nextToken(); //取得下一个词
    if(!st.hasMoreTokens()) {
        continue;
    }
    String next = st.nextToken(); //取得下一个词
    if(!st.hasMoreTokens()) {
        continue;
    }
    while (true) {
        String bigramStr = prev + "@" + next; //组成一个二元连接
        result.write(bigramStr); //把二元连接串写到结果文件
        result.write("\r\n");
        if(!st.hasMoreTokens()) { //如果没有更多的词，就退出
            break;
        }
        prev = next; //下一个词作为上一个词
        next = st.nextToken(); //得到下一个词
    }
}
result.close(); //关闭写入文件
```

因为词是先进先出的，所以一个 n 元连接用一个容量是 n 的队列表示。一个只有固定长度的队列，当添加一个元素时，队列会溢出成固定大小，它应该自动移除最老的元素。

也就是说，这个队列不能保留所有的元素，丢掉最老的元素。例如，实现一个三元连接：

```
CircularQueue q = new CircularQueue(3); //容量是 3 的队列
q.add("迈向");
q.add("充满");
q.add("希望");
q.add("的");
q.add("新");
q.add("世纪");

Iterator it = q.iterator();
//因为 q 中只保留了三个词，所以只返回三个词
while (it.hasNext()) {
    Object word = it.next();
    System.out.print(word+" ");
}
```

输出：

的 新 世纪

统计 n 元概率的项目见 https://github.com/esbie/ngrams。

首先从“人民日报切分语料库”得到新闻行业语言模型，然后切分行业文本，得到垂直语料库，最后根据垂直语料库统计出垂直语言模型。这样可以提高切分准确度。

8.13　评估语言模型

通过困惑度(perplexity)来衡量语言模型。困惑度是与一个语言事件的不确定性相关的度量。考虑词级别的困惑度。“行”后面可以跟的词有“不行”、“代码”、“善”、“走”。所以“行”的困惑度较高。但有些词不太可能跟在“行”后面，例如“您”、“分”。而有些词的困惑度比较低，例如“康佳”等专有名词，后面往往跟着“彩电”等词。语言模型的困惑度越低越好，相当于有比较强的消除歧义能力。如果从更专业的语料库学习出语言模型，则有可能获得更低的困惑度，因为专业领域中的词搭配更加可预测。

困惑度的定义如下。

有一些测试数据，n 个句子：$S_1,S_2,S_3,...,S_n$

计算整个测试集 T 的概率：$\log\prod_{i=1}^{n}P(S_i)=\prod_{i=1}^{n}\log P(S_i)$

困惑度 Perplexity(t)=2^{-x}，这里的 $x=\frac{1}{W}\prod_{i=1}^{n}\log P(S_i)$

W 是测试集 T 中的总词数。

困惑度的构想如下。

假设有个词表 V，其中有 N 个词，形式化的写法是 N=|V|。模型预测词表中任何词的概率都是 P(w)=(1/N)。

很容易计算这种情况下的困惑度是：Perplexity(t)=2^{-x}，这里 $x=\log\frac{1}{N}$。

所以 Perplexity(t)=N。困惑度是对有效的分支系数的衡量。

例如，训练集有3800万词，来自华尔街日报(WSJ)。词表有19979个词。测试集有150万词，也是来自华尔街日报(WSJ)。一元模型的困惑度值是962；二元模型是170；三元模型是109。

8.14 概率分词的流程与结构

以二元分词为例，程序执行的流程是：首先构建一元词典，然后在一元词典上增加二元连接，得到最终的二元词典Trie树。为了避免重复生成词典树，把二元词典Trie树保存成二进制格式。实际分词时，首先加载二进制格式的词典文件，然后得到输入串的切分词图。根据切分词图，使用动态规划算法，找出最佳切分路径。最后根据最佳切分路径输出词序列。

一般来说，中文分词的总体流程和结构如图8-18所示。

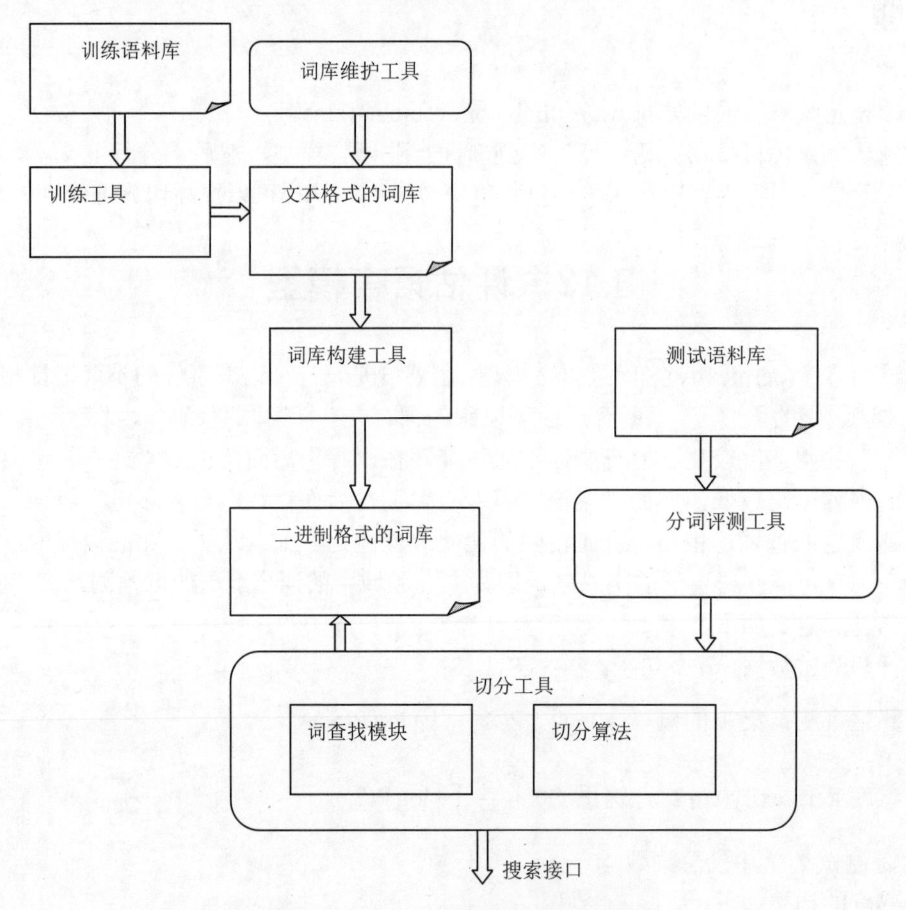

图8-18 中文分词的总体流程和结构

中文分词切分过程如下。

① 从整篇文章识别未登录词。

② 按规则识别英文单词或日期等未登录串。

③　对输入字符串切分成句子：对一段文本进行切分，首先是依次从这段文本里面切分出一个句子，然后再对这个句子进行分词。

④　生成全切分词图：根据基本词库对句子进行全切分，并且生成一个邻接链表表示的词图。

⑤　计算最佳切分路径：在这个词图的基础上，运用动态规划算法生成切分最佳路径。

8.15　本章小结

概率分词的方法从一元分词到二元分词，直到 N 元分词。为了提高分词的准确度，结合了使用语义知识的知识分词。

第9章 词性标注

在贴了地砖的卫生间，可能看到过“小心地滑”这样的提示语。这里，“地”是名词，而不是助词。对分词结果中的每个词标注词性后，可以更深入地理解句子。

提取一篇文章中的关键字，提取出的词最好是名词。是词库中的名词就可以。而有的词有好几个词性。就好像一个人既可能是演员，也可以是导演，还有可能是作家。角色取决于他正在做的事情。所以需要根据一个词在句子中的作用，来判断它是哪种词性。

词性用来描述一个词在上下文中的作用。例如描述一个概念的词叫作名词，在下文引用这个名词的词叫作代词。现代汉语的词可以粗分为12类。实词包括名词、动词、形容词、数词、量词和代词。虚词包括副词、介词、连词、助词、拟声词和叹词。词的分类体系如图9-1所示。

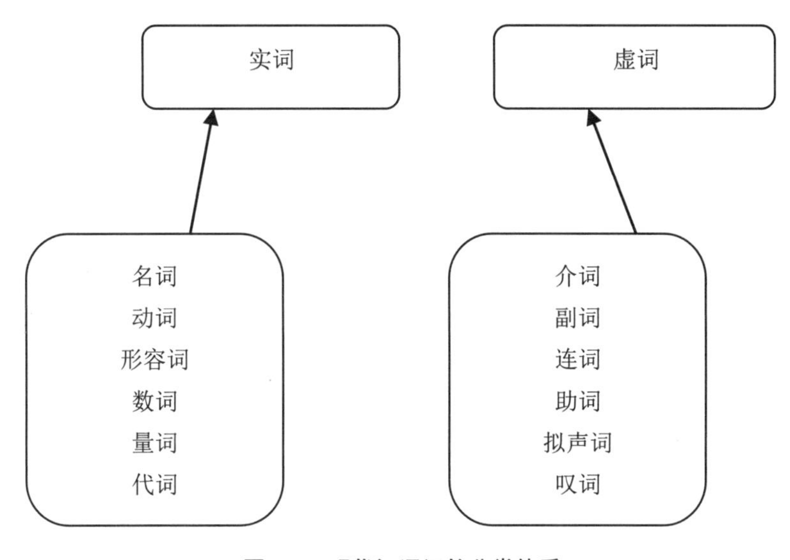

图 9-1　现代汉语词的分类体系

可以把词性定义成枚举类型。枚举类型 PartOfSpeech 的代码如下：

```
public enum PartOfSpeech {
    a, //形容词
    c, //连词
    d, //副词
    e, //叹词
    m, //数词
```

```
    n, //名词
    o, //拟声词
    p, //介词
    q, //量词
    r, //代词
    u, //助词
    v  //动词
}
```

词性标注返回的词封装在 WordToken 类中：

```
public class WordToken {
    public String termText;  //词
    public PartOfSpeech type; //词性
    public int start;  //词在文本中出现的开始位置
    public int end; //词在文本中出现的结束位置
}
```

词性标注的接口类：

```
public class Tagger {
    public ArrayList<WordToken> split(String sentence) {
        //切分并且标注词性
    }
}
```

描述一个动作的名词叫作名动词，例如“有**保障**”、“有**奖励**”。

有时候，词的长短决定了它的用法。当动词是单字时，名词可以是单字的，也可以是多字的；但如果动词是双字的，则名词通常必须是双字的。比如，可以说：扫地、扫垃圾，因为动词是单字的。不可以说：打扫地，只能说：打扫垃圾，因为动词是双字的。同理，可以说：开车、开汽车。不可以说：驾驶车，只能说：驾驶汽车。

有的词性经常会出现一些新的词，例如名词，这样的词性叫作开放式的词性。另外一些词性中的词比较固定，例如代词，这样的词性叫作封闭式的词性。

实词是开放的，虚词是封闭的。例如：名词、形容词、动词是开放的，有无限多个可能。但虚词，尤其是结构助词个数却很少，常用的虚词总数不过六七百个。

比如：在“[**把**][这][篇][报道][编辑][一][下]”这句话中，“把”作为一个介词，在“[一][**把**][宝刀]”中，“把”作为一个量词。把这个问题抽象出来就是已知单词序列 $w_1,w_2,...,w_n$，给每个单词标注上词性 $t_1,t_2,...,t_n$。因为存在一个词对应多个词性的现象，所以给词准确地标注词性并不是很容易。

不同的语言有不同的词性标注集。比如英文有反身代词，例如 myself，而中文中则没有反身代词。为了方便指明词的词性，可以给每个词性编码。例如根据英文缩写，把“形容词”编码成 a，名词编码成 n，动词编码成 v，……。表 9-1 给出了完整的词性编码。

表 9-1　词性编码

代　码	名　称	举　例
a	形容词	最/d　大/a　的/u
ad	副形词	一定/d　能够/v　顺利/ad　实现/v　。/w

续表

代　码	名　称	举　例
ag	形语素	喜/v　煞/ag　人/n
an	名形词	人民/n　的/u　根本/a　利益/n　和/c　国家/n　的/u　安稳/an　。/w
b	区别词	副/b　书记/n　王/nr　思齐/nr
c	连词	全军/n　和/c　武警/n　先进/a　典型/n　代表/n
d	副词	两侧/f　台柱/n　上/f　分别/d　雄踞/v　着/u
dg	副语素	用/v　不/d　甚/dg　流利/a　的/u　中文/nz　主持/v　节目/n　。/w
e	叹词	嗬/e　！/w
f	方位词	从/p　一/m　大/a　堆/q　档案/n　中/f　发现/v　了/u
g	语素	例如 dg 或 ag
h	前接成分	目前/t　各种/r　非/h　合作制/n　的/u　农产品/n
i	成语	提高/v　农民/n　讨价还价/i　的/u　能力/n　。/w
j	简称略语	民主/ad　选举/v　村委会/j　的/u　工作/vn
k	后接成分	权责/n　明确/a　的/u　逐级/d　授权/v　制/k
l	习用语	是/v　建立/v　社会主义/n　市场经济/n　体制/n　的/u　重要/a　组成部分/l　。/w
m	数词	科学技术/n　是/v　第一/m　生产力/n
n	名词	希望/v　双方/n　在/p　市政/n　规划/vn
ng	名语素	就此/d　分析/v　时/Ng　认为/v
nr	人名	建设部/nt　部长/n　侯/nr　捷/nr
ns	地名	北京/ns　经济/n　运行/vn　态势/n　喜人/a
nt	机构团体	[冶金/n　工业部/n　洛阳/ns　耐火材料/l　研究院/n]nt
nx	字母专名	ATM/nx　交换机/n
nz	其他专名	德士古/nz　公司/n
o	拟声词	汩汩/o　地/u　流/v　出来/v
p	介词	往/p　基层/n　跑/v　。/w
q	量词	不止/v　一/m　次/q　地/u　听到/v　，/w
r	代词	有些/r　部门/n
s	处所词	移居/v　海外/s　。/w
t	时间词	当前/t　经济/n　社会/n　情况/n
tg	时语素	秋/tg　冬/tg　连/d　旱/a
u	助词	工作/vn　的/u　政策/n
ud	结构助词	有/v　心/n　栽/v　得/ud　梧桐树/n
ug	时态助词	你/r　想/v　过/ug　没有/v
uj	结构助词的	迈向/v　充满/v　希望/n　的/uj　新/a　世纪/n
ul	时态助词了	完成/v　了/ul
uv	结构助词地	满怀信心/l　地/uv　开创/v　新/a　的/u　业绩/n

续表

代 码	名 称	举 例
uz	时态助词着	眼看/v 着/uz
v	动词	举行/v 老/a 干部/n 迎春/vn 团拜会/n
vd	副动词	强调/vd 指出/v
vg	动语素	做好/v 尊/vg 干/j 爱/v 兵/n 工作/vn
vn	名动词	股份制/n 这种/r 企业/n 组织/vn 形式/n ，/w
w	标点符号	生产/v 的/u 5G/nx 、/w 8G/nx 型/k 燃气/n 热水器/n
x	非语素字	生产/v 的/u 5G/nx 、/w 8G/nx 型/k 燃气/n 热水器/n
y	语气词	已经/d 30/m 多/m 年/q 了/y 。/w
z	状态词	势头/n 依然/z 强劲/a ；/w

词性标注有小标注集和大标注集。例如小标注集代词都归为一类，大标注集可以把代词进一步分成三类。

- 人称代词：你 我 他 它 你们 我们 他们……
- 疑问代词：哪里 什么 怎么
- 指示代词：这里 那里 这些 那些

采用小标注集比较容易实现，但是太小的标注集可能会导致类型区分度不够。例如在黑白二色世界中，可以通过颜色的深浅来分辨出物体，但是通过七彩颜色可以分辨出更多的物体。

以[把][这][篇][报道][编辑][一][下]为例，[把]这个词有介词和量词两种词性，此外还有其他的词性，如图 9-2 所示。有 5×1×1×2×2×2×3=120 种可能的词性标注序列，哪种最合理？

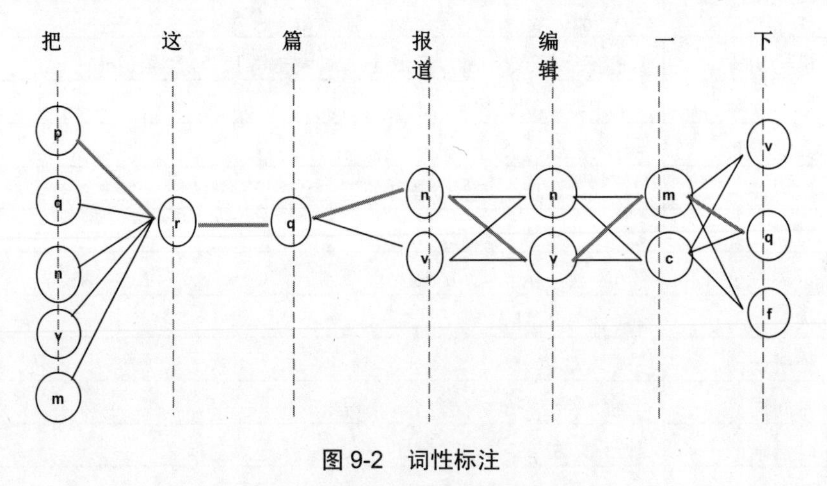

图 9-2 词性标注

9.1 数据基础

词典要能够识别每个词可能的词性。例如可以根据词性编码在文本文件 n.txt 中存放名词，在文本文件 v.txt 中存放动词，在文本文件 a.txt 中存放形容词，等等。例如，v.txt 的内

容如下：

```
欢迎
迎接
```

可以把这些按词性分放到不同文件中的词表合并成一个大的词表文件，每行一个词和对应的一个词性。例如：

```
把:p
把:q
```

如果把词表放到数据库中，则设置词和词性两列。为了避免重复插入词，词和词性联合做主键：

```
CREATE TABLE "AI_BASEWORD" ("WORD" string NOT NULL , --词
 "PARTSPEECH" string,  --词性
 "FRQ" int, --词频
 "PINYIN" string) --拼音
```

对于基本的中文分词，训练集只是切分语料库。类似：

```
北京/欢迎/你
```

对于词性标注，需要标注了词性的语料库。在每个词后面增加如表 9-1 所示的词性编码。标注结果类似：

```
北京/ns 欢迎/v 你/r
```

词典里分不出的词按单字切分，词性标注成未知类型。

“人民日报语料库”是词性标注语料库。每行一篇切分和标注好的文章。例如：

```
不/d  忘/v  群众/n  疾苦/n  温暖/v  送/v  进/v  万/m  家/q
```

“人民日报语料库”的正式名称是“PFR 人民日报标注语料库”。

对英文来说，Brown 语料库中每个词标注有词性。NLTK 中包括 Brown 语料库。

9.2　隐马尔科夫模型

解决标注歧义问题最简单的一个方法，是从单词所有可能的词性中选出这个词最常用的词性作为这个词的词性，也就是一个概率最大的词性，比如“改革”大部分时候作为一个名词出现，那么可以机械地把这个词总是标注成名词，但是这样标注的准确率会比较低，因为只考虑了频率特征。

考虑词所在的上下文可以提高标注准确率。例如在动词后接名词的概率很大。“推进/改革”中的“推进”是动词，所以后面的“改革”很有可能是名词。这样的特征叫作上下文特征。

隐马尔科夫模型(Hidden Markov Model，HMM)和基于转换的学习方法是两种常用的词型标注方法。这两种方法都整合了频率和上下文两方面的特征来取得好的标注结果。具体来说，隐马尔科夫模型同时考虑到了词的生成概率和词性之间的转移概率。

很多生物也懂得同时利用两种特征信息。例如，箭鼻水蛇是一种生活在水中以吃鱼或

虾为生的蛇。它是唯一一种长着触须的蛇类。箭鼻水蛇的最前端触须能够感触非常轻微的变动，这表明它可以感触到鱼类移动时产生的细微水流变化。当在光线明亮的环境中时，箭鼻水蛇能够通过视觉捕食小鱼。也就是说，能同时利用光线的变化和水流的变化信息来捕鱼。

词性标注的任务是：给定词序列 $W=w_1,w_2,...,w_n$，寻找词性标注序列 $T=t_1,t_2,...,t_n$，使得 $P(t_1,t_2,...,t_n \mid w_1,w_2,...,w_n)$这个条件概率最大。

例如，词序列是：[他][会][来]这句话。为了简化计算，假设只有词性：代词(r)、动词(v)、名词(n)和方位词(f)。这里，[他]只可能是代词，[会]可能是动词或者名词，而[来]可能是方位词或者动词。所以有 4 种可能的标注序列。需要比较：P(r,v,v|他,会,来) vs P(r,n,v|他,会,来) vs P(r,v,f|他,会,来) vs P(r,n,f|他,会,来)，发现 P(r,v,v|他,会,来)是这四个概率中最大的，所以选择词性标注序列[r,v,v]。

使用贝叶斯公式重新描述这个条件概率：

$$P(t_1,t_2,\ldots,t_n)*P(w_1,w_2,\ldots,w_n|t_1,t_2,\ldots,t_n)/P(w_1,w_2,\ldots,w_n)$$

忽略掉分母 $P(w_1,w_2,\ldots,w_n)$：

$$P(t_1,t_2,...,t_n) = P(t_1)P(t_2|t_1)P(t_3|t_1,t_2)\ldots P(t_n|t_1t_2\ldots t_{n-1})$$

做独立性假设，使用 n 元模型近似计算 $P(t_1,t_2,...,t_n)$。例如使用二元模型，则有：

$$P(t_1,t_2,\ldots,t_n) \approx \prod_{i=1}^{n} P(t_i \mid t_{i-1})$$

近似计算 $P(w_1,w_2,\ldots,w_n|t_1,t_2,\ldots,t_n)$：假设一个类别中的词独立于它的邻居，则有：

$$P\left(w_1,w_2,\ldots,w_n \mid t_1,t_2,\ldots,t_n\right) \approx \prod_{i=1}^{n} P(w_i \mid t_i)$$

寻找最有可能的词性标注序列实际的计算公式是：

$$P(t_1,t_2,\ldots,t_n)*P(w_1,w_2,\ldots,w_n|t_1,t_2,\ldots,t_n) \approx \prod_{i=1}^{n} P(t_i \mid t_{i-1}) * P(w_i \mid t_i)$$

因为词是已知的，所以这里把词 w 叫作显状态。因为词性是未知的，所以把词性 t 叫作隐状态。条件概率 $P(t_i|t_{i-1})$叫作隐状态之间的转移概率。条件概率 $P(w_i|t_i)$叫作隐状态到显状态的发射概率，也叫作隐状态生成显状态的概率。注意，不要把 $P(w_i|t_i)$算成了 $P(t_i|w_i)$。

因为出现某个词性的词可能很多，所以对很多词来说，发射概率 $P(w_i|t_i)$往往很小。而词性往往只有几十种，所以转移概率 $P(t_i|t_{i-1})$往往比较大。就好像这世界有各种各样的动物，在所有的动物中，正好碰到啄木鸟的可能性比较小。

如果只根据当前的状态去预测将来，而忽略过去状态对将来的影响，就是基本的马尔科夫模型。马尔科夫模型中的状态之间有转移概率。隐马尔科夫模型中有隐状态和显状态。隐状态之间有转移概率。一个隐状态对应多个显状态。隐状态生成显状态的概率叫作生成概率或者发射概率。在初始概率、转移概率以及发射概率已知的情况下，可以从观测到的显状态序列计算出可能性最大的隐状态序列。对于词性标注的问题来说，显状态是分词出来的结果——单词 W，隐状态是需要标注的词性 T。词性之间存在转移概率。词性按照某个发射概率产生具体的词。可以把初始概率、转移概率和发射概率一起叫作语言模型。因为它们可以用来评估一个标注序列的概率。

采用隐马尔科夫模型标注词性的总体结构如图 9-3 所示。

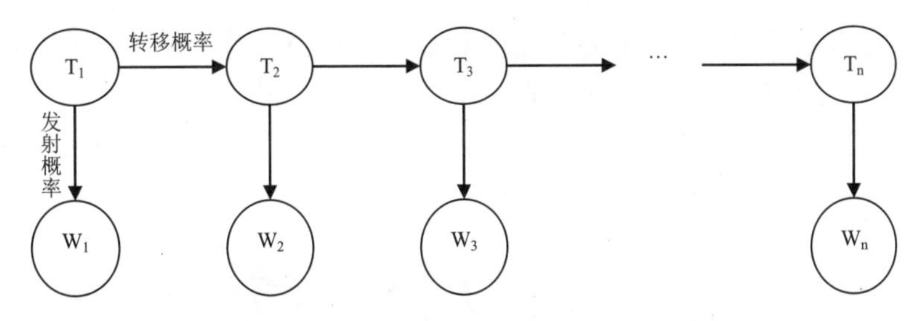

图 9-3　词性标注中的隐马尔科夫模型

语言模型中的值可以事前统计出来。中文分词中的语言模型可以从语料库统计出来。

以标注[他][会][来]这句话为例，说明隐马尔科夫模型的计算过程。为了简化计算，假设只有词性：代词(r)、动词(v)、名词(n)和方位词(f)。这里，[他]只可能是代词，[会]可能是动词或者名词，而[来]可能是方位词或者动词。所以有 4 种可能的标注序列。

有些词性更有可能作为一个句子的开始，例如代词。有些词性更有可能作为一个句子的结束，例如语气词。所以每句话增加虚拟的开始和结束状态。用 start 表示开始状态，end 表示结束。emit 表示发射概率，go 表示转移概率。有如下一个简化版本的语言模型描述：

```
START: go(R,1.0) emit(start,1.0)
F: emit(来,0.1) go(N,0.9) go(END,0.1)
V: emit(来,0.4) emit(会,0.3) go(F,0.1) go(V,0.3) go(N,0.5) go(END,0.1)
N: emit(会,0.1) go(F,0.5) go(V,0.3) go(END,0.2)
R: emit(他,0.3) go(V,0.9) go(N,0.1)
```

其中隐状态用大写表示，而显状态用小写表示。例如：START: go(R,1.0) emit(start,1.0)表示隐状态 START 发射到显状态 start 的概率是 1，从句子开头转移到代词的概率也是 1。R: emit(他,0.3)表示从代词生成“他”的概率是 0.3。后面的 go(V,0.9)则表示从代词转移到动词的概率是 0.9。

这个语言模型的初始概率向量见表 9-2。

表 9-2　初始概率向量

	R	N	f	end
start	1.0	0	0	0

这个初始概率的意思是，代词是每个句子的开始。

转移概率矩阵见表 9-3。

表 9-3　转移概率矩阵

上个词性 \ 下个词性	start	f	v	n	r	end
start					1	
f				0.9		0.1
v		0.1	0.3	0.5		0.1
n		0.5	0.3			0.2
r			0.9	0.1		

例如第 3 行表示动词后是名词的可能性比较大，仍然是动词的可能性比较小，所以上个词性是动词，下个词性是名词的概率是 0.5，而上个词性是动词，下个词性还是动词的概率是 0.3。根据转移概率表，得到[他][会][来]这句话的转移概率图如图 9-4 所示。其中垂直并列的节点表示这些节点是属于同一个词的。

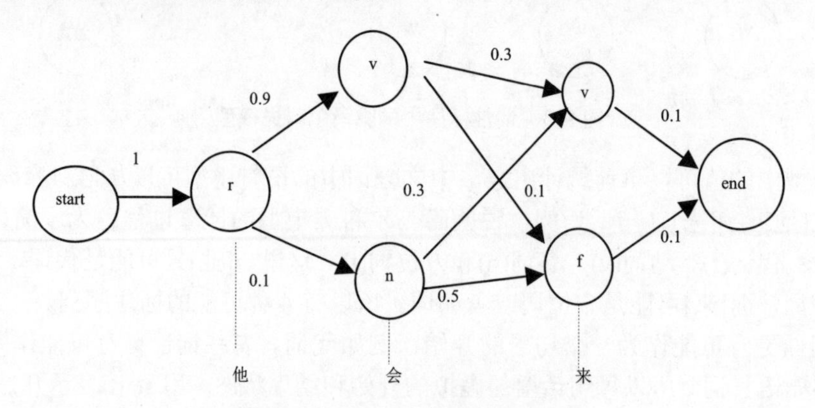

图 9-4 “他/会/来”的转移概率图

这个语言模型代表的发射概率(混淆矩阵)见表 9-4。

表 9-4 发射概率

	他	会	来
F			0.1
V		0.3	0.4
N		0.6	
R	0.3		

以发射概率表的第二行为例：如果一个词是动词，那么这个词是“来”的概率比“会”的概率大。

考虑到某些词性更有可能作为一句话的开始，有些词性更有可能作为一句话的结束。这里增加了开始和结束的虚节点 start 和 end。所以，“他会来”分词后的输入是：[start][他][会][来][end]。“他/会/来”的转移概率加发射概率图如图 9-5 所示。

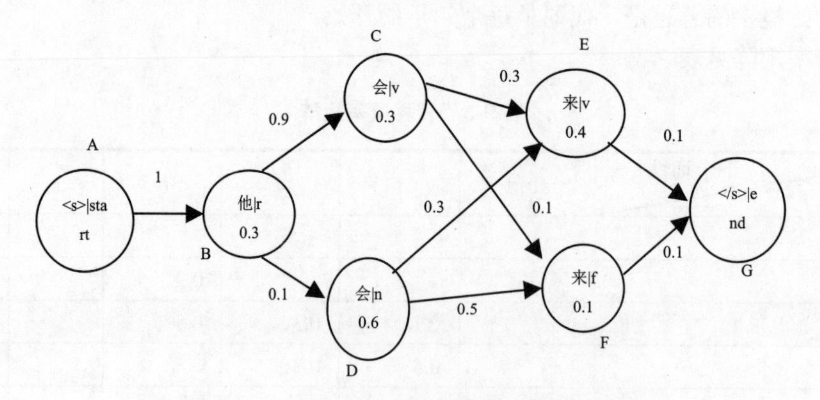

图 9-5 “他/会/来”的转移概率加发射概率图

每个隐状态和显状态的每个阶段组合成一个如图 9-6 所示的由节点组成的二维矩阵。

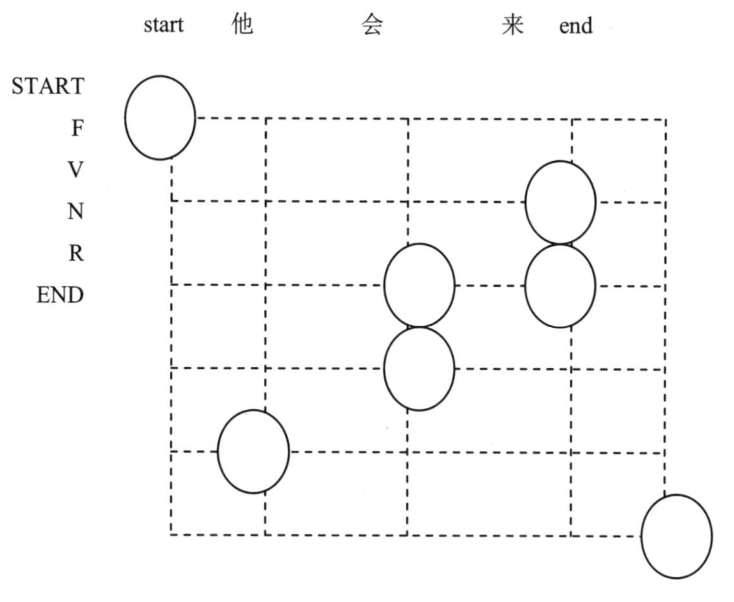

图 9-6 维特比求解格栅

每个词对应一个求解的阶段。每个阶段都有一个最佳标注。这样输入的一个句子对应一个最佳标注序列。由最佳节点序列可以确定最佳标注序列。例如，图 9-6 的最佳节点序列是：Node(Start,start)、Node(r,他)、Node(v,会)、Node(v,来)、Node(End,end)。所以确定词性输出[r, v, v]。

采用分治法找最佳节点序列。G 依赖 E 和 F 的结果，而 E 和 F 又分别依赖 C 和 D 的计算结果。计算最佳节点序列问题分解图如图 9-7 所示。

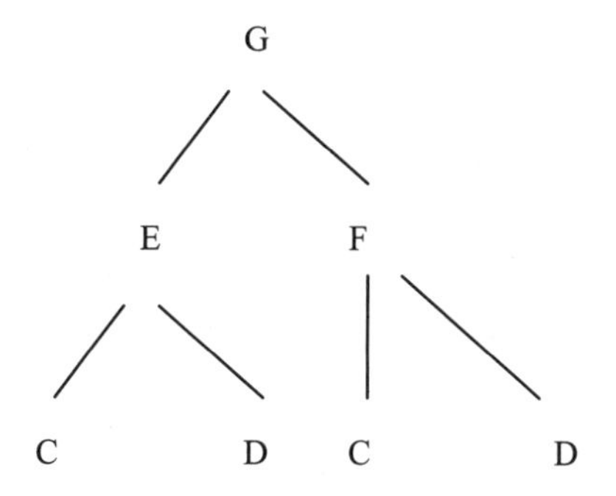

图 9-7 计算最佳节点序列问题分解图

因为重复求解节点概率 C 和 D，所以采用动态规划的方法求解最佳节点序列。当前节点概率的计算依据是：

- 上一个阶段的节点概率 P(Prev)。
- 上一个阶段的节点到当前节点的转移概率 $P(t_i \mid t_{i-1})$。
- 当前节点的发射概率 $P(w_i|t_i)$。

end 阶段只有一个有效节点。这个有效节点的概率就是 $P_{max}(t_1,t_2,...,t_n|w_1,w_2,...,w_n)$。

寻找当前节点的最大概率的方法如图 9-8 所示。

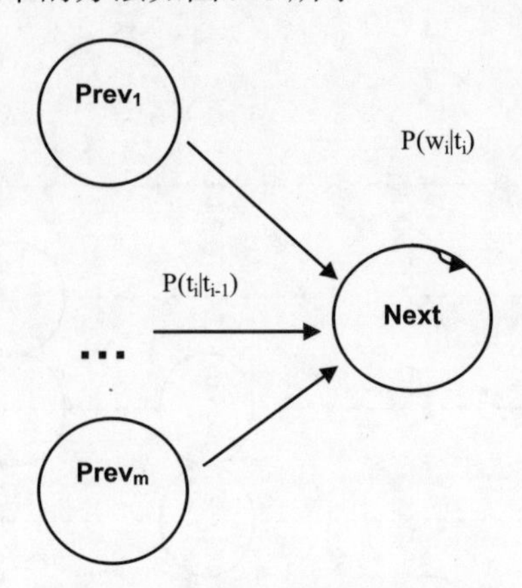

图 9-8　寻找当前节点的最大概率

对于每一个节点 Next，循环考察这个节点的上一个阶段所有可能的节点 $Prev_1$ 到 $Prev_m$。计算节点概率的循环等式是：

```
P(Next) = max P(Prev) * P(ti | ti-1) * P(wi|ti)
```

实际计算时，仍然采用 log 相加的方式来避免向下溢出。所以循环等式变成 log 累积概率、log 转移概率和 log 发射概率三项相加的形式。这个用动态规划求解最佳词性序列的思想叫作维特比(Viterbi)算法。在初始概率、转移概率以及发射概率已知的情况下，可以用维特比算法从观测到的显状态序列计算出可能性最大的隐状态序列。

维特比求解方法由两个过程组成：前向累积概率计算过程和反向回溯过程。前向过程按阶段计算。从图 9-9 上看，就是从前向后按列计算。分别叫作阶段“start”、“他”、“会”、“来”、“end”。

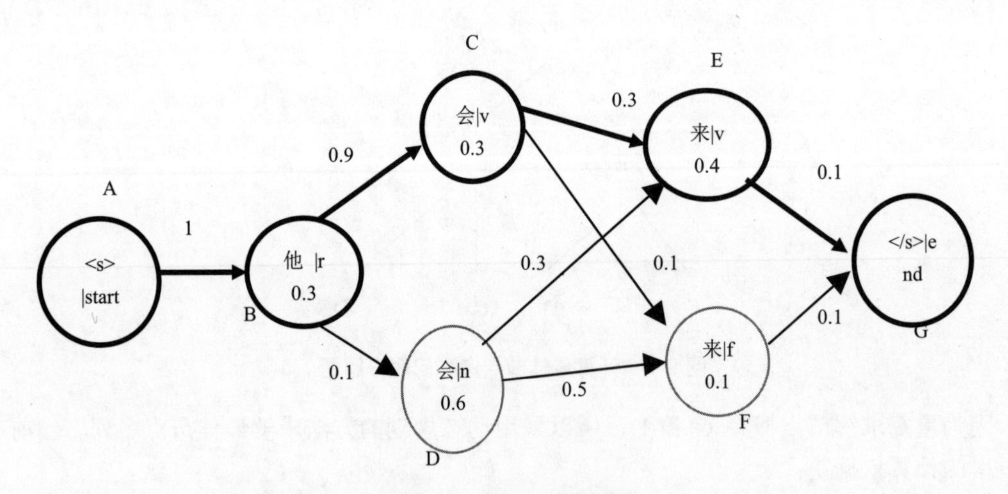

图 9-9　维特比求解过程

在阶段“start”计算：

- Best(A) = 1

在阶段“他”计算：

- Best(B) = Best(A) * P(r|start) * P(他|r) = 1*1*.3=.3

在阶段“会”计算：

- Best(C)=Best(B) * P(v|r) * P(会|v) = .3*.9*.3= .081
- Best(D)=Best(B) * P(n|r) * P(会|n) = .3*.1*.6= .018

在阶段“来”计算：

- Best(E) = Max [Best(C)*P(v|v), Best(D)*P(v|n)] * P(来|v) = .081*.3*.4= .00972
- Best(F) = Max [Best(C)*P(f|v), Best(D)*P(f|n)] * P(来|f)= .081*.1*.1= .00081

在阶段“end”计算：

- Best(G) = Max [Best(E)*P(end|v), Best(F)*P(end|f)] * P(</s>|end)= .00972*.1*1= .000972

执行回溯过程发现最佳隐状态序列，也就是图 9-9 中的粗黑线节点。

G 的最佳前趋节点是 E，E 的最佳前趋节点是 C，C 的最佳前趋节点是 B，B 的最佳前趋节点是 A。所以猜测词性输出：他/r 会/v 来/v。这样就消除了歧义，判断出[会]的词性是动词而不是名词，[来]的词性是动词而不是方位词。

然后开始实现维特比算法。为了避免重复计算最佳前趋，用二维数组存储累积概率和最佳前趋节点。所以维特比算法又叫作在格栅上运行的算法。

初始化存储累积概率的二维数组：

```
//存储累积概率的二维数组
double[][] prob = new double[stageLength][WordEntry.values().length];
//最佳前趋
WordEntry[][] bestPre =
  new WordEntry [stageLength][WordEntry.values().length];
//用默认值填充累积概率数组
Arrays.fill(prob, Double.NEGATIVE_INFINITY);
//添加初始概率
prob[0][WordEntry.start.ordinal()] = 1;
```

维特比求解的前向累积过程是三层循环，第一层循环把每个阶段从前往后过一遍，第二层循环过当前阶段的每个隐状态，第三层循环过上一个阶段的每个隐状态，为当前节点找最佳前趋节点。

第一层循环遍历每个阶段的代码如下：

```
//输入词序列，返回词性序列
public byte[] viterbi(ArrayList<WordTokenInf> observations) {

    //遍历每一个观察值，但不包括第一个状态，也就是开始状态
    for (int stage=1; stage<stageLength; stage++) {
        //遍历当前状态和前一个状态的每种组合
    }

    //回溯求解路径
    //构造返回结果
    return resultTag;
}
```

第一层循环从前往后遍历词序列，如图 9-10 所示。

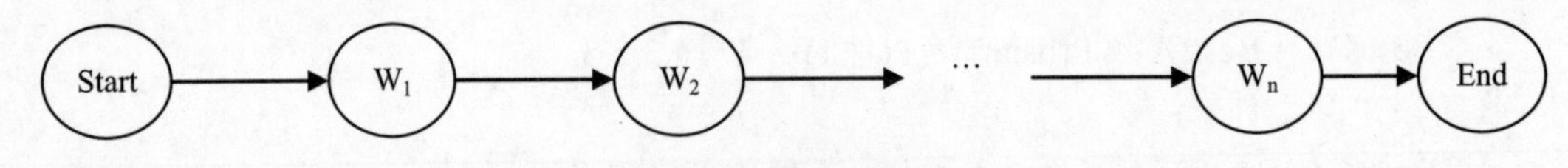

图 9-10　观察序列

三层循环计算每个节点的最佳前趋节点的主要代码如下：

```
for (int stage=1; stage<stageLength; stage++) { //从前往后遍历阶段
    WordTokenInf nexInf = observations.get(stage);
    Iterator<WordTypeInf> nextIt = nexInf.data.iterator();
    while (nextIt.hasNext()) { //遍历当前节点
        WordTypeInf nextTypeInf = nextIt.next();

        WordTokenInf preInf = observations.get(stage - 1);

        Iterator<WordTypeInf> preIt = preInf.data.iterator();
        //log(发射概率)
        double emiprob = Math.log((double)nextTypeInf.weight
          / dic.getTypeFreq(nextTypeInf.pos));

        while (preIt.hasNext()) { //遍历前面的节点，寻找最佳前趋
            WordTypeInf preTypeInf = preIt.next();
            //log(转移概率)
            double transprob =
              dic.getTransProb(preTypeInf.pos, nextTypeInf.pos);
            //log(前趋累计概率)
            double preProb = prob[stage-1][preTypeInf.pos.ordinal()];
            //log(前趋累计概率) + log(发射概率) + log(转移概率)
            double currentprob = preProb + transprob + emiprob;
            if (prob[stage][nextTypeInf.pos.ordinal()]
              <= currentprob) { //计算最佳前趋
                //记录当前节点的最大累积概率
                prob[stage][nextTypeInf.pos.ordinal()] = currentprob;
                //记录当前节点的最佳前趋
                bestPre[stage][nextTypeInf.pos.ordinal()] = preTypeInf.pos;
            }
        }
    }
}
```

维特比算法性能没问题。时间复杂度不是 n 的 3 次方，而是 O(N*T*T)，因为里面的循环与输入串长度没关系，只是与词性数量有关系，这就只能算常数了。

维特比求解的反向回溯过程用来寻找最佳路径，主要代码如下：

```
byte currentTag = PartOfSpeech.end;  //当前最佳词性
byte[] bestTag = new byte[stageLength]; //存放最佳词性标注序列结果
for (int i=(stageLength-1); i>1; i--) {  //从后往前遍历显状态
    currentTag = bestPre[i][currentTag]; //最佳前趋节点对应的词性
    bestTag[i-1] = currentTag; //记录最佳词性
}
```

这样就得到了输入词序列的标注序列。

9.3　存储数据

计算两个词性之间的转移概率的公式如下：$P(t_i \mid t_j)=\dfrac{Freq(t_j,t_i)}{Freq(t_j)}$。

例如：$P(量词\mid 数词)=\dfrac{数词后出现量词的次数}{数词出现的总次数}$。

如果需要，还可以平滑转移概率：$P(t_i \mid t_j)=\lambda_1\dfrac{Freq(t_j,t_i)}{Freq(t_j)}+\lambda_2\dfrac{Freq(t_j)}{Freq(total)}$

这里的 $\lambda_1+\lambda_2=1$。

用一个变量记录 Freq(total)，一个数组记录 $Freq(t_i)$，一个二维数组记录 $Freq(t_j,t_i)$，这样就可以计算出 $P(t_i|t_j)$：

```
int totalFreq = 0;   //语料库中的总词数
int[] posFreq =
  new int[PartOfSpeech.values().length];  //某个词性的词出现的总次数

//某个词性的词后出现另外一个词性的词的总次数
int[][] transFreq =
  new int[PartOfSpeech.values().length][PartOfSpeech.values().length];
```

transFreq 是一个方阵。第 i 行的和是一个词性所有转出次数之和。第 i 列的和是一个词性所有转入次数之和。对于除了开始和结束类型的普通词性来说，转入次数应该等于转出次数。也就是说，transFreq 的第 i 行数值之和应该与第 i 列数值之和相等，如图 9-11 所示。

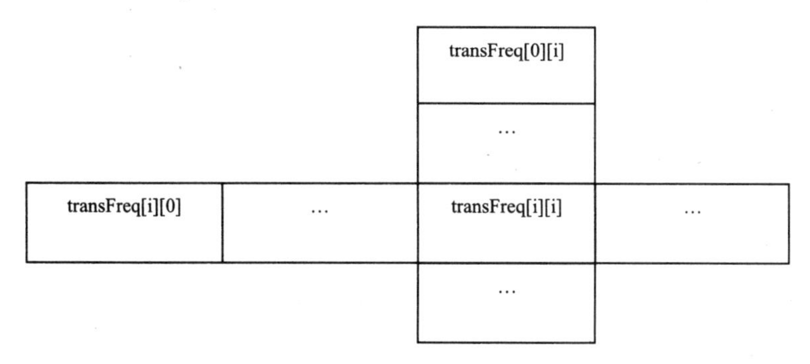

图 9-11　转移次数矩阵

前后两个词性之间的转移次数存储在文本文件 POSTransFreq.txt 里。POSTransFreq.txt 的部分内容样例如下：

```
a:b:62
a:c:451
a:d:296
a:dg:2
a:f:84
a:i:13
a:j:80
a:k:4
```

```
a:l:125
a:m:896
a:n:11004
a:ng:139
a:nr:53
a:ns:121
a:nt:2
a:nx:2
a:nz:10
a:p:296
a:q:258
a:r:94
a:s:17
a:t:45
```

前一个词性到后一个词性的转移次数，可以存储于 HashMap<String, HashMap<String, Integer>>。

加载转移次数：

```
public class Tagger {
    HashMap<String, HashMap<String, Integer>> transFreq =
      new HashMap<String, HashMap<String, Integer>>();
    //每个词性的频次
    private HashMap<String, Integer> typeFreq =
      new HashMap<String, Integer>();
    private int totalFreq; //所有词的总频次

    public double getTransProb(String curState, String toTranState) {
        return Math.log((0.9*transFreq.get(curState).get(toTranState)
          / typeFreq.get(curState) + 0.1*typeFreq.get(curState)/totalFreq));
    }

    public Tagger() {
        URI uri = Tagger.class.getClass().getResource(
          "/questionSeg/bigramSeg/POSTransFreq.txt").toURI();
        InputStream file = new FileInputStream(new File(uri));
        BufferedReader read =
          new BufferedReader(new InputStreamReader(file, "GBK"));
        String line = null;
        while ((line=read.readLine()) != null) {
            StringTokenizer st = new StringTokenizer(line, ":");
            String pre = st.nextToken();
            String next = st.nextToken();
            int frq = Integer.parseInt(st.nextToken());
            addTrans(pre, next, frq);  //增加转移次数
            addType(next, frq);  //增加类型次数
            totalFreq += frq;
        }
    }

    public void addTrans(String pre, String next, int frq) {  //转移次数
        HashMap<String, Integer> ret = transFreq.get(pre);
        if (ret == null) {
            ret = new HashMap<String, Integer>();
            ret.put(next, frq);
```

```
            transFreq.put(pre, ret);
            return;
        }
        ret.put(next, frq);
    }

    public void addType(String type, int frq) {  //类型
        Integer ret = typeFreq.get(type);
        if (ret == null) {
            typeFreq.put(type, frq);
        } else {
            typeFreq.put(type, ret+frq);
        }
    }
}
```

例如，以最大似然估计法计算：$P(a \mid start) = \frac{Freq(start, a)}{Freq(start)}$。这里的 Freq(start, a)=648。

Freq(start)是所有以词性 start 开始的转移次数整数求和得到的值：

$$Freq(start) = Freq(start,a) + Freq(start,ad) + \ldots + Freq(start,z)$$

start:50610 怎么理解？语料库中有 50610 句话。

为了支持词性标注，需要在词典中存储词性和对应的次数。格式如下：

```
滤波器 n 0
堵击 v 0
稿费 n 7
神机妙算 i 0
开设 vn 0 v 32
```

为什么发射概率是这样计算的，而不是考虑一个词以某个词性出现的概率呢？因为这是从全局来计算的方式。实际计算发射概率需要平滑，分子加 1，分母增加该类别下的词表长度：

```
double emiprob =
  Math.log(weight/(double)(this.typeFreq[nextPOS] + PartOfSpeech.names.length));
```

为什么要加上 PartOfSpeech.names.length？平滑。怕除以 0，所以使用加 1 平滑。这里的 PartOfSpeech.names.length 是词类数量。

为什么不是除以((double)(this.transFreq[curState][toTranState] + 1))？因为平滑后的所有可能的概率相加要是 1。

有的人一分钱都没有，社会要做低保。万一他以后对社会还有用，不能找不到了。所以，每个人都多给了一块钱，所以总共多印了人数这么多钱。下面是钱的总数。这样算出来每个人占多大比例的蛋糕。

计算从某个词性转移到另一个词性的概率：

```
public double getTransProb(byte curState, byte toTranState) {
    return Math.log(
      (0.9*transFreq[curState][toTranState]/typeFreq[curState]
       + 0.1*typeFreq[curState]/totalFreq));
}
```

每行一个词，然后是这个词可能的词性和语料库中按这个词性出现的次数。把词性定义成枚举类型：

```
public enum PartOfSpeech {
    start, //开始
    end, //结束
    a, //形容词
    ad, //副形词
    ag, //形语素
    an, //名形词
    b, //区别词
    c, //连词
    d, //副词
    dg, //副语素
    e, //叹词
    f, //方位词
    g, //语素
    h, //前接成分
    i, //成语
    j, //简称略语
    k, //后接成分
    l, //习用语
    m, //数词
    n, //名词
    ng, //名语素
    nr, //人名
    ns, //地名
    nt, //机构团体
    nx, //字母专名
    nz, //其他专名
    o, //拟声词
    p, //介词
    q, //量词
    r, //代词
    s, //处所词
    t, //时间词
    tg, //时语素
    u, //助词
    ud, //结构助词
    ug, //时态助词
    uj, //结构助词的
    ul, //时态助词了
    uv, //结构助词地
    uz, //时态助词着
    v, //动词
    vd, //副动词
    vg, //动语素
    vn, //名动词
    w, //标点符号
    x, //非语素字
    y, //语气词
    z, //状态词
```

```
    unknow //未知
}
```

存储基本词性相关信息的类如下：

```
public class POSInf {
    public PartOfSpeech pos = unknow;    //词性，理解成词的类别
    //词频，就是一个词在语料库中出现的次数。词频高就表示这个词是常用词
    public int freq = 0;
}
```

同一个词可以有不同的词性，可以把这些与某个词的词性相关的信息放在同一个链表之中。

为了避免零概率，可以采用加 1 平滑。加 1 后，转移概率要归一化。任意一个词性，转移到其他词性的概率总和必须等于 1。就是所有事件的概率可能性加到一起必须是 1。例如，一个名词到所有其他词的转移概率加起来要是 1。

分子是 1，除一下总共有多少词性。例如，名词转一个不可能搭配词的概率=1/总共有多少词性。

平滑转移概率：$P(t_i \mid t_j) = \lambda_1 \dfrac{Freq(t_j, t_i)}{Freq(t_j)} + \lambda_2 \dfrac{Freq(t_j)}{Freq(total)}$

取 λ_1 =0.9，λ_2 =0.1。

转移概率平滑后的计算公式是(0.9*prevCurFreq/prevFreq+0.1*prevFreq/totalFreq)。实现代码如下：

```
public double getTransProb(byte curState, byte toTranState) {
    return Math.log((0.9*transFreq[curState][toTranState]
      /typeFreq[curState] + 0.1*typeFreq[curState]/totalFreq));
}
```

测试转移概率：

```
Tagger tagger = Tagger.getInstance();
//log(数词到量词的转移概率)
System.out.println(tagger.getTransProb(PartOfSpeech.m, PartOfSpeech.q));

//log(数词到动词的转移概率)
System.out.println(tagger.getTransProb(PartOfSpeech.m, PartOfSpeech.v));
```

测试词性标注：

```
//词序列
ArrayList<WordTokenInf> observations = new ArrayList<WordTokenInf>();

//第一个词
WordTypes t = new WordTypes(1);
t.insert(0, PartOfSpeech.r, 1);
WordTokenInf w1 = new WordTokenInf(0, 1, "他", t);
observations.add(w1);

//第二个词
t = new WordTypes(2);
t.insert(0, PartOfSpeech.v, 1);
```

```
t.insert(1, PartOfSpeech.n, 1);
WordTokenInf w2 = new WordTokenInf(1, 2, "会", t);
observations.add(w2);

//第三个词
t = new WordTypes(2);
t.insert(0, PartOfSpeech.v, 1);
t.insert(1, PartOfSpeech.f, 1);
WordTokenInf w3 = new WordTokenInf(2, 3, "来", t);
observations.add(w3);

Tagger tagger = Tagger.getInstance();
byte[] bestTag = tagger.viterbi(observations);

//输出 viterbi 算法标注的词性序列
for(int i=0; i<bestTag.length; ++i) { //输出词和对应的标注结果
   System.out.print(observations.get(i).termText
     + "|" + PartOfSpeech.getName(bestTag[i]) + '\t');
}
```

输出词性标注的结果：

```
他|r会|v来|v
```

9.4 统 计 数 据

统计人民日报语料库中每个词性的总频率：

```
//记录词性及对应的频率
HashMap<String, Integer> posMap = new HashMap<String, Integer>();

FileReader fr =
  new FileReader("D:\\学习\\NLP\\199801.txt"); //读入语料库文件
BufferedReader br = new BufferedReader(fr);
String line;
while ((line=br.readLine()) != null) {
   StringTokenizer tokenizer = new StringTokenizer(line); //空格分开
   while (tokenizer.hasMoreTokens()) {
      String word = tokenizer.nextToken();
      StringTokenizer token =
       new StringTokenizer(word, "/"); //斜线分开词和词性
      if (!token.hasMoreTokens())
         continue;

      String cnword = token.nextToken();
      if (!token.hasMoreTokens())
         continue;
      String pos = token.nextToken(); //词性
      Integer num = posMap.get(pos);   //次数
      if (num == null)
         posMap.put(pos, 1);
      else
         posMap.put(pos, num + 1);
```

```
        }
    }
    fr.close();
    for (Entry<String, Integer> e : posMap.entrySet()) {  //输出统计结果
        System.out.println(e.getKey() + " " + e.getValue());
    }
```

统计人民日报语料库中词性间的转移概率矩阵：

```
public void anaylsis(String line) {
    StringTokenizer st = new StringTokenizer(line, "  ");
    st.nextToken(); //忽略掉第一个数字词

    int index = PartOfSpeech.start.ordinal(); //前一个词性 ID
    int nextIndex = 0; //后一个词性 ID
    while (st.hasMoreTokens()) {
        StringTokenizer stk = new StringTokenizer(st.nextToken(), "/");
        String word = stk.nextToken();
        String next = stk.nextToken();
        nextIndex = PartOfSpeech.valueOf(next.toLowerCase()).ordinal();
        contextFreq[index][nextIndex]++; //转移矩阵数组增加一个计数
        posFreq[nextIndex]++;
        index = nextIndex;
    }
    nextIndex = PartOfSpeech.end.ordinal();
    contextFreq[index][nextIndex]++;
    posFreq[nextIndex]++;
}
```

根据词性得到对应的转移概率和发射概率：

```
public class Model { //语言模型
    private long[][] transFreq; //某个词性的词后出现另外一个词性的词的总次数
    private long[] typeFreq; //某个词性的词出现的总次数

    //根据词性得到转移概率
    public double getTransProb(WordType curState, WordType toTranState) {
        return Math.log(
          (double)transFreq[curState.ordinal()][toTranState.ordinal()]
           / (double)typeFreq[curState.ordinal()]);
    }

    //得到词性总频率
    public double getTypeFreq(WordType curState) {
        return (double)typeFreq[curState.ordinal()];
    }
}
```

统计某个词的发射概率：

```
public String getFireProbability(CountPOS countPOS) {
    StringBuilder ret = new StringBuilder();
    for(Entry<String, Integer> m : posFreqMap.entrySet()) {
        //某词的这个词性的发射概率是 某词出现这个词性的频率/这个词性的总频率
        double prob = (double)m.getValue()
          /(double)(countPOS.getFreq(CorpusToDic.getPOSId(m.getKey())));
```

```
        ret.append(m.getKey() + ":" + prob + " ");
    }
    return ret.toString();
}
```

测试一个词的发射概率和相关的转移概率：

```
String testWord = "成果";
System.out.println(testWord + " 的词频率：\n" + this.getWord(testWord));
System.out.println("词性的总频率：\n" + posSumCount);
System.out.println(testWord + " 发射概率：\n"
  + this.getWord(testWord).getFireProbability(posSumCount));
System.out.println(
  "转移频率计数取值测试：\n " + this.getTransMatrix("n", "w"));
printTransMatrix();
```

例如，"成果" 这个的词的频率：

```
nr:5 b:1 n:287
```

词性的总频率：

```
a:34578 ad:5893 ag:315 an:2827 b:8734 c:25438 d:47426 dg:125 e:25 f:17279
g:0 h:48 i:4767 j:9309 k:904 l:6111 m:60807 n:229296 ng:4483 nr:35258 ns:27590
nt:3384 nx:415 nz:3715 o:72 p:39907 q:24229 r:32336 s:3850 t:20675 tg:480
u:74751 ud:0 ug:0 uj:0 ul:0 uv:0 uz:0 v:184775 vd:494 vg:1843 vn:42566 w:173056
x:0 y:1900 z:1338
```

"成果"的发射概率：

```
nr: 0.00014181178739576834  b: 0.00011449507671170l4
n:0.0012516572465285046
```

即"成果"这个词的作为名词的发射概率 = "成果"作为名词出现的次数 / 名词的总次数

= 287 / 229296

= 0.0012516572465285046

9.5 整合切分与词性标注

n 元分词需要一个词总的出现频次，而词性标注需要一个词每个可能词性的频次，另外再加上词性之间的转移频次。

可以用一元分词搭配词性标注或者其他的N元分词搭配词性标注。增加一个词到逆 Trie 树的 addWord 方法如下：

```
public void addWord(String key, String pos, int freq) {
    int charIndex = key.length() - 1;
    if (root == null)
        root = new TSTNode(key.charAt(charIndex));
    TSTNode currNode = root;
    while (true) {
        int compa = (key.charAt(charIndex) - currNode.splitChar);
        if (compa == 0) {
```

```
            if (charIndex <= 0) {
                byte posCode =
                  PartOfSpeech.values.get(pos); //得到词性对应的编码
                currNode.addValue(key, posCode, freq);  //增加值到节点
                break;
            }
            charIndex--;
            if (currNode.mid == null)
                currNode.mid = new TSTNode(key.charAt(charIndex));
            currNode = currNode.mid;
        } else if (compa < 0) {
            if (currNode.left == null)
                currNode.left = new TSTNode(key.charAt(charIndex));
            currNode = currNode.left;
        } else {
            if (currNode.right == null)
                currNode.right = new TSTNode(key.charAt(charIndex));
            currNode = currNode.right;
        }
    }
}
```

一元概率分词加词性标注：

```
public class Segmenter {
    final static double minValue = -1000000.0;
    private static final SuffixTrie dic = SuffixTrie.getInstance();
    private static final Tagger tagger = Tagger.getInstance();
    String text;
    WordEntry[] bestWords; //最佳前趋词

    public Segmenter(String t) {
        text = t;
    }

    //只分词
    public List<WordTokenInf> split() {
        bestWords = new WordEntry[text.length() + 1]; //最佳前趋节点数组
        double[] prob = new double[text.length() + 1]; //节点概率

        //用来存放前趋词的集合
        ArrayList<WordEntry> prevWords = new ArrayList<WordEntry>();

        //求出每个节点的最佳前趋词
        for (int i=1; i<bestWords.length; i++) {

            double maxProb = minValue; //候选节点概率

            WordEntry bestPrev = null; //候选最佳前趋词

            //从词典中查找前趋词的集合
            dic.matchAll(text, i-1, prevWords);

            //根据前趋词集合挑选最佳前趋节点
            for (WordEntry word : prevWords) {
```

```
                double wordProb =
                  Math.log(word.posInf.total) - Math.log(dic.totalFreq);
                int start = i - word.word.length(); //候选前趋节点
                double nodeProb = prob[start] + wordProb; //候选节点概率

                if (nodeProb > maxProb) { //概率最大的算作最佳前趋
                    bestPrev = word;
                    maxProb = nodeProb;
                }
            }
            prob[i] = maxProb; //节点概率
            bestWords[i] = bestPrev; //最佳前趋节点
        }

        return bestPath();
    }

    public List<WordTokenInf> bestPath() { //根据最佳前趋节点数组回溯求解词序列
        Deque<WordEntry> path = new ArrayDeque<WordEntry>(); //最佳节点序列
        //从后向前回朔最佳前趋节点
        for (int i=text.length(); i>0; ) {
            WordEntry w = bestWords[i];
            path.push(w);
            i = i - w.word.length();
        }
        List<WordTokenInf> words =
          new ArrayList<WordTokenInf>(); //切分出来的词序列
        int start = 0;
        int end = 0;
        for (WordEntry w : path) {
            end = start + w.word.length();
            WordTokenInf word =
              new WordTokenInf(start, end, w.word, w.posInf);
            words.add(word);
            start = end;
        }
        return words;
    }

    //先分词，再标注
    public WordToken[] tag() {
        List<WordTokenInf> path = split();  //分词

        byte[] bestTag = tagger.viterbi(path); //标注词性

        WordToken[] result = new WordToken[path.size()];
        for (int i=0; i<path.size(); i++) {
            WordTokenInf tokenInf = path.get(i);
            WordToken token = new WordToken(tokenInf.start, tokenInf.end,
              tokenInf.cost, tokenInf.termText, bestTag[i]);
            result[i] = token;
        }
        return result;
    }
}
```

整合切分与词性标注的中文分词过程如下。

① 按规则识别英文单词或日期等未登录词。

② 对输入字符串切分成句子：对一段文本进行切分，首先是依次从这段文本里面切分出一个句子，然后再对这个句子进行分词。

③ 生成全切分词图：根据基本词库对句子进行全切分，并且生成一个邻接链表表示的词图。

④ 计算最佳切分路径：在这个词图的基础上，运用动态规划算法生成切分最佳路径。

⑤ 词性标注：采用 HMM 方法标注词性。

返回的词序列中要有这个词所有可能的词性：

```
public class WordTokenInf {
    public String termText;
    public WordTypes data; //包含一个词所有可能的词性
    public int start;
    public int end;
}
```

一元分词求解切分路径时，不能只记录最佳前趋节点编号，而要记录词：

```
WordTokenInf[] prevNode;  //最佳前趋词数组
```

得到词序列的方法如下：

```
public ArrayDeque<WordTokenInf> getTokens() { //回溯求解最佳切分路径
    ArrayDeque<WordTokenInf> ret = new ArrayDeque<WordTokenInf>();
    int start;
    for (int end=prevNode.length-1; end>0; end=start) { //从右向左找前趋节点
        start = prevNode[end]; //开始节点
        WordTokenInf tokenInf = new WordTokenInf(
          start, end, preCnToken[end].word, preCnToken[end].pos);
        ret.addFirst(tokenInf);
    }
    return ret;
}
```

词性标注类叫作 Tagger。Tagger.viterbi 方法返回标注出来的词性序列。分词和词性标注集成的 tag 方法实现如下：

```
public WordToken[] tag() {
    ArrayList<WordTokenInf> path = getTokens(); //先分词

    byte[] bestTag = tagger.viterbi(path); //词性用字节表示
    //标注结果放入数组 result
    WordToken[] result = new WordToken[path.size()]; //创建结果数组
    for (int i=0; i<path.size(); i++) {
        WordTokenInf tokenInf = path.get(i);
        WordToken token = new WordToken(tokenInf.start,
          tokenInf.end, tokenInf.cost, tokenInf.termText, bestTag[i]);
        result[i] = token; //把附带词性的 token 对象放入结果
    }
    return result;
}
```

BigramSegmenter 类实现二元分词。BigramTagnizer 类集成二元分词和词性标注。

例如 split 方法：

```
public List<WordToken> split(String sentence) throws Exception {
    //实现分词
    List<WordToken> tokens = tag(); //词性标注
    return tokens;
}
```

9.6 知识型词性序列标注

有些经常出现的词性序列，表示了一些常用的语法结构，例如 n v n 或者 m q n。用词性序列帮忙选择合理的切分方案。例如“数词+量词+名词”是一个常用词性序列组合，“一把圆珠笔”正好符合这个条件。结合语言模型进一步验证切分方案“一/把/圆珠笔”，词性序列为“数词，量词，名词”。

利用合理的词性序列同时提高切分准确度和词性标注准确度。再次回到切分阶段提到的例子：“菲律宾副总统欲访华为毒贩求情遭中方拒绝”这句话，其中“为毒贩求情”是一个常用的 n 元序列“<p><n><v>”。可以利用这个 3 元词序列避免把这句话错误地切分成“菲律宾 副总统 欲 访 华为 毒贩 求情 遭 中方 拒绝”。同时“为 毒贩 求情”也可以正确地标注成“为/p 毒贩/n 求情/v”。

实现方法是：词图和词性序列规则 Trie 树做交集。可以匹配一个词性序列。可以看成是词性标注图和词性序列图两个有限状态机求交集。每次以词性标注图中的一个词为起点。RuleTagger 类的代码实现基础如下：

```
public class RuleTagger {
    //增加一个词性标注规则
    public void addRule(String pattern) {
        //解析规则
    }

    //返回切分结果
    public ArrayList<WordToken> split(String sentence) {
        //根据规则返回分词和词性标注结果
    }
}
```

9.7 本 章 小 结

词性标注是简单而有用的语言学分析过程。例如可以提取文本中的名词用作文本分类的依据。有很多常用词有多个可能的词性。早期往往使用 HMM 这样的纯概率方法来标注词性。后续增加了语法和语义知识来帮助提高词性标注的准确性。

参考资源

书籍

Robert Sedgewick. 算法.

吴军. 数学之美.

网址

网　址	说　明
http://algs4.cs.princeton.edu/home/	《算法》电子版
http://huanqiukexue.com/	环球科学

后　记

多吃滋味少，少吃滋味好。最好能用品茶的心情品味代码和技术。工作或者学习也不要每天花太多的时间。如何才能取得更好的成绩？把任务分解到每天。这样，花在这上面的总时间也就不少了。

依靠群体智慧。例如申诉找回 QQ 号码，需要经常联系的其他 QQ 账号帮忙确认。这本书的内容就曾经从学员那里得到启发。

教人学习开发搜索引擎。最开始有学员问起来，学习搜索引擎需要哪些预备知识？实现快速查找要用到数据结构、实现分析文本要用到概率论、实现查询语法要用到编译原理。可以用 Java 开发搜索引擎，所以对基本的 Java 语法需要了解。开发搜索网站需要 Web 开发基础：Servlet 和 JSP。

作者早期曾用 PowerBuilder 开发信息管理系统，那时候看 Java 像一个小玩具。后来使用 Java 开发 Web 的技术成熟以后，才改用 Java 与数据库打交道。也许是从小就对科幻小说看多了，一直有一个实现智能软件的梦想。通过从文本挖掘开始，开发搜索引擎相关技术，才算有一种找到归宿的感觉。

可以通过一致的协作更有效地创造价值。技术一致性和代码一致性的说法是从生物化学中借用的。自然界中的物质是由各种各样的分子组成的，手性分子又是自然界的普遍特征。然而，在地球上没有找到右旋氨基酸的生命。氨基酸的手性是由三十八亿年前地球上诞生的第一个生命细胞制定的。

人类的怀孕周期比大猩猩和黑猩猩的孕期长 37 天。可见进化总是伴随着周期更持久一些的酝酿。如果有条件，最好多学习一段时间，这样才能学到更多。把学员最终培养到位，可能需要 1 年或者几年的时间。